Por una arqueología agraria

Perspectivas de investigación sobre espacios de cultivo en las sociedades medievales hispánicas

Helena Kirchner
(Ed)

BAR International Series 2062
2010

Published in 2016 by
BAR Publishing, Oxford

BAR International Series 2062

Por una arqueología agraria

ISBN 978 1 4073 0553 0

BAR Publishing is the trading name of British Archaeological Reports (Oxford) Ltd. British Archaeological Reports was first incorporated in 1974 to publish the BAR Series, International and British. In 1992 Hadrian Books Ltd became part of the BAR group. This volume was originally published by Archaeopress in conjunction with British Archaeological Reports (Oxford) Ltd / Hadrian Books Ltd, the Series principal publisher, in 2010. This present volume is published by BAR Publishing, 2016.

Printed in England

BAR
PUBLISHING

BAR titles are available from:

BAR Publishing
122 Banbury Rd, Oxford, OX2 7BP, UK
EMAIL info@barpublishing.com
PHONE +44 (0)1865 310431
FAX +44 (0)1865 316916
www.barpublishing.com

INDICE

Presentación

El coloquio **Por una arqueología agraria. Perspectivas de investigación sobre espacios de cultivo en las sociedades medievales hispánicas** fue pensado como una reunión de investigadores, desigualmente integrados en la academia, que estuvieran realizando investigaciones activas sobre espacios de cultivo o que en años recientes hubieran orientado su trabajo hacia el estudio de los espacios agrarios y de los cultivos durante la época medieval en España. La propuesta temática partía de una ya larga experiencia en el seno del equipo de investigación y los proyectos promovidos desde los años 80 del siglo pasado por Miquel Barceló, sobre los espacios irrigados construidos y gestionados por las comunidades clánicas beréberes y árabes, una línea de investigación que ha producido un grosor importante de resultados, especialmente en las islas Baleares, el País Valenciano, en Aragón y, también ha tenido aplicación en el Yemen y en espacios feudales catalanes. Se quiso evitar lo que, a mi parecer, ocurre a veces en otros coloquios que se convierten en reuniones y publicaciones misceláneas alrededor de temas que son percibidos como escasamente originales o en torno a propuestas que, a fuerza de buscar la novedad, incurren en discursos forzados y, finalmente, banales.

Los espacios de cultivo han recibido escasa atención por parte de historiadores y arqueólogos de las sociedades medievales hispánicas a pesar de que exista una larga tradición europea de estudios sobre estas cuestiones. El título del coloquio es un calco del libro coordinado por Jean Guilaine (*Pour une archéologie agraire. À la croissée des sciences de l'homme et de la nature*, 1991) y pretende, como pretendía este libro ya antiguo, poner de manifiesto la necesidad de dar un peso relevante a los paisajes agrarios, a los cultivos y a los procedimientos de cultivo en el estudio de lo que habitualmente se denomina poblamiento rural. La arqueología se suele limitar a estudiar las zonas de residencia (o incluso, en el ámbito feudal o altomedieval, ni siquiera eso: solo los cementerios y las iglesias), yacimientos arqueológicos formados a partir del abandono de aldeas rurales. La mayoría de los investigadores, tanto los que se centran en el llamado periodo de transición entre el mundo antiguo y el medieval (siglos VI-X), como los que se han dedicado a trabajar en yacimientos de cronologías más tardías, y, indistintamente en el ámbito de las sociedades hispánicas feudales como en al-Andalus, privilegian el espacio habitado como objeto de investigación e incluso han tendido a ignorar los espacios de trabajo agrario. Sólo en los estudios sobre los asentamientos rurales andalusíes existe una tradición de más de veinte años de investigación.

Así, el debate establecido entre arqueólogos e historiadores sobre los fundamentos del *incastellamento* (el proceso de formación de redes castrales y concentraciones poblacionales estrechamente ligado a la implantación del feudalismo y que se detecta especialmente en las áreas del Mediterráneo occidental) y el desarrollo de formas de poblamiento rural concentrado (con conceptos imprecisos como los de "village", "village-hamlet", "aldea", "villagio", "llogaret-poble", de un lado, y el de "poblamiento disperso", de otro) y sus cronologías, se ha centrado, desde los años ochenta en Europa (solo en los últimos 5-10 años en España), en la investigación realizada intensivamente en los yacimientos arqueológicos. La definición de los conceptos se topa con trabas importantes: el tamaño mínimo y máximo de estas entidades de habitación, su estabilidad en el tiempo, la organización social de sus habitantes, la presencia de "élites" con una imprecisa capacidad de recaudación de renta, la determinación de lo que es objeto de esta captura, cuáles son los indicadores de posibles diferenciaciones sociales o, dicho de otra manera, de consolidación de estas "élites" que nadie se atreve a describir como feudales, pero a las que se atribuyen capacidades de dominio indefinidas que presagian la consolidación, después, de estas élites, como clase señorial feudal, etc. Una abundante bibliografía reciente anglosajona, francesa e italiana está impregnada de todas estas cuestiones pero sin contemplar nunca la posibilidad de que el tamaño del espacio cultivado, los volúmenes de producto agrario generado, la existencia o no de acumulación de excedentes estables, las características específicas de las plantas cultivadas y sus proporciones, sean variables de análisis imprescindibles para poder concretar y describir con precisión no sólo los conceptos (aldea, estable, disperso, concentración, *incastellamento*, etc) sino para determinar la existencia o no de un espacio físico y social para el desarrollo de estas supuestas élites con capacidad de dominio sobre comunidades campesinas a través de la captura de renta. En la mayoría de los estudios, la atención concedida a esta cuestión es marginal y se limita a los restos de estructuras de almacenamiento (graneros, silos) encontrados en los yacimientos excavados y a la identificación, cuando es posible, de sus contenidos.

Sin querer dejar de considerar a la zona de residencia como un registro fundamental para la investigación sobre estas cuestiones, conviene señalar que los arqueólogos casi nunca se interrogan sobre los espacios y su tamaño, los campos y su morfología y los procedimientos de cultivo y procesamiento de las cosechas. Es en estos espacios donde los productos, cuyos restos encontramos en las estructuras domésticas y de almacenamiento, fueron cultivados. Se trata simplemente de los espacios donde se debió fundamentar la sobrevivencia campesina y donde hay que hallar la rendija que permitió –o no- la captura de renta. Ambas dimensiones, tanto la sobrevivencia campesina como la captura de renta, requieren un referente espacial y de magnitudes explícitas para poder ser adecuadamente reconstruidas. Otro aspecto fundamental es el de los espacios ganaderos y las formas de gestión de las cabañas. No se trata de actividades paralelas sino estrechamente interrelacionadas tanto en la construcción de estrategias campesinas como en el uso del espacio.

Para al-Andalus, la investigación sobre espacios agrarios datados entre los siglos X y XIII, iniciada por M. Barceló, los resultados han sido muy significativos. No sólo se ha podido describir físicamente los espacios de cultivo –mayoritariamente irrigados- y medirlos, reconstruir su funcionamiento y su gestión social, comprobar que dan sentido a la distribución de los lugares de residencia campesina a nivel regional y a sus tamaños. También ha permitido describir y entender cómo se realiza, a partir de comienzos del siglo X, la migración de grupos campesinos andalusíes a las Islas Baleares y su sucesiva colonización. Para ello, ha sido especialmente relevante conocer con precisión cuál es la escala de tamaños de los espacios de cultivo y constatar la preferencia de las comunidades campesinas andalusíes por asentamientos pequeños, en número de casas o unidades domésticas y en extensión de los espacios de cultivo. Así mismo, se han identificado formas de cooperación en la construcción y gestión de los espacios agrarios y de los territorios clánicos. En definitiva, se ha tenido que reconstruir el proceso que va desde la selección del lugar de asentamiento y los criterios que la orientan, pasando por la observación del relieve y las condiciones hidrográficas, el diseño del espacio agrario imprescindible para prever la articulación entre el punto de captación de agua, las canalizaciones, la distribución y forma de las parcelas y, en caso de que los haya, los molinos y albercas, hasta la construcción efectiva del espacio irrigado y la constitución de su forma de gestión. En este proceso, la determinación del lugar, tamaño y distribución de las zonas de residencia se encuentra al final, es secundario. El tamaño y número de lugares habitados, para empezar, es congruente con la superficie construida para el cultivo y con el tipo de prácticas agrícolas desarrolladas y esta relación es, por ahora, uno de los recursos más rigurosos y menos utilizado para estimar cargas poblacionales. Para las sociedades feudales, esta cuestión está muy poco desarrollada aunque desde el mismo equipo de investigación se han comenzado a plantear las mismas cuestiones. Los textos de Fèlix Retamero y Bernat Moll, Eugènia Sitjes, Antoni Virgili, Josep Torró, Julián Ortega, Virgilio Martínez Enamorado, Jorge Eiroa y Helena Kirchner, dedicados a los espacios agrarios andalusíes, se inscriben en esta línea de investigación. Aunque cabe destacar, en los casos de Virgili, Torró, Martínez Enamorado y Ortega, un enfoque que contempla al mismo tiempo el estudio de las transformaciones de las formas de poblamiento y los espacios agrarios generados por la conquista feudal. Esta conquista de al-Andalus supuso el desplazamiento y substitución de poblaciones y nuevas formas de colonización agraria cuyo impacto ecológico y social debe ser estudiado, también, a través de su impronta espacial en los campos de cultivo.

En cuanto a la investigación arqueológica sobre las formas de asentamiento medievales en el norte de la península, una serie de arqueólogos comienzan a implicarse en el debate internacional sobre las formas de poblamiento concentrado y sus orígenes a partir de excavaciones de yacimientos altomedievales. Algunos de los hallazgos arqueológicos están directamente relacionados con la cuestión objeto de discusión del coloquio. Concretamente, se trata no solo de yacimientos arqueológicos que se corresponden con zonas de residencia de cronología comprendida entre los siglos VI-X, sino también de espacios de cultivo asociados a éstas que pueden ser "excavados", como se ha realizado en diversas ocasiones en la Europa noroccidental, a veces propiciadas por la construcción de grandes infraestructuras viarias (autopistas y líneas férreas de alta velocidad). Juan Antonio Quirós, Alfonso Vigil-Escalera, Margarita Fernández Mier y Paula Ballesteros, participantes en el coloquio, son algunos de los más destacados representantes en España, hoy por hoy, de estrategias de investigación arqueológica que conciben el asentamiento rural como una articulación de diversos espacios productivos con el residencial.

Un objetivo primordial del coloquio, y ahora de su publicación, es el de reunir en un mismo volumen diferentes experiencias y métodos, contrastar la calidad de los resultados obtenidos y, sobre todo, establecer unas estrategias de investigación lo más consensuadas posible que puedan servir de guía para todos aquellos investigadores que estén interesados en intervenir en los debates historiográficos mencionados. Para empezar, pues, hemos escogido uno de los aspectos que consideramos central: el de los espacios de cultivo, los campos.

Un segundo objetivo es el de plantear los problemas de la conservación y protección de este tipo de registro cuyo posible valor patrimonial no es reconocido. Las concentraciones parcelarias, la mecanización de los espacios agrarios y, sobre todo, las recientes actuaciones urbanísticas y de construcción de infraestructuras están borrando literalmente o reduciendo drásticamente paisajes donde es posible recuperar este tipo de evidencias materiales en amplios sectores de la Península. Su centralidad en la elaboración de propuestas explicativas de las dinámicas sociales en época histórica hace necesaria su identificación y protección en el marco de un sistema legal que hasta ahora solo contempla proteger "yacimientos" pero no paisajes por considerarse que carecen de valores monumentales.

El coloquio se organizó en torno a dos actividades principales: una primera, donde cada ponente presentó su experiencia y resultados obtenidos o los problemas con que se ha enfrentado –resueltos o no- así como el método y las técnicas movilizadas; la segunda consistió en una sesión de debate que debía permitir la redacción de un documento conjunto donde se pudieran definir las estrategias de investigación sobre espacios de cultivo en sociedades medievales peninsulares. Dificultades del último momento han hecho que no todos los ponentes hayan contribuido a redactar dicho documento. Así mismo, en el momento de la edición de la publicación, se invitó a participar a algún nuevo autor. El resultado final de la publicación, en consecuencia, no se ajusta exactamente a lo que fue el coloquio, aunque creemos que las alteraciones han contribuido a mejorarla.

Quiero hacer constar que el coloquio y la presente publicación fueron posibles gracias a la financiación del Ministerio de Ciencia e Innovación del gobierno de España (proyecto: HAR2008-01167-E/HIST) y de la Agència de Gestió d'Ajuts Universitaris i de Recerca (AGAUR) del gobierno de la Generalitat de Catalunya (proyecto: ARCS1-2008 100062). También colaboraron el Museu de Sant Cugat del Vallès, ofreciendo una comida y su magnífica sede para una de las sesiones, y la Universitat Autònoma de Barcelona, también sede del coloquio. El proyecto *Aclimatación y difusión de plantas y técnicas de cultivo en al-Andalus* (HUM 2007-62899/HIST) también ha contribuido económicamente además de constituir el marco científico en el que se sitúa el coloquio y la publicación.

Finalmente, quiero expresar mi agradecimiento a la Dra. Helena Estalella, decana de la Facultad de Letras de la UAB en aquel duro momento de movilizaciones estudiantiles, que obligó a desplazar el coloquio de la facultad. También quiero agradecer a Lluís Campins, director del Museo de Sant Cugat del Vallès y a Alba Rodríguez, conservadora del mismo, por su amable acogida, así como a Arnald Puy, becario de FPI del proyecto HUM 2007-62899/HIST, que se ha hecho cargo de la edición gráfica del volumen.

Helena Kirchner

Formas de parcelario en las aldeas altomedievales del Sur de Madrid
Una aproximación arqueológica preliminar

Alfonso Vigil-Escalera Guirado
Área, S.C.M.

Siendo de sobra conocida la inclinación de la arqueología clásica por las evidencias de carácter 'monumental', no resulta menos cierto que los estudios centrados en ese primer ciclo de la arqueología altomedieval que se desarrolla entre los siglos V y VIII d.C. han orillado hasta fechas muy recientes (salvo en su vertiente más teórica o especulativa) todo lo referente al campesinado y los aspectos inherentes a la producción económica básica. Los debates en torno al eventual significado étnico del registro material, una cierta obsesión por las necrópolis y los edificios religiosos (Collins 2004: 174), e incluso la discusión sobre el papel que las ciudades desempeñaron a lo largo de estos siglos (Olmo 2008; Gurt 2000-2001), han ido dejando al margen lo que a día de hoy se nos revela como un enorme territorio por explorar, una arqueología agraria altomedieval que tiene ante sí las abundantes evidencias asociadas a la producción agropecuaria de una de las facetas más recientes y novedosas del panorama arqueológico. Y este sería el de los asentamientos rurales de distinto tipo que las investigaciones del último decenio han ido poniendo sobre el tapete (Quirós 2009; Vigil-Escalera 2007).

La posibilidad de llevar adelante con éxito una investigación seria y en profundidad sobre estos aspectos, como se reclamara hace ya veinte años (Barceló 1988), exigirá, en un futuro, la edición y análisis comparado de un cuerpo de datos que hasta la fecha permanece diseccionado en informes técnicos de gran número de intervenciones desarrolladas en distintos territorios administrativos. Fuera tal meta de nuestro modesto alcance, a lo largo de las siguientes páginas tenderemos a centrar la atención sobre toda una serie de cuestiones asociadas a los aspectos formales del parcelario menor, tal y como éstos han sido registrados en varios asentamientos rurales altomedievales recientemente excavados en el sector meridional de la Comunidad de Madrid (Vigil-Escalera 2009). Nuestra participación en esas campañas de excavación de salvamento ha resultado en una indudable sensibilización hacia la pérdida definitiva, dolosa o involuntaria, de esta categoría de registros arqueológicos que se produce cotidianamente a nuestro alrededor.[1] Como se ha insistido con vehemencia en otras sedes, sólo a partir de una evidencia arqueológica sólida y rigurosamente construida podrán establecerse las bases de una discusión fructífera sobre estas cuestiones, tantas veces abordadas desde perspectivas francamente especulativas. Esa clase particular de evidencia es resultado de una concepción artesanal y profesional al mismo tiempo del quehacer arqueológico, víctima propiciatoria de los modernos 'desarrollos' del ejercicio de la disciplina en un marco legal y administrativo fuertemente regulado pero carente de todo control efectivo sobre la calidad real de las intervenciones. Excavar en extensión nos habría permitido metafóricamente asentar los cimientos, pero el desarrollo de un buen trabajo arqueológico a través de todos los procesos de toma de decisiones implicados y su ejecución rigurosa por equipos adecuadamente formados aporta sin duda el 99% restante del edificio.

Abordaremos en esta ocasión de forma genérica el análisis de diversas formas de parcelario, agrario o residencial, documentadas en el reciente repertorio de yacimientos altomedievales del centro de la península Ibérica. Reiteradamente comprobada la estrecha relación existente entre casas y espacios agrarios de trabajo intensivo, consideraríamos equivocado intentar tratar ambos elementos por separado.

La identificación y análisis mediante procedimientos arqueológicos no excepcionales de testimonios concernientes a formas relictas de parcelario implica en primer lugar un conocimiento exhaustivo del entorno geológico, sedimentológico, o en su sentido más global, geográfico del yacimiento. Algunos casos de estudio en el Sur de Francia (Berger y Jung 1997; Berger 2000; Chouquer 2000) demuestran que es posible desarrollar estrategias intensivas de muestreo mediante sondeos susceptibles de proporcionar imágenes de alta resolución por cuanto concierne a la evolución diacrónica de ciertos elementos muy estables de delimitación parcelaria. Nuestra experiencia al respecto, sin embargo, concierne a la documentación arqueológica de estructuras de delimitación (tanto de espacios agrarios como residenciales) de entidad bastante más precaria, dependientes de la propia evolución de cada unidad doméstica del asentamiento a lo largo del tiempo. El registro arqueológico de éstas exige la implementación de estrategias de documentación arqueológica sobre áreas extensas. Sólo de esta forma se cumplirían las condiciones que nos permitan reunir datos suficientes al respecto, ya sea directamente, cuando sus huellas se han conservado (en forma de zanjas o estructuras de cualquier otra clase que sirvan para la delimitación de ámbitos espaciales funcionalmente específicos), o indirectamente, cuando en la planimetría global puede llegar a apreciarse la alineación o disposición ordenada e incluso forzada de toda clase de estructuras arqueológicas por unos límites cuya precaria materialidad original (o una deficiente conservación del registro) no haya dejado huellas

[1] La más perjudicada incluso dentro de un cuadro en el que los yacimientos en su conjunto apenas revisten el más mínimo rasgo de monumentalidad. La situación es cualitativamente diversa en los países del Norte de Europa, donde la tradición de un proceso de registro meticuloso se encuentra más vinculada a la clase de evidencias que surgen en la Prehistoria. Para un reciente y sugestivo trabajo que indaga acerca de la interpretación histórica de estos elementos de recensión parcelaria, véase Reynolds 2003.

reconocibles. Llevar a buen puerto esa labor requiere una profesionalización del equipo implicado en los trabajos de desbroce, limpieza manual y documentación topográfica preliminar ya que se exige discriminar con precisión algunas de las estructuras más lábiles y menos obvias de los yacimientos.

Las estructuras arqueológicas relativamente distantes de las zonas nucleares donde se desarrollaron actividades domésticas en un determinado momento suelen presentar estratos de colmatación de formación natural, sin apenas residuos domésticos o sedimento ceniciento, y cuando eventualmente llegan a identificarse, son con frecuencia eximidas de la atención que debieran por la escasez de restos muebles que habitualmente aportan. Es de lamentar que muchos arqueólogos puedan considerar que, al aportar escaso material arqueológico asociado, esas estructuras no resulten interpretables o carezcan de interés. El resultado es la condena recurrente de muchas estructuras clave para resolver la cuestión de las formas de parcelario y, en general, de la organización interna del asentamiento, al limbo de lo que no es arqueológicamente significativo, digno de documentarse con precisión o susceptible de ser documentado con atención. Por desgracia, a la hora de establecerse las prioridades que marcan la agenda en el seno de la arqueología comercial, las víctimas del registro suelen caer siempre del mismo lado. Zanjas, estructuras aisladas o periféricas de difícil reconocimiento, fosas de origen y naturaleza ignota aportan un valioso caudal de datos para reconocer y reconstruir la estructura característica de cualquier yacimiento, pero muy especialmente la de los asentamientos rurales altomedievales.

Los yacimientos que pasaremos a analizar se emplazan en la mitad meridional de la Comunidad de Madrid, área en la que se ha cebado un enorme deterioro del paisaje rural tradicional, tanto a consecuencia de un irracional y poco o nada sostenible desarrollo urbanístico en su mayor parte de carácter especulativo como por la inevitable construcción de una densa red de infraestructuras.

El sector sobre el que hemos centrado nuestros principales esfuerzos de tipo analítico comprende unos veinte términos municipales que abarcan una extensión aproximada de casi 800 km^2 (casi un diez por ciento del territorio de la Comunidad), delimitado a Este y Oeste por los ríos Jarama y Guadarrama, al Norte por la propia ciudad de Madrid y al Sur por la arbitraria división administrativa con la provincia de Toledo. El sector oriental presenta formaciones geológicas evaporíticas, mientras en el occidental predominan las arenas detríticas. Se trata de un paisaje de campiñas ligeramente onduladas surcadas por pequeños cursos de agua, con una altitud media que ronda los 580 metros de altitud, de clima continental. La única vega fluvial destacable del territorio sería la formada a orillas del río Jarama.

Hasta la fecha se han podido identificar más de medio centenar de enclaves rurales de variado tipo pero aspecto bastante homogéneo, en su mayor parte con secuencias de ocupación pluriseculares que comienzan en la segunda mitad del siglo V o inicios del VI y terminan de forma bastante brusca entre mediados del VIII y tal vez mediados del IX d.C. Entre estas dos últimas fechas, dada la despoblación de un número muy elevado de asentamientos, parece intuirse que una relevante masa de población rural emigraría a los arrabales de Toledo[2] o pasaría a engrosar núcleos poblacionales agregados a la sombra de una serie de enclaves principales emplazados en alto, encastillados o fortificados (tanto los que podríamos juzgar como de primera categoría como Madrid, Calatalifa, Alcalá la Vieja o Talamanca, como de inferior entidad, caso de los castillos de Ribas, Cervera o Paracuellos). No sería descartable que algunos de los pueblos que se desarrollaron con éxito demográfico hasta la actualidad (Pinto, Móstoles) hayan desempeñado también ese carácter central a partir del siglo IX. Este proceso de densificación demográfica relativamente repentina se documenta lamentablemente mal en la mayor parte de los sitios donde se desarrollan actividades de arqueología urbana,[3] siendo las ciudades de Madrid o Toledo los paradigmas de este fracaso sin paliativos. A una escala menor, tal proceso puede no haber pasado desapercibido, por ejemplo, al equipo arqueológico implicado en las investigaciones sobre el monasterio de Melque (Toledo), convertido a estos efectos en un lugar central durante un determinado periodo de tiempo[4] (Caballero 2007).

A continuación pasaremos a analizar un selecto repertorio de casos. Habría sido difícil no arrancar por el que tal vez sea el yacimiento más conocido (Gózquez, término de San Martín de la Vega, Madrid). Lo cierto es que la evidencia arqueológica proporcionada por la intervención en esta aldea (excavada entre 1998 y 1999) es extraordinaria en muchos aspectos, y a tenor de lo que hemos ido viendo después, durante estos últimos diez años, un caso bastante excepcional.

1. Gózquez. Reconocimiento de un parcelario altomedieval

La primera estructura parcelaria reconocida al iniciar la intervención arqueológica en extensión tenía un contorno curvo y se encontraba llena de gavias o plantones de antiguas viñas (Fig. 1). Las relaciones estratigráficas y el material de alguno de los rellenos nos permitiría concluir que se trataba de una parcela bajomedieval o de la edad Moderna (siglos XIV-XVI d.C.). No se aprecia rastro de

[2] Fenómeno que tal vez llegue a documentarse con precisión en las intervenciones arqueológicas que se están llevando a cabo en la Vega Baja (Rojas; Gómez 2009).

[3] No hay duda que parte de la responsabilidad de esta situación habría que achacarla a la propia escala en la que opera la arqueología de urgencia en estos centros, pero tampoco es sencilla la identificación de aquello cuya eventual existencia se ignora. En determinados casos en que se ha logrado romper la tónica general de las pequeñas o mínimas intervenciones (caso de la plaza de Oriente o del futuro museo de las Colecciones Reales en la Plaza de la Armería), tal vez el problema tenga igualmente una vertiente de insuficiente competencia profesional.

[4] Nos referimos a la fase durante la cual se documenta la instalación de un inusitado número de hogares a lo largo y ancho del sector excavado del monasterio.

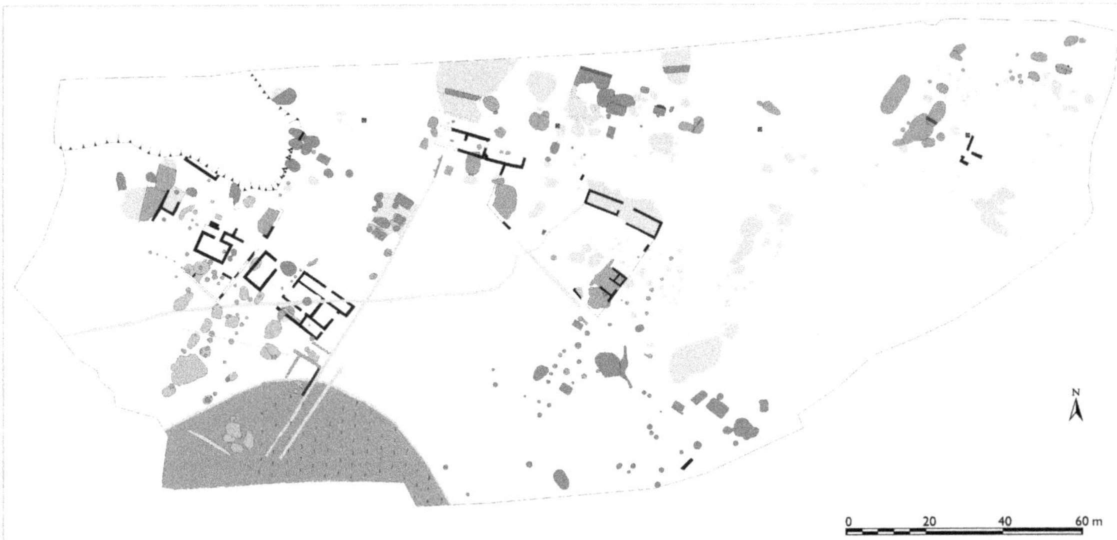

FIG.1: PARCELA DE VIÑEDO DE DATACIÓN MODERNA SOBRE EL EMPLAZAMIENTO DEL BARRIO ORIENTAL DE LA ALDEA ALTOMEDIEVAL DE GÓZQUEZ

FIG.2: ESTRUCTURA PARCELARIA INTERNA DE LA ALDEA DE GÓZQUEZ (S. VI-VIII D.C.)

ella en la fotografía aérea del año 1945, ni ha dejado huella alguna en la estructura catastral.

La original trama parcelaria de la aldea de Gózquez fue desvelándose poco a poco, y tuvimos que aprender a leerla desde el instante en que dispusimos de la primera planta completa del área de excavación con la mayor parte de las estructuras. Su reconocimiento exigía, sin embargo, la lectura e interpretación de los espacios vacíos, aquellos en los que nunca llegaron a producirse intervenciones antrópicas de carácter constructivo. Fue necesario englobar en el área de la intervención arqueológica, limpiar, excavar y documentar con detalle, los sectores en los que no aparecía nada obvio, donde no había 'arqueología'. El contraste entre áreas ocupadas y áreas libres de estructuras fue reconocible desde el momento en que la escala de la intervención arqueológica asumía las características propias de un enclave rural altomedieval: la trama espacial adoptada por la ocupación de diversas unidades domésticas contiguas (Fig. 2).

La materialidad de la ordenación parcelaria en la aldea altomedieval de Gózquez constituye en cierto sentido (y hasta el momento) un caso excepcional, como antes apuntamos, por cuanto presenta una extraordinaria estabilidad y rigidez en el uso del espacio durante más de dos siglos, desde su fundación en la primera mitad del siglo VI hasta el abandono del asentamiento a mediados del VIII. El reconocimiento de esa específica organización espacial interna del enclave tuvo lugar a partir de los siguientes conjuntos de pruebas.

- Tenemos por una parte una serie de evidencias materiales: zanjas largas asociadas a muros, zanjas paralelas que delimitaban eventuales pasillos de transitabilidad o viarios que a su vez limitan con espacios agrarios cercados, formas de parcelas o recintos con ángulos rectos señaladas por estructuras excavadas;
- en segundo lugar, el reconocimiento de la forma en planta de los sectores sin estructuras

construidas, incluso sin ninguna clase de evidencia física de delimitación;
- y finalmente, el reconocimiento de diversas alineaciones de estructuras que denotan la existencia en un determinado momento de elementos de separación de los que no se ha preservado huella material alguna.

Por cuanto a la forma y dimensiones de las parcelas de Gózquez, las que han podido ser medidas con un mayor grado de certidumbre tienen un formato rectangular bastante regular, de unos 78 metros de largo por 34 de ancho, es decir miden unos 2650 metros cuadrados, lo que equivaldría aproximadamente a dos días de bueyes (1260 m^2, 60 varas de largo por 30 de ancho).[5]

Hasta la fecha, el único asentamiento del que tenemos constancia que presenta una distribución espacial interna que podría resultar similar a la documentada en Gózquez (alternancia de parcelas de formato rectangular de uso residencial y agrario) sería el vallisoletano de Ladera de los Prados (Aguasal), en el que, a pesar de las limitaciones del área excavada, se observa una neta separación de límites rectos entre dos agrupaciones relativamente densas de estructuras (Strato 2003). A pesar del medio millar de asentamientos rurales documentados en Francia durante los últimos años, no parece que un patrón de estas características haya sido reconocido con claridad.[6]

El análisis de la evidencia arqueológica a una escala global demuestra además la necesaria existencia de parcelas con dedicaciones específicas. La interpretación de un edificio como lagar de aceite y el hallazgo de restos paleocarpológicos de olivas carbonizadas en diversos contextos demuestran el cultivo de olivares en las proximidades del asentamiento. Es posible que sus pies se hallen algo alejados del núcleo residencial, mientras que las parcelas inmediatas a las casas se dedicaran a cultivos de carácter intensivo, en las que se aprovechara el abono orgánico de la cabaña doméstica estante (équidos, bóvidos y ovicaprinos). Tampoco podría descartarse la existencia de parcelas regadas en las inmediaciones del arroyo que delimita por el Norte a la aldea, con sistemas simples de infraestructura hidráulica. Diversas muestras paleocarpológicas de sedimento están siendo procesadas actualmente en el laboratorio de la UPV, aunque todavía no disponemos de más resultados que los ofrecidos por un examen preliminar.[7]

2. Estabilidad y cambio en la estructura parcelaria. Reconstrucción y desplazamiento de las unidades domésticas

Lo más habitual en los asentamientos altomedievales madrileños viene siendo la documentación de formas de parcelario de límites cambiantes a lo largo del tiempo en lo tocante a la ubicación de la vivienda principal y sus espacios inmediatos. Ha podido comprobarse en diversas ocasiones que las estructuras se reedifican frecuentemente, tal vez con arreglo a ciclos generacionales, y que estas reconstrucciones no se plantan directamente sobre las ruinas de la anterior, sino que implican desplazamientos de hasta varias decenas de metros. H. Hamerow ha propuesto que, de esta forma, se podría aprovechar y obtenerse el máximo rendimiento del componente orgánico de esas nuevas parcelas ganadas para el cultivo intensivo (Hamerow 2002: 104-6).[8] Esta probable rotación del área residencial en torno a unas parcelas de dedicación agraria intensiva ha podido comprobarse en varios yacimientos de la campiña madrileña, de los que ilustraremos sólo algunos.

En los sectores 4, 5 y 6 de la aldea de El Pelícano (P04-05-06, sobre una superficie de 19.355 m^2), los trabajos arqueológicos permitieron registrar los restos de al menos tres sucesivas reconstrucciones de lo que puede haber sido una misma unidad doméstica (Vigil-Escalera 2009: Fig. 13). La fase más antigua podría fecharse en torno al último tercio del siglo VI o el primer cuarto del VII. La segunda ocuparía la parte central de esa misma centuria. La tercera ocupación se dataría a caballo entre los siglos VII y VIII d.C. Como ya había podido observarse antes en otros yacimientos, la última de las ocupaciones presenta las estructuras de carácter residencial mejor conservadas, habiendo sido el material constructivo de las fases previas aprovechado por las sucesivas.[9] En todo caso, resulta difícil a partir de la evidencia material conservada hacer cualquier posible lectura en términos de mayor estabilidad o complejidad de la organización de unas ocupaciones (las más tardías) respecto de las precedentes.[10]

En el yacimiento de Prado Viejo (Torrejón de la Calzada, Madrid), el análisis arqueológico de las estructuras repartidas por una superficie de más de seis hectáreas y media ha consentido desentrañar algunas claves para entender el aparentemente caótico panorama de una ocupación altomedieval cuyo origen se situaría hacia finales de la quinta centuria y que se prolongó hasta el menos la segunda mitad del siglo VII d.C., momento en el que la única unidad doméstica en activo (tal vez fueran

[5] El día de bueyes mide convencionalmente en el concejo asturiano de Gijón 12,58 áreas (0,126 Has, 1.800 varas cuadradas, 60 de largo por 30 de ancho) aunque su tamaño puede variar en otras zonas vecinas entre 1.112 y 2.234 varas cuadradas, equivaliendo a una fanega de sembradura o día de aradura (Gran Enciclopedia Asturiana, s.v. día de buey).
[6] E. Zadora-Rio, com. pers.
[7] Amablemente llevado a cabo por la Dra. L. Peña Chocarro, pudieron reconocerse restos de cebada, trigo hexaploide desnudo y avena (Vigil-Escalera 2003b: 54).
[8] Aunque no sea esta la única explicación posible para esta clase de comportamientos, detectados igualmente durante la prehistoria reciente europea. De hecho, se han propuesto razones culturales convincentes a partir de diversos paralelos etnográficos (Gerritsen 1999).
[9] Esto implica que los zócalos perimetrales de las viviendas precedentes suelen encontrarse expoliados, de modo que las únicas huellas de su emplazamiento original suelen corresponderse con los estratos conservados en los ligeros rehundimientos de su parte interna.
[10] Tal y como parece observarse en algunos yacimientos altomedievales británicos hacia las mismas fechas (Reynolds 2007).

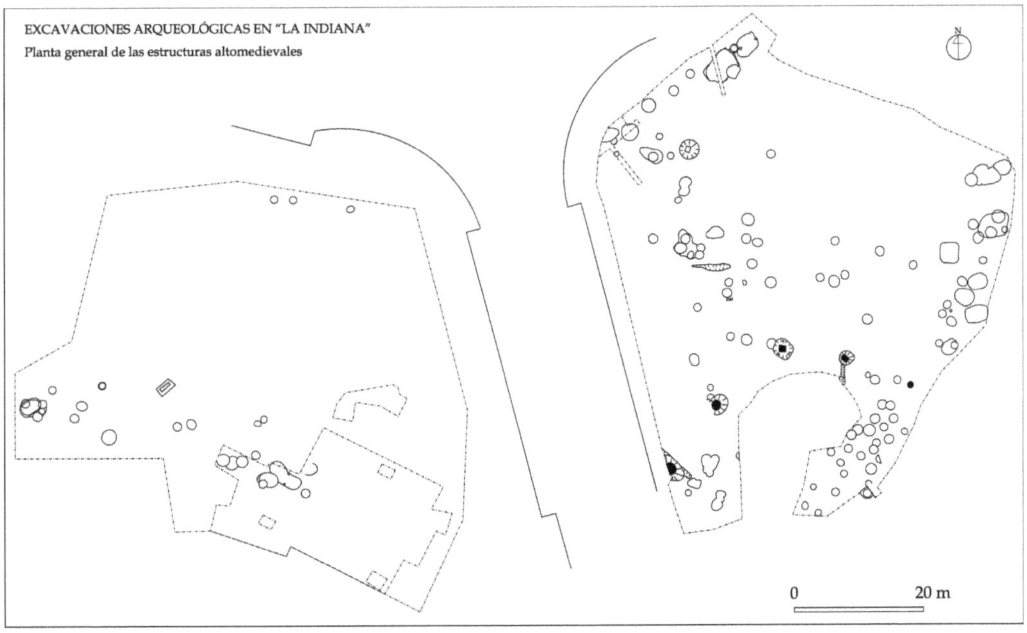

FIG.3: ALINEACIÓN DE POZOS EN LA COTA MÁS ELEVADA DEL ASENTAMIENTO ALTOMEDIEVAL DE LA INDIANA (PINTO, MADRID)

un par de ellas) se reubicara al otro lado del arroyo estacional que parte en dos el yacimiento (Vigil-Escalera 2009: Fig. 17).

En ninguno de los casos se han podido llegar a documentar límites parcelarios bien definidos, aunque sí parecerían definirse determinados sectores de funcionalidad específica preferente, tales como ciertas áreas donde tienden a concentrarse los hornos cerámicos o donde se densifican las estructuras de almacenamiento subterráneo (silos).[11] En el caso de Prado Viejo, la esporádica localización de sepulturas aisladas o en minúsculas agrupaciones que no llegan a conformar espacios funerarios estables de uso comunitario se ha interpretado como característica de asentamientos tal vez de entidad demográfica menor, o dependientes de otros centros, que no llegan a sustanciar esos espacios de uso comunitario por excelencia que serían las necrópolis aldeanas.

3. Pozos, parcelario y tipos de explotación agraria

Los pozos hidráulicos son un tipo de estructura relativamente común en los asentamientos rurales altomedievales del territorio meridional de la Comunidad de Madrid. Desde el año 1997, en que se excavó el yacimiento de La Indiana (Vigil-Escalera 1999), venimos dando vueltas acerca de su correcta interpretación y eventual significado en la trama de los asentamientos (Fig. 3). No son raros lo sitios donde aparecen formando alineaciones o baterías de estructuras, como en La Indiana (Pinto, Madrid), aunque es relativamente esporádica su aparición en otros (Gózquez, El Pelícano). La discriminación de este tipo de estructuras frente a otras de tipología relativamente similar (letrinas) no resulta siempre sencilla, y se basaría sobre todo (a nuestro juicio) en la profundidad relativa de ambas.[12]

La aparición de estructuras de captación de agua subterránea en enclaves rurales no es exclusiva si embargo del periodo altomedieval, habiéndose documentado alineaciones de pozos y estructuras domésticas o auxiliares de suelo rehundido por ejemplo a finales de la segunda Edad del Hierro en yacimientos como Fuente de la Mora, en Leganés (Vigil-Escalera 2003c). También durante la época altoimperial romana se observan alineaciones de pozos de factura muy similar a la altomedieval en sistemas alineados con caminos en yacimientos como el de El Pelícano, en Arroyomolinos.

La dificultad de reconocimiento de los límites del parcelario de uso estrictamente residencial en muchos enclaves nos priva de conocer en detalle la inserción precisa de los pozos en ese ámbito más amplio. En el barrio oriental de Gózquez, por ejemplo, el emplazamiento del único pozo documentado al final de una especie de camino delimitado por sendas zanjas, cerca de un grupo de casas, nos hace suponer su relación con el aprovisionamiento de agua para el ganado.[13] La propia posición topográfica de los pozos podría aportar información sensible acerca de los usos para los que fueron concebidos. En el caso de La Indiana, la alineación principal de pozos se emplaza en la cota relativa más elevada de su entorno formando una especie de arco. Hace ya diez años propusimos su interpretación como un minisistema hidráulico, sirviendo los pozos para

[11] Este último fenómeno se aprecia por ejemplo en el sector sudoriental del área excavada en el yacimiento de La Indiana (Pinto, Madrid.)

[12] No es extraño que los pozos hidráulicos alcancen profundidades superiores a los tres o cuatro metros, mientras que los de lo que hemos interpretado como letrinas no suelen alcanzar los dos metros.

[13] Al que se haría transitar por ese camino vallado hasta el interior de la aldea sin que invadiera alguna de las parcelas agrarias con las que linda.

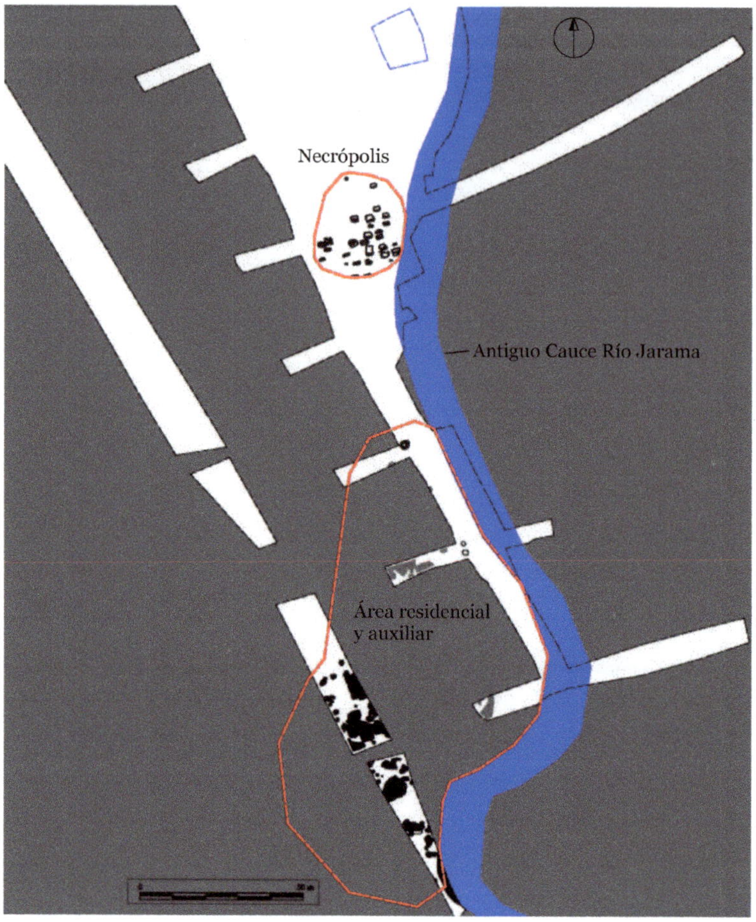

FIG.4: DISTRIBUCIÓN CONCENTRADA DE ESTRUCTURAS ARQUEOLÓGICAS EN UN EMPLAZAMIENTO RIBEREÑO: EL SOTO (BARAJAS, MADRID), S. VII-IX D.C.

el riego de pequeñas parcelas de huerta[14] (Vigil-Escalera 1999).

Tampoco sería descartable en ciertos casos una relación funcional con el desarrollo de actividades artesanales, ya sean estables o de carácter más esporádico (fabricación de teja o cerámica doméstica). Si estos pozos fueran de uso estrictamente doméstico, cabría esperar su emplazamiento cerca de la casa, en el patio.

En relación con el propio diseño de la estructura son destacables los siguientes aspectos. En su mayoría aparecen documentados como estructuras con su parta superior abocinada, posible resultado del deterioro de sistemas de cubrición y extracción mecánica del agua por desgracia complejas de restituir. Se han identificado en ocasiones huellas de postes a escasa distancia de su embocadura pertenecientes a estructuras construidas en madera en forma de trípode, lo que apuntaría a la posible instalación de cigüeñales o poleas. Algunos elementos serían recurrentes, como la forma subrectangular en planta del corte del pozo o los pates a distancias regulares en sus paredes enfrentadas más próximas. Estos elementos facilitarían su propia construcción y el desempeño regular de labores de mantenimiento.

En cualquier caso, la asociación precisa de estas estructuras de captación hídrica a unas determinadas pautas de explotación agraria podrá sustentarse de manera más firme en un futuro próximo con el desarrollo de programas de investigación sistemáticos orientados a la identificación de las eventuales especies cultivadas (análisis paleocarpológicos).

4. Distribución espacial de las estructuras: límites invisibles de parcelario, concentración vs. dispersión

Yacimientos madrileños como el de El Soto/El Encadenado (Barajas, Madrid), han proporcionado la oportunidad de documentar un sector de uso residencial y auxiliar en el que destaca una muy densa agrupación y superposición de estructuras, ofreciendo nuevas pistas para entrar a valorar determinadas constricciones espaciales invisibles o que no han dejado huella material conservada. En este caso, en plena vega del río Jarama, sin obstáculos ni impedimentos topográficos de ningún tipo, parece razonable intuir que esa concentración del espacio 'urbanizable' dentro de ciertos límites no tendría otra razón de ser más que el ahorro de espacio agrario de alta potencialidad productiva. La zona de actividad de las unidades domésticas quedaría restringida evitando incidir en unos espacios de aprovechamiento agrario intensivo que se emplazarían en el entorno inmediato del espacio residencial construido. Éste habría quedado establecido y delimitado desde la primera fase de instalación del

[14] Ese sector al Norte del pueblo de Pinto, destinado tradicionalmente a la horticultura, ha sido regado con ayuda de norias de sangre hasta fechas bastante recientes.

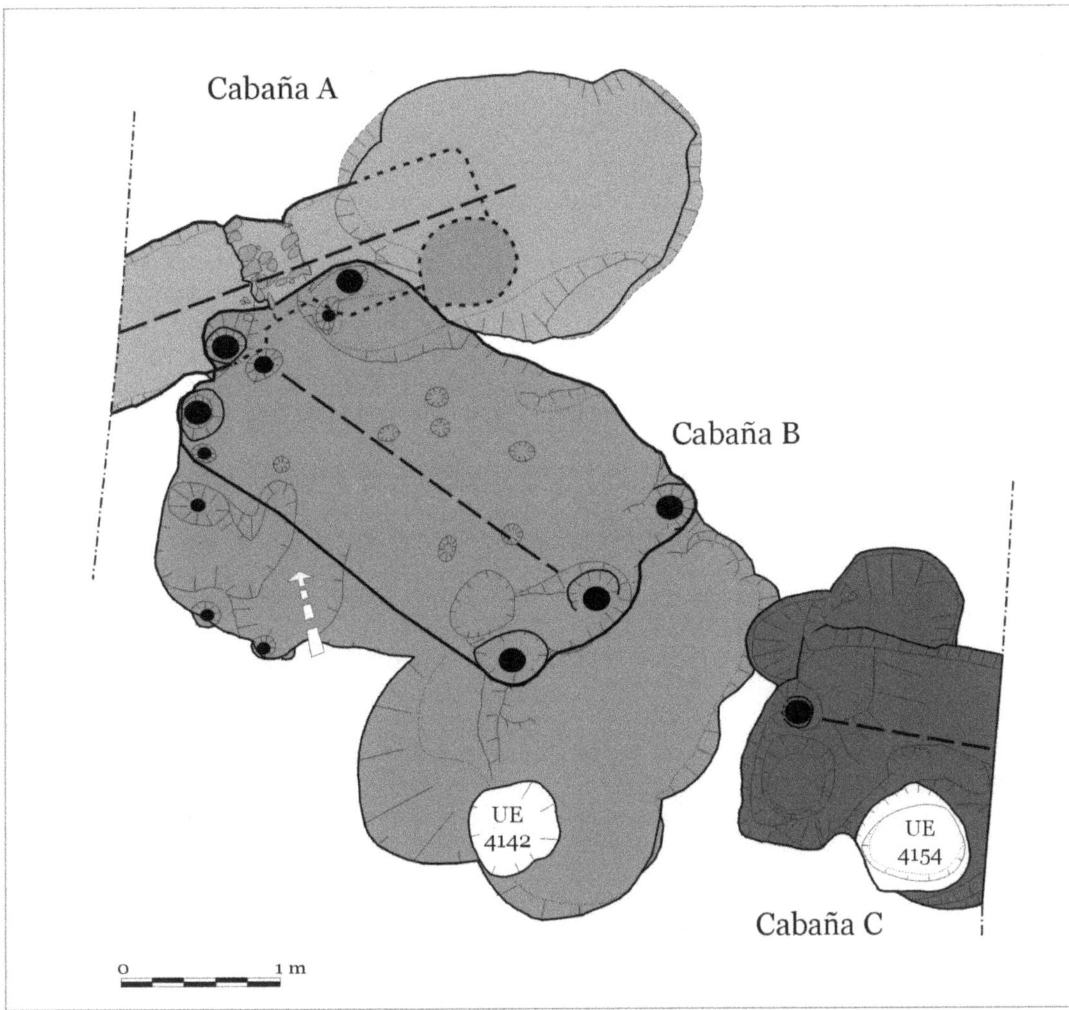

FIG. 5: LA APRETADA YUXTAPOSICIÓN DE ESTRUCTURAS EN EL YACIMIENTO DE EL SOTO DENOTARÍA UN APROVECHAMIENTO INTENSO TANTO DEL ESPACIO 'URBANIZABLE' COMO DEL AGRARIO

enclave. El desarrollo transgeneracional del mismo se vería abocado a respetar esos límites condicionando así una utilización específica del espacio disponible.

Esta clase de comportamientos no son lo habitual, en todo caso. En casi todos los yacimientos rurales de las campiñas del Sur de Madrid se ha observado recurrentemente un cierto cuidado a la hora de elegir el espacio donde construir silos, hornos, bodegas, cocinas o viviendas, evitando escrupulosamente que se produjeran superposiciones de estructuras.[15] En la secuencia arqueológica de este yacimiento de la vega del Jarama, sin embargo, tal limitación se elude, produciéndose un aprovechamiento completo del espacio urbanizable a disposición, de lo que resulta una densa superposición de estructuras (Fig. 4-5 –planta y detalle yuxtaposición cabañas-).

Una primera lectura de estas divergencias observadas en lo tocante a la ordenación espacial de los yacimientos analizados nos remite a la posibilidad, por tanto, de que podamos encontrarnos ante unas pautas de aprovechamiento del espacio específicas de la los enclaves de la campiña y otras diversas en las vegas. De carácter extensivo en la primera, intensivo en las otras. Y que respondan a estrategias de aprovechamiento agrario diferenciadas, en las que la relación entre casas y huertos sea sustancialmente diversa.

5. Conclusiones

El trabajo desarrollado durante los últimos diez años en yacimientos rurales altomedievales de Madrid nos ha permitido por vez primera enfrentarnos al problema de la lectura de los perímetros del área de uso residencial y, de forma más general, a la nueva complejidad de los límites del yacimiento en términos prácticos o decisionales: ¿hasta dónde se puede llegar o sería razonable aspirar a llegar con la actividad arqueológica de urgencia? Comprender rigurosamente las claves de funcionamiento de estos enclaves rurales supone desentrañar a la vez dos nudos: el palimpsesto de ocupaciones superpuestas más o menos imperfectamente solapadas, que incluyen a lo largo del tiempo desplazamientos menores de la

[15] Esto puede tener una primera lectura de orden práctico o estrictamente funcional: la resistencia al deterioro de una estructura excavada sería mayor si las paredes de ésta se han recortado sobre terreno virgen, compacto y limpio. Pero es igualmente posible que se evitaran las intersecciones por razones de contaminación y salubridad, ante el riesgo de exponerse a materiales infecciosos o materia orgánica en descomposición, que es la que habitualmente forma parte de los rellenos que ocluyen una mayoría de fosas.

funcionalidad de áreas específicas (muchas veces con lapsos generacionales) y los marcos mínimos de resolución cronológica (tal vez ese lapso de 25 años) para discriminar en esa sucesión de fotogramas las secuencias orgánicas de cada desarrollo específico.

En la propia configuración espacial de estos asentamientos, rurales y abiertos, se encierran con probabilidad las claves para entender su funcionamiento y la lógica interna por la que se rigen: casas y huertos (espacios de cultivo intensivo anejos a la vivienda) forman un binomio funcional (Galetti 1987).

Las claves para interpretar lo estrecho de esta indudable relación podrían ser las siguientes:

- Minimización de la inversión de trabajo;
- Control directo y cotidiano sobre esos espacios productivos contiguos a la vivienda;
- Posibilidades de mejora de la productividad mediante, por ejemplo, su abonado continuo y sistemático.

La definición cronológica (una buena resolución en el establecimiento de la secuencia diacrónica de las ocupaciones) nos permite escapar de la foto fija del yacimiento masivo y caótico de estructuras para desentrañar en alguna medida sus lógicas transgeneracionales y el orden, las estrategias y las lógicas que subyacen detrás de esas primeras apariencias. Una práctica arqueológica rigurosa (ya lo hemos señalado antes) es imprescindible para desentrañar esa clase de evidencia implícita. No basta sólo con excavar en extensión. Clarificar y entender la evolución de las secuencias cerámicas al inicio de nuestro proyecto de investigación nos ha permitido escapar de esa foto fija del palimpsesto ocupacional para comenzar a atisbar la diacronía de toda clase de procesos.

Durante el último decenio, arqueólogos más o menos implicados profesionalmente en los problemas relacionados con la gestión y conservación del patrimonio arqueológico inmueble hemos mantenido con los técnicos de la administración competente un debate (con resultados no siempre fructíferos, como veremos) acerca de la forma en que debían ser sometidos a escrutinio los yacimientos directamente amenazados por grandes proyectos urbanísticos o de infraestructuras. Es cierto que en determinadas circunscripciones (dependiendo en buena medida de la actitud más o menos responsable de los técnicos involucrados en la gestión patrimonial) las intervenciones arqueológicas sobre áreas extensas han conseguido ir generalizándose progresivamente.

La visión que desde las distintas administraciones competentes en Patrimonio Arqueológico se tiene del yacimiento podría llegar a compararse en algunos casos con la descrita por James Scott al respecto de la visión desde el prisma del Estado (1998): reductiva, arbitraria, y en suma, incapaz de reconocer o aceptar la verdadera complejidad de la realidad a administrar.[16] La resistencia mostrada por diversos órganos de la administración a aceptar que toda intervención arqueológica no puede ser sino un muestreo (de que no existe o no es posible la Excavación Total) ha conducido a la quimera (con desastrosas consecuencias de índole práctica) de que los yacimientos amenazados por una destrucción inminente deben ser (en teoría) completamente excavados. La traducción administrativa de la necesidad de poner en práctica una arqueología extensiva ha desembocado en la trivialización del conjunto de procedimientos arqueológicos y la negación del concepto mismo del yacimiento. Y ha sido así ante la resistencia a admitir un cuestionamiento público y en profundidad de la propia definición de lo que es un yacimiento arqueológico, de las múltiples y posibles formas de someterlo a análisis y de la capacitación profesional exigible a los implicados en lo que ha sido descrito como 'gestión de la destrucción' (Vigil-Escalera, Quirós 2009). Ubicados en estas inmutables posiciones, no es de extrañar que se haya preferido la recolección de toda la cerámica procedente de las estructuras excavadas antes que atender a la adecuada documentación de éstas, obviándose lo que se consideran las partes menos atractivas del registro y soslayando la complejidad de las secuencias. El desarrollo de las obras del aeropuerto de Barajas ha sido, desde esta clase de perspectiva, un jarro de agua fría sobre las expectativas existentes acerca de una verdadera refundación de la práctica arqueológica en extensión. Las sucesivas campañas de peritación arqueológica mediante la apertura de miles de sondeos evidenciaron la falacia de que era posible alcanzar una efectiva delimitación de los yacimientos, formando éstos un continuo espacial y temporal a lo largo de toda la vega del Jarama. Sin embargo, no se ha podido llegar a tratar todo el territorio afectado como una unidad de intervención, y la descomposición de éste en células de ocupación arbitrariamente delimitadas nos ha privado de una oportunidad única y difícilmente repetible de cambiar el rumbo y romper determinadas inercias.

Como hemos visto, disponemos en la actualidad de indicadores poderosos para construir sobre cimientos estables una arqueología agraria de las aldeas altomedievales. Es sin embargo precisa una decidida reorientación de los objetivos, las estrategias, los protocolos y la planificación o programación de las intervenciones para que, siendo conscientes de la verdadera entidad y complejidad de la evidencia arqueológica, se logre maximizar la captura de toda la información residente.[17]

BIBLIOGRAFÍA

Barceló Perelló, M. 1988: La arqueología extensiva y el estudio de la creación del espacio rural. *En*: Barceló, M; Kirchner, H.; Lluró, J.M.; Martí, R.; Torres, J.M.

[16] Interesantes comentarios al respecto de la situación experimentada en Francia por el desarrollo en la práctica de la arqueología de las aldeas pueden encontrarse en Carré *et alii* 2009.

[17] Agradezco a J.A. Quirós sus notas sobre un boceto del texto.

Arqueología medieval. En las afueras del "medievalismo". Crítica, Barcelona, pp. 196-202.

Barceló Perelló M. 1995: Crear, disciplinar y dirigir el desorden. La renta feudal y el control del proceso de trabajo campesino: una propuesta sobre su articulación. *Taller d'Història*, VI, 2, pp. 61-72.

Berger, J.-F.; Jung, C. 1997: Fonction, évolution et taphonomie des parcellaires en moyenne vallée du Rhône. Un exemple d'approche intégrée en archéomorphologie et en géoarchéologie. *En:* Chouquer, G. (ed.) *Les formes du paysage*, t. 2. Errance, Paris, pp. 95-112.

Berger, J.-F. 2000: Les fossés bordiers historiques et l'histoire agraire rhodanienne. *En: Études Rurales*. La très longue durée. http://etudesrurales.revues.org/ document4.html

Caballero Zoreda, L. 2007: El monasterio de Balatalmelc, Melque (San Martín de Montalbán, Toledo). En el centenario de su descubrimiento. *En:* López, J.; Quiroga; Martínez, A.M.; J. Morín, J. (eds.) *Monasteria et territoria. Elites, edilicia y territorio en el Mediterráneo medieval (siglos V-XI)*. British Archaeological Reports IS S1720, Oxford, pp. 91-107.

Carré F. ; Hincker V. ; Mahé N. ; Peytremann E. ; Poignant S. ; Zadora-Rio E. 2009: Histoire(s) de(s) village(s). *En: Les Nouvelles de l'archéologie*, 116, pp. 51-59.

Collins, R. 2004: *Visigothic Spain, 409-711*. Blackwell, Oxford (trad. española 2005).

Chouquer, G. 2000: Le parcellaire dans le temps et dans l'espace. Bref essai d'épistémologie. En *Études Rurales*. La très longue durée. http://etudesrurales.revues.org/document3.html

Galetti, P. 1987: La casa contadina nell'Italia padana dei secoli VIII-X. *En:* Francovich, R. (ed.), *Archeologia e Storia nel Medioevo Italiano*. Nuova Italia Scientifica, Roma, pp. 96-111.

Gerritsen, F. 1999: To build and to abandon. The cultural biography of late prehistoric houses and farmsteads in the southern Netherlands. *Archaeological Dialogues*, 6 (2), pp. 76-97.

Gurt i Esparraguera, J.M. 2000-2001: Transformaciones en el tejido de las ciudades hispanas durante la antigüedad tardía: dinámicas urbanas. *Zephyrus*, 53-54, pp. 443-71.

Hamerow, H. 2002: *Early Medieval Settlements. The archaeology of rural communities in North-West Europe 400-900*. Oxford University Press. Oxford.

Olmo Enciso, L. 2008: Recópolis: una ciudad en una época de transformaciones. *En:* Olmo Enciso, L. (ed.) *Recópolis y la ciudad en la época visigoda*, Zona Arqueológica, 9.Museo Arqueológico Regional, Alcalá de Henares, pp. 40-62.

Quirós Castillo, J. A. 2009: Early Medieval Villages in Spain in the light of the European experience. New approaches in peasant archaeology. *En:* Quirós Castillo, J.A. (ed.) *The archaeology of villages in the early middle ages*, Bilbao (en prensa)

Reynolds, A. 2003: Boundaries and settlements in later Sixth to eleventh-century England. *En:* Griffiths, D.; Reynolds, A.; Semple, S. (eds.) *Anglo-Saxon Studies in Archaeology and History*, 12, University School of Archaeology, Oxford, pp. 98-136.

Rojas Rodríguez-Malo, J.M.; Gómez Laguna A.J., 2009: Intervención arqueológica en la Vega Baja de Toledo. Características del centro político y religioso del reino visigodo. *En:* Caballero, L.; Mateos, P.; Utrero, MªA. (eds.) *El siglo VII frente al siglo VII: arquitectura* (V*isigodos y Omeyas, 4, Mérida 2006)*. Anejos de Archivo Español de Arqueología LI, CSIC, Madrid, pp. 45-89.

Scott, J.C. 1998: *Seeing like a State*. Yale University Press, New Haven.

Strato, 2003: *Excavación Arqueológica en Área en el Yacimiento de Ladera de los Prados, en Aguasal (Valladolid). Integrada en las Actuaciones Arqueológicas de la obra Nuevo Acceso Ferroviario al Norte y Noroeste de España. Tramo: Segovia-Valladolid, Subtramo IV. Sección 2ª. Ciruelos de Coca-Olmedo (Provincias de Segovia y Valladolid)*. Strato, S.C., Informe inédito, Servicio Territorial de Cultura, Junta de Castilla y León, Valladolid.

Vigil-Escalera Guirado, A. 1999: La Indiana (Pinto, Madrid). Estructuras de habitación, almacenamiento, hidráulicas y sepulcrales de los siglos VI-IX en la Marca Media. *En: XXIV Congreso Nacional de Arqueología (Cartagena, 1997)*, Vol. 5., Murcia, pp. 205-11.

Vigil-Escalera Guirado, A. 2003a: Cerámicas tardorromanas y altomedievales de Madrid. *En:* Caballero, L.; Mateos, P.; Retuerce, M. (eds.) *Cerámicas tardorromanas y altomedievales en la Península Ibérica. Ruptura y continuidad (II Simposio de Arqueología. Mérida, 2001)*. Anejos de Archivo Español de Arqueología, XXVIII, CSIC, Madrid, pp. 371-87.

Vigil-Escalera Guirado, A. 2003b: Los poblados de época visigoda del Sur de Madrid: algunos aspectos económicos y sociales. *En: I Congreso del Instituto de Estudios Históricos del Sur de Madrid "Jiménez de Gregorio"*. Alcorcón, pp. 51-68.

Vigil-Escalera Guirado, A. 2003c: *Memoria de las excavaciones arqueológicas en el yacimiento Fuente de la Mora (Leganés, Madrid). Año 2001*. Área, S.C.M. Memoria inédita, depositado en la DGPH de la Comunidad de Madrid.

Vigil-Escalera Guirado, A. 2007: Granjas y aldeas tardoantiguas y altomedievales de la Meseta. Configuración espacial, socioeconómica y política de un territorio rural al norte de Toledo (ss. V-X d. C.). *Archivo Español de Arqueología*, 80, pp. 239-284.

Vigil-Escalera Guirado, A. 2009: Las aldeas altomedievales madrileñas y su proceso formativo. *En:* Quirós Castillo, J.A. (ed.) *The archaeology of early medieval villages*, Bilbao (en prensa)

Vigil-Escalera Guirado, A.; Quirós Castillo J.A. 2009: Early medieval rural societies in the northwest of the Iberian peninsula. Archaeological recognition of fragmentation and convergence processes. *En:* Escalona, J.; Reynolds, A. (eds.) *Scale and Scale Change in the Early Middle Ages. Exploring landscape, local society and the world beyond.* Turnhout: Brepols (en prensa).

De la arqueología agraria a la arqueología de las aldeas medievales

Juan Antonio Quirós Castillo[1]
Universidad del País Vasco

1. Introducción

Una de las limitaciones más importantes con las que se han encontrado los arqueólogos que estudian el campesinado medieval en el norte peninsular ha sido poder analizar las estructuras agrarias de este período con el fin de comprender las formas de poder ejercidas por las élites y las lógicas productivas utilizadas por las propias comunidades campesinas a la hora de construir y modificar el paisaje como producto social.

Frente a la visibilidad que presentan los espacios irrigados andalusíes, los paisajes agrarios del norte peninsular son mucho más opacos y no se prestan a una fácil sistematización. Los procesos de concentración parcelaria, la naturaleza de las infraestructuras agrarias antiguas –difíciles de datar o de relacionar con otros elementos del paisaje- o el supuesto carácter "tradicional" y estático de los paisajes explican en buena medida que, salvo excepciones muy puntuales, no se haya desarrollado una arqueología agraria en sentido pleno. Y aunque no han faltado las buenas preguntas (Fernández Mier 1999), no siempre ha sido posible encontrar las respuestas.

Entre los cuestionarios de investigación más sólidos formulados en los últimos años hay que señalar los planteados por M. Barceló a la hora de formular las bases teóricas para que se desarrollase una verdadera arqueología agraria. Hace ya unos años este autor señalaba que

es la hora, pues, de la arqueología, pero de una arqueología refundada, que tenga por objeto principal los campos de trabajo campesinos en todas sus dimensiones sociales para poder llegar a establecer el sentido y las cronologías de la erosión constante de su autonomía....(la) arqueología de las zonas de residencia no basta para revelar la lógica de la producción impuesta por los feudales a través de la renta, ni permite poder, finalmente, acceder a la comprensión de los sistemas de técnicas mediante los cuales los campesinos llevan a cabo sus procesos de trabajo, ni tampoco permite, en consecuencia, evaluar los grados de mediación a que son sometidos por la exigencia de la renta. La arqueología de las zonas de residencia, para esta cuestión, puede ofrecer a lo sumo imágenes imprecisas del paso de los productos por ellas, de su elaboración cuando ésta se hace en las casas o de su almacenamiento, además de precisar en algunos casos de qué producto se trata. Pero el resto solo puede ser buscado en los mismos campos donde se desarrollaron los procesos de trabajo (Barceló 1995: 64).

Pese a la contundencia de estos postulados, en el norte peninsular no se han llevado a cabo debido a que no solamente ha faltado una arqueología agraria, sino que en general tampoco se han analizado de forma sistemática los espacios de residencia (Quirós Castillo 2007) ni se ha desarrollado una arqueología rural en su sentido pleno.

Este panorama tan sombrío se ha visto totalmente modificado en los últimos años gracias a toda una serie de trabajos que han permitido, para empezar, dotarnos de una batería de instrumentos metodológicos y de protocolos de actuación para reconocer y analizar las estructuras agrarias medievales conservadas (ver Vigil, Ballesteros, Fernández Mier en este volumen).

Varias son las circunstancias que se encuentran detrás de esta renovación, pero entre otras, hay que señalar el impulso que ha supuesto la intervención en espacios rurales en el marco de la gestión de la destrucción del patrimonio, y la conceptualización (tardía en el contexto europeo) de la aldea como objeto de análisis arqueológico en todo su significado.

Como consecuencia de estas prácticas se han construido herramientas metodológicas para poder estudiar los espacios agrarios y ha sido posible abordar su análisis desde nuevas perspectivas. Concretamente, la excavación en áreas extensas de grandes superficies que iban a ser destruidas ha llevado a intervenir contemporáneamente tanto en zonas densas de anomalías arqueológicas (especialmente áreas domésticas), como en espacios productivos caracterizados por una menor intensidad de anomalías (como son los sistemas de terrazas, espacios arados) o por su misma ausencia (zonas vacías identificables como campos de cultivo o huertos; zonas de trillado y de tratamiento de los productos agrarios, etc.). De esta manera ha sido preciso redefinir el concepto mismo de yacimiento rural, puesto que la separación conceptual entre zonas de producción y zonas de residencia no es neta ni operativa a la hora de comprender las prácticas agrarias.

Tal y como hemos planteado recientemente en otra sede (Quirós Castillo 2009), esta dicotomía ha de ser superada, puesto que *no es el objeto de trabajo el que condiciona los resultados, sino el cuestionario de investigación y el marco teórico que se utiliza.* La redefinición en términos paisajísticos y sociales de los sistemas de aldeas como territorios que integran distintas dedicaciones, funcionalidades, percepciones e identidades, comporta de forma automática un replanteamiento de los protocolos

[1] Grupo de Investigación en Arqueología Medieval y Postmedieval. Área de Arqueología. Universidad del País Vasco, C/ F. Tomás y Valiente s/m, 01006 Vitoria-Gasteiz, quiros.castillo@ehu.es. Trabajo realizado en el marco del proyecto de investigación HUM2009-07079 financiado por el Ministerio de Educación y Ciencia en el ámbito del Plan Nacional de I+D+I titulado "La formación de los paisajes medievales en el Norte Peninsular y en Europa: Agricultura y ganadería los siglos V al XII".

de intervención y de los objetivos de investigación. El estudio de los registros bioarqueológicos pueden proporcionar apéndices aparentes en la edición de una memoria de excavación, o pueden convertirse en informaciones básicas para comprender las lógicas agrarias seguidas por las comunidades campesinas de forma mucho más eficaz que a través de la documentación de los lugares donde ha tenido lugar dicha producción agraria.

Otra importante novedad que se ha producido en los últimos años ha sido la multiplicación de estudios paleoambientales realizados a partir del registro polínico que, por primera vez, prestan una atención específica a las secuencias de época histórica. Con anterioridad los niveles superiores de las columnas raramente eran datados o venían analizados con la misma exhaustividad que los materiales de otros períodos históricos. De esta manera, en pocos años contamos con una serie de estudios sobre el período medieval en el norte peninsular muy significativos.[2] Aún, la densidad de estos análisis es baja, y suelen realizarse en turberas o prados húmedos situados con mucha frecuencia en zonas elevadas, por lo que es difícil extraer síntesis territoriales significativas. Será preciso en los próximos años aumentar los muestreos, especialmente en los propios yacimientos arqueológicos, para construir una red de inferencias significativas de carácter paleoclimático y de transformaciones de los paisajes vegetales.

Teniendo en cuenta estos planteamientos, uno de los primeros pasos que habrá de realizarse es *formular explícitamente una agenda de investigación* que oriente y ordene las estrategias de intervención arqueológica (espacio desbrozado respecto al excavado; sistema de muestreo de los depósitos y de la flotación; prioridades a la hora de gestionar plazos y recursos disponibles; tratamiento dado a los registros bioarqueológicos, etc.), que son las que condicionan los resultados del proyecto arqueológico.

En esta ocasión se van a presentar brevemente algunas de las premisas iniciales que se están siguiendo en un proyecto de investigación dedicado al estudio de los paisajes rurales en el norte peninsular en la Alta Edad Media, que pone el acento en el análisis de las prácticas agrícolas y ganaderas. De forma previa se expondrán los ejes temáticos en torno a los cuales se organiza esta investigación, para presentar a continuación un avance de los resultados obtenidos, ciñéndonos en esta ocasión a los espacios agrarios identificados en el territorio alavés, y de forma aún más específica, en un yacimiento concreto.

2. Un cuestionario de trabajo sobre los paisajes rurales medievales

Los estudios de historia rural referidos al norte peninsular en época medieval cuentan con una importante trayectoria que recientemente ha sido sintetizada por J. A. García de Cortazar y P. Martínez Sopena (García de Cortázar, Martínez Sopena 2008).

Sin embargo, hay dos aspectos sustanciales que caracterizan esta línea de trabajo; por un lado, que estos trabajos se han realizado únicamente a partir de los testimonios escritos, lo que ha comportado -entre otras muchas cosas- que contemos con trabajos de una cierta solidez únicamente a partir del siglo X, cuando se dispone de series documentales significativas para analizar los espacios rurales. Por otro lado, hay que señalar que los estudios de historia agraria han quedado englobados en aproximaciones más amplias a la historia rural, de tal manera que aspectos básicos como la estructura económica, el equipamiento técnico o la organización del trabajo en el mundo rural son argumentos prácticamente desconocidos (García de Cortázar, Martínez Sopena 2008: 124-125). Estos silencios, así como la naturaleza de los aparatos teóricos han comportado tensiones y conflictos entre los distintos autores que han tratado la historia rural. Así por ejemplo en períodos como la Alta Edad Media llama la atención la existencia de distintos paradigmas, en ocasiones contradictorios, a la hora de explicar las transformaciones de los espacios rurales.

En estas circunstancias, construir el registro arqueológico precisa de una agenda inicial de investigación sólida y explícitamente formulada que permita ordenar y orientar las líneas de trabajo.

En esta ocasión señalaremos tres temáticas que se están estudiando en el marco de la actividad de nuestro grupo de investigación, referidas sustancialmente al período altomedieval, aunque su análisis requiere de una aproximación diacrónica más amplia.

2.1. Agricultura y ganadería en la Alta Edad Media

Uno de los paradigmas dominantes en el análisis de los paisajes y las sociedades altomedievales del norte peninsular ha sido el de acentuar el peso que la actividad ganadera habría tenido sobre la agricultura. Y aunque en algunos trabajos recientes se señala la existencia de diferencias geográficas significativas entre el sector cantábrico y la cuenca del Duero (Clemente Ramos 2008: 258-262), la estructura económica altomedieval se caracterizaría por el predominio de la ganadería y la agricultura seminómada (Barbero, Vigil 1978: 370), de tal manera que solamente la introducción de pautas culturales del área mediterránea habría provocado el desarrollo de la agricultura y la fijación de las redes de aldeas hacia el siglo X (García de Cortazar 1988: 24).

A la hora de valorar estas posiciones es importante señalar que existe una diferencia respecto a la

[2] Sin pretender ser exhaustivos, contamos con análisis en La Armuña (Ariño. Riera, Rodríguez Hernández 2002), Sierra de Gredos (López *et al.* 2009), en la cuenca de Duero (Blanco González et alii 2009), sectores Gallegos (Ramil Rego 1993; Criado *et al.* 2003; Muñoz Sobrino et alii 2005), Asturias (López Merino 2006) o el País Vasco (Hernández Beloqui, Iriarte Chiapusso 2009) entre otros. Una síntesis para el sector mediterráneo reciente es la de Riera 2008.

importancia que otorgan a la ganadería o a la movilidad de las aldeas los especialistas en los siglos finales de la Alta Edad Media frente a las posiciones mucho más matizadas que utilizan los especialistas de los siglos visigodos (García Moreno 1991; Díaz Martínez 2007: 492-499).

Una segunda vía que apoya esta lectura de la estructura económica altomedieval se ha desarrollado a partir de los análisis polínicos realizados en varios sectores del norte peninsular. Estudios paisajísticos y paleoambientales realizados especialmente en turberas o prados húmedos no siempre próximos a las aldeas altomedievales han mostrado formas de deforestación que se han querido poner en relación con un crecimiento de la actividad ganadera (Lewit 2009: 89-90).

Esta constatación choca aparentemente con la masiva presencia de silos para el almacenaje de cereales y leguminosas y la existencia de sólidos indicadores de una intensa actividad cerealícola en las aldeas altomedievales. Aunque estemos en un estadio inicial en la sistematización de registros faunísticos, carpológicos, antracológicos y polínicos en el norte peninsular, los datos resultantes muestran el predominio de una integración entre una ganadería estante y una agricultura diversificada. Para resolver esta contradicción tendremos que analizar en el futuro la generalización de este modelo y su extensión diacrónica y espacial.

Por otro lado, tenemos la impresión de que el papel de la actividad ganadera debe tener un significado social y económico mucho más complejo. La lógica ganadera especializada que recogen muchos documentos altomedievales a partir del siglo IX es ajena a las comunidades campesinas, y refleja más bien pautas de las élites que generan paisajes distintos y opuestos a los de las aldeas.

Formular adecuadamente este cuestionario de investigación se nos antoja como un objetivo estratégico fundamental ya que, otras experiencias europeas que cuentan con un mayor número de evidencias bioarqueológicas, muestran como los paradigmas historiográficos y los pocos registros textuales conservados han condicionado la interpretación de los registros bioarqueológicos (Petra 2000).

2.2. Intensificación de la producción y cambio social

Directamente relacionado con el problema anterior, otra de las temáticas fundamentales que ha caracterizado la historia rural europea ha sido la de secuenciar los períodos de crecimiento y contracción de la actividad agraria como motor de cambio y forma de explicación de transformaciones sociales más profundas. A partir de los trabajos clásicos de G. Duby (1962), que situaba el arranque de la reactivación económica en el siglo X, son muchos los autores que han modificado esta propuesta, anticipando al siglo IX o al siglo VIII el primer despegue económico de Occidente (p.e. Toubert 2006: 16).

Hay algunos registros arqueológicos que sostienen la existencia de este patrón de cambio económico en el curso de la Alta Edad Media. En ámbito europeo, el análisis de los espacios agrarios y los estudios bioarqueológicos más recientes sugieren que hacia el 700 tuvo lugar un cambio relevante en las formas de gestión de la tierra en sectores británicos (Rippon et *al.* 2006). También en Francia se observa hacia el siglo VIII un desarrollo de la actividad agrícola que ha sido definido más en términos de intensificación que de introducción de nuevas prácticas (Durand, Leveau 200: 240).

No obstante hay algunos aspectos que deben abordarse para comprender la entidad y el significado de estas transformaciones.

En primer lugar hay que señalar que existe una fuerte variabilidad geográfica a la hora de analizar las transformaciones de la actividad agrícola altomedieval, lo que dificulta establecer generalizaciones tan netas. Los patrones que encontramos en la cuenca del Duero, Galicia o el País Vasco, por ejemplo, presentan diferencias muy significativas entre sí (Quirós Castillo, Vigil-Escalera 2007).

En segundo lugar, los indicadores que podemos utilizar para comprender los ritmos de crecimiento y contracción de la actividad agraria en la Alta Edad Media son, en ocasiones, de difícil lectura. Ni la formación de las redes de aldeas ha de explicarse necesariamente en términos de intensificación o crecimiento agrario (puesto que en muchos sectores del norte peninsular las redes de aldeas surgen en los siglos VI y VII), ni la presencia masiva de silos y de indicadores de actividades agrícolas en estas primeras aldeas permite caracterizar las ocupaciones posteriores en términos de crecimiento neto. De hecho, creemos que en muchas ocasiones los indicadores del crecimiento agrario de los siglos VIII o IX o X se han basado en una minusvaloración de la estructura productiva previa.

En tercer lugar, es necesario hacer una caracterización adecuada en términos técnicos y operativos de este crecimiento. Recientemente L. Zapata ha abordado la cuestión preguntándose si esta intensificación debería de entenderse en términos de ampliación de la superficie cultivada, de introducción de innovaciones técnicas que permitirían mejorar los rendimientos o aprovechar terrenos pobres, o si, únicamente, nos encontraríamos en presencia de una intensificación de la producción. Para dar respuesta a estas preguntas, esta autora señala siete indicadores arqueobotánicos principales, a los que deberían de añadirse igualmente aspectos vinculados al estudio de las infraestructuras agrarias o a las variaciones en la cabaña ganadera (Zapata 2008: 128-131).

En cuarto lugar, y este es el aspecto central, el análisis de procesos como la intensificación agraria precisa de sujetos sociales. El debate sobre la intensificación y el cambio social ha sido planteado especialmente por especialistas en arqueología y antropología prehistórica, que desde distintas perspectivas han ahondado en la relación existente entre la intensificación de la economía y el aumento en la complejidad social (Halstead 1989). Cabe preguntarse si las transformaciones que observamos en la Alta Edad Media en los paisajes rurales –tanto en lo que se refiere a la producción agraria como a la reorganización de las redes de aldeas (Quirós Castillo 2009b)- responden a procesos de afirmación de élites locales, a qué escala operan estas élites (¿son líderes aldeanos o élites subregionales?) y qué mecanismos de dominio del campesinado introducen.

2.3. Especialización y orientación de la producción agraria

Tal y como han señalado algunos autores (Barceló 1988: 202 ss.), uno de los instrumentos básicos en los que se artículo el dominio señorial sobre el campesinado medieval no fue la extracción de rentas, sino la reorientación de la producción siguiendo lógicas y sistemas agrarios ajenos a las propias comunidades. Este aspecto es muy relevante para historiar en términos sociales las prácticas agrarias, y además puede ser detectado a través de distintos registros arqueológicos, analizando su impacto en términos diacrónicos.

En principio, las lógicas productivas que caracterizan las comunidades campesinas se basan en la diversificación de la producción como estrategia básica para reducir los riesgos que comportaría una especialización excesiva (Halstead, O'Shea 1989: 4). La integración entre distintas dedicaciones agrarias, la ganadería, la caza y otras producciones caracterizan el bagaje básico de muchas sociedades campesinas en la mayor parte de los períodos históricos. Detectar, por lo tanto, variaciones respecto a esta tendencia constituye un indicador significativo.

Tal y como ha planteado recientemente C. Wickham, uno de los aspectos más revolucionarios que ha caracterizado el fin del mundo antiguo y el inicio de la Alta Edad Media ha sido la transferencia a las comunidades campesinas de la gestión de la producción agraria (Wickham 2008: 384-385). Pero el hecho de que la economía altomedieval sea tendencialmente una economía poco especializada y que promueva la diversificación, no quiere decir que no puedan existir espacios o márgenes en los que se desarrolle una especialización parcial o haya producciones que superen el ámbito de las comunidades campesinas. Y aunque su presencia es muy puntual, o incluso marginal, es relevante en términos sociales. Así por ejemplo, la existencia de una presencia anómala de équidos en la aldea de época visigoda de Gózquez en Madrid se ha relacionado con la existencia de una producción orientada a élites externas (Vigil-Escalera 2003). Igualmente el aumento súbito de la producción de trigo hacia el siglo X en algunas aldeas alavesas se puede relacionar con mecanismos sociales ajenos a las prácticas agrarias de las comunidades campesinas.

Por otro lado debemos de evitar los actualismos en el análisis de estas especialidades o en la comprensión de las lógicas sociales que orientan la producción, ya que no siempre se persigue la intensificación o el crecimiento en términos netos. La difusión del viñedo en el período medieval en zonas marginales o de montaña que no son adecuadas en términos de rentabilidad y eficacia, pero si de funcionalidad y dominio, constituye un buen ejemplo. El análisis de todas estas temáticas, y otras que se están analizando en paralelo, se está realizando tanto a través de la intervención intensiva y extensiva en yacimientos arqueológicos rurales, como a través del análisis de los registros bioarqueológicos que se están recuperando en el marco de estos trabajos de campo.

En esta sede analizaremos únicamente dos casos de estudio de espacios agrarios medievales en el marco de las aldeas medievales alavesas: el análisis extensivo de los espacios agrarios en la llanada alavesa, y el análisis intensivo de los espacios agrarios del yacimiento de Zaballa (Iruña de Oca, Álava).

3. Un caso de estudio: los despoblados medievales alaveses

En los últimos meses se ha iniciado un proyecto que tiene como fin redelimitar e identificar la red de despoblados y aldeas medievales alavesas para mejorar y ampliar los instrumentos de protección del patrimonio arqueológico en esta provincia.[3]

Hasta el momento se han catalogado como despoblados únicamente aquellas aldeas medievales que han sido abandonadas a lo largo del tiempo y que pueden ser identificadas y conocidas a partir de fuentes escritas que mencionen su existencia durante el período medieval. Es decir, que contamos con varias aldeas medievales abandonadas que no han sido catalogadas como despoblados debido a que, por distintas razones (ausencia de topónimos antiguos; dificultad para relacionar estos yacimientos con nombres de pueblos conocidos, etc.), no habían sido identificadas como pueblos medievales. Con todo, contamos con un denso listado de despoblados medievales alaveses recopilado hace unos años por G. López de Guereñu, que logró identificar unos 304 despoblados (López de Guereñu 1989: 529-588).

Esta abundancia de despoblados medievales en Álava debe relacionarse con la existencia de un importante serie de documentos conservados en el archivo de San Millán de la Cogolla, entre los que destaca un acto del año 1025 conocido como "Reja de San Millán". Se trata de un documento que recoge un listado de 305 pueblos existentes en el sector central de Álava que estaban obligados a pagar al mencionado monasterio una serie de rentas que incluyen "rejas" y cabezas de ganado (Ubieto 1964: n. 180). La mayor parte de los pueblos mencionados siguen habitados en la actualidad y constituyen el esqueleto básico del poblamiento rural actual en lugares como la llanada alavesa. Pero hay también un número significativo de aldeas (102) mencionadas en este documento que se han abandonado, y de las cuales es posible reconocer el topónimo y la ubicación del yacimiento en numerosas ocasiones.

[3] Este proyecto ha sido financiado por el Centro de Patrimonio Cultural Vasco del Gobierno Vasco.

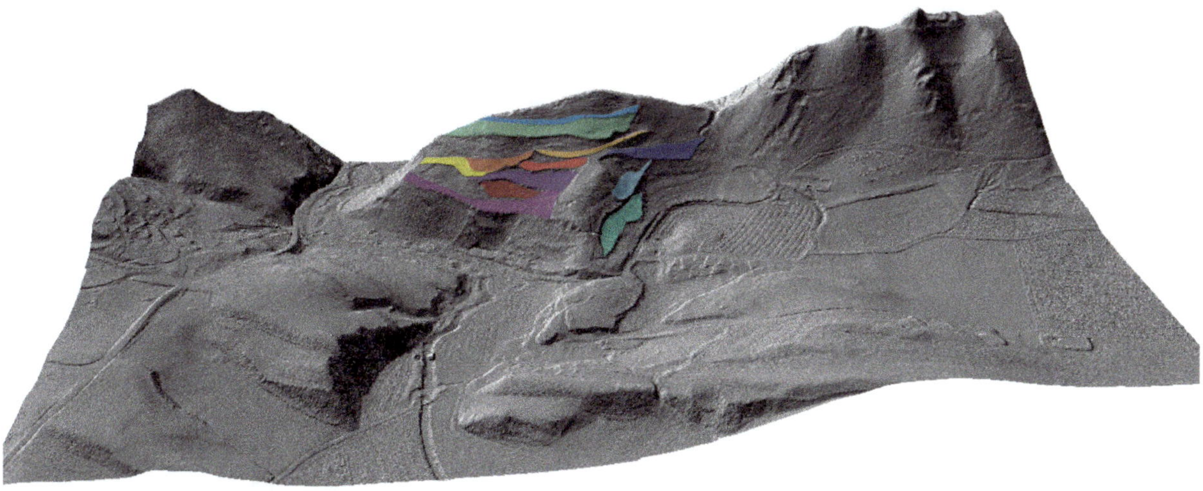

FIG. 1: MODELO 3D SOBRE IMAGEN LIDAR DE SANTA LUCÍA DE GUEVARA (ÁLAVA)

Las excavaciones arqueológicas realizadas en estas aldeas medievales han mostrado que estos yacimientos están formados predominantemente por estructuras excavadas en la roca y elementos arquitectónicos efímeros carentes de cualquier carácter monumental. De hecho, estos yacimientos no son visibles en superficie, salvo en aquéllos casos en los que la parroquia de la aldea se ha conservado como una ermita. Por todos estos motivos, la mayor parte de estos yacimientos han sido protegidos mediante la figura legal de la Zona de Presunción Arqueológica.

Esta figura legal, creada mediante el decreto 234/1996 de 8 de octubre (BOPV, 23/10/1998), tiene como fin delimitar y establecer un régimen de protección para las zonas, solares y edificaciones en las que se tienen indicios de la existencia de yacimientos arqueológicos. La definición de más de 5000 zonas de presunción arqueológica en todo el País Vasco ha permitido incorporar en un régimen protegido yacimientos de carácter no monumental o incluso invisibles y difíciles de identificar, por lo que ha tenido un efecto muy positivo en términos preventivos. El problema se ha planteado a la hora de ubicar y establecer los límites de estas Zonas de Presunción Arqueológica.

En una primera fase de nuestro trabajo se llevó a cabo una prospección de superficie "tradicional" orientada a la identificación de materiales cerámicos y constructivos en superficie, combinando la prospección intensiva y sistemática de porciones representativas de la llanada alavesa con una prospección intensiva y selectiva en aquéllos sectores donde se localizaban los topónimos de los despoblados. Los resultados fueron más bien decepcionantes, puesto que solamente en casos muy puntuales se logró identificar cerámica altomedieval y no se obtuvieron datos significativos para comprender la naturaleza de estas aldeas medievales.

En los últimos meses se ha replanteado la estrategia a la luz de los resultados de las excavaciones intensivas realizadas en varios despoblados en los últimos años. A partir del análisis de casos concretos se pudo determinar que, a pesar del fuerte impacto que ha tenido la concentración parcelaria en el territorio alavés, era frecuente la existencia en estos despoblados de espacios aterrazados situados en la inmediata proximidad de los espacios domésticos. De hecho, tal y como hemos analizado en un trabajo reciente, estas terrazas han podido ser fechadas en la Alta y la Plena Edad Media a partir de las excavaciones en grandes extensiones de estos despoblados, demostrando la contemporaneidad existente entre las estructuras domésticas y los espacios aterrazados. De esta manera ha sido posible, comprender la especialidad y la estructura interna de las aldeas (Quirós Castillo 2009a).

Asimismo se ha podido constatar que buena parte de los despoblados se ubicaban en suelos pobres, lo que podría haber determinado o favorecido el abandono de estos yacimientos. De hecho, R. Díaz de Durana en su estudio sobre Álava en la Baja Edad Media llamó la atención sobre el hecho de que las aldeas despobladas eran aquéllas situadas en las cotas más elevadas, probablemente como resultado de la ocupación más tardía de suelos menos favorables al desarrollo agrícola (Díaz de Durana 1986: 120-130).

Partiendo de esta premisa se ha realizado una prospección sistemática de 67 despoblados de la llanada alavesa con el fin de detectar la existencia de espacios agrarios que permitiesen delimitar con mayor precisión las Zonas de Presunción Arqueológica. Una revisión crítica de las fuentes orales y una búsqueda de sistemas agrarios aterrazados ha tenido resultados sorprendentes. En el 77,6 % de los casos (52 yacimientos) se han localizados terrazas de distinta entidad. En un 68 % de los casos (45 yacimientos) ha sido preciso redelimitar completamente

FIG. 2: MODELO 3D SOBRE IMAGEN LIDAR DEL DESPOBLADO DE SAN JUAN DE LA MIQUELA (ÁLAVA).

FIG. 3: MODELO 3D SOBRE IMAGEN LIDAR DEL DESPOBLADO DE MENDIOLA (ÁLAVA)

la zona de presunción arqueológica, y en 15 sitios se ha reubicado el yacimiento en otro lugar.

En el estudio de estos espacios agrarios aterrazados ha tenido un papel muy destacado el empleo de imágenes aéreas LiDAR (Light Detection and Ranging), que se han utilizado de forma experimental en este proyecto, y que ha permitido construir modelos 3D de gran capacidad explicativa (Fig. 1).[4] El empleo de un escáner láser desde un medio aéreo ha permitido obtener cartografías sobre la morfología del terreno muy precisas, debido a la densidad de puntos con los que se ha trabajado.

Hasta el momento su uso en la prospección arqueológica se ha demostrado muy eficaz debido a que, mediante un tratamiento informático adecuado, permite observar la morfología del suelo incluso allí donde hay cubiertas forestales densas, eliminando esta distorsión (Crutchely S. 2006; Deveraux *et al.* 2005). Pero además de esta evidente utilidad a la hora de reconocer estructuras agrarias ocultas, la densidad de puntos con los que se construye el modelo LiDAR hace posible que esta herramienta pueda ser utilizada con gran éxito para identificar espacios de cultivo históricos con estructuras como sistemas de terrazas, canales de riego, límites entre parcelas, etc. allí donde carecemos de cubiertas vegetales, o los modelos digitales del terreno no son lo suficientemente detallados.

Como es evidente, el uso de estas imágenes LiDAR no puede sustituir el trabajo de campo, pero si orienta y potencia las estrategias dirigidas a la identificación de los espacios agrarios fosilizados en los paisajes actuales.

En el caso del territorio de la llanada alavesa, yacimientos como Santa Lucía de Guevara, Galbarreta, Amamio, Restia o Santa María de Meana son muy significativos de la utilidad de este instrumento en la teledetección de los espacios agrarios en el marco de los proyectos de prospección extensiva (Fig. 2, 3).

Un paso posterior es el análisis detallado y la datación de estas estructuras agrarias aterrazadas. Hasta el momento en el territorio alavés hemos recurrido a dos estrategias

[4] El acceso a estos materiales ha sido posible gracias a la colaboración con el Servicio General de Cartografía de Alava de la Universidad del País Vasco-Euskal Herriko Unibertsitatea y el Departamento de Medio Ambiente y Ordenación del Territorio del Gobierno Vasco que ha puesto a disposición los datos de los vuelos.

FIG. 4: VISTA GENERAL DEL YACIMIENTO DE ZABALLA (IRUÑA DE OCA, ÁLAVA)

diferentes: el estudio estratigráfico de las mismas y la datación radiocarbónica de algunos depósitos en Aistra, siguiendo protocolos ya definidos previamente[5] (Acabado 2009; Ballesteros 2003; Ballesteros et alii 2006), o mediante excavaciones de aldeas en grandes extensiones que han permitido no solamente excavar las terrazas, sino sobre todo, relacionarlas con el resto de las estructuras aldeanas. Con el fin de ilustrar un caso concreto de esta segunda estrategia, analizaremos a continuación muy brevemente los resultados de los trabajos realizados en el yacimiento de Zaballa (Iruña de Oca, Álava).

4. Un caso de estudio: el despoblado de Zaballa

Se trata de una aldea que ha sido completamente destruida en ocasión de la realización de una importante obra pública, por lo que de forma preventiva se ha excavado de forma integral la superficie afectada, cubriendo un área próxima a las 4,5 Ha.

El yacimiento se ubica en la ladera septentrional de los Montes de Vitoria, ocupando parte de un profundo valle que alcanza la llanada alavesa en su tramo SW (Fig. 4). La aldea medieval se estructura en torno a un fondo de valle central de unos 13.000 m^2, la ladera occidental donde se encuentran una serie de terrazas agrarias, la ladera oriental, que presenta pendientes más acusada y donde se ubica únicamente una gran terraza agraria, y una plataforma elevada situada en el tramo final del valle, de unos 5000 m^2.

La aldea de Zaballa, citada en la mencionada "Reja de San Millán" en el año 1025 aparece de forma muy esporádica en las fuentes escritas, y aunque se abandona en la Baja Edad Media, el topónimo se mantiene asociada a una Venta situada en el trazado del camino que se dirigía a Madrid por las Conchas de Arganzón.

De forma previa a la intervención arqueológica, el yacimiento estaba definido como una Zona de Presunción Arqueológica que cubría una amplia extensión de unas 46 Ha, que de forma solamente marginal tocaba el yacimiento. La detección del yacimiento fue posible gracias al hallazgo, en el fondo del valle, de cerámicas medievales fragmentadas, carentes de depósitos arqueológicos asociados y que generalmente se clasifican como materiales revueltos. De hecho, son muy numerosos los informes de prospecciones y seguimientos de obra que menciona el hallazgo de estos materiales sin lograr darles un sentido.

Para comprender mejor la entidad de las estructuras agrarias halladas en este yacimiento, será preciso recorrer su secuencia ocupacional (Fig. 5), teniendo en cuenta que la ocupación del yacimiento durante un milenio ha hecho que sean más legibles las fases más recientes, y que en cambio una parte significativa de las estructuras más antiguas hayan sido destruidas.

Periodo 1: Siglos V-VII, se puede atribuir a este momento la realización de algunas granjas a lo largo del valle, de dimensiones limitadas caracterizadas por la presencia de algunas estructuras negativas (silos, algún agujero de poste y zanjas). Son estructuras que han quedado muy alteradas por las fases posteriores, pero que

[5] Otra experiencia reciente de gran interés en términos multidisciplinares es el análisis de las terrazas con muros de piedra seca en la sierra de Maria en Badalona (Riera, Palet 2008).

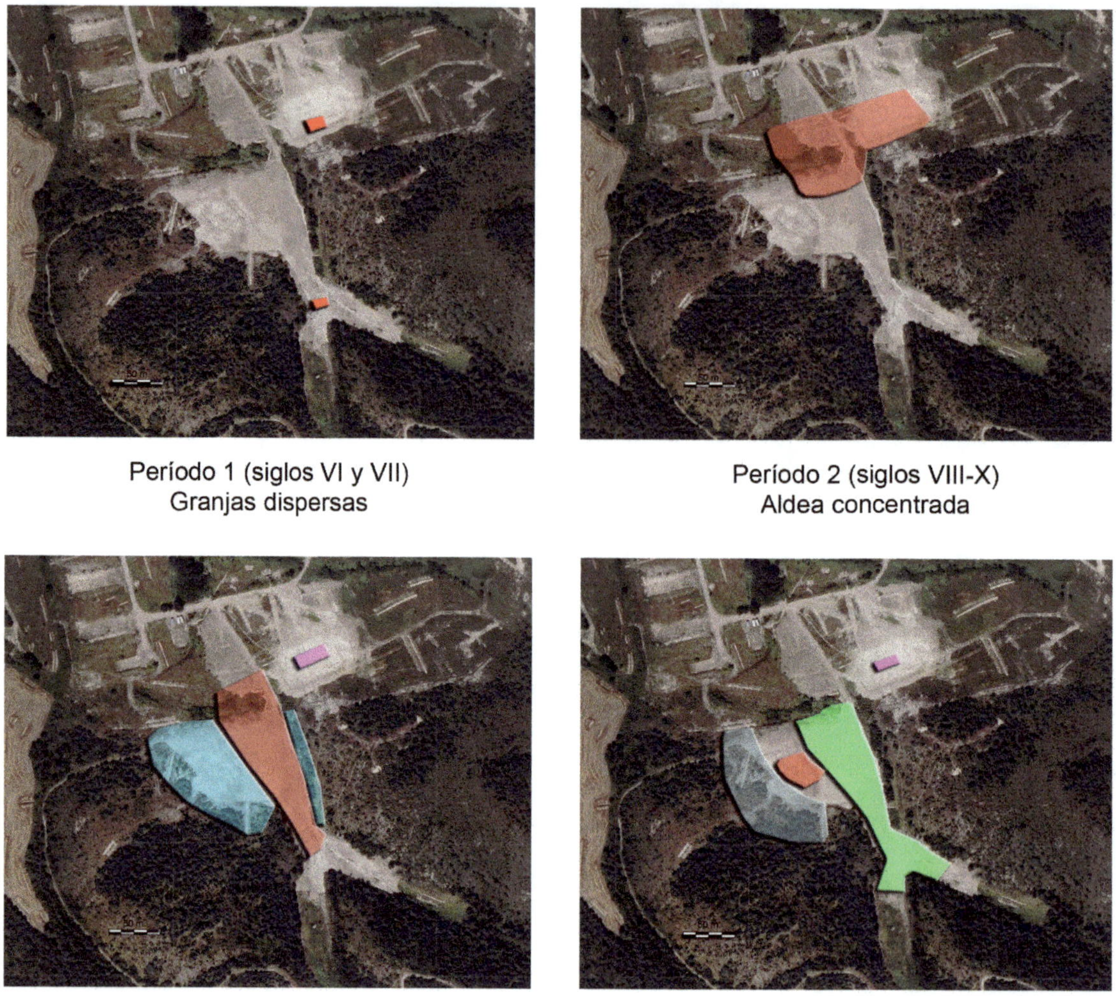

Período 1 (siglos VI y VII)
Granjas dispersas

Período 2 (siglos VIII-X)
Aldea concentrada

Período 3 (siglos X-XIII): fundación de la iglesia, desplazamiento de la aldea y construcción de terrazas

Período 4 (siglos XIII-XIV): nuevo barrio campesino; relleno agrario masivo en el fondo de valle

(En rojo viviendas; en morado iglesia; en azul terrazas agrarias y en verde rellenos agrarios)

FIG. 5: SÍNTESIS CON LAS PRINCIPALES FASES DE OCUPACIÓN DEL YACIMIENTO DE ZABALLA (IRUÑA DE OCA, ÁLAVA)

en cualquier caso permiten pensar en la existencia de ocupaciones unifamiliares estables dedicadas a la agricultura.

Periodo 2: Siglos VIII-X, corresponde a este momento la densificación del asentamiento y la formación de una verdadera comunidad campesina. Se han reconocido una decena de unidades familiares que ocupan tanto la plataforma superior del yacimiento como el fondo del valle, formadas por viviendas realizadas sobre zócalos de piedra o estructuras semiexcavadas, con alzados realizados en materiales perecederos. Son muy abundantes los silos asociados a estas estructuras, destacando la existencia en una de las unidades familiares de grandes silos que probablemente haya que interpretar con la existencia de una jerarquía interna dentro de la aldea.

Periodo 3: Siglos X-XII. A partir de este período contamos con indicadores significativos para comprender aspectos básicos del paisaje aldeano.

En la plataforma superior de la aldea, donde se encontraban las viviendas dotadas de grandes silos, hacia el 900 ca. se funda una iglesia, que probablemente tengamos que identificar con el monasterio de Zaballa recordado en un documento del monasterio de San Millán de la Cogolla del siglo XI.

La construcción de este templo, con varias estructuras anexas y un cementerio, comportó el desplazamiento de la aldea campesina al fondo del valle, que había estado ocupado ya en el período anterior aunque únicamente en su tramo septentrional. La disposición de las viviendas campesinas en el fondo del valle comportó que se regulase la circulación de los cursos de agua que

FIG. 6: TERRAZA AGRARIA DEL SIGLO X EN EL DESPOBLADO DE ZABALLA (IRUÑA DE OCA, ÁLAVA)

circulaban por el mismo y que se artificializase sus laderas.

Pueden ser fechadas en este momento un conjunto de tres series principales de terrazas situados en la ladera occidental del valle. Tienen unos 15 metros de anchura y una longitud máxima de unos 60 metros, cubriendo un espacio aterrazado de aproximadamente 4000 m^2. Para la construcción de estas terrazas se produjo el desmantelamiento del horizonte vegetal y se colocaron profundos rellenos artificiales de forma sistemática que en ocasiones (sectores 5200, 5300, 5400), superaban el metro de espesor. Sobre este relleno se ha localizado un potente horizonte A resultado de las prácticas agrarias desarrolladas en época medieval. Los bancales estaban rematados en taludes de 45° y nunca se han localizado muros o estructuras que sustenten las pendientes. La técnica empleada para la realización de estas terrazas es la denominada por P. Ballesteros como desmonte de ladera con relleno sistemático (Ballesteros *et al.* 2006 : 210). Este proceso consistiría en el desmonte hasta el horizonte mineral, aportando a continuación los depósitos de tierra necesarios para construir la terraza. (Fig. 6)

Período 4: siglos XII-XIV. Corresponde a la última transformación significativa de los paisajes aldeanos de Zaballa y, de hecho, son los más legibles. Hacia finales del siglo XII se produjo una profunda transformación en la estructura de la aldea.

Por un lado, todo el fondo de valle, donde se ubicaban las viviendas de los campesinos, fue rellenado por un potente depósito agrícola que supera con frecuencia el metro de espesor, quedando delimitado al norte por un potente muro de cierre. Se ha calculado que han sido dispuestos casi 10.000 m^3 de tierra para amortizar todas las estructuras domésticas previas (Fig. 7).

A su vez, se ejecutó un sistema hidráulico mediante la realización de una acequia que discurría en el tramo más elevado del fondo del valle (el occidental), y que se abastecía de una red de canales procedentes de las laderas y los manantiales situados en la zona superior del yacimiento. De esta manera se mantiene el cauce elevado respecto al valle y a una serie de parcelas irrigadas utilizadas como huertas, que aparecen delimitadas por un muro principal de trazado quebrado según se disponen las distintas parcelas. Este muro se ha construido exactamente en la caída de la pendiente que marca el afloramiento de la roca base, con el fin de mantener la cota por la que discurre el agua y poder irrigar las parcelas situadas por debajo de este paramento. El muro, que ha sido aparejado sin argamasa podría interpretarse como el límite de la terraza superior que sujetaba los rellenos realizados para crear suelos arables y regularmente irrigados. De forma perpendicular a este muro principal se han localizado otros menores situados a distancias regulares (6-7 m cada uno) que quizás deban atribuirse a diferencias en propiedades o en usos agrarios. Se configuraría de esta manera un espacio útil formado por una decena de parcelas de unos 60-70 m^2 (Fig. 8). Se trataría por lo tanto de un sistema hidráulico de vertiente de pequeñas dimensiones, con la captación en el fondo de valle, que constituye uno de los modelos más frecuentes atestados en época medieval en otros sectores peninsulares (Sitjes 2006).

FIG. 7: RELLENO AGRÍCOLA MASIVO DEL FONDO DE VALLE DEL DESPOBLADO DE ZABALLA (IRUÑA DE OCA, ÁLAVA), FECHABLE EN EL SIGLO XIII

FIG. 8: RED DE PARCELAS IRRIGADAS DEL SIGLO XIII EN EL DESPOBLADO MEDIEVAL DE ZABALLA (IRUÑA DE OCA, ÁLAVA)

La acequia principal, tras abastecer estas parcelas, circulaba a los pies de un nuevo barrio residencial construido en la ladera occidental, donde previamente se habían realizado varias terrazas agrarias. Es posible que parte de ellas se desmontasen para acoger este nuevo barrio en el que se agruparon todos los habitantes de la aldea de Zaballa.

Estas viviendas han sido realizadas siguiendo una planificación muy rígida, por lo que pensamos que responden a una acción señorial. El barrio, que ocupa unos 1150 m^2 y en el que se han identificado una decena de viviendas, ha sido construido en torno a un patio central. Las casas comparten muros, una red de alcantarillado y servicios comunes, por lo que pensamos que el conjunto ha sido realizado en un período breve de tiempo. Y aunque se han producido numerosas modificaciones de pequeña entidad, la cohesión colectiva de la comunidad sometida al dominio señorial se mantiene. A los pies de este barrio llegaba la acequia principal que alimentaba la decena de huertos irrigados antes señalados.

Mientras, la plataforma superior donde se ubicaba la iglesia se mantuvo como un espacio de referencia de la memoria colectiva de la comunidad, a través del cementerio, y del poder a escala local.

Periodo 5: Siglos XIV-XV, se corresponde con el abandono paulatino del asentamiento y pérdida de su identidad. Se detectan entonces usos residuales de la necrópolis y algunos saqueos en estructuras que, posiblemente, estuviesen a la vista en estado ruinoso. En los siglos XV y XVI surge un conflicto entre varias instituciones por la gestión de las tierras del despoblado de Zaballa, en particular por la explotación de sus recursos ganaderos.

Este ejemplo es paradigmático de cómo historiar el paisaje agrario desde la óptica de la realidad aldeana, buscando sujetos y encuadrando social y diacrónicamente las modificaciones de los espacios más próximos a los lugares de residencia. Aquí, donde la acción antrópica es más intensa, es posible comprender que aquéllas cerámicas carentes de depósitos arqueológicos coherentes que se habían detectado en un principio, no eran sino el testimonio de los procesos de abonado realizado con residuos domésticos en los campos de cultivo más próximos a las viviendas en los siglos XIII y XIV. Y de hecho, una revisión crítica en algunos yacimientos similares, como el de Gernika (Arrazua-Ubarrundia) ha permitido identificar más casos similares. En esta ocasión se identificó una cantidad relevantes de materiales cerámicos medievales, con toda probabilidad relacionados con el abonado intensivo de campos de cultivo situados en proximidad de los espacios habitados. Pero la interpretación de los materiales cerámicos como materiales removidos y "sin interés arqueológico", la no identificación de los espacios habitados, abrió la puerta a la destrucción casi completa del yacimiento campesino tras haber sondeados apenas catorce metros cuadrados (Filloy 2007).

En cualquier caso, más allá del valor diagnóstico que tiene comprender los paisajes aldeanos y reconstruir el concepto de yacimiento integrando aspectos como los espacios agrarios, los cursos de agua, las redes de caminos, etc., un caso como el de Zaballa plantea toda una serie de cuestiones relevantes en términos históricos.[6] Ciñéndonos ahora únicamente a la construcción de los espacios agrarios, tanto aterrazados como en el fondo de valle, llama la atención el enorme volumen de tierra desplazada. Para la construcción de las terrazas del período 3 ha sido preciso excavar la ladera para buscar la base y desplazar casi unos 1000 m^3 de tierra para realizar los espacios aterrazados.

Fue, en cambio, mucho más oneroso el relleno sistemático del fondo de valle en el período 4 y la construcción de las parcelas irrigadas. Como se ha señalado, ha sido necesario desplazar casi 10.000 m^3 de tierra para amortizar todas las viviendas anteriores y construir el nuevo espacio de cultivo intensivo.

Algunos autores que han realizado cálculos teóricos basándose en analogías etnográficas han calculado que un excavador podría extraer 1 m^3 (=1,5 Tn de tierra poco compacta) en unas 2,7 horas, y una media de 5 Tn al día (equivalente a casi 3,5 m^3) (Man 2009 : 104-105). Si consideramos adecuados estos cálculos, para extraer la tierra necesaria para la realización de las terrazas del período 3 habrían sido necesarias unas 285 jornadas de excavación, que en una comunidad de 10-12 aldeanos tendría un coste de tiempo no indiferente. En cambio, para realizar los rellenos del período 4 habrían sido necesarias 2.850 jornadas de excavación.

A ello habría que sumar, además, las personas empleadas en el desplazamiento de la tierra en una distancia relativamente breve; podrían ser 2-3 personas por cada excavador. Teniendo en cuenta que la tierra viene del desmonte de las laderas, el desplazamiento habría sido igualmente más complejo de realizar.

Todos estos cálculos, teóricos y aproximativos, dan a entender que la construcción del paisaje aldeano no puede considerarse como una iniciativa espontánea y descoordinada de grupos familiares aislados. La existencia de liderazgos aldeanos o de formas de dominio externos son necesarios para explicar estos procesos, tanto en términos de planificación como de liderazgo y hegemonía a la hora de ejecutar una obra de estas características.

Además, hay que tener en cuenta que el caso de Zaballa no constituye una excepción. Ya se ha señalado en el apartado precedente la presencia masiva de sistemas de terrazas en los despoblados alaveses, y en lugares como Zornoztegi, Aistra o Treviño se han podido fechar con precisión las terrazas en la alta y la plena edad media (Quirós Castillo 2009a).

En otros yacimientos indagados de fondo de valle es perfectamente posible que nos encontremos en presencia de rellenos sistemáticos similares a los de Zaballa, aunque en este caso son más difíciles de analizar en ausencia de una excavación extensiva.

Podemos por lo tanto concluir -retomando algunos de los planteamientos con los que iniciábamos este trabajo- que si bien la arqueología agraria del norte peninsular ha tenido notables dificultades para despegar debido a la invisibilidad de los elementos respecto a la arqueología hidráulica andalusí, los trabajos realizados sobre espacios aterrazados de secano en Galicia o en Álava pueden

[6] En la actualidad se prepara la edición de la memoria completa de la intervención arqueológica, en el que se presentarán los resultados de todos los trabajos bioarqueológicos que se están realizando.

proponerse como una sólida alternativa para abordar la construcción de estas temáticas.

Será preciso, en cualquier caso, desarrollar protocolos específicos para el análisis de las terrazas. En el caso de las aldeas alavesas estamos utilizando distintas técnicas (análisis químicos, micromorfología de depósitos, análisis polínicos, sedimentología), con el fin de analizar los procesos formativos de las terrazas, las prácticas agrarias realizadas y las técnicas utilizadas.

5. Para concluir

Para concluir este breve trabajo querríamos subrayar cómo el desarrollo de una arqueología agraria de las sociedades medievales del norte peninsular pasa, desde nuestro punto de vista, a través del desarrollo de una arqueología de las aldeas.

Parafraseando a M. Barceló, es la hora, pues, de la arqueología de las aldeas, pero de una arqueología de las aldeas refundada, que tenga por objeto principal el trabajo del campesinado en todas sus dimensiones sociales para poder llegar a establecer el sentido y las cronologías de la erosión constante de su autonomía. Y para ello es preciso que la arqueología de las aldeas aborde de forma integral el análisis de los paisajes, valorizando la relación entre las distintas dedicaciones en el uso del espacio.

Agradecemos a todos los miembros del grupo de investigación en Arqueología Medieval y Postmedieval de la Universidad del País Vasco su labor en todos los proyectos aquí presentados. Los argumentos y las temáticas tratadas en este texto han sido discutidos con Alfonso Vigil-Escalera y Lorena Elorza González de Alaiza, que han ayudado a mejorar el texto.

BIBLIOGRAFÍA

Acabado S. 2009: A Bayesian approach to dating agriculture terraces: a case from the Philippines. *Antiquity,* 83, pp. 801-814.

Ariño Gil E.; Riera I Mora S.; Rodríguez Hernández J. 2002: De Roma al Medievo. Estructuras de habitat y evolución del paisaje vegetal en el territorio de Salamanca. *Zephyrus,* 55, pp. 283-309.

Ballesteros Arias P. 2003, *La arqueología de la gasificación de Galicia 17: el paisaje agrario.* CAPA 18, Santiago de Compostela.

Ballesteros Arias P.; Criado Boado F.; Andrade Cernadas J. M. 2006: Formas y fechas de un paisaje medieval en Cidade da Cultura. *Arqueología Espacial,* 26, pp. 193-225.

Barbero A., Vigil M. 1978: *La formación del feudalismo en la Península Ibérica.* Barcelona.

Barceló Perelló M. 1988: La arqueología extensiva y el estudio de la creación del espacio rural. *En:* Barceló, M.; Kirchner, H.; Lluró, J. M.; Martí, R.; Torres, J.M. *Arqueología Medieval. En las afueras del "medievalismo*". Barcelona, pp. 195-274.

Barceló Perelló M. 1995: Crear, disciplinar y dirigir el desorden. La renta feudal y el control del proceso de trabajo campesino: una propuesta sobre su articulación. *Taller d'Història,* VI, 2, pp. 61-72.

Blanco González A.; López Sáez J. A.; López Merino L. 2009: Ocupación y uso del territorio en el sector centromeridional de la cuenca del Duero entre la Antigüedad y la Alta Edad Media (siglos I-XI d.C.). *Archivo Español de Arqueología,* Vol. 82, en prensa.

Clemente Ramos C. 2008: Agrosistemas hispanicristianos: el secano (Corona de Castilla, siglos X-XV). *En: Cristiandad e islám en la Edad Media Hispana,* XVIII Semana de Estudios Medievales, Logroño, pp. 239-270.

Comet G. 1992: *Le paysan et son outil. Essai d'histoire technique des céréales (France, VIIIe-XVe siècle),* Roma.

Criado Boado F.; López Sáez J. L.; López García P.; Martínez Cortizas A.; Limas Oliveira E.; Franco Maside S.; Macias Rosado R.; Parcero Oubiña C. 2003: Paleopaisajes concretos: pollen, suelos y arqueología del yacimiento de As Pontes (Abadín, Lugo). *Trabajos de Prehistoria,* 60 (1), pp. 139-151.

Crutchely S. 2006: Using LiDAR in archaeological contexts: the Englsh Heritage experience and lessons learned. *En:* Campana, S., Francovich, R. (a cura di), *Laser Scanner e GPS: paesaggi archeologici e tecnologie digitali.* Firenze, pp. 327-341.

Deveraux B. J.; Amable G. S.; Crow P.; Cliff A. D. 2005: The potencial of airborne lidar for detection of archaeological features under Woodland canopies. *Antiquity,* 79-305, pp. 648-660.

Díaz de Durana Ortiz de Urbina J. R. 1986: *Álava en la Baja Edad Media. Crisis, recuperación y transformaciones socioeconómicas (c. 1250-1525*). Vitoria-Gasteiz.

Díaz Martínez P. C. 2007: La Hispania visigoda. *En:* Díaz Martínez, P.C.; Martínez Maza, C; Sanz Huesma, F.J. *Hispania Tardoantigua y visigoda,* Madrid, pp. 259-611.

Duby G. 1962: *L'économie rurale et la vie des campagnes dans l'occident medieval,* Paris.

Durand A.; Leveau P. 2004: Farming in the Mediterranean France and rural settlement in the late roman and early medieval periods: the contribution from archaeology and environmental sciences in the last twenty years (1980-2000). *En:* Barceló, M.; Sigaut, F. *The Making of feudal agricultures?.* Leiden-Boston, pp. 177-253.

Fernández Mier M. 1999: *Génesis del territorio en el edad media. Arqueología del paisaje y evolución histórica en la montaña asturiana : el valle del río Pigüeña.* Oviedo.

Filloy I. 2007: Despoblado de Guernica (Arrazua-Ubarrundia; Vitoria-Gasteiz; Zigoitia. *Arkeoikuska,* 06, pp. 247-251.

Forbes 1989: Of Grandfathers and Grand Theories: the hierarchies ordering of responses to hazard in a Greek rural community. *En:* Halstead, P.; O'Shea, J. (eds.) *Bad Year Economics. Cultural responses to risk and uncertainty.* New Directions in Archaeology, Cambridge University Press, pp. 87-97.

Fowler P. 2002: *Farming in the first Millennium AD. British agriculture between Julius Caesar and William the Conqueror*. Cambridge.

García de Cortazar J. A. 1988: *La sociedad rural en la España Medieval*. Madrid.

García de Cortazar J. A.; Martinez Sopena P. 2008: Los estudios sobre Historia rural de la sociedad medieval hispanocristiana. *En:* Alfonso I. (ed.) *La Historia rural de las sociedades medievales europeas*. Valencia, pp. 97-143.

García Moreno L. A. 1991: La economía y la vida rural. La ciudad y la vida urbana. *En:* Menéndez Pidal (dir.) *Historia de España*, vol 3*. Madrid, pp. 283-427.

Godelier, M. 1977: *Teoría marxista de las sociedades precapitalistas*. 3.ª Edición. Editorial Laia. Barcelona.

Halstead P. 1989: The economy has a normal surplus: economic stability and social change among early farming communities of Thessaly, Greece. *En:*. Halstead, P.; O'Shea, J. *Bad year economics. Cultural responses to risk and uncertainty*. Cambridge, pp. 68-80.

Halstead P., O'Shea J. 1989: Introduction: cultural responses to risk and uncertainty. *En:* Halstead, P.; O'Shea, J. *Bad year economics. Cultural responses to risk and uncertainty*. Cambridge, pp. 1-7.

Hernández Beloqui B.; Iriarte Chiapusso M. J. 2009: Aplicación de la palinología a la reconstrucción del paisaje altomedieval. Avance de resultados de Aistra. *En:* Quirós Castillo, J.A. (ed.) *The archaeology of villages in the early middle ages*. Bilbao, en prensa.

Lewit T. 2009: Pigs, presses and pastoralism: farming in the fifth to sixth centuries AD. *Early Medieval Europe,* 17 (1), 77-91.

López de Guereñu Galarraga G. 1989: *Toponimia alavesa seguido de mortuorios o despoblados y pueblos alaveses*. Bilbao.

López Merino L. 2006: *Paleoambiente y antropización en Monte Areo (Asturias) durante el Holoceno*, Memoria para la obtención del DEA, inédito, Universidad Autónoma de Madrid.

López Sáez J. A.; López Merino L.; Alba Sánchez F.; Pérez Díaz S. 2009: Contribución paleoambiental al estudio de la trashumancia en el sector abulense de la Sierra de Gredos. Hispania, 231, 9-38.

Man J. 2009: *L'esercito di terracotta. Il primo imperatore cinese e la nascita di una nazione*. Milano (orig, inglese 2007).

Miret i Mestre J. 2005: Les sitges per emmagatzemar cereals. Algunes rflexions. *Revista d'Arqueologia de Ponent* 15, pp. 319-332.

Muñoz Sobrino C.; Ramil-Rego P.; Gómez-Orellana L.; Díaz Varela R. A. 2005: Palynological data on major Holocene climatic events in NW Iberia. *Boreas,* 34, pp. 381-400.

Petra, D. 2000: *The environment of Britain in the first millennium A D.* Duckworth, Londres.

Quirós Castillo J. A. 2007: Las aldeas de los historiadores y de los arqueólogos en la Alta Edad Media del Norte Peninsular, Territorio, Sociedad y Poder. *Revista de Estudios Medievales,* 2, pp. 63-86

Quirós Castillo J. A. 2009a: Arqueología de los espacios agrarios medievales en el País Vasco. *Hispania*, en prensa.

Quirós Castillo J. A. 2009b: Early Medieval Villages in Spain in the light of European experience. New approaches in peasant archaeology. *En:* Quirós Castillo, J.A. (ed.) *The archaeology of villages in the early middle ages*,. Bilbao, en prensa.

Ramil Rego, P. 1993: Evolución climática e Historia de la vegetación durante el Pleistoceno Superior y el Holoceno en las regiones montañosas del Noroeste Ibérico. *En:* Perez Alberti, A.; Guitian Rivera, L.; Ramil Rego, P. (Eds.) *La evolución del Paisaje en las montañas del entorno de los Caminos Jacobeos*. Xunta de Galicia, Santiago, pp.25-60.

Riera Mora S. 2008: Los paisajes vegetales de la España mediterránea a lo largo de la historia. *En:* Garrabou, R.; Naredo, J.M. (eds.) *El paisaje en perspectiva histórica. Formación y transformación del paisaje en el mundo mediterráneo*. Zaragoza, pp. 21-45.

Riera Mora S.; Palet Martínez J. M.; 2008: Una aproximación multidisciplinar a la historia del paisaje mediterráneo: La evolución de los sistemas de terrazas con muros de piedra seca en la sierra de Marina (Badalona, Llano de Barcelona). *En:* Garrabou, R.; Naredo, J.M. (eds.) *El paisaje en perspectiva histórica. Formación y transformación del paisaje en el mundo mediterráneo*. Zaragoza, pp. 47-90.

Rippon S. J.; Fyfe R. M.; Brown A. G. 2006: Beyond villages and Open Fields: the origins and development of a Historic Landscape characterised by Dispersed Settlement in South-West England. *Medieval Archaeology,* 50, 31-70

Ruiz del Árbol M. 2005: *Arqueología de los espacios cultivados. Terrazas y explotación agraria en un área de montaña. La Sierra de Francia*. CSIC, Madrid.

Sitjes E. 2006: Inventario y tipología de sistemas hidráulicos en Al-Andalus. *Arqueología Espacial,* 26, pp. 280-284.

Toubert P. 2006: *Europa en su primer crecimiento. De Carlomagno al año mil*. Valencia.

Ubieto Arteta A. 1960: *Cartulario de San Millán de la Cogolla (759-1076)*. Valencia.

Vigil-Escalera A. 2003: Los poblados de época visigoda del Sur de Madrid: algunos aspectos económicos y sociales. *En: I Congreso del Instituto de Estudios Históricos del Sur de Madrid "Jiménez de Gregorio"*. Alcorcón, pp. 51-68.

Wickham C. 2008: *Una historia nueva de la Alta Edad Media. Europa y el mundo mediterráneo, 400-800*. Madrid.

Zapata L. 2008: Arqueología de las plantas: cultivos y bosques en época medieval. *En:* Larrea Conde, J.J.; Pastor Díaz de Garayo, E. (eds.) *La Historia desde fuera*, Bilbao, pp. 121-138.

La Arqueología Rural y la construcción de un paisaje agrario medieval: el caso de Galicia

Paula Ballesteros Arias[1]
Laboratorio de Patrimonio; Consejo Superior de Investigaciones Científicas

1. Introducción

El trabajo que presentamos a continuación se basa en el estudio del paisaje rural desde el marco de investigación de la Arqueología del Paisaje y, dentro de ella, de la línea de investigación que denominamos Arqueología Rural o Arqueología del Paisaje Agrario, desarrollada en el LaPa (Laboratorio de Patrimonio) del CSIC. Desde esta línea se vienen analizando determinadas formas y elementos relacionados con los espacios agrarios y cuya aplicación nos está permitiendo llegar a conocer, entender e interpretar las diferentes formas de ocupar, construir y gestionar el paisaje agrario rural.

Nuestra intención, a la hora de proceder al estudio del paisaje rural, es transmitir la idea de que, para indagar en el pasado del paisaje agrario, es necesario entender el paisaje rural tradicional como una manifestación de la sociedad, el reflejo cultural de las diferentes comunidades establecidas en un determinado territorio; como tales, sus huellas vienen a ser la formalización de esa cultura. En ocasiones, esas manifestaciones culturales siguen siendo referentes para las sociedades actuales. De esta manera, el paisaje agrario rural actual funciona como entidad de registro principal, a partir de la cual sondearemos el pasado del mismo; de ahí el interés de la Arqueología del Paisaje para documentarlo y estudiarlo. Mostraremos cómo se tratan desde esta línea de investigación las estructuras y las formas que conforman los sistemas de ordenación del terrazgo que las sociedades campesinas fueron construyendo a lo largo del tiempo y cuyos resultados nos sitúan en los primeros siglos de la Alta Edad Media para los inicios de la transformación de nuestro paisaje rural, que todavía conservamos y que sigue en uso en muchas de las zonas de este territorio.

Es por ello que en este trabajo se presenta un catálogo en el que se incluyen diferentes elementos agrarios sobre los que se ha intervenido para, de este modo, mostrar la gran potencionalidad de los mismos en cuanto a resultados, ya que la intervención en ellos hace posible indagar en los procesos constructivos y formativos del paisaje rural tradicional (Fig.1).

2. El marco teórico-metodológico aplicado en el espacio agrario

La línea de investigación en Arqueología Rural se viene desarrollando en los últimos años desde el LaPa, y toma parte de los planteamientos de la Arqueología del Paisaje, a partir de los cuales se ha diseñado el análisis de manifestaciones antrópicas que se materializan en el paisaje agrario tradicional actual en Galicia.

2.1 La Arqueología Rural en el paisaje agrario gallego

Partimos del marco teórico en el que se considera el espacio agrario como un espacio cultural visto a través de la Arqueología del Paisaje, en el que los elementos que lo conforman son considerados como entidades arqueológicas susceptibles de ser estudiadas y sobre las que se aplica una metodología específica para poder ser investigadas en profundidad. En palabras de F. Criado "[...] la *Arqueología del Paisaje* es una estrategia de trabajo que puede ser utilizada como una herramienta de gestión y estudio del registro arqueológico, y que permite acceder a aspectos de éste a los que generalmente la Arqueología no se ha aproximado. La comprensión de estas dimensiones, sin embargo, no sólo es de importancia básica para entender el pasado de los seres humanos en el mundo (ya que una parte fundamental de esta historia es el modo cómo el ser está en el mundo y esto implica ante todo determinar cómo se adapta, modifica, utiliza, organiza y comprende el espacio), sino que además comprende una cierta utilidad crítica y actual (ya que se relaciona con temas que están muy próximos de la sensibilidad y preocupaciones a las que en la actualidad se enfrentan nuestras sociedades)" (Criado-Boado 1999).

Desde este punto de vista, la Arqueología es entonces una disciplina adecuada para el estudio de este problema. A fin de cuentas, los objetos que, como producto o efecto de la actividad humana, han conformado el paisaje rural característico del sistema agrario tradicional y representan a éste, son, en el más estricto sentido del término, parte del registro arqueológico. El *paisaje* ha sido definido en otro punto por Criado-Boado (1993) como el conjunto de formas que, construidas intencional o no intencionalmente por la acción social, representan a una determinada sociedad y objetivizan la cultura que ésta posee. Esto quiere decir que es posible analizar esos objetos a través de sus características formales. Y sobre todo cuando no poseemos otro tipo de información que la ofrecida por el propio objeto y su contexto. Siguiendo esta línea, en un determinado momento se planteó la idea que los indicios de nuestro pasado podían encontrarse en entidades que seguían formando parte del paisaje agrario actual.

En este caso abordamos la investigación del espacio rural desde el seno de la línea de trabajo denominada Arqueología Rural, que se entiende como "el estudio

[1] Paula Ballesteros Arias (paula.ballesteros.arias@usc.es) paula.ballesteros.arias@usc.es miembro del Laboratorio de Patrimonio del CSIC en Santiago de Compostela (LaPa-CSIC). La preparación de las muestras para las dataciones radiocarbónicas fueron realizadas por Manuela Costa Casais y Cruz Ferro Vázquez en el LPPP – USC (Unidad Asociada al LaPa). Finalmente, en la elaboración de las figuras de este artículo colaboró Anxo Rodríguez Paz (miembro del LaPa-CSIC).

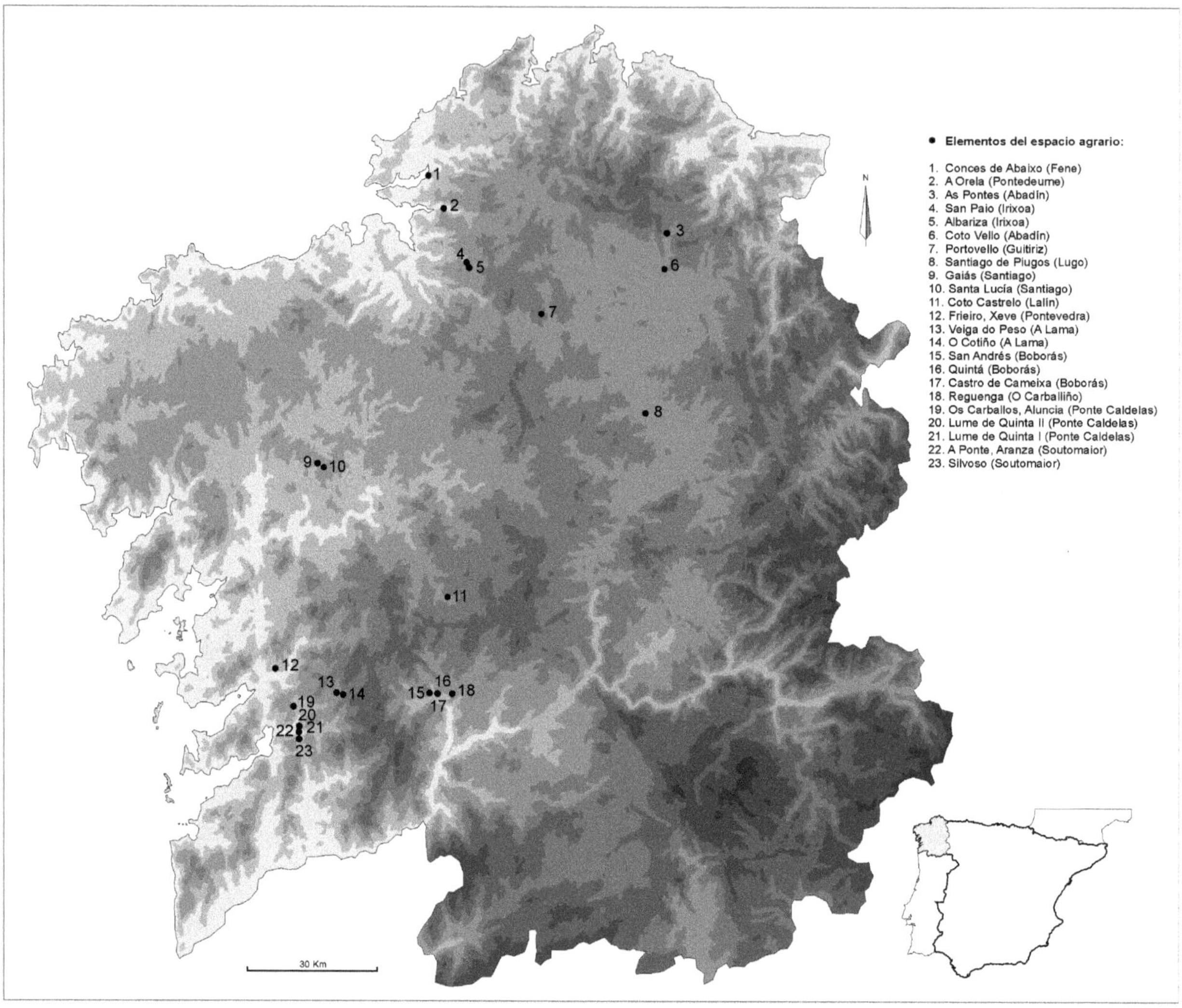

FIG: 1. LOCALIZACIÓN DE LAS ENTIDADES AGRARIAS INTERVENIDAS DESDE EL LAPA EN GALICIA, VINCULADAS A LAS ACTUACIONES ARQUEOLÓGICAS REALIZADAS EN GRANDES OBRAS PÚBLICAS

arqueológico del espacio rural y de los elementos que lo integran" (Criado-Boado 1991: 248). En palabras de Martínez de Pisón (2009) se trata de morfologías acumulativas que presentan los modos de civilización, setrata de memoria y de ahí deriva el alto papel significativo de los paisajes agrarios, pese a su aparente falta de monumentalidad. Es precisamente por esta razón por la que el paisajc agrario no suele ser objeto de estudio, porque aparentemente no nos está contando nada más que la etnografía de la gente que en él vive sin darnos cuenta de que, además de eso, contiene la historia del pasado formativo del paisaje. Se trata, por lo tanto, de hacer una Arqueología del Paisaje tradicional.[2]

Pero lo cierto es que el discurso que estamos exponiendo, que surge de contemplar y estudiar un objeto, en este caso un elemento agrario, como entidad cargada de sedimentos culturales, fue elaborado una vez que realizamos nuestra incursión en el propio objeto y comprobamos que, en efecto, era posible secuenciar en él una estratigrafía cronológica y cultural totalmente coherente y lógica, contextualizándolo, al tiempo, en el propio paisaje y poniéndolo en relación con el resto de las variables que el territorio ofrece. Afortunadamente, y tras años de experiencia, podemos afirmar que los elementos y las formas agrarias que hasta el momento hemos estudiado se conservan, en su mayor parte, en la actualidad, y siguen formando parte de la dinámica activa agroeconómica y social del paisaje, habiendo dado gran cantidad de información al respecto, de índole tanto morfológica como también estratigráfica y, sobre todo, cronológica, encontrándonos así con que los inicios formativos de este paisaje se remontan a los siglos altomedievales, en los que se empieza a gestar una nueva forma de organizar el paisaje *que ha llegado hasta nuestros días* (Fig. 2).

Por los datos que manejamos, será en estos momentos altomedievales cuando las comunidades agrícolas modifican y acondicionan el relieve, y alteran las cualidades y calidades del suelo para estimular la productividad del mismo implantando determinados cultivos según necesidades impuestas o adquiridas, dando

[2] Cuando utilizamos el término de "tradicional" no es nuestra intención sugerir la idea de que estamos ante un paisaje estático sino que recurrimos a este adjetivo para distinguir el paisaje precapitalista del capitalista o industrial en el que dominan formas homogéneas, que uniformizan los paisajes a través de nuevos modelos de gestión, plasmados fundamentalmente a través de la mecanización del campo y de la concentración parcelaria, iniciada en Galicia en la década de los 80.

FIG 2: PAISAJE RURAL EN EL QUE DESTACA UN PAISAJE AGRARIO CONSTRUIDO, MANTENIDO Y GESTIONADO POR LA PROPIA COMUNIDAD CAMPESINA

lugar a un nuevo paisaje que obedece a parámetros diferentes de los registrados en épocas pasadas. Como más adelante veremos, el resultado de este estudio nos remite a formas de gestionar el espacio agrario que no tienen mucho que ver con los paisajes documentados en épocas precedentes.

2.2 Metodología aplicada a espacios agrarios

Consideramos elementos susceptibles de ser estudiados por medio de metodología arqueológica aquellos elementos de carácter artificial que conforman el espacio agrario y que, en principio, son más susceptibles de contener información arqueológica, bien por su monumentalidad o porque su construcción supuso una alteración considerable del paisaje. Nos referimos a las terrazas y bancales agrarios, pero también nos referimos a aquellos elementos cuya construcción permite ordenar y gestionar ese paisaje, como pueden ser los cierres de parcelación de labradío o de monte, así como aquellos elementos que estimulan la producción, como son las huellas de arado, o surcos, cuyas microformas arqueológicas quedan reflejadas en el relieve de las parcelas cultivadas. Concretamente incidimos en la importancia que para nosotros adquiere el estudio e interpretación de las estructuras aterrazadas, ya que son formas constructivas de carácter más o menos monumental y cuya construcción supuso una alteración considerable sobre el paisaje anterior, cuyas huellas son referentes actuales de la modificación del medio y de la intensificación del uso del suelo que empezaron a gestarse en la Baja Romanidad y en la Alta Edad Media.

Hay elementos del paisaje rural, como los arriba citados, que, no constituyendo desde un punto de vista estricto auténticos yacimientos arqueológicos, pueden ser estudiados por la teoría y metodología arqueológicas con el fin de definir sus circunstancias de génesis y desarrollo; este extremo es particularmente notable en un paisaje rural antiguo como el gallego, en el que aún perviven elementos que son el resultado de procesos históricos que se remontan a la Edad Media y respecto a los cuales es lícito plantearse no sólo de qué forma aparecieron, sino también hasta qué punto algunos de ellos podrían ser incluso protohistóricos.

La oportunidad de estudiar los elementos del paisaje agrario surgió al plantearse (desde 1992) la realización de grandes obras públicas (oleoducto, gasoductos, carreteras,...). Así, a través de un protocolo de evaluación de impacto y con posterior control y seguimiento arqueológico de dichas obras, se decidió aplicar unos métodos de registro, análisis e interpretación arqueológica, a aquellas determinadas entidades que seguían teniendo un papel decisivo en la configuración del paisaje actual (terrazas, cierres, caminos, etc...), como forma de recuperar la profundidad temporal de las mismas.

Un desarrollo más amplio sobre el corpus metodológico aplicado a estos espacios se desarrolla ampliamente en el documento común del presente volumen "*Por una arqueología de los espacios agrarios en las sociedades medievales hispánicas*". De forma sintética debemos apuntar que la metodología expuesta procede de un proceso de investigación complejo integrado por diferentes disciplinas, conjugando las metodologías puramente arqueológicas (prospección superficial, fotointerpretación, análisis cartográfico, levantamiento planimétrico, apertura de sondeos y análisis morfológico

FIG: 3. PERFIL DE LA TERRAZA DE LUME DE QUINTAS JUNTO CON LA INTERPRETACIÓN DE LA ESTRATIGRAFICA DEL MISMO

y estratigráfico) con análisis edafológicos, radiocarbónicos y polínicos, de contextualización histórica, estudios etnográficos y toponímicos.

3. Las formas agrarias del paisaje rural gallego: Presentación de datos

Dentro de este paisaje agrario multiforme y multifuncional, expondremos una serie de ejemplos cuyo estudio nos ha permitido recomponer parte de la génesis evolutiva del paisaje agrario gallego.

3.1: Planificación del espacio aterrazado. Lume de Quintas, (Pontecaldelas, Pontevedra)

Terraza de cultivo documentada en el lugar de Silvoso, municipio de Pontecaldelas, Pontevedra, concretamente en una de las vertientes, profusamente aterrazadas, del río Oitavén, en una pequeña vaguada denominada *Eido Baixo*. Aquí nos encontramos con una orografía escarpada propia del encajonamiento del río y con un paisaje profusamente aterrazado en el que en la actualidad predomina la actividad agrícola caracterizada por una fuerte fragmentación de la propiedad y, por lo tanto, con una explotación tradicional de la economía cuyos principales cultivos son el maíz, la patata, las hortalizas y la vid. Es decir, estamos ante un paisaje dinámico en el que siguen vigentes las formas y la gestión de la economía agraria tradicional.

En el perfil estratigráfico se diferenciaron varios horizontes, depositados intencionalmente con el objetivo principal de allanar una ladera en pendiente y hacerla apta para el cultivo. Del análisis estratigráfico también se desprende la intención de planificación que hubo en el momento de proceder a la disposición de los sedimentos con el fin de facilitar el drenaje en una zona de suelos hidromorfos que dificultarían el rendimiento de determinados cultivos. La secuencia constructiva de la estructura analizada revela que, sobre la ladera granítica, una vez desprovista de la cubierta vegetal originaria, se dispone un depósito de piedras de mediano tamaño y tierra con el fin de nivelar el terreno en pendiente. Sobre ésta se documentó un sustrato arenoso de unos 10 cm de espesor. Finalmente, la estructura se colmató con un amplio paquete de horizonte A compuesto por tierra muy orgánica y homogénea y sin discontinuidades aparentes. Para fijar estos depósitos artificiales se levantó un muro de contención formado por piedra seca de granito cimentado desde el horizonte mineral. De este modo se consigue eliminar la inclinación de la propia ladera, nivelando un terreno en pendiente, y cuidando la disposición de los estratos para facilitar el drenaje y evitar el empudrecimiento de las raíces de las especies cultivadas (Fig. 3).

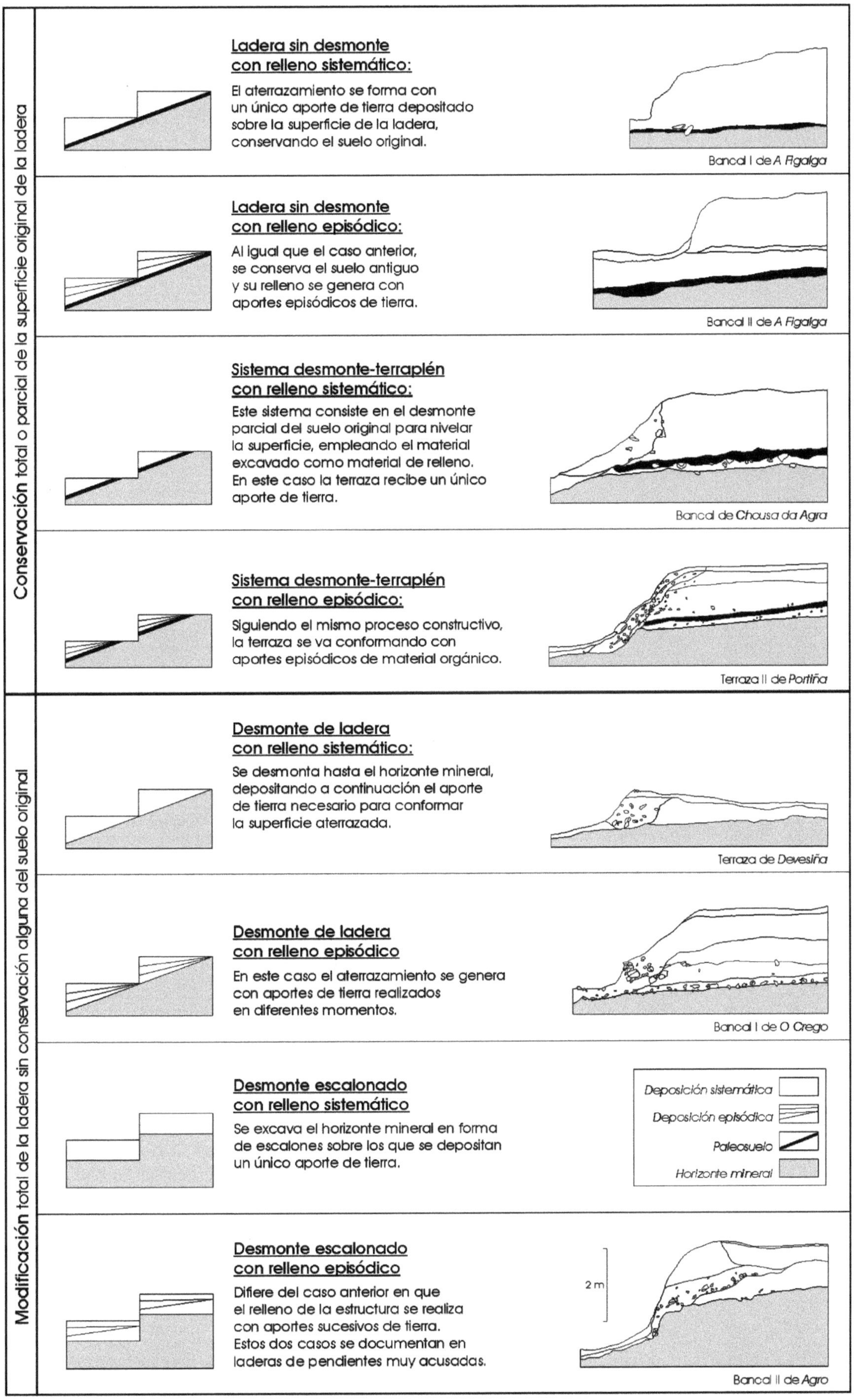

FIG. 4: ESQUEMA DE CLASIFICACIÓN DE TERRAZAS AGRARIAS A PARTIR DE LOS ESTUDIOS ESTRATIGRÁFICOS REALIZADOS SOBRE ELEMENTOS ATERRAZADOS INTERVENIDOS DESDE EL LAPA.

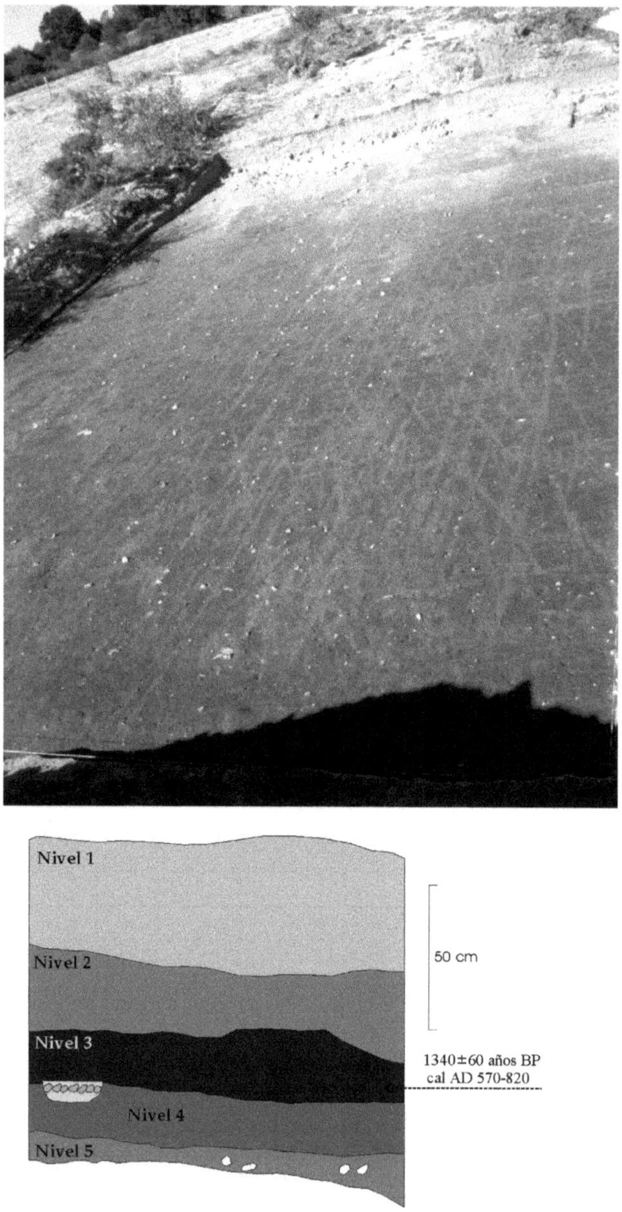

FIG. 5: IMAGEN DEL YACIMIENTO EN EL QUE SE APRECIAN LAS HUELLAS DE ARADO REGISTRADAS EN EL NIVEL ALTOMEDIEVAL (NIVEL 3) Y SECUENCIA ESTRATIGRÁFICA

Este sistema constructivo lo denominamos *sistema de desmonte de ladera con relleno sistemático* (Fig. 4). Se caracteriza porque su construcción llevó consigo una modificación total de la ladera, desmontándose los niveles originales hasta llegar al horizonte mineral depositando, a continuación, el aporte de tierra necesaria para conformar la superficie aterrazada.

De este perfil se extrajo una columna de muestras de tierra con el fin de datarlas mediante el método de Carbono 14. Se escogió la muestra inferior del horizonte A dando un resultado del año 1078 ± 43.[3]

Por último, indicar que el topónimo Quintas alude a una repartición de propiedades. Este término, al igual que Octava y otros similares, aparece registrado en documentación del S. XIII.[4] Así, al mismo tiempo que nos están datando el topónimo por lo alto,[5] muestran la tendencia al minifundio que será la base de la construcción de la propiedad de la tierra en Galicia.

3.2 El yacimiento de As Pontes (Abadín, Lugo). Un suelo de cultivo medieval

El yacimiento se localiza en las inmediaciones del núcleo de Abadín, en un punto periférico de A Terra Chá. Las evidencias documentadas ocupan una zona predominantemente llana, aunque caracterizada no por un relieve totalmente abierto, como lo es el propio conjunto de la comarca *chairega*, sino por formas suaves y ligeramente sinuosas, en la base de las primeras estribaciones de los montes de O Xistral. El poblamiento tradicional tiende a asentarse en puntos a media altura, dominando las partes bajas de las cuencas, o más característicamente en pequeñas elevaciones más insoladas y mejor drenadas que las zonas de ladera. El yacimiento ocupa un punto en la base de una cuenca formada en torno al río de Abadín, a escasos 200 m del propio curso del río. El punto marca la transición entre los terrenos ribereños y los campos de cultivo intensivo, aterrazados y en la actualidad dedicados a prado. Ascendiendo, a partir del yacimiento se inicia inmediatamente ese terreno aterrazado de cultivo, que altera suavemente la pendiente natural y conduce a la aldea tradicional ubicada en una suave pero dominante elevación (Fig. 5).

De modo muy genérico, en la base del yacimiento de As Pontes se documentó parte de un paleosuelo muy antiguo con industrias líticas desplazadas. Por encima se localizó un nivel de uso correspondiente al Neolítico inicial con dos estructuras de combustión asociadas. Sobre este nivel se generó un paleosuelo que en época medieval fue cultivado con arado, apareciendo un interesante conjunto de huellas de arado que aportan información sobre la tecnología agraria de la época (Lima 2003) y (López Sáez *et al* 2003: 142). Estas marcas se extienden por toda la superficie excavada, formando un patrón muy denso y abigarrado de líneas estrechas, finas y poco profundas. La sección de éstas es abierta y poco incisiva, presentando un perfil en U aplanado. El rasgo más peculiar de su distribución es el patrón cruzado que muestra, pareciendo responder a tres pasadas, dos perpendiculares entre sí y una tercera que las cruza oblicuamente. Se trata pues del típico patrón de labra cruzada, propio de sistemas de cultivo muy primitivos, con empleo de arado ligero y poco profundo, aunque su vigencia en Galicia está documentada hasta al menos el S. XVIII. La datación de este nivel dio como resultado 1340 ± 60 BP. Finalmente, sobre este estrato se documenta un suelo de cultivo amplio y homogéneo, que se corresponde con la formación y desarrollo de una terraza provocada por la

[3] Las dataciones que se citan aparecen en la tabla 1 del presente artículo, en donde se detalla la información relativa a cada una de ellas como el laboratorio de procedencia, matrícula entera y otros datos de interés.

[4] Ver al artículo de Jiménez Gómez, S. 1975. Análisis de la terminología agraria en la documentación lucense del siglo XIII.

[5] El hecho de que aparezca en la documentación del siglo XIII no quiere decir que el topónimo no se utilice con anterioridad a esa fecha.

FIG. 6: EMPLAZAMIENTO DE COTO DO CASTRELO, UN DETALLE DE LAS HUELLAS DE ARADO DOCUMENTADAS DURANTE EL PROCESO DE EXCAVACIÓN Y ESTRATIGRAFÍA DE LA TERRAZA DE CULTIVO SONDEADA

práctica continuada del cultivo en una zona de pendiente, ya en época contemporánea.

Hay que añadir los resultados de los estudios palinológicos realizados en este yacimiento, para este nivel altomedieval en concreto: la aparición de polen de cereal es muy significativa, sobre todo teniendo en cuenta que su representación en niveles anteriores es nula, lo que sería realmente indicativo de que este nivel arqueológico se situaría en un campo de cultivo con una agricultura permanente y sistemática.

Este aterrazamiento se puede englobar dentro del grupo de sistemas aterrazados en el que para su construcción no se desmonta la superficie anterior, sino que, por el contrario, se está amortizando la superficie inicial, cuya conformación horizontal se debe a un relleno generado con aportes episódicos de tierra. Siguiendo nuestra clasificación (Fig. 4) este sistema lo denominamos como de *ladera sin desmonte con relleno episódico*.

3.3 Procesos constructivos de un espacio agrario en Coto do Castrelo (Lalín, Pontevedra)

El yacimiento de *Coto do Castrelo* se ubica en la parroquia de San Xoán de Vilanova, ayuntamiento de Lalín, Pontevedra.[6] Concretamente se emplaza en una dorsal de estribación, en la vertiente sudoriental del Val do Deza. El sitio se sitúa en el penúltimo escalón de la dorsal, cayendo después hacia el valle del *Rego Asneiro*. En la morfología agraria de esta zona, analizada a través de la prospección superficial y del estudio de la fotografía aérea, se observa que, alrededor del lugar denominado como Coto do Castrelo, destaca un sistema de bancales y terrazas de cultivo dispuestos en anillos irregulares que se ordenan de forma curvilínea alrededor de la parte alta del coto. Estos elementos aterrazados, a su vez, están divididos en parcelas de formas cuadrangulares, o alargadas y dispuestas de forma perpendicular a los límites exteriores de las terrazas. Otros elementos destacables en este parcelario son los caminos y senderos que bordean este coto que discurren por la parte baja de los taludes de las terrazas y, al tiempo que agrupan las parcelas agrarias, permiten el acceso a las tierras de cultivo (Fig. 6).

La intervención se centró en una terraza de cultivo denominada Leira da Candea, "*... uns bancais que cultivaba o meu bisavó...*", según una vecina de Coto Castrelo de 84 años. Este microtopónimo nos está ofreciendo un registro sobre el uso del suelo, ya que *leira* hace referencia a una parcela con el nominativo de Candea que puede proceder del término /candear/, palabra con la que se designa cuando florece el castaño o el maíz, o también de /candeal/ término con que se designa un tipo de trigo y el pan que produce.

Los resultados obtenidos de las actuaciones arqueológicas han permitido identificar las estratigrafías artificiales relacionadas con los procesos constructivos de terrazas agrarias. En una de las terrazas seccionadas se han diferenciado hasta cinco niveles de sedimentación, formados todos ellos por paquetes de horizonte A de diferente color y textura. Este amplio depósito se dispone sobre un horizonte B de transición, que se apoya directamente sobre el sustrato mineral. Este horizonte B desaparece en la parte sur del perfil, donde el horizonte A se apoya directamente sobre la roca madre descompuesta. Las evidencias nos indican que nos encontramos ante el proceso de construcción de una amplia estructura de

[6] En este lugar se han llevado a cabo dos actuaciones arqueológicas, ambas dirigidas por R. Aboal Fernández (2007a, 2007b).

terrazas de cultivo. Sobre la superficie original de monte, en el que quedan reflejadas las improntas de un arado ligero (con la típica labra cruzada que permite una mejor aireación de la tierra), se aportan unos depósitos de tierra para acondicionar la terraza y habilitar una superficie plana. Sobre esta superficie se deposita un primer aporte de tierra que habilita un suelo de cultivo de mayor espesor, sobre el que se reflejan unas huellas de arado modernas (más anchas y paralelas entre sí). Finalmente, se produce un último aporte de tierra que es el que sella todas las evidencias anteriores y genera una nueva superficie plana. Este sistema registrado consiste en el desmonte parcial del suelo original para nivelar una superficie en pendiente, en el cual el material excavado se emplea como material de relleno de la terraza contigua, además de los posteriores aportes realizados a lo largo del tiempo.

La interpretación del estudio estratigráfico nos lleva a concluir que estamos ante un sistema aterrazado en cuya construcción se alteró parte de la estratigrafía original de la ladera (Fig. 4). A esta forma constructiva se le denomina *"sistema de desmonte-terraplén con relleno episódico"*.

3.4 Terrazas de cultivo en torno al Castro de Santa Lucía

El Castro de Santa Lucía se localiza próximo al núcleo de población de Angrois, parroquia de Santa María de Sar, en Santiago de Compostela. Está situado en un valle de morfología muy abierta y con grandes extensiones de tierras agrícolas; se encuentra, junto con el valle del Sar, entre los que tienen la cota más baja del término municipal de Santiago (ligeramente inferiores a 100 m). Se trata de un paisaje de valle, dedicado a la agricultura intensiva de labradío y pasto, y los altos que lo rodean en la actualidad están repoblados de eucalipto. En concreto, el castro se ubica en un cerro muy pronunciado y de acusado relieve, sobre todo en su zona E, S y W, donde se sitúan las terrazas de cultivo en las que se realizaron los sondeos arqueológicos; hacia el N la ladera es más suave.

El registro estratigráfico nos mostró los indicios relacionados con los momentos formativos del espacio agrario del entorno del castro y con las técnicas constructivas empleadas en la construcción de dicho espacio.

Los sondeos realizados seccionaron en sentido transversal cinco terrazas de cultivo. En términos generales, de techo a base, se definió una superposición de tres depósitos de tierra de diferente color y textura sobre un horizonte B de transición a la roca y, finalmente, el sustrato rocoso. Este sustrato sufrió un desmonte parcial con el fin de nivelar el terreno en pendiente. Como se está viendo, la estratigrafía más compleja se documenta en la zona en la que el perfil tiene más potencia, en otros tramos se trata de una estratigrafía simple, limitándose a un horizonte A y a la saprofita y/o a la roca madre, como consecuencia de las labores de acondicionamiento del terreno. Al igual que en Coto do Castrelo, estamos ante el sistema constructivo denominado *"sistema de desmonte terraplén"* cuya formación se ha producido a partir de rellenos episódicos a lo largo del tiempo (Fig. 4).

No es posible precisar todavía la cronología del momento de construcción de las terrazas ni los diferentes momentos en que se realizaron los diversos acondicionamientos del terreno, ya que aún no se han obtenido los resultados de las dataciones por C14. Sin embargo, nuevamente estamos ante la creación de suelos totalmente artificiales para un uso agrario a través de la aplicación de nuevas técnicas constructivas destinadas a la implantación de una economía agrícola de autoabastecimiento.

En este sentido, consideramos imprescindible hacer mención al yacimiento de *A Pousada*, que se encuentra a 300 m al SW de Santa Lucía, donde se constató la existencia de un yacimiento adscrito a época medieval en el que se conservaban los restos de un despoblado o de un área residencial, tal vez secundaria, directamente relacionada con la explotación agrícola del entorno.[7] Este uso se remontaría a la Alta Edad Media, como lo confirman las dataciones obtenidas y la cultura material recuperada, y cuya fundación posiblemente haya que ponerla en relación con un proceso de artificialización del paisaje, encaminado a su explotación agraria dentro de una economía de autoconsumo en esta zona de Santiago.

3.5 El paisaje agrario tradicional de Monte Gaiás (Santiago de Compostela)

En el marco de las obras de construcción de *A Cidade da Cultura,* en Monte Gaiás, se realizó un estudio arqueológico integral de las estructuras que componían el paisaje agrario tradicional que aún se conservaba en la zona. Estas estructuras comprendían tanto terrazas y bancales de cultivo intensivo, como muros de parcelación del monte, caminos, canales de riego y drenajes de agua.
Este proyecto se sitúa en la parte noreste del valle de A Mahía, al SE de la ciudad de Santiago de Compostela, en el Monte Gaiás, entre el río Sar y el arroyo de Angrois, formando pequeños valles que inciden sobre la superficie de erosión, dejando en resalte pequeñas áreas montañosas, entre las que destaca el monte del Pedroso.

En esta área nos encontramos con un gran número de explotaciones que determinaron el desarrollo de un determinado tipo de orientación económica dirigida principalmente hacia una explotación intensiva del entorno, modificando altamente el medio en donde se insertó. Una vez delimitado y definido el paisaje agrario por medio de una prospección arqueológica, se procedió a la apertura de zanjas lineales con el objetivo de estudiar la morfología, funcionalidad y fases constructivas de las diferentes estructuras agrarias que allí nos encontramos, no solo a nivel tipológico sino también a nivel locacional,

[7] Sobre este yacimiento de *A Pousada*, Ballesteros Arias, P.; Blanco-Rotea, R.; Prieto Martínez, P. (2006).

para proceder a la inspección y registro directo del subsuelo.[8]

Entre las diversas zonas estudiadas exponemos dos espacios concretos por disponer de un estudio estratigráfico completo y de dataciones radiocarbónicas de los diferentes momentos constructivos y formativos. Estos espacios son las terrazas de Milladoiro-A Fidalga y las terrazas de Portiña-Barreiros. Por otro lado, hay que tener en cuenta que este espacio agrario llevado a estudio pertenece a dos tipos distintos de asentamientos: la aldea de O Viso, de disposición nuclear, a la que pertenecerían las terrazas de Brea-Portiña-Barreiros; y la aldea de Sar, de disposición lineal, cuyo poblamiento se distribuye a lo largo del trazado de la Calzada de Sar, que se corresponde con el ultimo tramo del camino de Santiago al que pertenecerían las terrazas de Milladoiro-A Fidalga.[9]

La zona aterrazada de *Milladoiro - A Fildaga* está localizada en la vertiente occidental de una pequeña loma situada al SW de Monte Gaiás, en el tramo inferior de la ladera, lindando con la antigua calzada de Sar y perpendicular a la misma, y próxima al núcleo de población de Sar. Estos aterrazamientos, en bandas amplias, de formas macizas y regulares, se caracterizan por poseer muros de contención de acusada verticalidad, conformados por tierra y piedras con vegetación arbustiva que facilita el agarre de la tierra del talud.

En la estratigrafía del perfil se distinguen varios niveles estratigráficos que ponen de manifiesto la artificialidad del proceso de formación de este sistema de terrazas a través de continuas deposiciones de materia orgánica sobre la superficie original sin que ésta haya sufrido ninguna alteración más que la previa instalación de un muro de contención que permitió la sujeción de la tierra. Esta estructura aterrazada se clasificaría dentro de terrazas en *ladera sin desmonte con relleno episódico*, donde se conserva el suelo antiguo, y su relleno está generado con aportes episódicos de tierra.

Así, sobre un horizonte B formado por deposiciones coluviales dispuestas sobre saprolita se documentó un paleosuelo correspondiente al primer uso del suelo y compuesto por un horizonte A datado en el 1650 ± 60 BP. Este horizonte se excava y se hinca un bloque de anfibolita que será la base del muro de contención, al tiempo que recibe un nuevo aporte de tierra (estrato fechado también en el 1650 ± 60 BP). Al tiempo que se amplía el muro de contención, se depositan varios horizontes orgánicos que se corresponden con diferentes fases de la construcción de la terraza, alternados con estratos de arenas y gravas que podrían representar fases de abandono del terrazgo. Sobre la superficie horizontal, unos metros más arriba de esta terraza, se planta un seto vivo que servirá de contención a un aporte de tierra, compuesto por un único horizonte A, datado en el 1160 ± 60 BP y que conforma el segundo aterrazamiento.

Las terrazas de *Portiña-Barreiros* están situadas al E-NE del Monte Gaiás, de intensa actividad agrícola, en la que también predominan las estructuras de aterrazamiento, aunque en este caso la mayor acentuación de la pendiente implica la abundancia de muros de contención, con algún que otro tramo de muro-terraza y con una mayor presencia de elementos vegetales formando parte de estas estructuras de contención. Las parcelas, por las condiciones ortográficas del terreno, son de menor tamaño que las de la zona definida anteriormente, predominando las formas cuadrangulares.

La zona llevada a estudio abarca tres terrazas sobre las que se decidió abrir una única zanja que atravesara este espacio en sentido transversal, y de este modo poder observar toda la secuencia formativa de este espacio de cultivo. En términos generales, sobre el horizonte B, escalonado parcialmente para aterraplanar la ladera, se documentó un paleosuelo sobre el que no se realizó ninguna labor agraria, datado en 2480 ± 45 BP y que, según los análisis edafológicos realizados, se trata de un suelo de monte bajo sin ninguna alteración antrópica. Sobre éste, y una vez acondicionada la ladera, se depositó un primer aporte de tierra datado en torno al 1480 ± 45 BP. Contemporáneamente se deposita un segundo sedimento que mejora el nivelado de la pendiente al tiempo que dota de consistencia a la estructura. El tercer nivel de sedimentación se produce en torno al 1130 ± 45 BP. Es decir, este espacio aterrazado se construye, se renueva, al tiempo que va creciendo en altura homogéneamente, manteniendo una estructura agraria construida en una época bastante anterior a lo que podíamos imaginar (Fig. 7).

De este modo tenemos que, en este espacio de ladera, los horizontes minerales se han desmontado parcialmente para nivelar el terreno en pendiente, y que estas terrazas se han construido y se han ampliado verticalmente a lo largo de un amplio proceso formativo, como así lo confirman los resultados de las dataciones radiocarbónicas. Viene a ser el sistema constructivo denominado *"sistema de desmonte terraplén con relleno episódico"*, la misma técnica documentada en Coto do Castrelo y en Santa Lucía, donde la acción antrópica varió sustancialmente las cualidades y calidades naturales del suelo, profundidad, grado de pendiente, etc., respondiendo, en principio, a una nueva necesidad de rentabilidad económica.

[8] Parte de los resultados de este trabajo fueron publicados en Ballesteros Arias, P.; Criado-Boado, F.; Andrade Cernadas, J.A. (2006), en el que se expone la metodología utilizada y el diseño de la investigación aplicada junto con los resultados obtenidos.

[9] La Calzada de Sar forma parte del camino de Santiago y está vinculada a un intenso tránsito y actividad desde, por lo menos, época medieval. Además, su trazado se ubica en el lugar de paso óptimo para sortear las pendientes de la ladera del Monte Gaiás en su cara suroeste, por lo que podríamos suponer que el trazado posiblemente discurra por algún camino tradicional o paso natural anterior a la construcción de la propia Calzada. Por otra parte, López Alsina (1987) recoge que la Calzada de Sar aparece mencionada como una de las vías de comunicación que confluían en el siglo IX al *locus* de Santiago, siendo una de éstas la vía Santiago – Aríns - Ourense a través de la cual está documentado que en el siglo XII llegaba a la ciudad el vino procedente de la zona de Ribadavia y Ourense.

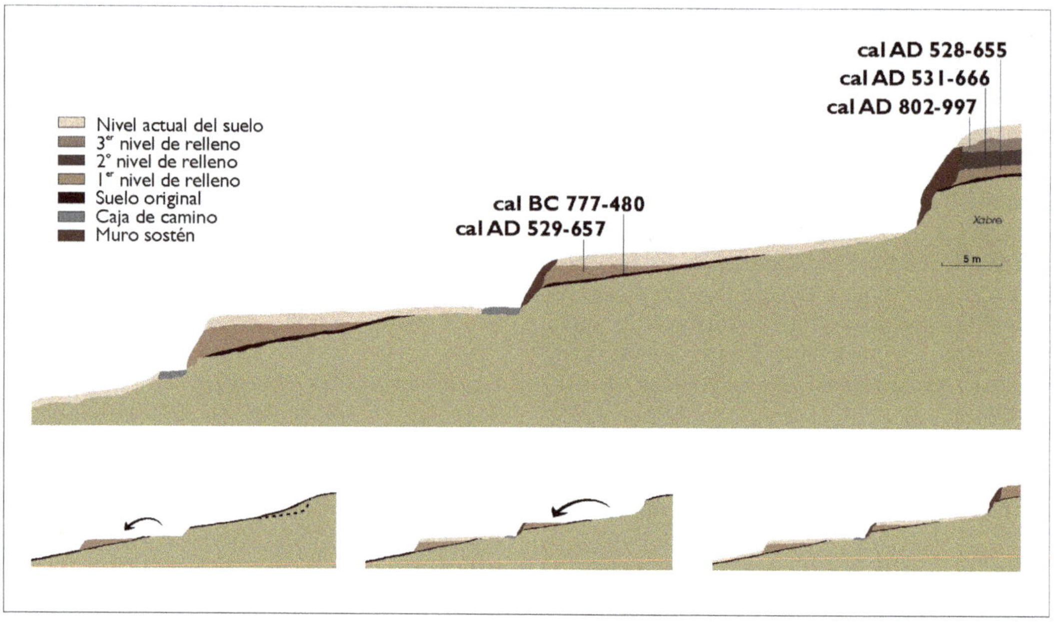

FIG. 7: ESPACIO ATERRAZADO DE *PORTIÑA-BARREIROS* EN EL QUE SE PUEDE APRECIAR LA CONSTRUCCIÓN DE TERRAZAS A PARTIR DEL SISTEMA DESMONTE - TERRAPLÉN Y CUYA COLMATACIÓN SE EFECTUÓ DE UN MODO EPISÓDICO COMO LO CONFIRMA LA CRONOLOGÍA OBTENIDA DE LOS DIFERENTES ESTRATOS

3.6 Antiguas delimitaciones agrarias en zona de monte. Marco do Portovello (Guitiriz, Lugo)

En el lugar de Marco de Portovello se documentaron unas estructuras de gran desarrollo lineal vinculadas a antiguos cierres o delimitaciones de parcelas de monte que, según los resultados alcanzados, se pueden datar en época medieval.[10]

Esta zona, que pertenece al municipio de Guitiriz, provincia de Lugo, es un espacio llano dedicado, en su momento, a tierras de cultivo. Este municipio se extiende por el sector occidental de Terra Chá, formando parte de la altiplanicie lucense, y cuya altitud oscila entre los 400 y 600 metros de altitud. Limitado al oeste por las sierras de la Dorsal Gallega (Cova da Serpe, Cordal de Montouto y Serra da Loba), donde se alcanzan las mayores altitudes, y constituyéndose, a su vez, en divisoria de aguas entre los ríos de la provincia de A Coruña y los tributarios del Miño que drenan estas tierras. Este relieve, prácticamente llano, está salpicado de pequeños cotos que constituyen excelentes atalayas naturales. La numerosa red fluvial, tributaria del Miño, se articula en torno a los ríos Labrada y Parga, afluentes del Miño.

La intervención arqueológica realizada permitió documentar un interesante conjunto de dieciocho estructuras de gran desarrollo lineal tipo zanja en su mayoría, y otras de clara tendencia circular, así como algún reticulado que se traduce en surcos paralelos y perpendiculares con un patrón muy regular. Otro tipo de evidencias registradas fueron unas improntas de arado sobre el terreno. Estas huellas se cruzan unas con otras de forma transversal y longitudinal formando una retícula perfectamente diferenciable sobre el horizonte mineral. Teniendo en cuanta el terreno en el que se documentaron estas improntas, lo más probable es que estén relacionadas con roturaciones realizadas con arado romano o simétrico (Fig. 8).

En términos generales, la secuencia estratigráfica es uniforme en toda la superficie evaluada: en todas las estructuras se documentó un único depósito de colmatación interior; en algunas, con depósitos de gravas en la base. También el tipo de corte es muy similar en todas las zanjas documentadas, de sección plana, paredes verticales y de escasa profundidad. Y no se documentó material arqueológico significativo durante la excavación.

De tres de estas zanjas se extrajeron muestras de los sedimentos para su datación por Carbono 14.

La denominada zanja A, Marco de Porto Vello I, es de desarrollo lineal pero con una curva pronunciada en su orientación NW-SE. En su interior se documentó un único depósito de tierra de escasa profundidad. El corte tiene un perfil en "U" de base redondeada y paredes casi verticales. En la base de este corte se documentaron pequeñas incisiones de planta casi cuadrangular. Estas marcas se podrían corresponder con la impronta de un apero de labranza como la azada, dejada sobre el sustrato mineral como consecuencia de la acción de abrir esta zanja. El resultado de la datación del depósito de esta zanja dio un 1020+30 BP.

La zanja C, Marco de Porto Vello II, tiene igualmente un desarrollo lineal pero con una curva pronunciada, dibujando casi un cuarto de círculo de orientación N-S. Aquí se documentaron dos depósitos de tierra: el superior, con mayor contenido orgánico y de mayor potencia, cuya datación dio un 230+30 BP, y el sustrato

[10] Los datos de partida fueron obtenidos de una intervención arqueológica realizada en Marco de Portovello (Guitiriz, Lugo) por la empresa Adro Arqueolóxica, bajo la dirección de Elena Lima Oliveira en 2005.

FIG. 8: VISTA GENERAL DE LA ZONA DE LA INTERVENCIÓN ARQUEOLÓGICA

inferior, de textura arenosa y escasa potencia, asentado directamente sobre el corte realizado en el sustrato mineral. Este corte tiene un perfil de "U" de base plana y paredes cóncavas.

Y, por ultimo, la zanja I, Marco de Porto Vello III, tiene forma semicircular de orientación SW-NE. En su interior se localizó un solo depósito sobre un corte en el horizonte mineral de perfil en "V" y paredes cóncavas. La datación del depósito dio un resultado de 800+30 BP.

El análisis de los datos nos está indicando que este conjunto de estructuras se podrían relacionar con los restos de un sistema de parcelación del monte gallego, y estaría reflejando procesos de cambio bastante drásticos en las zonas de monte, en contraposición con las tierras de labradío donde el tiempo de pervivencia de las estructuras suele ser más dilatado.

3.7 Cierres de monte en la sierra de O Xistral (Abadín, Lugo)

En la sierra de O Xistral se documentó un sistema de cierres construidos en tierra, denominados *valos*, vinculados con una antigua explotación agraria para el cultivo de cereal por medio del sistema de rozas, y la intervención arqueológica sobre uno de ellos permitió registrar una puesta en cultivo y un ordenamiento del espacio en zonas altas de la sierra para época altomedieval.

La sierra de O Xistral es un sistema montañoso lucense perteneciente al grupo de sierras más septentrionales de la comunidad gallega, que se extiende en dirección S-NE por el límite entre los municipios de Valadouro y Muras. Sus cotas más destacadas corresponden a los picos de O Cadramón (1.056 m), Seixo Branco (1.057) y Chao de Lamoso (1.039). De ellos parten ríos para el Cantábrico: Landro, Ouro y Masma; y hacia el Atlántico: el Eume. A esta red fluvial se asocia una gran cantidad de depósitos sedimentarios que presentan los típicos problemas de freáticos superficiales y que, en parte, explican la importancia del terreno dedicado a pasto y su correspondiente asociación con la ganadería de tipo vacuno.

Su poblamiento es escaso, caracterizándose por ser aldeas muy pequeñas y dispersas, emplazadas en las laderas de los valles, a veces, fuertemente encajados. Los campos de cultivo ocupan las pendientes relativamente poco acusadas, situados por encima de los fondos de los valles. Por el contrario, las cumbres están cubiertas de mato raso con la aparición, en el hundimiento de una vaguada, de un bosque tipo fraga. Pero, además, la propia sierra fue un lugar idóneo para que en ella se desenvolvieran actividades de ganadería extensiva; de hecho, hasta no hace mucho tiempo era frecuente encontrar ganado en total libertad, o que pasaba gran parte del año en el monte. También se desarrollaban actividades agrícolas como complemento de la ganadería realizada en los campos de los valles (Fig. 9).

Los *valos* de monte llevados a estudio se localizan en el tramo final de la dorsal de Pena Vella, de sentido W-SE, concretamente en la zona conocida como Coto Vello, en un rellano que en sus proximidades cuenta con grandes

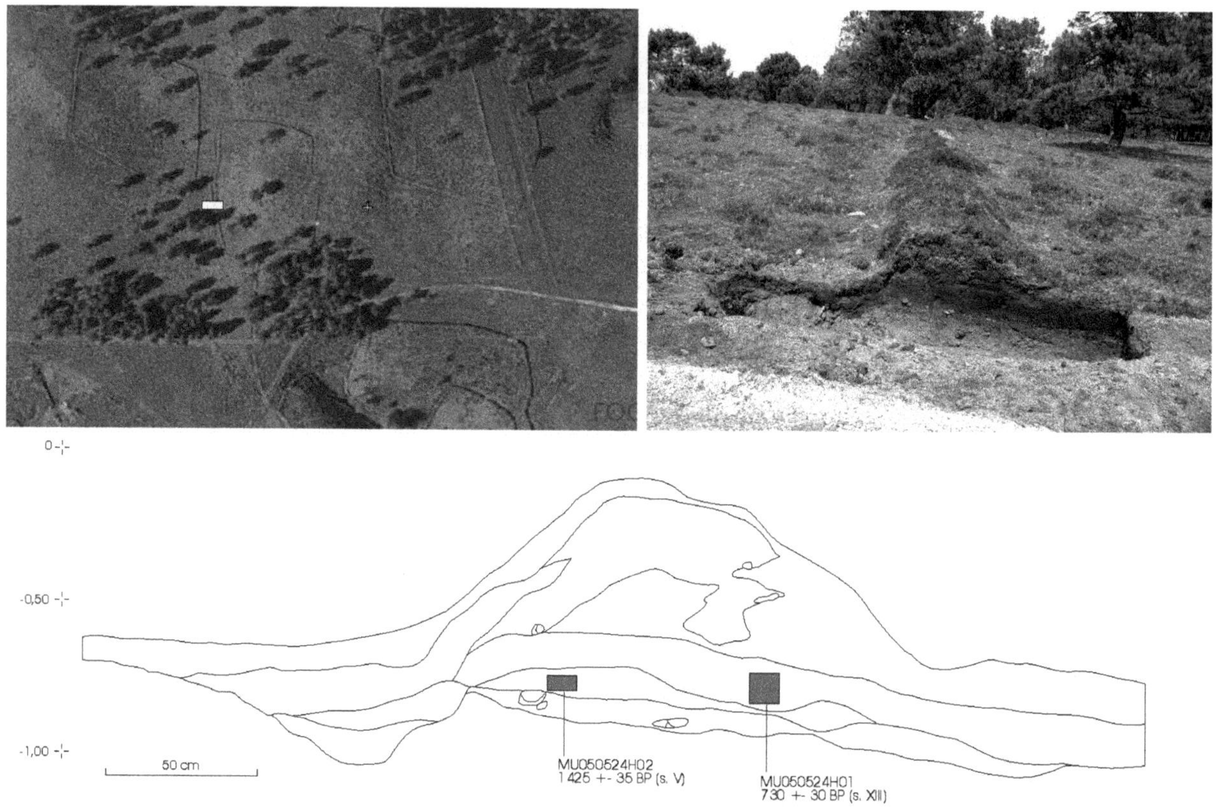

FIG. 9: FOTOGRAFÍA AÉREA DE LA ZONA, JUNTO A LA IMAGEN DEL *VALO* Y DIBUJO EN EL QUE SE PUEDE DIFERENCIAR LA ESTRATIGRAFÍA

áreas de reserva de humedad "tipo braña". Se trata de estructuras de tierra que delimitan parcelas en las que se aplicaba una agricultura de roza para el cultivo de cereal (trigo y centeno).

La intervención arqueológica en uno de los *valos* posibilitó la realización de un estudio detallado tanto del propio elemento como de la zona en la que se encuentran estos sistemas de parcelación en zonas de monte. Resultó ser una estratigrafía sencilla en la que debajo del nivel vegetal se documentó una bolsada compuesta por saprolita de grano grueso con numerosas piedrecillas, y que se corresponde con la parte convexa y más sobresaliente del *valo*. Debajo, un horizonte A de escasa cohesión, que se prolonga horizontalmente hacia la parcela de cultivo. Bajo éste se documentó un segundo horizonte A, más compacto y de coloración muy oscura, que también continúa hacia la superficie parcelada. La datación de este sedimento dio como resultado 730 $\pm$ 30 BP. Debajo se definió un tercer horizonte A con las mismas características que el nivel superior pero de diferente tonalidad, que se interrumpe al comenzar la superficie de labradío y cuya datación ofreció el resultado de 1425 $\pm$ 35 BP. Finalmente se documentó un horizonte mineral de transición que antecede al horizonte C. En la cara externa de esta estructura de cierre se documentó un surco que, además de remarcar el límite exterior de la parcela, permitía canalizar las aguas de escorrentía.

Estos datos son de una importancia indudable ya que, tanto en este caso como en el anterior, tenemos la ocasión de analizar espacios agrarios alejados de las aldeas, localizados en zonas de monte, y en donde se encuentran las tierras más propicias para el cultivo de cereales de invierno y para el cultivo del tojo, matorral que constituía la base del abonado del labradío.

4. Dataciones radiocarbónicas

En la tabla que presentamos a continuación aparecen representados doce elementos agrarios que han sido datados por el método de C 14, algunos de los cuales han sido descritos en apartados anteriores.

Las dataciones obtenidas han sido procesadas en diferentes laboratorios: Laboratorio de Geocronología del CSIC, Madrid; Beta Analytic Inc. Florida; y Uppsala Universitet, Suecia. Los identificadores correspondientes son CSIC; Beta y Ua respectivamente. Todas ellas han sido calibradas a 2s, de esta manera es más probable que la fecha real se encuentre en los intervalos de esta calibración, aunque los rangos de edad que presenta esa datación sean más amplios (Tabla 1)

.

Así como el análisis estratigráfico nos ayuda a visualizar y comprender los sistemas constructivos utilizados en los diversos elementos agrarios, el análisis cronológico nos permite recomponer parte del proceso evolutivo de un paisaje campesino.

Si hacemos una observación conjunta de las dataciones, resulta evidente que en todas ellas se nos ofrece una cronología análoga y muy coherente. Y que esa coherencia temporal se enmarca fundamentalmente en los siglos medievales, a excepción de una datación procedente de un cierre de parcelación de monte del siglo XVIII, en plena edad moderna, el Marco de Porto Vello II.

ELEMENTO AGRARIO	LAB.	EDAD C-14 Años BP	EDAD C-14 Años cal. AD (2s)	NIVEL ESTRATIGRÁFICO
Terraza de Milladoiro-A Fidalga	Beta-157281	1650±60 BP	cal AD 250-540 (410 AD)	Paleosuelo
	Beta-157282	1650±60 BP	cal AD 250-540 (410 AD)	1° sedimento acumulación
Bancal de Milladoiro-A Fidalga	Beta-157280	1660±70 BP	cal AD 230-550 (400 AD)	Paleosuelo
	Beta-157279	1160±60 BP	cal AD 710-1000 (890 AD)	1° sedimento de acumulación
Bancal de Chousa da Agra	Beta-157283	1480±70 BP	cal AD 420-670 (600 AD)	Paleosuelo
Terraza de Portiña	Ua-20000	2480+45 BP	cal BC 777-480	Paleosuelo
	Ua-19999	1480±45 BP	cal AD 529-657	1° sedimento de acumulación
Terraza de Barreiros	CSIC-1947	2334±31 BP	Cal BC 511-361	Paleosuelo
	Ua-20002	1485+45 BP	cal AD 528-655	1° sedimento de acumulación
	Ua-20001	1455±45 BP	cal AD 531-666	2° sedimento de acumulación
	Ua-21690	1130±45 BP	cal AD 802-997	3° sedimento de acumulación
Terraza de As Pontes	Beta-141788	1340±60 BP	Cal AD 570-820	sedimento de acumulación (marcas de arado)
Bancal de Portiña	Beta-157284	1270+60 BP	cal AD 650-890 (740 AD)	Paleosuelo
Terraza de Lume de Quintas	CSIC-1293	1078+43 BP	cal AD 889-1022	Relleno de la terraza
Valo de Coto Vello	Ua-32672	1425±35 BP	cal AD 611-648	1° sedimento de acumulación
	Ua-32671	730±30 BP	cal AD 1224-1296	2° sedimento de acumulación
Marco de Porto Vello I	Ua-34109	1020±30 BP	cal AD 903-914	sedimento de acumulación
Marco de Porto Vello II	Ua-34110	230±30 BP	cal AD 1532-1536	sedimento de acumulación
Marco de Porto Vello III	Ua-34111	800±30 BP	cal AD 1185-1275	sedimento de acumulación

TABLA 1. RELACIÓN Y RESULTADOS DE LAS MUESTRAS DE MATERIA ORGÁNICA CONCENTRADA FECHADAS POR C-14. SE PROPORCIONA LA FECHA CALIBRADA Y LA CONVENCIONAL JUNTO CON LA SITUACIÓN ESTRATIGRÁFICA EN LA QUE SE ENCUENTRAN

Dicho así, es cierto que el abanico/marco cronológico que se contempla para la formación y evolución de estas estructuras, y, en definitiva, de estos paisajes agrarios, es muy amplio, desde el siglo IV d. C. hasta el siglo XIII. Pero si hacemos un análisis más detenido de las estructuras agrarias aquí presentadas podemos decir que un nuevo paisaje agrario se empezó a gestar en la baja romanización (siglo IV d. C.). Será en los siglos altomedievales (V y VI d. C.) cuando estos procesos de transformación del paisaje se hacen más evidentes. Los siglos VII, VIII y, especialmente, el IX, también aparecen representados en las dataciones obtenidas. Pero así como en los siglos anteriores se corresponden fundamentalmente con dataciones procedentes de paleosuelos y de los primeros sedimentos de acumulación, en estos siglos posteriores, sobre todo a partir del IX, serán sedimentos aportados en momentos posteriores sobre elementos ya configurados. Significativamente es a partir de la plena Edad Media cuando se datan los procesos de parcelación de monte, quizás será a partir de ese momento cuando se fija el modelo de aprovechamiento del terrazgo en todo su abanico ecológico.

Pero, dentro de este contexto "artificial" de construcción de un paisaje no hemos de olvidar el componente "natural". Como se ha expuesto anteriormente, el paisaje se entiende como una acumulación de restos de forma intencional y no intencional. En el caso que nos ocupa, , la construcción de las terrazas agrarias (lo intencional) lleva consigo implícitamente el intento de búsqueda de una solución a la erosión por medio de la contención del suelo (lo no intencional) buscando, al tiempo, una solución de productividad. En este sentido tendrá que tenerse en cuenta tanto la actividad humana sobre el medio como las condiciones climáticas existentes en esos momentos, en los que se está llevando a cabo una alteración del medio. Según A. Martínez Cortizas (2002) en momentos pleno-medievales se produce una deforestación intensiva comparable a la que ocurre en el período romano; es decir, se registra una fuerte transformación con una fuerte repercusión en el medio, que se materializa en una nueva forma de gestionarlo.

5. Valoración histórico-cultural

A lo largo de este artículo se han mostrado una serie de datos procedentes de diversas intervenciones arqueológicas realizadas sobre el espacio agrario en Galicia, datos que, tomados de una forma conjunta, nos permiten poner en relieve una serie de apreciaciones que a continuación exponemos.

En primer lugar destacamos la importancia que supone el hecho de intervenir sobre elementos agrarios utilizando metodología arqueológica desde la óptica teórica de la Arqueología del Paisaje. La mayor parte de las estructuras objeto de nuestro estudio conservan su propio dinamismo en el paisaje agrario, dado que siguen manteniendo la función para la que fueron diseñadas, por lo que su formación y evolución sigue actuando hasta el presente.
Por otro lado, a partir del estudio estratigráfico de estas estructuras, y de su disposición sobre el terrazgo, se puede llegar a hacer una interpretación de la evolución horizontal que ha sufrido el espacio, es decir, se puede ver cómo el terreno se fue aterrazando, fragmentando y asociando; y una interpretación de la evolución vertical de las propias formas a través del tiempo, ya que tanto los cambios como las continuidades quedan reflejados en la verticalidad de las mismas (huellas de arado, procesos de abandono, abonados, drenajes, reutilizaciones, ampliaciones del sistema…). Es decir, las propias terrazas agrarias funcionan como entidades formales a las que se les van añadiendo una serie de valores cronológicos y culturales.

Si atendemos a la cronología, lo más reseñable son los datos tempranos que se manejan para los inicios formativos de un paisaje agrario que en Galicia todavía se conserva en uso. Es a partir del siglo IV de nuestra era cuando se empieza a constatar una serie de cambios en el paisaje que se verán acentuados en los siglos inmediatamente posteriores. Será en la etapa altomedieval, siglos V y VI d.C., cuando se constate la transformación más intensa del paisaje, desembocando en una progresiva complejidad y monumentalidad del mismo.

Las nuevas estrategias se plasman en la creación, diseño y planificación de nuevos paisajes, objetivados a través de roturaciones, de la construcción las estructuras de abancalamiento, de parcelaciones, caminos, etc., que vienen acompañadas de la aplicación de nuevas técnicas/prácticas que no se habían documentado en períodos anteriores. Espacios antes vírgenes están sufriendo serias alteraciones y modificaciones con la intención de hacerlos ahora productivos, explotarlos y controlarlos.

Al hilo de esto, al principio de este artículo comenzábamos diciendo que la investigación de los espacios rurales surgió a partir del interés que se estaba generando por indagar en el pasado del paisaje tradicional gallego, y como a partir de la aplicación de las técnicas arqueológicas pudimos llegar a constatar que las raíces de este paisaje se remontan a los inicios de la alta edad media.

Esta afirmación podría dar lugar a una visión conservadora del paisaje, en la que se intenta transmitir la idea de que estamos ante un paisaje vivo a la vez que fosilizado, pero esta visión de continuidad no es la que se pretende ofrecer. Al contrario, continuidad no implica reproducción de los mismos patrones de racionalidad del espacio, sino que puede implicar un uso continuo de ese paisaje con los evidentes cambios que se producen en el mismo.

Así, en el noroeste peninsular, en estos momentos, se están produciendo una serie de cambios estructurales que obedecerán a una serie de nuevos criterios que serán la base sobre la que se construirán los cimientos del paisaje rural que ha llegado hasta nuestros días. O dicho de otra manera, que los resultados del estudio que se acaba de exponer llevan a pensar en la hipótesis de que, durante esos años, entre la baja romanización y la alta edad media, lo que siempre se llamó Edad Oscura, tuvo lugar un nuevo proceso de artificialización del espacio que tiene que corresponderse con nuevas formas de dominación política, social y económica. Entonces: si esas formas agrarias han pervivido, es para pensar en que las formas de dominación que las alumbraron no se convirtieron en nada sustancialmente distinto de lo que vino después. En consecuencia: el régimen feudal hunde sus raíces más allá de lo que siempre se había pensado: en realidad, en la alta edad media sí hubo cambios sociales y económicos que la acercan más a lo que vino después que a lo que había antes.

BIBLIOGRAFÍA

Aboal Fernández, R. 2007a: Sondeos valorativos en el lugar en el lugar de Coto Castrelo (Lalín, Pontevedra). Memoria Técnica. Inédita.

Aboal Fernández, R. 2007b: Sondeos mecánicos en el lugar de Coto Castrelo (Lalín, Pontevedra), Memoria Técnica. Inédita.

Aboal Fernández R.; Ballesteros Arias, P. 2006 (e.p.): Las terrazas de Santa Lucía y la formación de un paisaje tradicional. *En:* Prieto Martínez, P.; Criado-Boado, F. *La autopista del pasado. Arqueología del Paisaje entre Santiago y el Alto de Santo Domingo.*

Amado, S., Barreiro, D.; Criado-Boado, F.; Martínez Mª. C. 2002: *Especificaciones para una gestión integral del Impacto desde la Arqueología del Paisaje*, *TAPA* (Traballos en Arqueoloxía e Patrimonio) 26.

Ballesteros Arias, P. 2003: *La arqueología en la gasificación de Galicia 17: El paisaje agrario.* CAPA (Cadernos de Arqueoloxía e Patrimonio), 18. Laboratorio de Patrimonio, Paleoambiente e Paixase (IIT-USC), Santiago de Compostela.

Ballesteros Arias, P.; Criado-Boado, F.; Andrade Cernadas, J. M. 2006: Formas y fechas de un paisaje medieval en Cidade da Cultura, *Arqueología Espacial,* 26, pp. 193-225.

Ballesteros Arias, P.; Blanco-Rotea, R.; Prieto Martínez, P. 2006: The Early Mediaeval site of A Pousada (Santiago de Compostela, A Coruña, Spain). *En*: Quirós Castillo, J. A.; Vigil-Escalera Guirado, A. Networks of peasant villages between Toledo and Velegia Alabense, Northwestern Spain (V-Xth Centuries), *Archeologia Medievale* XXXIII, pp. 79-128.

Barceló, M. y Sigaut, F. 2004: The making of feudal agricultures? The transformations of the Roman World. 14. Leiden-Boston.

Barceló, M. 1994: Rigor y "milongeras pretensiones". ¿Es posible historiar el feudalismo sin la Arqueología?. El caso catalán. *Arqueología y territorio medieval,* 1. Jaén.

Bloch, M. 2002: La tierra y el campesino: agricultura y vida rural en los siglos XVII y XVIII. Barcelona: Crítica.

Bouhier, A. 2001: *Galicia: ensaio xeográfico de análise e interpretación dun vello complexo agrario* / Abel Bouhier [traducción de Benxamin Casal Vila]. Consellería de Agricultura, Gandería e Política Agroalimentaria Caixanova. Santiago de Compostela.

Cantera Montenegro, E. 1987: Instrumentos y técnicas de cultivo en la Plena Edad Media Europea (siglos X y XIII*). Cuadernos de Historia Medieval*, 8, Madrid.

Cardesín Díaz, J. A. 1992: *Tierra, trabajo y reproducción social en una aldea gallega (S. XVIII-XX): muerte de unos, vida de otros.* Ministerio de Agricultura Pesca y Alimentación, Secretaría General Técnica, D.L. Madrid.

Criado-Boado, F. 1993: A paisaxe rural galega e a súa xeneloxía arqueolóxica. Actas do Simposium de Estudios Galegos. *1ª Oxford Conference on Galician Studies*. Consellería de Educación e Ordenación Universitaria, Dirección Xeral de Política Lingüística. Pontevedra.

Criado-Boado, F.; Parcero-Oubiña, C. 1997: Arqueología de las formas de parcelación del espacio en la prehistoria de Galicia. *En*: Guitián Rivera, L.; Lois González, R. (coords.) *Actividad humana y cambios recientes en el paisaje.* Xunta de Galicia, Consellería de Cultura, Santiago de Compostela.

Criado-Boado, F. 1999: *Del Terreno al Espacio: Planteamientos y Perspectivas para la Arqueología del Paisaje,* CAPA (Criterios y Convenciones en Arqueología del Paisaje), 6.

Jiménez Gómez, S. 1975: Análisis de la terminología agraria en la documentación lucense en el siglo XIII. *Actas de las I Jornadas de Metodología aplicada de las Ciencias Históricas*. Santiago.

Lima Oliveira, E. 2003: *La Arqueología en la Gasificación de Galicia 18: Excavación arqueológica en el yacimiento de As Pontes (Abadín, Lugo).* TAPA (Traballos de Arqueoloxía e Patrimonio), 32. Laboratorio de Patrimonio, Paleoambiente e Paixase (IIT-USC). Santiago de Compostela.

Lima Oliveira, E. 2005: Control Arqueológico en el entorno de la Medorra de Marco de Portovello tramo Parga – Curtis. Memoria técnica (Inédita).

López Alsina, F. 1987: *La ciudad de Santiago de Compostela en la Alta Edad Media.* Facultad de Geografía e Historia. Santiago de Compostela.

López Noia, R. 2005: Memoria Control e corrección do Impacto Arqueolóxico do Parque eólico Álabe-Montemaior Sur (Abadín, Lugo). Memoria Técnica. Inédita.

López Sáez, J. A.; Parcero Oubiña, C.; Lima Oliveira, E.; López García, P.; Criado Boado, F.; Macías Rosado, R.; Martínez Cortizas, A.; Franco Maside, S. 2003: Paleopaisajes concretos: polen, suelos y arqueología del yacimiento de As Pontes (Abadín, Lugo). *Trabajos de Prehistoria,* 60 (1), pp. 139-51.

Martínez Cortizas, A.; Vázquez Varela, J.M. **2002:** El Clima en la Galicia romana: una aproximación interdisciplinar. *Revista Real Academia Galega de Ciencias*. 21, pp. 87-104.

Martínez Cortizas, A. 1995: *Edafología y arqueología: aplicaciones al estudio de yacimientos arqueológicos al aire libre en Galicia.* Consellería de Cultura, D.L. Santiago de Compostela.

Martínez de Pisón, E. 2009: *Miradas sobre el paisaje.* Biblioteca Nueva. S.L., Madrid.

Villares Paz, R. 1987: La tecnología agraria en la comarca de santiago a fines del XVII y principios del XVIII. *Cuadernos de Estudios Gallegos*, 29, pp. 147-164.

Campos de cultivo en la Cordillera Cantábrica. La agricultura en zonas de montaña

Margarita Fernández Mier[1]
Universidad de León

"El historiador es siempre esclavo de sus documentos, y más que ninguno lo es el que se dedica a los estudios agrarios; so pena de no poder descifrar el jeroglífico del pasado, necesita casi siempre, leer la historia al revés".
M. Bloch

1. El espacio agrario dentro de la Historia Rural

No cabe duda de que el conocimiento que tenemos de la organización tradicional de espacio agrario en el Norte peninsular se debe en gran medida a la labor desarrollada por los geógrafos a partir de los años ochenta del siglo XX; trabajos como los de Jesús García Fernández sobre Asturias (1975, 1988) y Castilla (1965), Bouhier sobre Galicia, y Ortega Valcarcel (1974, 1987), sobre Cantabria y Burgos, fueron el punto de partida de otras investigaciones que con posterioridad se ocuparon de comprender, desde el punto de vista de la geografía rural y de la geografía histórica, la organización tradicional del territorio en el Norte Peninsular. Estas pioneras investigaciones tuvieron su continuidad en algunas tesis doctorales inspiradas en los trabajos de Ortega Valcarcel sobre las montañas de Burgos, que no sólo se acercaban al territorio desde un punto de vista geográfico, sino que intentaban reconstruir los procesos de formación del paisaje rural durante los últimos siglos, con lo que se realizaba un importante acercamiento a la documentación de los siglos XVIII y XIX para reconstruir los procesos de formación del paisaje tradicional. Así por ejemplo las aportaciones de Rodríguez Gutiérrez (1989, 1992) permitieron un importante conocimiento del funcionamiento y la gestación de la organización tradicional del paisaje en Asturias al menos hasta el siglo XVIII, cronología hasta la que generalmente se retrotraen los trabajos realizados por los geógrafos.

En esta misma línea, la Historia Rural sobre el Antiguo Régimen, ponían especial atención en la organización de los espacios agrarios ya que la amplia documentación notarial de los siglos XVI y XVII así como los archivos de los señoríos laicos y eclesiásticos, aportaban una valiosa información para la reconstrucción de las prácticas agrarias durante este período. En todos los casos se trata de aportaciones realizadas desde la documentación escrita, intentado comprender la organización del espacio agrario, la estructura de la propiedad, las rentas y su distribución, las formas de explotación de la tierra y la ganadería, así como los conflictos sociales que genera la propiedad y la gestión de estos espacios (Anes 1988; Barreiro 1984, 1982, 1992, 1997; González Pardo 1999; Rubio 1986; Pérez Álvarez 1996).

Así se obtuvo un buen conocimiento de la complejidad que entraña la organización y explotación del espacio agrario, la variedad que presenta dependiendo de las condiciones geográficas -desde la mayor importancia de la explotación ganadera de las áreas de montaña a la mayor simplificación de estos espacios en las zonas costeras- y especialmente pusieron de manifiesto la gran complejidad que presentaba la propiedad y explotación del común de los pueblos, fruto de un proceso de larga duración que hunde sus bases en época medieval.

También han evidenciado que se trata de espacios de carácter multifuncional, muy alejados del monocultivo, en el que las diferentes unidades agrarias pueden desempeñar diferente función dependiendo del ciclo agrícola anual y de las necesidades del grupo social que las trabaja y del que las posee. Muy lejos de la apariencia de uniformidad que tiene el paisaje actual del Norte Peninsular, en el que predomina el verde de la dedicación a pasto, el paisaje del Antiguo Régimen y buena parte del siglo XX era de una gran complejidad, tanto en lo que refiere a los cultivos como a las diferentes unidades agrarias en las que se estructuraba el espacio agrario, a la propiedad y a las formas de gestión, fruto de un proceso de larga duración en el que los procesos políticos, sociales, económicos y tecnológicos habían ido progresivamente modificando las estructuras y su morfología, aún a pesar de que, en gran medida, se puede defender una cierta perdurabilidad de las principales formas del parcelario desde época medieval.

Más complejo de interpretar son el origen de estas estructuras agrarias y su proceso de formación a lo largo de la Edad Media pues, si bien es posible identificar distintos cambios durante el Antiguo Régimen, no cabe duda que las grandes líneas de estructuración de la ordenación agraria se remontan a época medieval.

El medievalismo centró la investigación en los datos aportados por la documentación escrita, en primer lugar con los estudios sobre los grandes señoríos eclesiásticos como organizadores del paisaje, intentado comprender la estructura de la propiedad y la explotación por parte de los titulares de los señoríos, como dan cuenta una buena cantidad de investigaciones realizadas sobre las colecciones documentales de diversos señoríos a partir del pionero estudio de García de Cortazar sobre San Millán de la Cogolla (1969). Posteriormente se acometieron investigaciones que ponían el acento en la comprensión de la amplia y compleja terminología ligada a las zonas de residencia y a las áreas de cultivo (Faci 1978; Torrente Fernández 1989; Fernández Conde 1993)

[1] Este trabajo ha sido elaborado dentro del marco de los proyectos de investigación: *La territorialidad de la aldea feudal: la fijación del poblamiento y los espacios de cultivo en el territorio leonés en la Alta Edad Media (siglos VI-X)*, subvencionado por la Junta de Castilla y León, en el programa de apoyo a Proyectos de Investigación, referencia 2008 LEAF44 y *La génesis del paisaje medieval en el Norte Peninsular: Arqueología de las aldeas de los siglos V al XII*, subvencionado por el Ministerio de Educación y Ciencia en el ámbito del Plan Nacional de I+D+I, referencia HUM2006-02556.

que permitió una mejor interpretación del paisaje medieval. Así se fueron dando pasos en la comprensión de la estructura que presentaban los señoríos, que lejos de ser uniformes, tenían multitud de unidades fundiarias muy dispersas, de distinta naturaleza, distribuidas en distintos territorios y unidades de poblamiento y con una variada producción y productividad.[2]

Así la Historia Rural Medieval desarrollada durante las décadas de los sesenta y ochenta, que se ocupó especialmente del estudio de los señoríos, dio paso a un mayor protagonismo de los análisis regionales en los que el objeto de estudio era el poblamiento, la actividad económica, la configuración del paisaje y la distribución del poder social lo que permitió ir delineando los trazos de un paisaje medieval en el que la aldea se perfilaba como el elemento articulador del espacio, Esto abrió nuevas líneas de investigación que se centraron tanto en la comprensión de la génesis de la aldea como en la evolución de esta realidad (Martínez Sopena 1985; Pallares, Portela, 1975, 1995-96; Portela, Pallares 1998, Torrente, 1985-86), así como de otros conceptos relacionados con ella como la comunidad de valle, y la comunidad de aldea (Estepa 1998; García de Cortazar 1988, 1995; Díez Herrera 1990; Peña Bocos 1995).

Una larga trayectoria de aproximación al paisaje medieval, en la que, sin embargo, estaba ausente el principal protagonista: el paisaje; las investigaciones se realizaron exclusivamente a partir de la documentación escrita sin que apenas hubiese un acercamiento al paisaje, a los elementos que conforman las estructuras agrarias: morfología del parcelario, terrazas de cultivo, cierres, fosas de drenaje, construcciones ganaderas, sistemas de riego, micromorfología agraria, etc, para ser analizados como fuente con el objetivo de construir datos históricos a partir de su interpretación.

Será a partir de los años noventa, con el incipiente desarrollo de una Arqueología del Paisaje en España cuando se produzca un cualitativo avance en relación con la aproximación, en primer lugar al territorio y finalmente al paisaje en su totalidad. A partir de esta década el poblamiento se convirtió en el principal elemento de análisis ya que fue considerado el indicador básico para comprender el proceso de transformación de la sociedad antigua en la medieval (Barrios, Martín Viso 2000-2001). Así se realizaron una serie de trabajos donde no sólo se prestaba atención a las formas de poblamiento medieval a partir del siglo X, sino que se intentaba analizar, a partir de estudios de larga duración y utilizando la documentación arqueológica, los precedentes de este poblamiento que las fuentes documentales mostraban plenamente organizado y articulado (Escalona 2002; Gutiérrez González 1995; Larrea 2003-2004; López Quiroga 2004; Martín Viso 2000; Pastor Díaz de Garayo 1996.)

Estos trabajos se enfrentaron a un insalvable problema: la inexistencia de una arqueología medieval cuyo objeto de análisis e investigación no se viera limitado a los edificios monumentales, lo cual restringía en gran medida la información aportada por los estudios arqueológicos. El principal objeto de investigación era el poblamiento y su articulación territorial para comprender la formación de las estructura sociales feudales, pero algunos dieron un paso cualitativo al considerar que el objeto de estudio no debía limitarse a los lugares de hábitat, sino al paisaje en su totalidad, al territorio ligado a dichas unidades de poblamiento, con un acercamiento a la morfología agraria considerando que la misma es el producto de la acción del hombre sobre el medio y, como tal, puede aportar una gran cúmulo de información de las sociedades que la ha creado (Fernández Mier 1996, 1999; García Camino 2002). Sin duda en este cambio de orientación desempeñó un papel fundamental la obra de Miquel Barceló *Arqueología Medieval, en las afueras del medievalismo* (1988), en la que ya quedaba plasmada toda esta problemática, así como la necesidad de abordar desde planteamientos realmente distintos el estudio de las sociedades campesinas.

Esto supuso un giro radical en la concepción del objeto de estudio; el paisaje dejaba de ser el mero espacio en el que se desarrollaba la acción del hombre, el marco geográfico que lo soportaba -que generalmente servía de introducción a las investigaciones históricas-, y pasaba a ser considerado un elemento creado por esa sociedad, en el que se sintetizaban todas las acciones del hombre y, por tanto, su investigación precisaba desarrollar las técnicas adecuadas para lograr su comprensión en la diacronía histórica.

Esta evolución en el tipo de fuentes y en las preguntas que se planteaban desde la Historia Rural de Noroeste Peninsular puede verse bien ejemplificada en el caso de Asturias. A inicios de los años noventa, en el marco de un proyecto de investigación dirigido por el profesor Fernández Conde (*Investigación etnohistórica sobre dos concejos de la montaña asturiana, Teberga y Quirós*), se inician una serie de trabajos realizados desde la perspectiva etnohistórica, que permitirán poner las bases para el desarrollo de una nueva perspectiva de aproximación al conocimiento del espacio agrario y de la elaboración de una metodología de trabajo que facilitase la comprensión de la formación de los paisajes a través de un estudio de carácter interdisciplinar y diacrónico con el uso de la documentación escrita, pero también de la lectura arqueológica de las formas de los campos, del uso sistemático de la toponimia y, por supuesto, partiendo del conocimiento que los actuales gestores del paisaje tenían del mismo. Los trabajos previos realizados sobre la documentación escrita eran el punto de partida para abordar el estudio del paisaje desde una perspectiva más compleja, huyendo de cualquier tipo de simplificación, tanto interpretativa como metodológicamente y siendo conscientes de la necesidad de diseñar la metodología de trabajo adecuada para aprehender el paisaje en toda su complejidad.

[2] Para una buena aproximación a la evolución de los estudios de Historia Rural en España ver García de Cortazar, Martínez Sopena 2008.

En el marco de este proyecto de investigación se realizan una serie de trabajos de carácter etnohistórico (Bueida 1991; Álvarez, Fernández Hevia 1990) que posteriormente darán paso a un creciente interés por los estudios de morfología agraria (Fernández Mier 1996, 1999; Míguez 1999, 2001) en los que cada vez irá adquiriendo más relevancia la arqueología como metodología de trabajo para comprender los procesos de formación de las estructuras agrarias, así como la constatación de la importancia que adquiere la microtoponimia a la hora del estudio del paisaje (Fernández Mier 1999, 2006). El afianzamiento de varias líneas de investigación ligadas a la Arqueología del Paisaje en España (Orejas 1991, 1998) y la influencia de los estudios de morfología agraria realizados en Europa (Zadora Río 1991), así como una aproximación a la amplia bibliografía germana que se había ocupado de la historia de las estructuras agrarias (Verhulst 1995), serán las bases sobre las que se sustente el desarrollo de una arqueología agraria medieval en el Noroeste Peninsular.

Esta progresiva incorporación de distintas fuentes y distintas metodologías de trabajo para abordar el estudio de los paisajes agrarios, no sólo permitió delinear unas pautas de actuación, sino reflexionar sobre problemáticas que es imprescindible tener presentes a la hora de sintetizar el conocimiento que poseemos de mismo, así como evidenciar las carencias que la metodología de trabajo presenta y las líneas de actuación que se han de desarrollar para intentar paliarlas.

En primer lugar hay que subrayar la necesidad de considerar el territorio en su totalidad como objeto de estudio, comprendiendo que las áreas de residencia, los campos de cultivos, los espacios destinados a la ganadería y el bosque forman un todo indisoluble que no podemos analizar o estudiar de forma aislada si lo que pretendemos, más allá de hacer estudios de carácter descriptivo o morfológico, es realizar un trabajo sobre la sociedad campesina, especialmente si la sociedad analizada es la que desarrolla su actividad en un área de montaña.

A pesar de que en este artículo focalizaremos el análisis en las áreas de cultivo -ya que el volumen pretende centrarse en los espacios de carácter agrícola- consideramos que en el NO Peninsular no se puede compartimentar el estudio de las distintas áreas que conforman el término de una aldea. Los trabajos antes mencionados han evidenciado el papel articulador que ésta desempeña desde época medieval (Fernández Conde 1993b) y, por lo tanto, por aldea hemos de entender no sólo el lugar de hábitat, sino los diferentes elementos del espacio agrario, el territorio explotado por la comunidad y, como un todo, hemos de analizarla. Cada uno de los términos que le pertenecen tienen una función económica y, por lo tanto, lejos de considerar que algunas áreas tienen un carácter central y otras marginal, hemos de tener muy presente el carácter complementario de las misma y no primar el estudio de determinados elementos por encima de otros, parcializando la investigación. Hace ya más de una década, M. Barceló exponía claramente la necesidad de ir más allá de las áreas de residencia para comprender la dinámica de las sociedades feudales[3] y también evidenciaba que la lógica de la organización productiva de las áreas de montaña está marcada por la tendencia a la especialización ganadera y por los umbrales ecológicos que impone la montaña *"que condicionan la selección de los cultígenos, la localización de las áreas de cultivo para cada uno de ellos, la selección de las zonas de pasto y de las de caza y recolección; y, por otra parte, tanto las condiciones ecológicas y orográficas como los cultígenos determinan los procedimientos de trabajo y los sistemas de herramientas"* (Barcelo 1995: 67). De esta forma se genera un calendario agrícola y una complementariedad de zonas de uso y actividades agrícolas y ganaderas en las que no podemos considerar que unas sean subalternas de las otras ya que la comprensión de las dinámicas sería parcial si compartimentamos su análisis.

En segundo lugar no hay que olvidar que se trata de lugares con una continuidad de ocupación desde época medieval hasta la actualidad, lo que significa la reiterada reutilización del espacio económico. Esto implica, necesariamente, hacer estudios de carácter diacrónico, partiendo del conocimiento que tenemos del paisaje en la actualidad e intentando darle una profundidad histórica delineando momentos en los que se producen transformaciones en las formas de propiedad y explotación que suponen importantes cambios morfológicos, tecnológicos, de cultígenos, etc., pero dando tanta importancia a la explicación de las modificaciones que se producen, como a la interpretación de las permanencias de formas en el paisaje que se perpetúan a lo largo de los siglos.

En algunos casos podemos encontrarnos con espacios agrarios fosilizados relacionados con despoblados (Fernández Hevia, Fernández Mier, 1994), pero en la mayor parte del territorio pervive una organización agraria en la que los caminos, las unidades agrarias, las terrazas de cultivo, los sistemas de riego y drenaje, las formas de cierre de las parcelas etc, han sido reutilizados a lo largo de los siglos. Esto exige adaptar las técnicas de análisis a la comprensión de esa complejidad que, si bien desde el punto de vista de la morfología global de la organización agraria puede ofrecer una imagen de inmutabilidad -lo que nos da información sobre la continuidad de determinadas práctica agrícolas- desde el punto de vista de la micromorfología, se documentan continuas transformaciones que pueden aportar información relativa a los cambios en las técnicas

[3] " La arqueología de las zonas de residencia no basta para revelar la lógica de la producción impuesta por los feudales a través de la renta, ni permite poder, finalmente, acceder a la comprensión de los sistemas de técnicas mediante los cuales los campesinos llevan a cabo sus procesos de trabajo, ni tampoco permite, en consecuencia, evaluar los grados de mediación a que son sometidos por la exigencia de la renta. La arqueología de las zonas de residencia, para esta cuestión, puede ofrecer a lo sumo imágenes imprecisas del paso de los productos por ellas, de su elaboración cuando ésta se hace en las casas o de su almacenamiento, además de precisas en algunos casos de qué producto se trata. Pero el resto solo puede ser buscado en los mismos campos donde se desarrollaron los procesos de trabajo" (Barceló 1995: 64).

agrarias y en los cultivos, así como los estudios de los componentes químicos de los suelos datos sobre prácticas de abonado y cultivos antiguos.

Una tercera cuestión que ya hemos puesto de manifiesto pero en la que queremos ahondar es en el carácter multifuncional que tiene el espacio agrario. Desde época medieval en el paisaje se entremezclan espacios destinados a los cultivos de cereales, a la dedicación ganadera y a bosque, con unas áreas agrícolas que acogen diversidad de cultivos de huerta y de cereales que se alternan en las principales unidades agrarias con un sistema de rotación que exige la existencia de unas normas de uso. Pero también vemos como en determinados momento de la historia, especialmente en el siglo XIX, los sembrados exceden el marco a ellos destinado en las inmediaciones de las aldeas, y colonizan bosques y pastos, dejando en el paisaje la micromorfología a ellos asociada. Del mismo modo en las zonas de cultivo se mencionan lugares de pasto junto con el cereal y el sistema de *derrota* convierte a las principales unidades agrarias en un espacio tanto destinado a la agricultura como a la ganadería. Son estas prácticas las que nos permiten hablar de espacios multifuncionales ya que una misma unidad agraria puede servir para desarrollar distintas funciones dentro un sistema muy complejo de interacciones y complementariedad.

Otra cuestión remarcable es la necesidad de descartar la imagen de marginalidad que tienen las zonas de pasto dentro de la organización agraria. Generalmente la explotación de las zonas de montaña se hace de forma colectiva y la propiedad es comunal desde el momento en que las comunidades rurales pueden hacerse con el control de su gestión bajo distintas fórmulas administrativas (parroquia, aldea, junta administrativa, ayuntamiento….). Por ello no son mencionados en la documentación escrita prácticamente hasta el siglo XVI, por lo que han sido considerados espacios de carácter marginal dentro de las aldeas, que apenas son abordados en los estudios sobre los espacios agrarios.

Es precisamente el desarrollo de una adecuada metodología de arqueología agraria la que puede comenzar a aportar datos cualitativos y cuantitativos sobre la evolución sufrida por estos espacios y la función que tienen en la economía de las aldeas en cada momento histórico. En la misma línea se enmarca la necesidad de realizar una arqueología del bosque, que aporte información de mayor relevancia que la que se menciona en la documentación medieval: los estudios arqueobotánicos, los análisis polínicos, la investigación sobre las construcciones ligadas a las prácticas de recolección de los productos del bosque y las prácticas ganaderas, las tipologías de los cierres, las características y la cronología de las prácticas agrarias en los bosques y en las zonas de pasto…. son elementos del paisaje que deben aportar información sobre amplios espacios del territorio de una aldea sobre los que lo desconocemos prácticamente todo.[4]

Desde el punto de vista metodológico incidir en la necesidad de utilizar el método regresivo como herramienta de análisis, especialmente en las áreas con un hábitat con continuidad de ocupación. La exigencia de partir del conocimiento del paisaje actual, de utilizar todo tipo de fuentes, desde las escritas a las arqueológicas tal como ya proponía M. Bloch (1931) y otros autores han resaltado más recientemente actualizando las propuestas desde la arqueología (Leveau *et al.* 1999), es imprescindible para llegar a comprender el objeto de estudio en su momento de mayor explotación para ir delineando los momentos de alteración y transformación del mismo, no con el objetivo de buscar simplemente los "orígenes" de una determinada estructura o de un hecho social, sino intentando comprenderlo en toda su complejidad, para evitar, tal y como ya evidenció M. Bloch, buscar el precedente de cosas que nunca existieron. La referencia al método regresivo para hacer estudios de arqueología agraria es algo reiterativo en las obras que se ocupan de tal temática, sin embargo en pocas ocasiones se procede de tal manera ya que la especialización cronológica de las investigaciones generalmente guía nuestras actuaciones a querer identificar el paisaje de un determinado momento histórico obviando las ulteriores transformación que se han producido en él.[5]

Desde el punto de vista de la escala de análisis incidir en la utilización de distintas escalas en la investigación, teniendo muy presente el papel desempeñado por los distintos elementos investigados, el tipo de información que pueden aportar y su función dentro de estructuras o sistemas agrarios. La intervención arqueológica en determinado elemento micromorfológico (terrazas, elementos relacionados con el hidraulismo, cierres, etc) con el objetivo de obtener una cronología del momento de construcción del mismo, si bien resulta de especial relevancia para aportar información cronológica a los estudios de morfología de parcelarios (Ballesteros, Criado, Andrade 2006), no debe hacernos perder de vista que sólo fecha esa construcción o la estructuración agraria con la que se relaciona si es que podemos

[4] En este punto podríamos entrar en la discusión sobre si realmente se trata de elementos arqueológicos o etnográficos, cuestión que no entraré a debatir ya que, desde mi punto de vista, no es un debate real, no existen diferencias conceptuales entre los distintos registros, sino diferencias metodológicas a la hora de analizarlos y construir datos históricos.

[5] Un buen ejemplo de la investigación del paisaje y la dinámica del poblamiento asociando el estudio del hábitat al de su territorio desde un triple punto de vista, el genético, el funcional y el morfológico en la larga duración, lo ofrece la historiografía alemana, la *Siedlungsarchäologie* o arqueología del poblamiento que se ha ocupado de una serie de cuestiones entre las que cabe destacar: el problema de la continuidad o discontinuidad del poblamiento; la génesis y la definición de distintas tipologías de ocupación del territorio de acuerdo con las formas del hábitat y de su contexto histórico y social; el tema más específico de la colonización agraria; la cuestión de los despoblados (Toubert 1999). En general en todo el NO de Europa la investigación en relación con los campos de cultivos, los cambios sociales y los avances tecnológicos han tenido un amplio desarrollo (Astil, Langdon 1997).

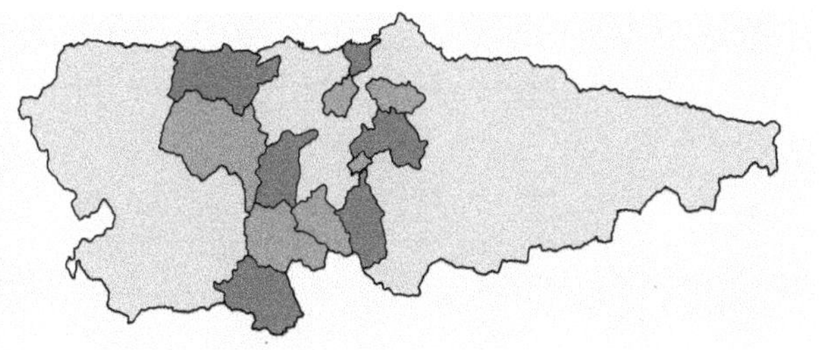

FIG. 1: LOCALIZACIÓN GEOGRÁFICAS DE LOS MUNICIPIOS ESTUDIADOS EN ASTURIAS Y LEÓN

establecer relaciones con elementos más cercanos a través de la tipología, la forma, la función, la toponimia o la documentación escrita, pero nunca debemos olvidar que estos elementos forman parte de un sistema muy complejo, que se ha ido conformando a lo largo de los siglos, con una amplia diacronía, que es el que hemos intentar comprender, dilucidando el papel que desempeña cada unas de las unidades agrarias que lo componen.

Es necesario tener presente que la cronología atribuida a un elemento micromorfológico no fecha la totalidad del sistema agrario; dentro de una estructura agraria de *openfield*, a la cual además está ligado un determinado sistema agrario con una normas de funcionamiento, pueden existir multitud de elementos micromorfológicos (tipos de terrazas, formas de cierres, formas relacionadas con instrumentos de trabajo, etc) con distinta cronología cuya datación absoluta sirve para comprender la evolución de dicho elemento dentro del *openfield*, pero no para establecer la cronología de estructuración del sistema agrario: el momento en que se reordena el territorio, se delimita un espacio, se fijan las parcelaciones, se establecen las normas de uso, etc.

Finalmente hemos de ser conscientes de las limitaciones con las que ha tropezado esta aproximación al paisaje, limitaciones ligadas a la ausencia de una arqueología de los espacios rurales. En el NO Peninsular son muy recientes las intervenciones arqueológicas en despoblados para comprender los procesos de génesis de las aldeas medievales y su evolución durante la Alta Edad Media (ver Vigil y Quirós Castillo en este volumen) y es prácticamente inexistente una arqueología en asentamientos aun ocupados, más allá de pequeñas intervenciones de urgencia ligadas a los establecimientos eclesiásticos, lo que ha supuesto un importante freno al conocimiento del campesinado en época medieval y especialmente durante la Alta Edad Media. Esta ausencia imposibilitó acometer estudios arqueobotánicos que nos iluminasen sobre la fauna y su evolución así como sobre los cultígenos; lastró la oportunidad de obtener información sobre innovaciones tecnológicas ligadas a la agricultura y sobre los sistemas de almacenamiento y transformación de los productos agrícolas; en la misma medida que la ausencia de series de estudios polínicos no permitió un buen conocimiento de la evolución de la vegetación en el último milenio.[6] Esta limitación favoreció la focalización del análisis en los estudios morfológicos de los campos de cultivo, obteniéndose un buen acercamiento a esta realidad pero sin poder ahondar en la comprensión de las prácticas agrícolas y las sociedades campesinas; por un lado por falta de datos que complementen los morfológicos y documentales en relación con los aspectos previamente mencionados; por otro, por la ausencia de dataciones absolutas que permitiesen dar una cronología a los procesos que podemos delinear basándonos en la documentación escrita.

Consideramos importante subrayar los logros obtenidos en el estudio de la morfología y las prácticas agrarias, pero también es preciso reivindicar la necesidad de dar un salto cualitativo en la construcción de datos históricos con la información proporcionada por la arqueología intensiva. Las líneas metodológicas se han ido desarrollando a lo largo de los últimos años. Las preguntas ya han sido formuladas. Disponemos de nuevas herramientas (SIG) que nos permiten almacenar y gestionar grandes volúmenes de datos de distinta procedencia (Fernández Fernández 2009). Ahora es preciso poner en marcha programas de actuación en los que se convine la información procedente de la aplicación del método regresivo y las intervenciones arqueológicas y avanzar en la investigación de las aldeas consideradas desde un punto de vista territorial, como reflejo de la explotación de un territorio con el que la comunidad se siente identificada y que la identifica. No hemos de olvidar que el objeto de nuestra investigaciones son las comunidades rurales y su relación con los poderes de carácter local o supralocal, comprender cómo las relaciones sociales existentes entre ellos se plasman en el paisaje; por lo tanto desarrollar una verdadera arqueología del feudalismo integrando las problemáticas en contextos regionales que permitan comprender las especificidades del territorio, para con posterioridad realizar un estudio comparado con otras áreas y ver las analogías o diferencias con otros ámbitos y analizar cómo se integra dentro del marco general de la sociedad.

2. Las estructuras agrarias tradicionales en la Cordillera Cantábrica

Las investigaciones realizadas en la Cordillera Cantábrica desde un punto de vista histórico-arqueológico se han localizado en una serie de municipios situados desde la costa a la montaña (Fig. 1), con mayor atención a las zonas de montaña ya que estas mantienen en la memoria colectiva la compleja articulación que funcionaba a mediados del siglo XX, siendo la información etnográfica mucho más explícita que para otras áreas más industrializadas y en las que más tempranamente se abandonaron las prácticas agrícolas tradicionales. Se han estudiado algunos pueblos de los municipios de Oviedo, Llanera, Somiedo, Miranda, Castrillón, Teverga, Quirós,

[6] Mientras que los estudios polínicos sobre el Norte Peninsular sí empiezan cobrar relevancia (López Merino 2006; Ariño, Riera, Rodríguez Hernández 2002; Criado *et al.* 2003, Muñoz Sobrino *et al.* 2005; Sánchez Palencia *et al.* 2007) la arqueología de las aldeas apenas ha comenzado a ser considerada en gran parte del NO peninsular (Fernández Mier 2009)

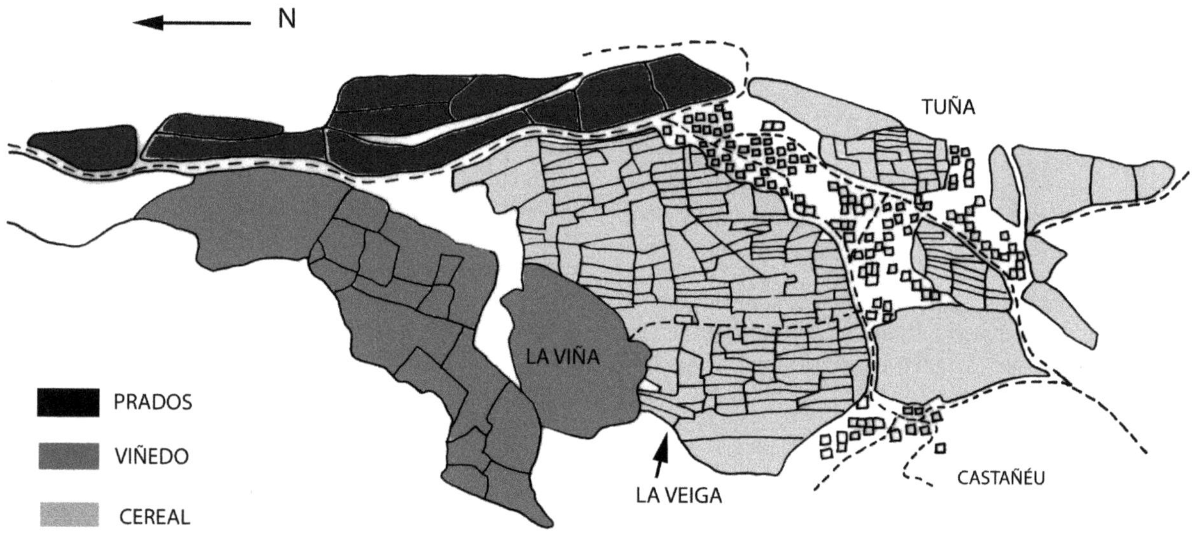

FIG. 2: ESPACIO AGRARIO DE TUÑA (TINEO, ASTURIAS)

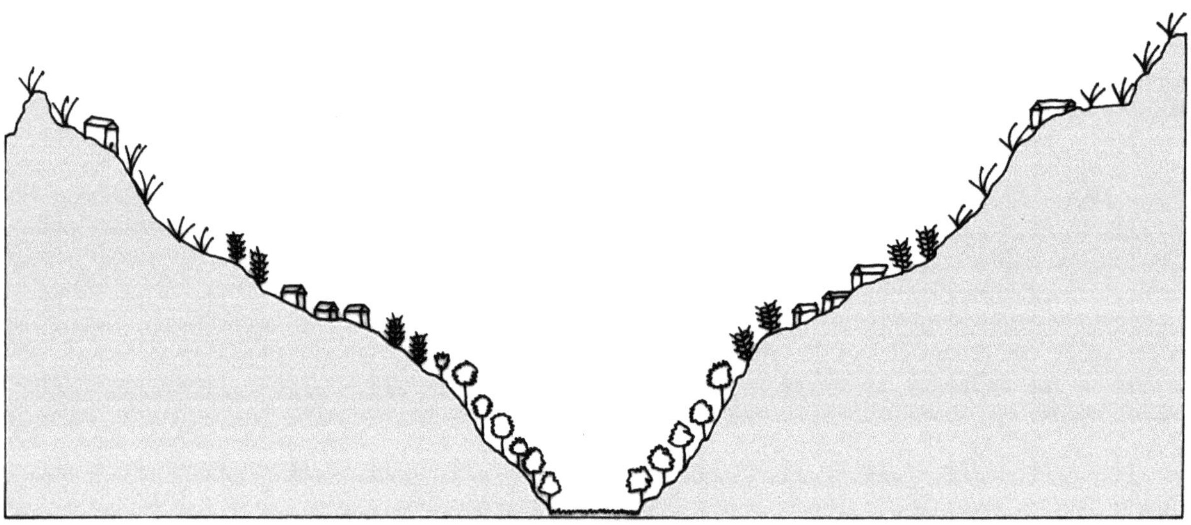

FIG. 3: ESQUEMA DE LA ORDENACIÓN AGRARIA EN UN VALLE DE MONTAÑA

Candamo, Tineo, Valdés y Santo Adriano, en Asturias y Laciana en León, pero la organización tradicional deespacio es bien conocida en toda Asturias y parte de León ya que ha sido objeto de un estudio monográfico desde el punto de vista etnográfico en el que se han analizado, a través de distintos municipios, las variantes que presenta la organización agraria, así como el léxico con él relacionado, lo que permite su mejor interpretación a la hora del estudio de las fuentes (Cultures 2002).

Esta organización agraria, tanto en época medieval como moderna, se estructura en torno a los núcleos de hábitat (Fig. 2), que se convierten en el elemento articulador de un territorio a través del cual se trazan una serie de caminos que, con una disposición generalmente de carácter radial, comunican todo el término con la zona de residencia; en el núcleo de la aldea, conformada por casas que se disponen sin un plan preconcebido, se sitúan los huertos que son cultivados de forma individual. Generalmente están cercados para proteger su producción, de la misma forma que lo estaba la aldea, ya que en los distintos caminos que salían del lugar de hábitat existían cierres que impedían la salida del ganado menor que podía pastar por el pueblo, para que no se introdujese en las áreas cultivadas.

Un segundo ámbito lo forman las unidades agrarias destinadas al cultivo de los cereales, tierras de cultivo organizadas en grandes campos,[7] bien delimitadas, cerradas, y que estaban sometidas a una reglamentación que establecía la comunidad, normativa que en ocasiones

[7] La terminología para denominar estas áreas de cultivo es muy variada en dependiendo de las zonas: *erías, cortinales, naliegas, llourías, llaburías, morteras, veigas, llousas, sienrras, vilares*. En adelante utilizaremos el término *ería*, mayoritariamente documentado en el área central del dominio lingüístico asturleonés.

se plasma por escrito en los siglos XVII o XVIII, que permite comprender la complejidad de su propiedad y explotación. Al menos existías dos de estas unidades agrarias en cada aldea.

En las inmediaciones de las tierras de labor, en terrenos menos propicios para el cultivo y cercanos a los arroyos, se situaban los prados, generalmente de propiedad individual. Cuando existe cultivo de viñedo, se sitúa en las cercanías de las tierras de labor. En las zonas de media y alta montaña los terrenos de pasto adquieren una mayor complejidad conformando un tercer ámbito de unidades agrarias destinadas a la producción de alimento para el ganado, amplias zonas organizadas en parcelas, bien delimitadas y cerradas y también sometidas a una reglamentación muy precisa en lo relativo a su funcionamiento.[8] También en este ámbito existen otros lugares cerrados de explotación colectiva destinados a mantener algunas clases de ganado en momentos de necesidad: los bueyes que trabajaban en los campos de cultivo o las vacas que producían leche para el consumo familiar.

Un cuarto ámbito lo constituyen los espacios de pasto de carácter comunal, explotado de forma colectiva por parte de los vecinos y que adquiere gran importancia y complejidad en las zonas más montañosas de la Cordillera.

Finalmente en los terrenos no aptos para otra actividad se mantiene el bosque, por lo general en los lugares más abruptos y apartados de la aldea, en muchos casos en los límites del término que le pertenece. En determinadas áreas puede ser de explotación colectiva, pero en otras está completamente parcelado y era de explotación individual (Fig. 3).[9]

Esta somera descripción que hemos realizado alude una organización agraria que podemos identificar en todo el Norte Peninsular (Bouhier 1979; García Sahagún 1986) en zonas de montaña del NE Peninsular (Barceló 1995; Arbués 1998) incluso en amplias zonas europeas (Fernández Mier, Calvelli 2004; Rösener 1990).

Es una ordenación agraria que utiliza y rentabiliza al máximo los recursos que ofrece el territorio, adaptando los cultivos a las características del medio y que crea un complejo sistema de complementariedad entre espacios agrícolas, ganaderos y de bosque, que exige la existencia de una normativa que regule su explotación y uso. Unas unidades agrarias que cumplen distintas funciones: acogen diversidad de cultivos y se desarrollan en ellas prácticas de tipo agrícola y ganadera. Una racionalidad en el uso de los espacios por parte de la ganadería que genera un proceso de *trashumancia de valle*, *(trasterminancia)* que comienza por la explotación de las áreas más cercanas al núcleo de hábitat durante el invierno, para ir progresivamente ganando altura en el uso de los términos, que incluye el pasto en las tierras de cultivo durante algunos períodos. A finales de primavera el ganado sube a las zonas más altas de la montaña, para comenzar el proceso inverso a fines del verano hasta la estabulación del ganado en invierno. Se crea así un calendario de gestión del territorio donde las labores agrícolas y las ganaderas son complementarias y ninguna de ellas es hegemónica ni subalterna de la otra. Un término con una variada producción que permite la subsistencia de la comunidad, huyendo de la especialización y de la dependencía de productos que han de llegar de fuera de la aldea.

Un sistema de explotación y gestión del territorio que se muestra bien estructurado y articulado a partir del siglo XVI, para el que se intuye un origen anterior ya que la documentación medieval aporta indicios que se refieren a este sistema al menos desde el siglo XIV, pero para el que las fuentes y los estudios realizados no permiten aquilatar la cronología. Aún así es posible plantear hipótesis que deberán ser contrastadas a partir de los estudios arqueológicos.

3. La génesis de la aldea y su territorialidad.

Una primera cuestión a tratar es la génesis de las aldeas y su territorio que podemos analizar a partir de algunos ejemplos de estudios microespaciales. A mediados del siglo IX se efectúa una *presura* por parte de Purello de la aldea de Valdoré (León), delimitando sus términos; buena parte de los topónimos mencionados en el documento del 854 son aún hoy reconocibles y en parte coincidentes con el término actual de Valdoré (Gutiérrez González 1998). Esta temprana documentación medieval utiliza el término "villa" para referirse a una forma de poblamiento que, sin duda, ya debemos identificar con una aldea (Torrente Fernández 1985-86: 81) y que tiene unos términos muy bien definidos:

"*in uilla de Aspera.... per suis terminis prenominatis: id est, de illa porta de domno Lallino per illum uallatum de illo parazio, per illa carrale qui discurrit ad iglesia, te per illum ceubum de ruderico, et per illum salice et solare de illo lacare qui fuit de Patricio et de Sonna suo germano, te per illum cippum de illa cataniare tras illum furnum, te per illum salice qui stat inter nos et aquatto, et per illos nocetos usque in illo casare de Lallino, te per illum succum que dedi ego Flabianus antea pro illo renobo, te per illas cerasiares que conparartis uos de Scemena, et per illum salice qui stat in fronte de illa sorte de ossecena ad illum puzu qui est in fronte de illa deuesa, et per ipsum terminum de idem Ossecena, ad sursum per illum laurale, et per illa carrale antiqua, et affigit se ad idem porta de domno Lallino*" (Floriano Cumbreño 1968: 55).

[8] Los términos utilizados para designarlo dependiendo de las distintas zonas son: *morteras, praderas o cotos.*

[9] Las formas de propiedad y explotación del bosque presenta una gran variabilidad en todo el Norte Peninsular, su evolución a partir del siglo XVI es my compleja y es imposible, hoy por hoy, generalizar procesos.

FIG. 4: EL TERRITORIO DE LA ALDEA DE BALBONA (MIRANDA. ASTURIAS)

Incluso algunos documentos aluden al cierre de las aldeas (Torrente Fernández 1985-86: 81), que pudiera relacionarse con el cierre físico de los espacios de hábitat tal y como se documenta con posterioridad y hasta el siglo XIX, con el objetivo de que no salga el ganado hacia las tierras de labor.

Si bien las referencias documentales a los límites de una aldea no son abundantes durante el siglo X, a partir del siglo XI y especialmente del siglo XII aparecen precisas delimitaciones de las aldeas a través de una serie de topónimos que aún hoy en día se pueden documentar. En la villa de Aspra no se ha contrastado la documentación con la toponimia pero para otras aldeas estudiadas, los límites expresados en los documentos de los siglos XI y XII, son aún hoy en día reconocibles, conservándose en la toponimia actual y siendo el territorio adscrito a la aldea prácticamente el mismo que le pertenece en la actualidad. Podemos mencionar el caso de la aldea de Guyame, situada en el municipio de Llanera siendo identificables aún hoy en día los topónimos que la delimitan en el año 1080 (San Pedro, Villa 2008: 134). En el municipio de Miranda, las aldeas de Vigaña y Las Estacas (Fernández Mier 1999) son mencionadas en la documentación del siglo XII delimitándose sus términos a través de una serie de topónimos; las aldeas son limítrofes, por tanto comparten nombres que se mencionan en los respectivos pergaminos, topónimos que se mantienen en la actualidad, de la misma forma que se mantiene el lugar de hábitat y que salvo pequeñas modificaciones continúan delimitando el espacio que pertenece a la actual aldea (Fig. 4). En otros casos como ocurre con Presorias (Fernández Mier, Fernández Hevia 1998) se trata de un despoblado en el que se mantiene fosilizada la toponimia que en el siglo XII delimitaba la aldea medieval y que sigue delimitando el lugar que en la actualidad se denomina Presorias.[10] Algunas de estas aldeas también han sido estudiadas en Galicia, que ofrece situaciones similares, aportando incluso mayorinformación para el siglo IX (Portela, Pallares 1997,1998).

Esto nos permite plantear que ya en el siglo IX, algunas aldeas tenían bien definido el territorio asociado al hábitat y la documentación de los siglos posteriores incide en delinear de una forma muy clara sus límites que en ocasiones son marcados por realidades físicas: mojones o sucos (elementos construidos para fijar el límite), mientras que en otros se utilizan formas emblemáticas en el paisaje, e incluso es habitual mencionar árboles como límite. La ausencia de intervenciones arqueológicas en estos elementos de delimitación no permite atribuir una cronología a este proceso más allá de constatar la importancia que a lo largo de los siglos IX y X, y especialmente durante los siglos XI y XII, dan los promotores de los documentos a plasmar por escrito el mosaico territorial que presentan las "villas". Se trata de un proceso que hasta el momento sólo hemos analizado a partir de la documentación escrita lo que no permite retrotraerse más allá del siglo IX, pero la persistente alusión a estas precisas delimitaciones en el NO Peninsular nos habla de un espacio definido, delimitado y reconocido por parte de la comunidad que lo habita y también de otras de su entorno, lo que implica el

[10] La documentación gallega de los siglos IX y X, más abundante que la asturiana permite constatar la existencia de una red de "villas" muy precisamente delimitadas y en contacto unas con otras ya para estos siglos (Portela, Pallares 1997 : 435-458).

FIG.5: LAS ZONAS DE CULTIVO DE PROAZA (ASTURIAS)

FIG. 6: ÁREAS DE CULTIVO DE SEROIRO (IBIAS, ASTURIAS)

desarrollo de un sentido de identidad y de pertenencia en el seno de esta comunidad, en el cual deben desarrollarse unas prácticas de colaboración para llevar a cabo los trabajos comunales que precise el mantenimiento de ese territorio, lo que permitirá afianzar aún más el sentido de pertenencia de la comunidad campesina que desarrolla en ella su actividad.

La comprensión del proceso de territorialización de la aldea hemos de analizarlo y explicarlo en consonancia con las transformaciones que se producen en las zonas de residencia asociadas con estos territorios. En el estado actual de la investigación en el Norte Peninsular y en el NO en particular, aún estamos muy lejos de poder comprender la génesis de este poblamiento medieval, un poblamiento que en buena medida se ha perpetuado hasta nuestros días y cuya origen hemos de relacionar con el proceso de territorialización y estructuración agraria que los documentos de los siglos IX y X nos permiten analizar.

Para delinear el proceso de gestación de la red de aldeas medievales sería necesario comprender previamente las estructuras de hábitat de época tardoantigua y alto medieval, de las que lo desconocemos prácticamente todo y que, para el Norte Peninsular, pasa por analizar en primer lugar el papel desempeñado por las grandes *villae* romanas durante los siglos tardoantiguos, así como su final e interpretar las reocupaciones que parecen relacionarse con comunidades campesinas que se plasman en fondos de cabaña, agujeros de poste, restos de hogares, actividades metalúrgicas y necrópolis; también es imprescindible definir lo que significa la reocupación de los antiguos asentamientos castreños de la Edad del Hierro y época romana, especialmente en las zonas montañosas y acercarnos a los asentamientos de carácter rural, *vici*, que se ubican en buena parte de nuestro territorio y que no han sido objeto de investigación y análisis; es necesario interrogarse sobre el papel desempeñado por las ocupaciones en cueva y documentar los asentamientos de carácter campesino, realizados con materiales muy endebles que muy tímidamente se comienzan a identificar. Pero sobre todo es imprescindible poner en marcha una arqueología que se ocupe de los actuales núcleos de poblamiento, tal y como se está desarrollando en el ámbito anglosajón (Lewis 2007) ya que teniendo presente la amplia perdurabilidad en su ocupación, será la única forma de comprender este proceso de formación de las aldeas que apenas podemos intuir apartir de escasas intervenciones realizadas en las inmediaciones de los centros religiosos.

La existencia de necrópolis anteriores a la construcción de algunas iglesias es un buen indicador de la existencia de comunidades campesinas; es el caso de Riomiera y Serrapio (Ayer) , Santianes de Pravia y San Pedro Nora, en Asturias y San Miguel de Escalada en León, que evidencian la existencia de comunidades campesinas para los siglos VII-VIII-IX, aunque el conocimiento que tenemos de ellas sea tan sólo a través de sus lugares de enterramiento y lo desconozcamos todo sobre la morfología de poblamiento, las construcciones, el tipo de explotación y, obviamente, el territorio explotado por esas comunidades, el control que se ejerce sobre el mismo, el grado de jerarquización dentro de las comunidades, los marcos de carácter local o supralocal en los que se integran (Fernández Mier 1999, 2009) ni, por supuesto, su relación y su evolución hacia esa delimitación territorial que nos permiten intuir los documentos del siglo IX y es muy evidente para los siglos posteriores.

4. Las unidades agrarias destinadas al cultivo del cereal.

Definido el territorio de la aldea y con un hábitat estable del que desconocemos los precedentes, es hora de intentar comprender como se produce la fijación de las zonas de cultivo, así como su funcionamiento.

En el sistema agrario tradicional someramente descrito las áreas de cultivo se localizan en las inmediaciones del hábitat, con pequeños huertos anexos a las casas, y tierras de labor de explotación particular fuera de las áreas de residencia, pero cercanas a ellas y también grandes unidades agrarias destinadas al cultivo de los cereales cuyo principal rasgo identificativo es su explotación de carácter semicolectivo: son los espacios conocidos en Asturias como *erías*, en Galicia como *agras* y en Cantabria como *agros*. Generalmente se trata de términos amplios, cerrados sobre sí mismos por muros o cierres de seto vivo, en muchas ocasiones delimitados por los caminos que le dan acceso, cierre imprescindible para definir los espacios destinados al cereal, pero también para evitar que los animales pudiesen introducirse en las tierras cultivadas y arruinar las cosechas.

Estas unidades agrarias (Figs. 5 y 6) estaban divididas en su interior en pequeñas parcelas que, en aquellas *erías* que presentan mayores dimensiones porque lo permite el terreno, tienen forma estrecha y alargada, aunque en otros casos encontramos parcelas que tienden a la forma cuadrada, aunque son menos abundantes. El acceso al interior se realizaba a través de pequeños senderos que llevaban hasta diferentes zonas dentro de las erías; a partir de ahí se pasaba por otras tierras lo que implicaba la necesidad de una normativa sobre los derechos de paso. Las parcelas se separaban mediante mojones hincados en el terreno; en ocasiones el uso del arado genera pequeños aterrazamientos en las lindes, mientras que en otros el desnivel del terreno exige la realización de sistemas de aterrazamiento para facilitar el cultivo, marcando las terrazas los límites entre las parcelas. En otras ocasiones la separación entre las parcelas se realiza a través de pequeños desniveles, que pueden ser construidos intencionalmente o ser el resultado gradual e involuntario de la acción del arado, que favorece la acumulación de la tierra en la parte baja de las parcelas. Cuando existe una cierta pendiente generalmente se construye un muro de piedra (terraza) que evite el desplazamiento de la tierra y en espacios amplio y con una pendiente acusada se procede a la construcción de complejos sistemas de aterrazamiento en el interior de estas unidades agrarias (Ballesteros, Criado, Andrade 2006).

La tipología de construcción de estas terrazas podemos ejemplificarlo en el paraje denominado *La Granda* en Vigaña, donde el terreno natural, de naturaleza arcillosa, es rebajado para crear un pequeño desnivel (*sucu*); sobre esta base natural se aporta tierra para crear un suelo fértil y con menor pendiente. En un momento posterior se realiza una nueva intervención construyendo un muro en el límite inferior de la parcela, en la parte baja del pequeño desnivel, y se procede a rellenar, con aporte de tierra procedente de otras zonas, un amplio espacio logrando nivelar más la pendiente, aportar suelo fértil y frenar el importante proceso de erosión que se produce en un terreno pendiente y con un subsuelo poco permeable (Fig. 7).

Para evitar el desplazamiento de la tierra y que la parcela no perdiese su suelo fértil, junto con el aterrazamiento del terreno, se realizaban diversas intervenciones, siendo la más habitual proceder cada año a subir la tierra que se había acumulado en el fondo de la parcela hacia la parte alta.

Estas actuaciones favorecen la aparición de un microrelieve que en ocasiones es intencionado y puede responder a una acción conjunta y premeditada de delimitación y acondicionamiento de un espacio para el cultivo, o puede ser fruto de los continuados trabajos agrícolas en la parcela. Los cambios en el interior de las parcelas son progresivos y continuos, especialmente en

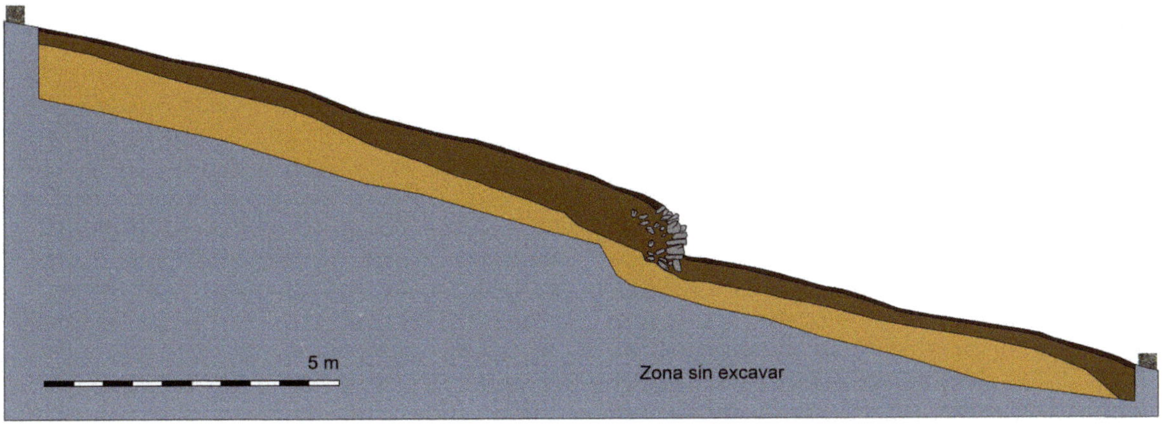

FIG.7: SECCIÓN QUE MUESTRA LA FORMA DE CONSTRUCCIÓN DE UNA TERRAZA

las zonas de montaña, donde la agricultura favorece la destrucción de los suelos fértiles y se precisa su reconstrucción año tras año.

La morfología externa de estas unidades agrarias, *erías*, y la toponimia con ellas asociada, permite plantear en algunos casos hipótesis sobre los procesos de crecimiento de estas áreas de cultivo, con zonas primigenias más antiguas, sobre las que se va produciendo una progresiva ampliación de la áreas de cultivo que se "adosan" a las ya existentes (Fernández Mier 1999; San Pedro, Villa 2008). La forma que adquieren estas incorporaciones nos hablan de espacios amplios, que se dividen en parcelas, que mantienen una homogeneidad y que son el producto de la ampliación de forma colectiva del terrazgo (no responden a la acción individual de una familia), desempeñando la comunidad vecinal un papel importante en esta labor.

Existen en todo el Norte Peninsular presentando gran diversidad en su tamaño: pequeñas *erías* asociadas a reducidos núcleos de población o *erías* de un tamaño considerable compartidas por varios núcleos de hábitat, pero siempre repitiéndose las mismas características. También se documentan otras formas de organizar las áreas de cultivo, relacionadas con procesos sociales y económicos a los que aludiremos con posterioridad.

La evolución de las erías es bien conocida a partir del siglo XVI, tanto en lo relativo a las prácticas agrícolas como a la estructura de la propiedad y aunque la existencia de *erías* está bien documentada a lo largo de los siglos medievales, las referencias son muy lacónicas y se limitan a la mención de tierras dentro de las *erías* pero sin referencias a su funcionamiento. Antes de la introducción del maíz en las *erías* se cultivaba trigo, escanda, centeno, mijo y panizo, cereales que ocupaban las tierras desde el mes de noviembre hasta agosto, y generalmente existían dos *erías* en cada pueblo, de modo que cada año se pudiese obtener una cosecha de cereal. En el tiempo en que la ería permanecía sin cultivar en espera de una nueva cosecha, de agosto a noviembre del año siguiente se permitía la entrada de ganado de modo que a la vez que se alimentaban, abonaban las tierras; era la práctica de la *derrota*.

La introducción del maíz a partir del siglo XVI produjo importantes cambios en la organización de las *erías*, pues siendo un cereal de primavera, permitía la obtención de dos cosechas en un mismo año: desde febrero a octubre la tierra era ocupada por el maíz y las alubias; a partir de octubre comenzaba a preparase la tierra para el cultivo del cereal de invierno: trigo o espelta. Esto supuso reducir el período de la *derrota* que se limitó a unos quince días entre la recogida del maíz y la siembra del cereal de invierno y desde agosto a marzo desde que se recoge la espelta hasta que se inician los trabajos para el cultivo del maíz.

Así se rentabilizaba al máximo el uso de los espacio cerealícolas ya que se acortaban los períodos de derrota y eso implicaba desplazar el ganado hacia otras áreas. La generalización de la patata durante el siglo XIX completó la producción en las erías, desplazando en parte al maíz, ya que tienen el mismo ciclo agrícola (García Fernández 1988).

Si bien la introducción de nuevos cereales cambio radicalmente la gestión de las erías, no parece que la morfología de las mismas sufriese un cambio importante. Los estudios morfológicos unidos al análisis toponímico parecen indicar un mantenimiento de su estructura ya que el sistema toponímico de época medieval perdura con posterioridad al siglo XVI, lo cual no sería posible si se hubiesen llevado a cabo transformaciones en la morfología externa de estas unidades agrarias. Todas estas *erías* suelen recibir un nombre globalizador que se mantiene desde la Edad Media hasta nuestros días, en muchos casos topónimos cuya etimología hay que relacionar con términos que aluden a un espacio cerrado (Fernández Mier 1996). En algunos casos de *erías* de importantes dimensiones sí existen diversos topónimos en su interior, que responden a momentos de ampliación del espacio cultivado por donde la *ería* limitaba las zonas no roturadas.

Su principal característica es el tipo de explotación de carácter semicolectivo. La *ería* está dividida en distintas tierras, pertenecientes a distintos propietarios e incluso con propietarios que tienen varias tierras alejadas dentro de la *ería*; durante el período en que se cultiva el cereal la explotación es de carácter individual, la preparación de la tierra, la siembra y la recolección se hacen de forma individual, pero una vez terminada, cuando se produce la *derrota*, la explotación pasa a ser de forma colectiva, ya que se introduce una determinada cantidad de ganado que pasta libremente por todas las parcelas sin tener en cuenta las divisiones internas.

Este sistema de ordenar el trabajo campesino, implica regular el aprovechamiento de la tierra a través de una normativa que es igual para toda la comunidad aldeana; esto supone trazar caminos, establecer derechos de paso por las parcelas, decidir conjuntamente sobre los cultivos dentro de las *erías* y llevar a cabo trabajos conjuntos en las cercas que delimitaban los campos de cultivo para evitar la entrada de los animales.

Tratándose de un sistema bien documentado durante la época moderna a través de las ordenanzas vecinales (García Fernández 1988), para época medieval no disponemos de información suficiente. La documentación medieval menciona cercas en las *erías*, cárcavas, setos, portillas y caminos internos; así mismo el nombre que reciben, y la distribución de las propiedades puede hacernos pensar en un funcionamiento similar durante los siglos medievales, pero no hemos de olvidar que la información normativa que aportan las ordenanzas vecinales es posterior a la introducción del maíz que supone una importante reordenación del uso de las erías (Fernández Conde 1993: 108-109) y el estado de nuestros conocimientos no permite defender una regulación tan normativizada para el período medieval. Sí estamos en situación de proponer un paisaje medieval en el que el principal elemento de ordenación de los campos de cultivos eran las *erías*, sistema que se emplea sucesivamente cada vez que es necesario acometer una ampliación del terrazgo, que no parece hacerse de forma individual, sino colectivamente y que permite establecer cronologías relativas entre las ampliaciones del espacio cultivado.

Estas unidades agrarias están presentes en todo el Norte Peninsular (Bouhier 1979; García Sahagún, 1986), y también en buena parte de Europa: amplias zonas de Alemania (Rösener 1980) Francia (Trochet 1993) Norte de Europa (Zadora Río 1991); es el régimen agrario denominado *Openfield* en Gran Bretaña y *Gewannflur* en Alemania, sobre el que se ha trabajado largamente en los países europeos. Esta generalización en amplias zonas de Europa, teniendo siempre presente las característica particulares de cada área concreta, debe hacernos reflexionar sobre la importancia que este sistema agrario tiene desde la Alta Edad Media hasta la Revolución Industrial ya que se convierte en la herramienta utilizada a lo largo de todo el período para estructurar los campos siendo por lo tanto un elemento más a tener en consideración a la hora de estudiar y comprender el sistema feudal y cómo se produce el control del campesinado y de su producción por parte de los titulares de los señoríos.

Durante décadas la historiografía europea ha discutido sobre el origen de este sistema agrario, habiéndose contrapuesto dos interpretaciones; algunos autores alemanes consideraban que la cronología de su génesis podía retrotraerse a los siglos VI-IX, coincidiendo con el proceso de colonización de las zonas de bosque bajo el impulso de la Monarquía franca; las investigaciones realizadas en Gran Bretaña inciden en una cronología más tardía, siendo la opinión generalizada que nos encontramos ante un sistema de planificación de los campos de cultivo que no responde al período inicial de ocupación del territorio, sino a una reordenación del mismo que debemos fechar entre los siglos XI-XIII (Zadora Rio 1991) que podemos identificar con un proceso dirigido por los titulares de los señoríos. Los estudios morfológicos unidos a la toponimia y la documentación escrita, al menos para Asturias, donde hemos centrado la investigación, transmiten un paisaje del aldeas de estructura concentrada a la que van ligadas las *erías*, mostrando a partir de siglo X un paisaje territorializado con delimitaciones precisas de los términos de las aldeas y con la aparición de zonas en las cuales se fijan los cultivos, lo que exige el establecimiento de unas normas que ha de seguir la comunidad aldeana. Lo que resulta evidente a partir del análisis del paisaje es que esa reestructuración territorial, reconocible aún hoy en día, no permite un acercamiento a las estructuras anteriores tanto de hábitat como agrarias que son difícilmente detectables sin la existencia de intervenciones arqueológicas. Como ponen de manifiesto otros textos en este mismo volumen (ver Vigil-Escalera y Quirós), mientras no se acometan este tipo de intervenciones no podremos avanzar en este aspecto ni comprender a partir de qué realidad se produce dicha reestructuración y su relación con una mayor intensificación de la producción, así como los marcos de poder local o supralocal con los que hemos de relacionarla y, por supuesto, la cronología que podemos atribuirle.

La documentación escrita no permite ahondar en esta interpretación, por tanto ha de ser la arqueología la que aporte datos que permitan enriquecer la discusión. Las recientes intervenciones realizadas en terrazas de cultivo ligadas a este tipo de sistema agrario en Galicia (ver Ballesteros en este volumen) arrojan cronologías muy antiguas para algunos de los aterrazamientos llevándolos hasta el siglo VI, lo que puede hacernos pensar en un proceso muy antiguo de formación de este sistema agrario. Esto debe hacernos reflexionar sobre la complejidad que presentan estas estructuras en las que no sólo hemos de tener presente los distintos elementos morfológicos que conforman la unidad agraria y su cronología, sino las estructuras sociales a ellos ligadas.

Un primer elemento sobre el que hemos de llamar la atención es que la organización de una *ería* responde a una labor planificada que significa reestructurar un término sobre el que se actúa de forma colectiva, por lo tanto que busca obtener la máxima rentabilidad y racionalización en el cultivo de los cereales. Y este modelo de actuación es algo que se repite a lo largo de

FIG. 8: ESPACIOS DE CULTIVO DE SERANDINAS (IBIAS, ASTURIAS)

los siglos medievales y modernos ya que incluso núcleos de dimensiones más pequeñas que tienen esta misma morfología establecen el mismo tipo de funcionamiento (Fig. 8).

En el interior de estas unidades existe una variada tipología de elementos agrarios entre los que se encuentran las terrazas de cultivo, que son las construcciones más identificables que se distribuyen por todo el territorio. Evidentemente la construcción de las terrazas está relacionada con las labores agrícolas, pero no necesariamente con el momento en el que se produce la reestructuración de los campos de cultivo que da lugar a la aparición de la *ería* con lo que eso supone de planificación y establecimiento de unas normas de gestión de la misma.

En un espacio como el del Norte Peninsular en el que el poblamiento incide siempre en las mismas zonas debido a la ausencia de lugares llanos aptos para ubicar el hábitat, las prácticas agrarias se han mantenido en las mismas áreas, con lo que muchos elementos agrarios que se localizan en el interior de una *ería* pueden tener una cronología anterior o posterior a la reestructuración de los espacios de cultivo que supone la creación de una *ería*. Esta reestructuración del territorio implica actuar sobre ordenaciones agrarias y hábitats preexistentes y, por supuesto, a lo largo de los siglos se continuará incidiendo sobre ellos, especialmente en las zonas de montaña. Consideramos que la arqueología intensiva abre un amplio abanico de posibilidades para ahondar en la comprensión de las prácticas agrícolas por parte del campesinado y también para interpretar los procesos de intensificación de la producción o de ampliación de las zonas de cultivo, especialmente en época alto medieval, pero también plantea importantes retos interpretativos por lo que consideramos imprescindible la discusión de esos datos teniendo presente la información aportada por otras fuentes que permitan contar con más variables a la hora de construir el dato histórico. Sin duda en los próximos años las informaciones aportadas por este tipo de intervenciones y su discusión dentro de los modelos interpretativos que existen para la Alta Edad Media permitirán avanzar cualitativa y cuantitativamente en el conocimiento de la realidad agrícola de este período.

A modo de conclusión sobre estas unidades agrarias, queremos destacar que la hipótesis sobre la que trabajamos -en la línea de las interpretaciones que se están haciendo en buena parte de Europa- es que los trazos básicos del paisaje actual de aldeas concentradas con un territorio definido y campos de cultivo bien organizados, responde a un momento de reestructuración de pretéritas formas de poblamiento y ordenación agraria encaminada a obtener una mayor productividad y rentabilidad de la tierra, del territorio y del trabajo campesino. La planificación de espacios de cultivo que dota al territorio de marcos duraderos está determinada por dos objetivos: el primero de carácter económico, la ampliación del espacio cultivado y la roturación de nuevas regiones y el segundo está relacionado con el pago de un impuesto por parte de esas tierras (Durand, Leveau 2004: 229). La reordenación de los espacios de cultivo agrupándolos en unidades agrarias sometidas a unas normas defuncionamiento estaría relacionado pues, con el afianzamiento de los señoríos y su creciente capacidad de control sobre el campesino a través de la imposición de la renta feudal. Desconocemos el tipo de asentamiento de época altomedieval y la evolución de la agricultura durante el período, pero el paisaje que se gesta ligado a los procesos de reestructuración de las áreas de residencia y de cultivo, responde a la reorientación de la producción según lógicas ligadas a los titulares de los señoríos y no a las comunidades rurales. Un buen indicador es la expansión que tienen los cereales en zonas de montaña, poco aptas para el cultivo pero sí para la ganadería, en las que dicha actividad económica exige la

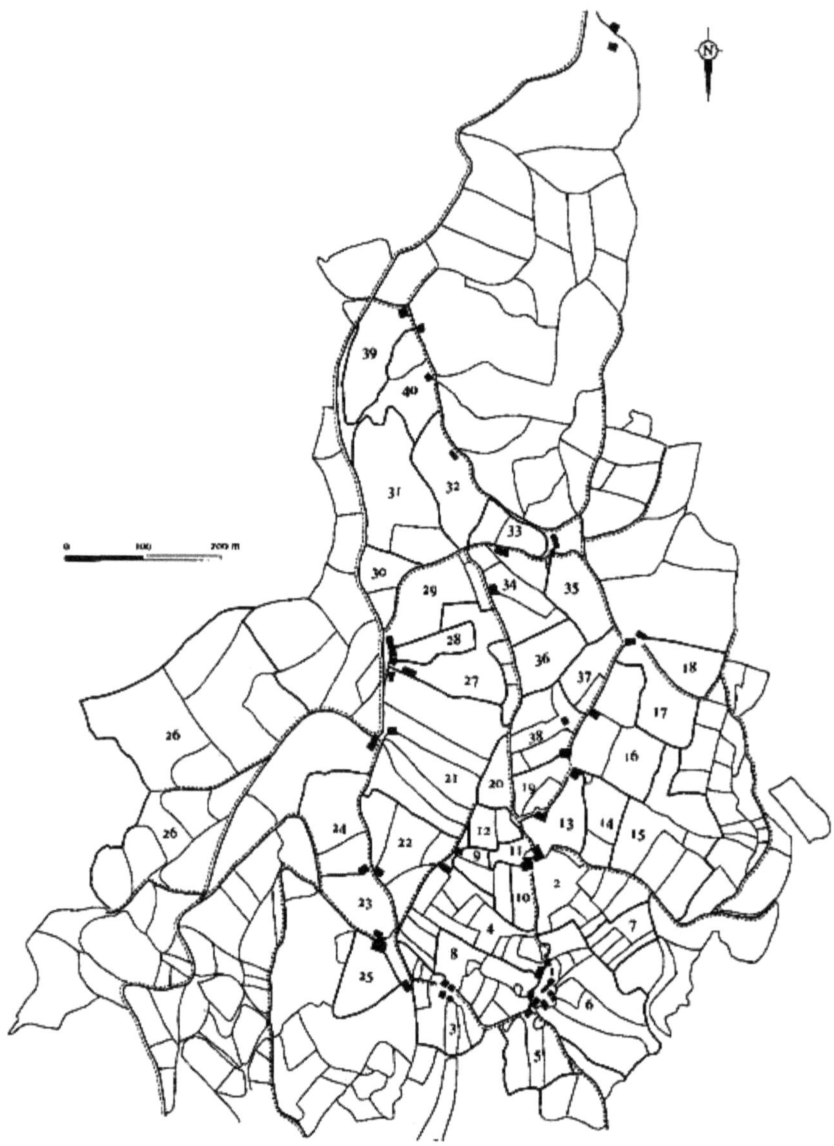

FIG.9: PARCELARIO DE UN PUEBLO VAQUEIRO DE INVIERNO (VILLAVERDE, MIRANDA)

dedicación de muchas horas de trabajo en el acondicionamiento de los parcelas para convertirlas en lugares aptas para acoger los cultivos a partir de los sistemas de aterrazamiento (Barcelo 1988). Un proceso en el que es imprescindible tratar de habilitar las técnicas adecuadas que nos permitan dotar de cronología a estas estructuras agrarias, tal y como se propone en otro texto de este volumen (ver Ballesteros) para poder comparar los procesos que se dan en el Norte Peninsular con la intensificación agraria que se documenta en buena parte de Europa durante lo que Hamerow (2002: 191) ha denominado el largo siglo VIII, el período que va desde el 680 hasta el 830, su relación con la consolidación de formas política más complejas en el Norte Peninsular o si por el contrario responden a cronologías posteriores de época pleno medieval momento en el que también se detecta en la documentación un momento de intensificación agraria.

5. Los espacios cultivados en los sistemas pastoriles

Como ya hemos apuntado, la organización tradicional del espacio descrita en el epígrafe anterior se documenta en gran parte de NO Peninsular, pero también existen otras formas de ordenación del espacio agrario ligadas la colonización de áreas por comunidades cuya principal dedicación era la ganadería, que están ligadas a los procesos de colonización de zonas de montaña durante los siglos XIV-XVII, en las que la morfología que presenta las estructuras agrarias es notablemente diferente de las antes descritas y en las que, a pesar de primar las áreas dedicadas al abastecimiento de la cabaña ganadera, también existen lugares destinados a la producción agrícola.

Quizá los ejemplos más emblemáticos de estos procesos son los de los Montes del Pas en Cantabria y los Vaqueiros de Alzada, en la zona occidental de Asturias. En ambos casos se trata de un proceso de colonización de los montes comunales, en los cuales se procedió a realizar

FIG.10: MORFOLOGÍA AGRARIA DE UN PUEBLO VAQUEIRO (VALLIN) Y OTRO DE ORIGEN MEDIEVAL (SAN PELAYO) EN VALDÉS (ASTURIAS)

cerramientos para crear prados, en un impulso que se puede comenzar a documentar desde el siglo XV, pero que aparece ya plenamente consolidado a partir del siglo XVI y que, como señala Corbera (2008) al analizar el caso de los Montes de Pas, responde a diversos factores: el crecimiento demográfico, el aumento de la demanda urbana de productos derivados de la ganadería y el enfriamiento climático. Esta colonización terminó por generar un doble sistema de explotación en las zonas de monte: una explotación extensiva donde no existía prados de siega con cabañas agrupadas que eran utilizadas durante el verano por los pastores (*brenas y seles*); y el otro protagonizado por prados cercados y con cabañas en su interior que es el resultado de esas presión sobre los montes comunales.

A esta misma presión sobre los comunales responde la génesis de los Vaqueiros de Alzada en el Occidente de Asturias, aunque en este caso se da más protagonismo a las familiar nobiliarias de la zona en la colonización de los comunales (García Martínez 1988). La forma de vida de los vaqueiros gira en torno a la dualidad de su vivienda: durante gran parte del año (ocho meses) viven en los pueblos altos (las *brañas* de verano) situados en la Cordillera Cantábrica (mayoritariamente en pueblos de Asturias, pero también algunos de León), mientras que los meses de invierno permanecen en las *brañas* de invierno, cercanas a la cosa o en la media montaña. Esta dualidad se establece en función de conseguir pasto y hierba suficiente para mantener la cabaña ganadera. Los productos agrícolas se recogían mayoritariamente en los pueblos de verano, donde también disponían de abundancia de pasto para el ganado. En función de esta complementariedad, el análisis de la morfología agraria de los pueblos de invierno evidencia la función para la que son colonizados: aquí prácticamente todas las parcelas están destinadas a producir hierba seca para el ganado ya que, al ser los pastos de explotación colectiva más escasos y de peor calidad, el ganado debe alimentarse en el establo a base de hierba seca. Un buen ejemplo es el de la braña de Vil.laverde (Fig. 9), cuya morfología contrasta con la que presentan los pueblos cuyo origen tenemos que considerar altomedieval. En este caso se trata de un poblamiento disperso con casas que se distribuyen a lo largo de una compleja red de caminos y asociada a cada casa están las parcelas, cercadas y con unas dimensiones mucho mayores que las de las tierras de labor asociadas a los pueblos de origen medieval.

No es nuestra intención profundizar en el análisis de estas estructuras ya que se trata de sistemas pastoriles pero la comparación entre la distinta morfología agrarias que presentan los pueblos de hábitat concentrado, en los que los espacios de cultivo tienen una función primordial y que tienen un origen altomedieval, y los pueblos vaqueiros asociados a un proceso de presión de los comunales para crear espacios de pastos, con una cronología que va del XV al XVIII, nos aporta una interesante información en relación con los procesos de colonización de la tierra.

En el primer caso, en los pueblos que tienen un origen altomedieval, tanto los campos de cultivo como los destinados a producir hierba seca para el ganado son fruto de una planificación conjunta que precisa de una muy detallada normativa de funcionamiento, tanto para las tierras de cultivo como para el uso de los espacios ganaderos y su sistema de *transterminancia*. En el caso de lo vaqueiros, se trata de un proceso de apropiación individual, de unidades que se van sumando unas a otras y en las que están ausentes los espacios planificados y que parece fruto de un proceso que se alarga en el tiempo, de progresiva colonización. Si observamos a mayor escala, analizando estos núcleos de población en un contexto supralocal, podemos ver cómo se van "introduciendo" en las áreas de explotación colectiva de otros pueblos o se produce su expansión en zonas de menor presión demográfica (Fig. 10).

6. Conclusión y discusión

La incipiente Arqueología Agraria desarrollada en el Norte Peninsular, nacida en algunos casos en el seno de la Historia Rural y en otros dentro de la Arqueología de Gestión, ha comenzado a acercarse a las comunidades campesinas abriendo múltiples vías de investigación que enriquecen la parca documentación escrita y complementan los estudios de morfología agraria. Aún así, estás iniciativas distan de ser convergentes, por ello es necesario articular las variadas vías de aproximación, desde los estudios geoarqueológicos y arqueobótanicos a los documentos escritos, pasando por la morfología agraria, en una misma pregunta de carácter histórico. Y es necesario delinear las técnicas adecuadas que ofrezcan una visión global de los procesos ligados a la génesis del poblamiento y a la estructuración del espacio agrario - desde los campos de cultivo hasta los pastos comunales- que no se limiten a los asentamientos abandonados y a los parcelarios fosilizados, lo que nos aportaría una visión muy parcial, sino que permita acometer estudios complejos sobre el paisaje que aún está vivo y que hunde sus raíces en época medieval.

BIBLIOGRAFÍA

Álvarez, B.; Fernández Hevia, J.M.; Fernández Mier, M.; López, M.J. 1990: Espacio y propiedad en un territorio en un territorio de montaña: la Tierra del Privilexu (Teberga). *BIDEA,* 133, pp. 145-214.

Anes, G. 1988: *Economía y sociedad en la Asturias de Antiguo Régimen.* Barcelona.

Anes, G. 1990: El campesinado en la Edad Moderna. *Historia de Asturias III.* La Nueva España, Oviedo, pp. 490-509.

Arbués, C. 1998: Un espacio agrario feudal de montaña: el valle de Aranser en la Cerdanya. Lectura arqueológica de un *capbreu* de 1358. *Arqueología Espacia,l* 19-20, pp. 463-477.

Ariño, E.; Gurt, J.M.; Palet, J.M. 2004: *El pasado presente. Arqueología de los paisajes en la Hispania romana.* Universidad de Salamanca, Universitat de Barcelona, Barcelona.

Ariño, E.; Riera, S.; Rodriguez, J. 2002: De Roma al Medievo. Estructuras de hábitat y evolución del paisaje vegetal en el territorio de Salamanca. *Zephyrus, 55*, pp. 283-309.

Astill, G.; Langdon, J. 1997: *Medieval Farming and Technology. The Impact of Agricultural Change in Nortwest Europe.* Brill, Leiden, New York, Köln.

Ballesteros, P.; Criado, F.; Andrade, J.M. 2006: Formas y fechas de un paisaje agrario de época medieval: A Cidade da Cultura en Santiago de Compostela. *Arqueología Espacial: Espacios Agrarios,* pp. 193- 225.

Barceló, M. 1988: *Arqueología Medieval. En las afueras del "medievalismo".* Crítica, Barcelona.

Barceló, M. 1995: Crear, disciplinar y dirigir el desorden. La renta feudal y el control de los procesos de trabajo campesino: una propuesta de articulación. *Taller d'Historia,* 6, pp. 61-72.

Barreiro, B. 1984: La introducción de nuevos cultivos y la evolución de la ganadería en Asturias durante la Edad Moderna. *En: Congreso de Historia Rural. Siglos XV al XIX.* Madrid, pp. 287-318.

Barreiro, B. 1992: Masa arbórea y su producto en Asturias durante la Edad Moderna. *En: El medio rural español: cultura, paisaje y naturaleza I* , pp. 241-252.

Barreiro, B. 1982. El maíz en el sistema agrario de la España Moderna. *En: Actas del XVII Congreso Internacional de Ciencias Históricas II.* Madrid.

Barreiro, B. 1997. Montes comunales y vida campesina en las regiones cantábricas. *Studia Historica. Historia Moderna,* 16, pp. 17-65.

Barrios, A. 1982: Toponomástica e historia: notas sobre la despoblación de la zona meridional del Duero. *En: En la España Medieval, II. Estudios en memoria del profesor D. Salvador de Moxó.* Universidad Complutense de Madrid, Madrid, pp. 115-134.

Barrios, A.; Martín Viso, A. 2000-2001: Reflexiones sobre el poblamiento rural altomedieval en el Norte de la Península Ibérica. *Studia Historica, Historia Medieval, 18-19*, pp. 53-83.

Bloch, M. 1931: *Les caracteres originaux de l'histoire rurale francaise.* París.

Bolós, J. 2004. *Els origens medievals del paisatge catalá. L'arqueologia del paisatge com a Font per a conèixer la historia de Catalunya.* Institut d'Estudis Catalans, Barcelona.

Bouhier, A. 1979: *La Galice. Essai geographique d'analyse et interpretation dún vieux complexe agraire.* La Roche-sur Yom.

Bueida, E. 1991. El pueblo quirosán: una unidad social. *Cultures,1*, pp. 9-100.

Cabo, A. 1973: Parte Primera: condicionamientos geográficos. *Historia de España. I.* Alfaguara, Madrid, pp. 1-183.

Corbera, M. 2008. El proceso de colonización y la construcción del paisaje en los Montes del Pas. *Eria,* 77, pp. 293-314.

Criado, F.; López Saez, J. L.; López García, P.; Martinez, A.; Limas, E.; Franco, S.; Macias, R.; Parcero, C. 2003: Paleopaisajes concretos: polen, suelos y arqueología del yacimiento de As Pontes (Abadín, Lugo), *Trabajos de Prehistoria,* 60 (1), pp. 139-151.

Cultures: *L'espaciu agrariu n'Asturies.* Oviedo 2002.

Díez Herrera, M.C. 1990: *La formación de la sociedad feudal en Cantabria,* Universidad de Santander, Santander.

Durand, A.; Leveau, P: Farming in Mediterranean France and rural settlement in the late roman and early medieval periods: the contribution from archaeology and environmental sciences in the last twenty years (1980-2000). *En: The Making of feudal Agricultures?.* Leiden: Brill, pp. 177-253.

Durany, M. 1994: El paisaje rural medieval a través del ejemplo berciano. *Paisajes rurales y paisajes urbanos: métodos de análisis en Historia Medieval.* Universidad de Zaragoza, Zaragoza, pp. 29-64.

Escalona, J. 2002: *Sociedad y territorio en la Alta Edad Media Castellana*. Oxford.

Estepa, C. 1998: Comunidades de aldeas y formación del feudalismo. Revisión de la cuestión y perspectivas. *En: Romanización" y "Reconquista" en la península ibérica. Nuevas perspectivas*. Salamanca, Universidad de Salamanca, pp. 271-282.

Escudero, S.; Martín, A. 1990: Toponimia y repoblación en el territorio burgalés durante a Alta Edad Media. *Burgos en la Alta Edad Media*. Burgos, pp. 521-537.

Faci Lacasta, J. 1978: Vocablos referentes al sector agrario en León y Castilla durante la Alta Edad Media. *Moneda y Crédito*, 14, pp. 69-87.

Fernández Conde, F.J. 1993: *El señorío del cabildo ovetense: estructuras agrarias de Asturias en el Tardomedievo*. Universidad de Oviedo, Oviedo.

Fernández Conde, F.J. 1993b: La aldea o'l pueblo como estructura socioeconómica vertebradora del poblamientu rura asturianu. *Lletres Asturianes*, 60, pp.175-182.

Fernández Conde, F.J., Pedregal Montes, M.A. 1998: Evolución histórica del territorio de Santo Adriano y génesis del poblamiento medieval. *Studia Historica. Historia Medieval*, 16, pp. 129-172.

Fernández Conde, F.J., Pedregal Montes, M.A. 1995-96: Santo Adriano de Tuñón: Historia de un territorio en los siglos de transición. *Asturiensia Medievalia*, 8, pp. 79-110.

Fernández Fernández, J. 2009: Una contribución a la lectura crítica de determinadas fuentes de información arqueológicas mediante utilización de los SIG: loas "castros" del valle del Trubia. *Territorio, sociedad y poder*, 4, en prensa.

Fernández Mier, M.; Calvelli, L. 2004: Lo spazio agrario di Gorfigliano: un esempio di archeologia agraria. *Archeologia e storia di un castello Apuano*. All'insegna del giglio, Florencia, pp. 169-204.

Fernández Mier, M.; Fernández Hevia, J.M. 1998: Un microespacio en la montaña de Asturias: Presorias. *Arqueología y territorio Medieval*, 5, pp. 95-108.

Fernández Mier, M. 1994: Metodología y fuentes para un estudio microespacial del poblamiento y espacio agrario, siglos X-XV. El ejemplo de una parroquia rural ovetense: San Cloyo. *En: Actas del IV Congreso de Arqueología Medieval Española*. Alicante, Universidad de Alicante, pp. 485-492.

Fernández Mier, M. 1996: Análisis arqueológico de la configuración del espacio agrario medieval asturiano. *Mélanges de la Casa de Velázquez*, XXXIII, pp. 287-318.

Fernández Mier, M. 1999: *Génesis del territorio en la Edad Media. Arqueología del paisaje y evolución histórica en dos concejos de la montaña asturiana: Miranda y Somiéu*. Universidad de Oviedo. Oviedo.

Fernández Mier, M. 1999: El origen de la "villa" medieval y la progresiva configuración del espacio agrario. *En: Actas del II Congreso de Arqueología Peninsular. Arqueología Romana y Medieval IV*. Alcalá, Fundación Rei Alfonso Enriques-Unversidad de Alcalá, pp. 475-484.

Fernández Mier, M. 2006: La toponimia como fuente para la historia rural: la territorialidad de la aldea feudal. *Territorio, Sociedad y Poder*,1, pp. 35-52.

Fernández Mier, M. 2009: La génesis de las aldeas en las provincias de Asturias y León. *En:* Quirós Castillo, J.A. (ed.) *The archaeology of villages in the early middle ages*, Bilbao, en prensa.

Floriano Cumbreño, A. 1968: *Colección diplomatic del Monasterio de San Vicente de Oviedo*. Instituto de Estudios Asturianos, Oviedo.

Fowler P. 2002: *Farming in the first Millennium AD. British agriculture between Julius Caesar and William the Conqueror*. Cambiridge University, Press.Cambridge.

García Arias, X.Ll. 1988: *Contribución a la gramática histórica de la lengua asturiana y a la caracterización etimológica de su léxico*. Academia de la Llingua Asturiana, Oviedo.

García Camino, I. 2002: *Arqueología y poblamiento en Bizkaia, siglos VI-XII. La configuración de la sociedad feudal*. Diputación Foral de Bizkaia, Bilbao.

García de Cortazar, J.A. 1969: *El dominio del monasterio de San Millán de la Cogolla (siglos X a XIII). Introducción a la historia rural de Castilla altomedieval*. Universidad de Salamanca, Salamanca.

García de Cortazar, J.A. 1988: *La sociedad rural en la España medieval*. Siglo XXI. Madrid..

García de Cortazar, J.A. 1995: Las forma de organización social del espacio del valle del Duero en la Alta Edad Media: de la espontaneidad al control feudal. *En: Despoblación y colonización del Valle del Duero, siglos VIII-XX, IV Congreso de Estudios Medievales*. Fundación Sánchez Albornoz, León, pp. 13-44.

García de Cortazar, J.A. 1988: Organización social del espacio: propuestas de reflexión y análisis histórico de sus unidades en la España Medieval. *Studia Historica. Historia Medieval*, VI, pp. 195-236.

García de Cortazar, J.A.; Díez Herrera, C. 1982: *La formación de la sociedad hispanocristiana del Cantábrico al Ebro en los siglos VIII a XI*. Universidad de Cantabria, Santander.

García de Cortazar, J.A; Martínez Sopena, P. 2008: Los estudios sobre historia rural de la sociedad medieval hispanocristiana. *En:* Alfonso, I. (ed.) *La Historia Rural de las sociedades medievales europeas*. Universidad de Valencia, Valencia, pp. 97-143.

García Fernández, J. 1965: Champs ouverts et champs clôtures en Vieille Castille. *Annales economies Societés Civilisation* 20: 692-718.

García Fernández, J. 1975: *Organización del espacio y economía rural en la España Atlántica*. Siglo XXI de España Editores, Madrid.

García Fernández, J. 1988: *Sociedad y organización tradicional del espacio en Asturias*. Silverio Cañada D.L., Gijón.

García García, E. 1980: *San Juan Bautista de Corias: Historia de un señorío monástico asturiano (siglos X-XV)*. Universidad de Oviedo, Oviedo.

García Sahagún, J. 1986: *La organización del espacio agrario en Liébana durante la Edad Media*. Ediciones Tantín, Santander.

Guilaine, J. 1991: *Pour une Archéologie Agraire*. Armand Colin, Paris.

Gutiérrez González, J.A. 1995: *Fortificaciones y feudalismo en el origen de la formación del reino leonés (siglos IX-XII)*. Universidad de Valladolid, Valladolid.

Gutiérrez González, J.A. 1998: Sobre los orígenes de la sociedad asturleonesa: aportaciones desde la arqueología del territorio. *Studia Historica. Historia Medieval, 16*, pp. 173-197.

Gutiérrez González, J.A. 2008: Las *villae* y la génesis del poblamiento medieval. *En: Las villae tardorromanas en el occidente del Imperio: arquitectura y función*. TREA, Gijón, pp. 216-238.

García Martínez, A. 1988: *Los Vaqueiros de Alzada de Asturias. Un estudios histórico-antropológico*. Consejería de Educación, Oviedo, Cultura y Deportes.

González Pardo, J. 1999: *Economía y sociedad. Un estudio sobre la Montaña Centro-Occidental asturiana durante la crisis del Antiguo Régimen*. Instituto de Estudios Asturianos, Oviedo.

Hamerow, H. 2004: *Early Medieval Settlements. The Archaeology of Rural Communities in North-West Europe 400-900*. Universidad de Oxford, Oxford.

Larrea, J.J. 1998: *La Navarre du IVe au XII siècle : peuplement et société*. París.

Leveau, P.; Rément, F.; Walsh, K.; Barker, G. 1999: *Environnmental Reconstruction in Mediterranean Landscape Archaeology. The Archaeology of Mediterranean Landscapes*. 2. Oxbow Books, Oxford .

Lewis, C. 2007: New Avenues for the Investigation of Currently Occuped Medieval Rural Settlement : Preliminary Observations from the Higher Education Field Academy. *Medieval Archaeology*, 2007, pp. 133-163.

López Quiroga, J. 2004: *El final de la Antigüedad en la Gallaecia. La transformación de las estructuras de poblamiento entre Miño y Duero (siglos V al X.* Fundación Pedro Barrié de la Maza, Santiago de Compostela:.

López, J.A.; Parcero, C.; Lima, E., López, P.; Criado, F.; Macías, R.; Martínez, A.; Franco, S. 2003: Paleopaisajes concretos: polen, suelos y arqueología de Yacimiento de As Pontes (Abadín, Lugo). *Trabajos de Prehistoria,* 60, nº 1, pp. 139-151.

Martín Viso, I. 2000: *Poblamiento y estructuras sociales en el norte de la península ibérica (siglos VI al XIII)*. Universidad de Salamanca, Salamanca.

Martinelli, B. 1982: Toponymie et societé: contribution à l'etude de l'espace communitaire en Basse-provence. *Etudes Rurales,* 85, pp. 9-31.

Martínez Sopena, P. 1985: *La Tierra de Campos occidental. Poblamiento, poder y comunidad del siglo X al XIII*. Universidad de Valladolid, Valladolid.

Míguez Mariñas, M.I. 1999: *Espacio y sociedad en Asturias: la evolución de un valle del concejo de Castrillón en el sistema feudal*. Tesis Doctoral. Universidad de Oviedo. Oviedo.

Míguez Mariñas, M.I. 2001: El territorio de Gauzón (Asturias) en el Medievo : aproximación a su configuración. *Arqueología y territorio Medieval,* 8, pp. 161-173.

Mínguez Fernández, J.M. 1980: *El dominio del Monasterio de Sahagún en el siglo X*. Universidad de Salamanca, Salamanca.

Miranda, A., Santos, J.I. 2007: Estructuras de poblamiento y paisaje medieval en Aces de Candamu. *Territorio, Sociedad y Poder,* 2, pp. 109-132.

Moreno, D. 1990: *Dal documento al terreno: storia e archeologia dei sistema agro-silvo-pastorali*. Bolonia.

Muñoz Sobrino, C.; Ramil-Rego P.; Gómez Orellana, L.; Díaz Varela, A. 2005: PAlynological data on major Holocene climatic events in NW Iberia, *Boreas,* 32, pp. 381-400.

Orejas, A. 1998: El estudio del paisaje: visiones desde la Arqueología. *Arqueología del paisaje,* 1998, pp. 9-19.

Orejas, A.; Ruiz del Árbol, M., López, O. 2002. Los registros del paisaje en la investigación arqueológica. *Archivo Español de Arqueología,* 75, pp. 287-311.

Ortega Valcalcel, J. 1974: *La transformación de un espacio rural: las montañas de Burgos*. Valladolid.

Pallares, M.C. 1979: *El monasterio de Sobrado: un ejemplo del protagonismo monástico en a Galicia medieval*. La Coruña.

Pallares, M.C.; Portela, E. 1975. Aproximación al estudio de las explotaciones agrarias en Galicia en los siglos IX-XII. *En: Actas de las primeras jornadas de Metodología aplicada a las ciencias históricas. II: Historia Medieval,* 9. Universidad de Santiago de Compostela, Santiago, pp. 95-113.

Pallares, M.C.; Portela, E.. 1995-96: De la villa del siglo IX a la aldea del siglo XIII. Espacio agrario y feudalización en Galicia. *Asturiensia Medievalia, 8,* pp. 47-69.

Pastor Díaz de Garayo, E., 1991: *Castilla en el tránsito de la Antigüedad al feudalismo. Poblamiento, poder político y estructura social del Arlanza al Duero (siglos VII-XI)*. Junta de Castilla y León, Valladolid.

Pedregal Montes, M.A. 2006: La creación del espacio histórico en Tene (Quirós, Asturias). *Territorio, Sociedad y Poder,* 1, pp. 157-190.

Peña Bocos, E. 1995: *La atribución social del espacio en la Castilla altomedieval. Una nueva aproximación al feudalismo peninsular*. Universidad de Cantabria, Santander.

Pérez Álvarez, M.J. 1996: *La montaña noroccidental leonesa en la Edad Moderna*. León.

Portela, E.; Pallares, C. 1997: Galicia á marxe do Islam. Continuidade das estructuras organizativas no transito á Idade Media. Galicia fai dous mil anos. *O feito diferencial galego I. Historia*. Santiago de Compostela, pp. 435-458.

Portela, E.; Pallares, C. 1998: La villa por dentro. Testimonios galaicos de los siglos X y XI. *Studia Historica. Historia Medieval,* 16, pp. 13-43.

Quirós Castillo, J. A.. 2007: Las aldeas de los historiadores y de los arqueólogos en la Alta Edad Media del Norte Peninsular, *Territorio, Sociedad y Poder,* 2, pp. 63-86

Rodríguez Gutiérrez, F. 1989: *La organización agraria de la Montaña Central Asturiana*. Instituto de Estudios Asturianos, Oviedo.

Rodríguez Gutiérrez, F. 1992: El espacio rural asturiano. La organización agraria tradicional. *Geografía de Asturias I*. La Nueva España, Oviedo, pp. 145-160.

Rösener, W. 1990. *Los campesinos en la Edad Media*. Editorial Crítica, Barcelona.

Rubio Pérez, L. 1986: *Producción agraria en la zona norte castellano-leonesa durante la Edad Moderna*. León.

Ruiz del Árbol, M. 2005: *La Arqueología de los espacios cultivados. Terrazas y explotación agraria romana en un área de montaña: la Sierra de Francia (Salamanca)*. CSIC, Madrid.

Saavedra, P. 1979: *Economía rural antigua en la montaña lucense. El concejo de Burón*. Santiago de Compostela.

Sánchez Palencia, F.J.; López Saez, J.A.; Reher Díez, G.S.; López Merino, L. 2008: La minería romana en León y Asturias, su importancia en la configuración de los paisajes, *Seminario sobre la evolución del paisaje vegetal y el uso del fuego en la Cordillera Cantábrica*, CSIC, -inédito-.

San Pedro Veledo, M.B. 2007: Poblamiento medieval en a parroquia ovetense de Brañes: la Alta Edad Media. *Territorio, Sociedad y Poder*, 2, pp. 133-152.

San Pedro Veledo, M.B., Villa Prieto, J. 2008: De Seneria Alkemani a Sierralcamán: aproximación a la historia de un microespacio de Llanera (Asturias) en la Edad Media. *Territorio, Sociedad y Poder,* 3, pp. 131-155.

Suárez Álvarez, M.J. 1982: Los contratos agrarios del monasterio de San Vicente de Oviedo en el siglo XIV. *Semana de historia del Monacato cántabro-astur-leonés*. Universidad de Oviedo, Oviedo, pp. 271-300.

Suárez Fernández, A. 1992: *Teverga, un concejo de la montaña asturiana en la Edad Media*. Instituto de Estudios Asturianos, Oviedo.

Torrente Fernández, I. 1989: Términos agrarios en el Medievo asturiano (siglos XIII-XVI). *Asturiensia Medievalia,* 5, pp. 75-87.

Torrente Fernández, I. 1982: *El dominio del Monasterio de San Bartolomé de Nava (siglos XIII-XV)*. Universidad de Oviedo, Oviedo.

Toubert, P. 1999. Histoire de l'occupation du sol et archeology des terroirs médievaux: la reference allemande. *En: Castrum 5. Archéologie des espaces agraires méditerranéens au Moyen Âge*, pp. 23-37.

Trochet, J. R. 1993: *Aux origens de la France rurale*. Outils, pays et paysages. CNRS Editions, París.

Verhulst, A. 1995. *Le paisaje rural: les structures parcellaires de l'Europe du Nord-Ouest*. colección Typologie des sources du Moyen Âge occidental, fasc. 73. Turnhout: Brepols.

Wickham, C. 2008. *Una historia nueva de la Alta Edad Media. Europa y el mundo mediterráneo, 400-800*. Crítica, Barcelona.

Zadora-Rio, E. 1991: Les terroirs médiévaux dans le Nord et le Nord-Ouest de l'Europe. *En: Pour une Archéologie Agraire*. Paris: Armand Colin, pp. 165-192.

Zadora-Rio, E. 2001: Archéologie et toponymie: le divorce. *Les petits cahiers d'Anatole* 8: http://www.univ-tours.fr/lat/pdf/F2_8.pdf.

Espacios Agrarios y redes de asentamientos andalusíes en Manacor (Mallorca)

Eugènia Sitjes[1]
Maison Méditerranéenne de Sciences de l'Homme
Laboratoire d'Archéologie Médiévale Méditerranéenne

En este artículo se presentan una parte de los resultados de una tesis doctoral reciente,[2] dedicada al estudio de los espacios irrigados y los asentamientos andalusíes de los términos municipales de Manacor y Sant Llorenç des Cardassar (Mallorca). El estudio está centrado cronológicamente en el período andalusí (por lo tanto des de la conquista islámica del año 290 H/902 dC hasta la conquista catalana de 1229 dC) y se ha realizado siguiendo una metodología concreta, la de la arqueología hidráulica, bien descrita en diferentes artículos y publicaciones (Barceló *et al.* 1986; Barceló 1989; Kirchner, Navarro 1993; Barceló 1995a, 1995b; Barceló, Kirchner, Navarro 1995; Kirchner 1997; Barceló *et al.* 1998; Glick, Kirchner 2000).

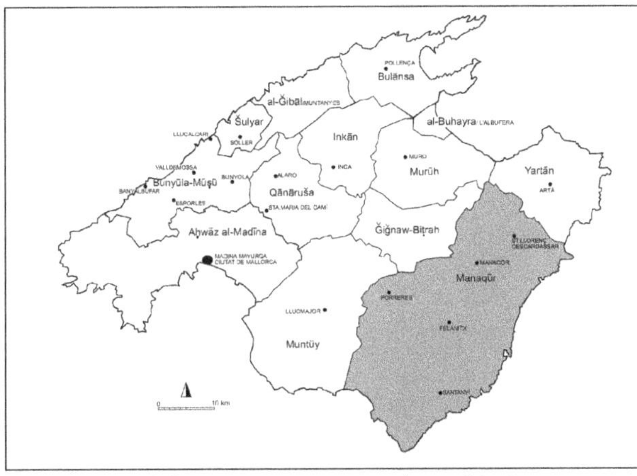

FIG. 1: LOS DISTRITOS ANDALUSÍES DE *MAYŪRQA* (SEGÚN BARCELÓ 1984; SOTO 1994)

En primer lugar se hará una breve introducción a la zona objeto de estudio y a las fuentes documentales utilizadas. En segundo lugar se detallaran las características de los espacios agrarios de Manacor y se mostraran algunos casos representativos. Por último, se dedicará un apartado al estudio de las redes de alquerías y rahales y a las selecciones que hicieron estos grupos andalusíes para subsistir. Y es que la homogeneidad de los espacios agrarios andalusíes no puede comprenderse si no se pone en relación con las estrategias campesinas de los grupos que los construyeron.

Introducción

En época andalusí Mallorca estaba dividida en 13 *ajzā* o distritos (descritos por M. Barceló 1978, 1984 y posteriormente revisados por R. Soto 1994) (Fig. 1). El distrito de Manacor era el de mayores dimensiones (892 km²) y existían divisiones dentro de este distrito (Fig. 2): *Caçor, Falinis, Canpos, Adia* y *Manacor* según informa *La Remenbrança de Nunó Sanç*[3] (a partir de ahora *La Remenbrança).* Éste es el documento en el cual se inventariaron las posesiones que recibió este magnate después de la conquista de Mallorca.[4] En *La Remenbrança* se presentan por separado las alquerías y rahales de los diferentes términos en que el distrito de Manacor fue dividido. La división en distritos, así como la subdivisión en "partes" dentro del distrito de Manacor, sirvió de base para el repartimiento feudal de la isla. A partir de ahora el artículo se centrará en la "parte" de

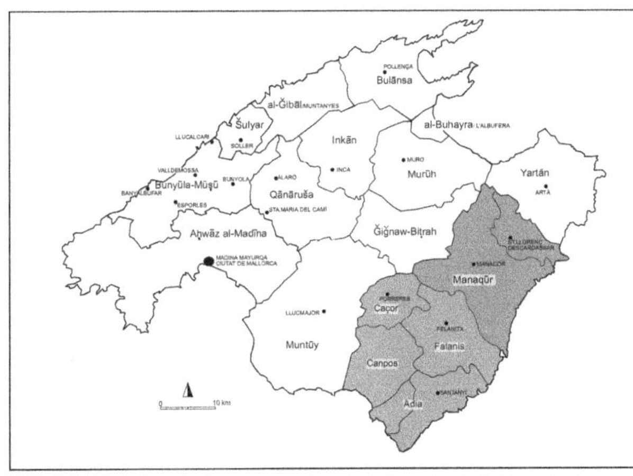

FIG. 2: LAS SUBDIVISIONES DEL DISTRITO DE MANACOR (SEGÚN MUT, ROSSELLÓ 1993 : 48)

La Remenbrança consiste en un listado de las alquerías y rahales andalusíes con su extensión en yugadas[5] y los molinos hidráulicos (hecho que permite indicar la prioridad que dieron los conquistadores a los molinos). Para Manacor (que ocupa una superficie de 341 km²) el inventario presenta un total de 172 alquerías y rahales (concretamente 132 alquerías y 40 rahales) y 4 molinos hidráulicos. *La Remenbrança,* por lo tanto, permite conocer el listado máximo de alquerías y rahales de la "parte" de Manacor, pero no da indicaciones geográficas de su situación ni del posesor a quien pertenecieron después de la conquista.

El fondo documental de la *Escrivania de Cartes Reials* (ECR) ha permitido dar sentido geográfico al listado de *La Remenbrança.* Éste es un conjunto de documentos notariales donde se recogen las transacciones de bienes

[1] Becaria Postdoctoral Beatriu de Pinós (ref. BP-A-00166). Este estudio se ha realizado en el marco del proyecto de investigación *Aclimatación y difusión de plantas y técnicas de cultivo en al-Andalus* (HUM 2007-62899/HIST) y en el seno del grupo de investigación (AGAUR: 2009 SGR-304): *Arqueologia Agrària de l'Edat Mitjana* (ARAEM).

[2] Sitjes, E. 2008: *Assentaments i sistemes hidràulics andalusins abans i just després de la conquesta catalana (1229-30).* Universitat Autònoma de Barcelona.

[3] Mut, A; Rosselló, G. (1993): *La Remenbrança de Nuno Sanç. Una relació de les seves propietats a la ruralia de Mallorca.* Mallorca.

[4] Los autores de la edición lo fechan entorno a 1232 (Mut, Rosselló 1993: 43).

[5] Así se manifiesta en las primeras líneas del documento: *"In nomine domini nostri Iesu Christi. Remenbrança de tot quant a lo sennor do Nuno en la isla de Mayorcas, Deus la guide, de Honos foras de la villa, de profeitz et de terras, et los noms de las alcarias et de las juvadas"* (Mut, Rosselló 1993: 100).

Nombre del sistema hidráulico	Superficie máxima (ha)	Superficie original (ha)	Longitud máxima (m)	Longitud original (m)	Longitud del qanāt (m)
Fuente de Na Memòria (Vall de la Nou)	66,4	6,9	4600	3100	-
Fuente de N'Orenga	0,07	0,07	No tiene canal	No tiene canal	-
Conies	3,7	1,09	740	300	136
Sa Murtera	0,95	0,95	600	600	220
Llodrà	11,4	1,87	2270	370	60
Son Comte Cremat	0,95	0,5	25	128	25
S'Hospitalet	0,41	0,41	123	123	-
Son Banús	0,5	0,5	25	25	28
Ses Planes	2,49	2,49	625	625	-
Balafi	1,59	1,59	260	260	325
Fuente del Molí d'Aigo	20,12	0,7	2700	Desaparecido	-
Ses Toltes	0,93	0,93	450	450	-
Gossalbo	9	5,4	1659,5	810	-
Sa Sínia	0,15	0,15	20	20	-
Sa Roca	0,24	0,24	130	130	60
Ses Piquetes (Calicant)	0,37	0,37	No tiene canal	No tiene canal	-
Son Ribot	1,2	0,76	370	170	105
TOTAL	**120,47**	**24,92**	**14597,5**	**7111**	**959**
Media	**7,08**	**1,4**	**858**	**418,3**	**120**

FIG. 3: TABLA-RESUMEN DE LAS CIFRAS DE SUPERFICIE Y LONGITUD DE LOS SISTEMAS HIDRÁULICOS ANDALUSÍES DE MANACOR

Manacor, que será denominada simplemente Manacor, para distinguirla del "distrito de Manacor" que es la unidad territorial mayor.

muebles e inmuebles hechos a partir de la conquista de1229-30 y hasta época moderna.[6] Estos documentos dan numerosas indicaciones y lindes que permiten situar buena parte de los topónimos recogidos tanto en la ECR como en *La Remenbrança*. Así, se ha podido confeccionar el mapa de asentamientos andalusíes de Manacor. [7] Además, aunque los documentos sean posteriores a la conquista y en ellos se describen las explotaciones de los colonos catalanes, se han considerado informativos del periodo anterior, ya que la escasa aportación poblacional inicial, descrita en diferentes estudios,[8] hizo que estos colonos se establecieran en los lugares "vaciados" de andalusíes y gestionaran sus espacios de cultivo.[9] Por consiguiente la documentación posterior a la conquista es clave para la identificación de los espacios agrarios andalusíes.

Los espacios irrigados andalusíes de Manacor

En Manacor se han estudiado un total de 57 sistemas hidráulicos preindustriales, de los que 17 tuvieron origen en época andalusí. A estos 17 sistemas hidráulicos debemos añadirle nueve huertos irrigados a partir de pozos o norias que aparecen en la documentación justo después de la conquista pero que debido al elevado número de estos ingenios hidráulicos construidos en época moderna y contemporánea generalmente no han podido ser identificados, excepto algún caso excepcionalmente bien documentado.[10] Entre éstos hay

[6] R. Soto ha descrito de forma detallada el fondo documental de la ECR en diferentes trabajos (Soto 1978c, 1985-86) y especialmente en su tesis doctoral (Soto 1991).

[7] El estudio del fondo documental de la ECR se ha realizado de forma sistemática entre los años 1230-1330, es decir un siglo después de la conquista. Esto corresponde a los volúmenes 341, 342, 343, 344, 345, 346, 347, 348, 349, 350, 351, 352, 353, 354, 355, 356, 656, 657, 658, 659, 660, 661 de la ECR (Archivo del Reino de Mallorca). A partir de estas fechas se han utilizado las diferentes obras que publican reseñas documentales de este fondo documental de la ECR. Cabe añadir que se han vaciado sistemáticamente algunos catastros y mapas de época moderna, que se detallaran a lo largo del artículo.

[8] R. Soto da ejemplos de Felanitx (1994), A. Virgili de Tortosa (2001), J. Torró del País Valencià (1999), F. Retamero de Menorca (2006).

[9] El mismo procedimiento regresivo a partir de la documentación feudal ha sido aplicado en otras zonas de las islas (Barceló, Kirchner 1995; Kirchner 1997; Barceló et al. 1997; Argemí 1997, 1998, 1999; Kirchner 2002; Barceló, Retamero 2005).

[10] Los espacios irrigados desde norias o pozos no se han estudiado a no ser que hubiera menciones documentales que pudieran indicar su uso en época andalusí. Algunas alquerías tenían huertos o pozos (denominados "sarracénicos" o "moriscos" en la documentación) justo después de la conquista. Son los casos del pozo morisco de la alquería Margamta (actualmente Pou Colomer); del pozo de Son Cladera (alquería de Totesaus en los documentos del XIII); el pozo de la alquería Xibela o Acebela Aquila (situado entre las actuales posesiones de Tortova y Sa Cabana); el huerto de la alquería Llucamar; el huerto de la alquería de

algunos casos de pozos ciertamente más asociados a los usos ganaderos que a la irrigación de pequeños huertos,[11] por lo que no serán descritos en este artículo.

Los sistemas hidráulicos andalusíes de Manacor se concentran, principalmente, en la mitad norte del término: 12 en la mitad norte y 4 en la mitad sur (Fig. 12). Esto puede tener relación directa con el hecho de que los principales manantiales y cursos de agua y, sobretodo, los de caudal más estable, están situados en la parte norte. Se han podido observar algunas pautas en la construcción de los sistemas hidráulicos andalusíes. Hay una preferencia clara por los espacios de fondo de valle, con poco aterrazamiento, y evitando las zonas inundables de los márgenes de algunos torrentes importantes. Estas zonas inundables parecen haber constituido áreas de marjal que sólo en época moderna fueron drenadas y acondicionadas para el cultivo. Se trata de sistemas con una sola acequia, con la excepción del sistema hidráulico de la Vall de la Nou. Hay 11 sistemas con una superficie inferior a una hectárea, tres casos entre una y dos ha y tres casos más que superan las 2 ha. La media de superficie de los sistemas hidráulicos andalusíes en Manacor es, pues, de 1,4 ha.[12] La longitud media de los sistemas hidráulicos es de 418 metros.

Hay cuatro molinos andalusíes, que forman parte de tres de los sistemas hidráulicos mencionados: dos de ellos están integrados en el sistema hidráulico de la Vall de la Nou (Manacor), uno en la Vall de Ses Planes y el último en el sistema de la Font des Molí d'Aigo (Sant Llorenç des Cardassar) (Fig. 12). Todos los molinos son de cubo y rueda horizontal y están situados al final del sistema o al final de un bloque de parcelas. Este tipo de emplazamiento es característico de los sistemas hidráulicos de las islas. Se caracteriza por asegurar una distribución del agua compatible con la irrigación y que permita recuperarla después del uso en el molino (Kirchner 2007).

Las captaciones de estos sistemas son principalmente fuentes estables: 11 han implicado la construcción de una galería subterránea (qanât), 5 fuentes no han tenido que ser acondicionadas y un pozo con noria.

Ramon Torrents (que estaba situado en la actual zona de Son Toni Mas); el huerto de la alquería Pocafarina; el de la alquería *Rotja* (situado en la zona de costa de Sant Llorenç des Cardassar); y el "ferraginal" de la alquería Algorefa, que no parece indicar un campo de forraje si no más bien un huerto adyacente a las casas que debió ser regado con un pozo o noria (tal como se ha constatado en zonas cercanas –Barceló, Kirchner 1995: 52).

[11] Es el caso de la noria de la alquería Albocasser, documentada en 1295 cuando Berenguer Sagrera y su esposa Saura establecen a Pere Sabet un trozo de tierra, viña, casas y corral en dicha alquería, y se retienen el acceso a una noria para abrevar el ganado como también el paso por la viña (ECR 353, f. 337v). Esto parece indicar que en la zona de Albocàsser, la parte sur del término, tenía más importancia el ganado que los cultivos, ya que la noria, un ingenio para regar, se utilizaba también para abrevar. Esta parte sur limita con Felanitx, que fue estudiada por M. Barceló y H. Kirchner, autores que ya indicaron que se trataba de un territorio básicamente ganadero, donde los animales pastarían en régimen semisalvaje (Barceló, Kirchner 1995: 54).

[12] Cabe tener en cuenta que la presencia de los dos sistemas de mayores dimensiones hace subir la media de superficie.

Aunque se puedan ver diferencias mínimas debido a la adaptación al relieve y al emplazamiento de la captación, se constata, una vez más, una gran homogeneidad técnica y morfológica que remite a un conjunto de conocimientos técnicos consolidado y a unos criterios de selección comunes a los grupos constructores que se asientan en esta zona y a los estudiados en otros puntos de las islas (Barceló 1995, 2001).[13]

Se han escogido algunos de los casos estudiados en Manacor para mostrar qué tipo de sistemas hidráulicos construyeron los grupos andalusíes y qué soluciones técnicas adoptaron. Para la descripción, se ha seguido la distinción básica entre espacios de fondo de valle y sistemas de vertiente, bien establecida en estudios anteriores (Argemí *et alii* 1995; Glick, Kirchner 2000).

Algunos sistemas de fondo de valle: los casos de Sa Murtera, Sa Vall de la Nou y Conies

Los espacios de fondo de valle predominan en Manacor, son 15 del total de 17. Se presentan tres casos, el de Sa Murtera (con aterrazamiento orientado paralelamente a la dirección del valle), el de Sa Vall de la Nou (con aterrazamiento perpendicular al fondo de valle) y el de Conies (sin aterrazamiento).

Sa Murtera

Sa Murtera es un sistema que ocupa el fondo de valle de un estrecho barranco. La captación es la fuente del mismo nombre, un *qanāt* de 225 metros de longitud con un solo pozo de ventilación. A la salida del *qanāt,* el agua se acumula en una alberca. A partir de ésta, el agua está canalizada para irrigar un total de 12 terrazas estrechas y alargadas, escalonadas para vencer la pendiente del angosto canal (Fig. 3). La acequia tiene una longitud de 600 metros y permite irrigar una superficie de 0,95 ha.

A solo 350 metros de la fuente y a 500 metros del espacio irrigado hay el yacimiento andalusí de Sa Murtereta (26/22), estrechamente relacionado con este espacio de cultivo (Fig. 4). No se ha podido asociar este yacimiento con un topónimo andalusí de forma precisa. Un documento de 1295[14] permite conocer las alquerías de la zona norte de Manacor, la mayoría de las cuales se han podido situar, excepto la alquería Benicaravaca y el rahal Motrex, que podrían estar en Sa Murtera.

Sa Vall de la Nou

El sistema hidráulico de Sa Vall de la Nou tiene origen en la fuente de Na Memoria, un manantial de caudal constante y regular durante todo el año. A la salida de la galería, el agua está canalizada por dos acequias, una que transcurre en dirección suroeste y la otra en dirección

[13] Ésto se puede ver en los diferentes estudios regionales y esporádicos llevados a cabo por diferentes miembros del equipo de investigación de Miquel Barceló –ver los trabajos al completo en la bibliografía-, que han sido inventariados y analizados en dos trabajos recientes (Sitjes 2006; Sitjes 2008a).

[14] ECR 354, f. 59.

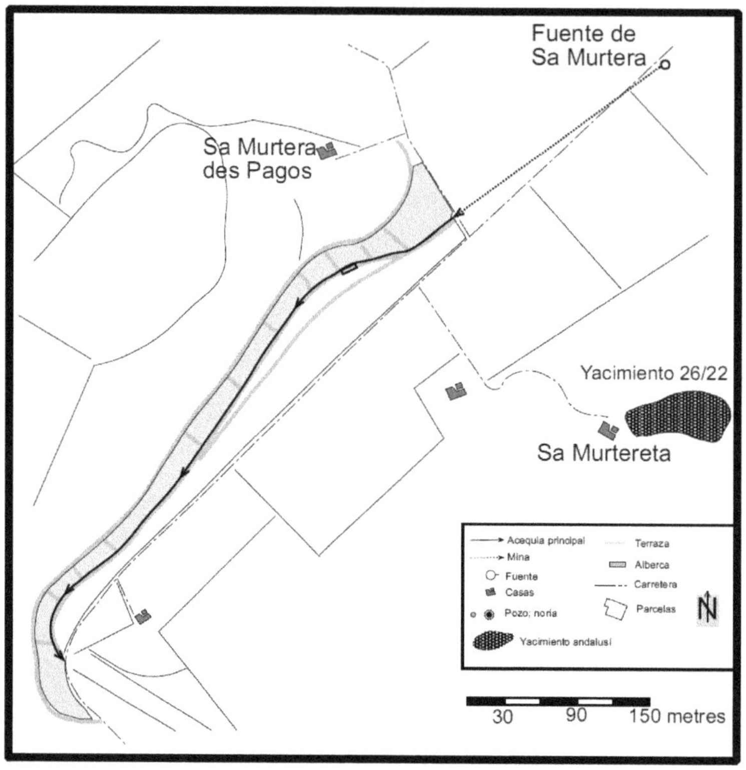

FIG. 4: EL SISTEMA HIDRÁULICO DE SA MURTERA (MANACOR)

9,7 ha. La segunda acequia, que sale en dirección noreste tiene una longitud de 3100 metros, permitía irrigar un máximo de 56,7 ha y tenía dos molinos hidráulicos integrados en su recorrido.[15] El espacio irrigado está construido en dos niveles distintos: unas terrazas alargadas y estrechas, elevadas respecto el fondo de valle, que presentan un aterrazamiento orientado perpendicularmente al torrente; y el nivel más bajo, que linda con el torrente y que antes de la construcción de los drenajes era un terreno pantanoso.[16] Los dos parcelarios presentan morfologías y direcciones opuestas: el más cercano al torrente consiste en parcelas totalmente regulares, rectangulares y trazadas en dirección perpendicular al torrente, ocupando el margen inundable del mismo, que fue profusamente drenado cuando se llevó a cabo la parcelación moderna (Fig. 5). Las terrazas elevadas, más antiguas, consisten en parcelas alargadas tendentes a la forma ahusada (porque se adaptan a las curvas de nivel del valle). Están elevadas 8 metros respecto la vaguada, hecho que permitía protegerlas de las crecidas del torrente, y las aislaba de los terrenos pantanosos cercanos a éste. Estas parcelas más antiguas forman dos bloques de parcelas cerrados, cada uno de ellos, por un molino hidráulico: el primer bloque tiene 1,85 ha y al final tiene el Molí Paperer,[17] y el segundo bloque tenía 5,05 ha y era cerrado por el molino de Can Granot (Fig. 5).

En total, el sistema era originalmente un espacio irrigado de tan solo 6,9 ha, pero se amplió hasta diez veces su tamaño hasta llegar, en los años 20 del siglo XX, a permitir el riego de 66,4 ha. La morfología del valle, con un fondo de valle ancho y muy llano, así como las fluctuaciones periódicas del torrente de Na Borges (uno de los más caudalosos de la isla) propiciaron que los parcelarios originales fueran construidos en terrazas elevadas respecto a la vaguada, en zonas externas del fondo de valle inundable, consiguiendo así espacios irrigados estables. Las roturaciones y drenajes de época moderna permitieron extender la zona de cultivo al fondo de valle, aunque estas parcelaciones modernas, las rotas, noreste (Fig. 5). La acequia que se dirige hacia el suroeste tiene una longitud de 1600 metros y permitía regar, en el momento de máxima extensión de tierra irrigable, hasta

[15] Durante el siglo pasado se construyeron, además, dos molinos de pequeñas dimensiones: el primero era un molino de azúcar, que tenía un pequeño cubo de 1,10 m. El segundo es el "Molinet de blat", un molino de pequeñas dimensiones, con un cubo de 1,80 m, que se construyó después de la guerra civil para moler cereales.

[16] De hecho los mapas y apeos modernos consultados, como el "Apeo de 1818" (AMM) y el Atlas de Pedro Alcántara Penya de 1859 (AMM) muestran como los márgenes del torrente de Na Borges no habían sido roturados hasta principios del siglo XX. De hecho, en el "Expediente de aprobación del plano de establecimiento del predio 'Vall de la Nou'" (VIII.2.2.2., AMM), cuando el valle era de los hermanos Trujillo, se puede observar la nueva parcelación añadida al parcelario ya existente. Estas parcelas de nueva construcción (el mapa está fechado en 1924) son las conocidas "rotes" (es decir, tierras nuevamente roturadas"). Cabe destacar que hasta en este plano de 1924, que representa la máxima extensión de tierra cultivada en Sa Vall de la Nou, podemos observar como hay franjas próximas al torrente donde había vegetación de ribera o prados, así que eran tierras no roturadas, indicadas en el mapa como "álamos" o "prado". Cabe añadir también que en el Atlas de Pedro de Alcántara Penya de 1859 no se representa la Acequia Superior del segundo bloque de parcelas, conocida como acequia de las Rotas Nuevas. Tanto el nombre, como el hecho de que no aparece en el mapa de mediados del XIX permiten fechar como muy reciente esta segunda acequia, que va relacionada con la roturación de tierras de principios del siglo XX.

[17] El molino fue transformado, modernamente, en un molino para fabricar papel, pero durante la Edad Media era un molino de cereal.

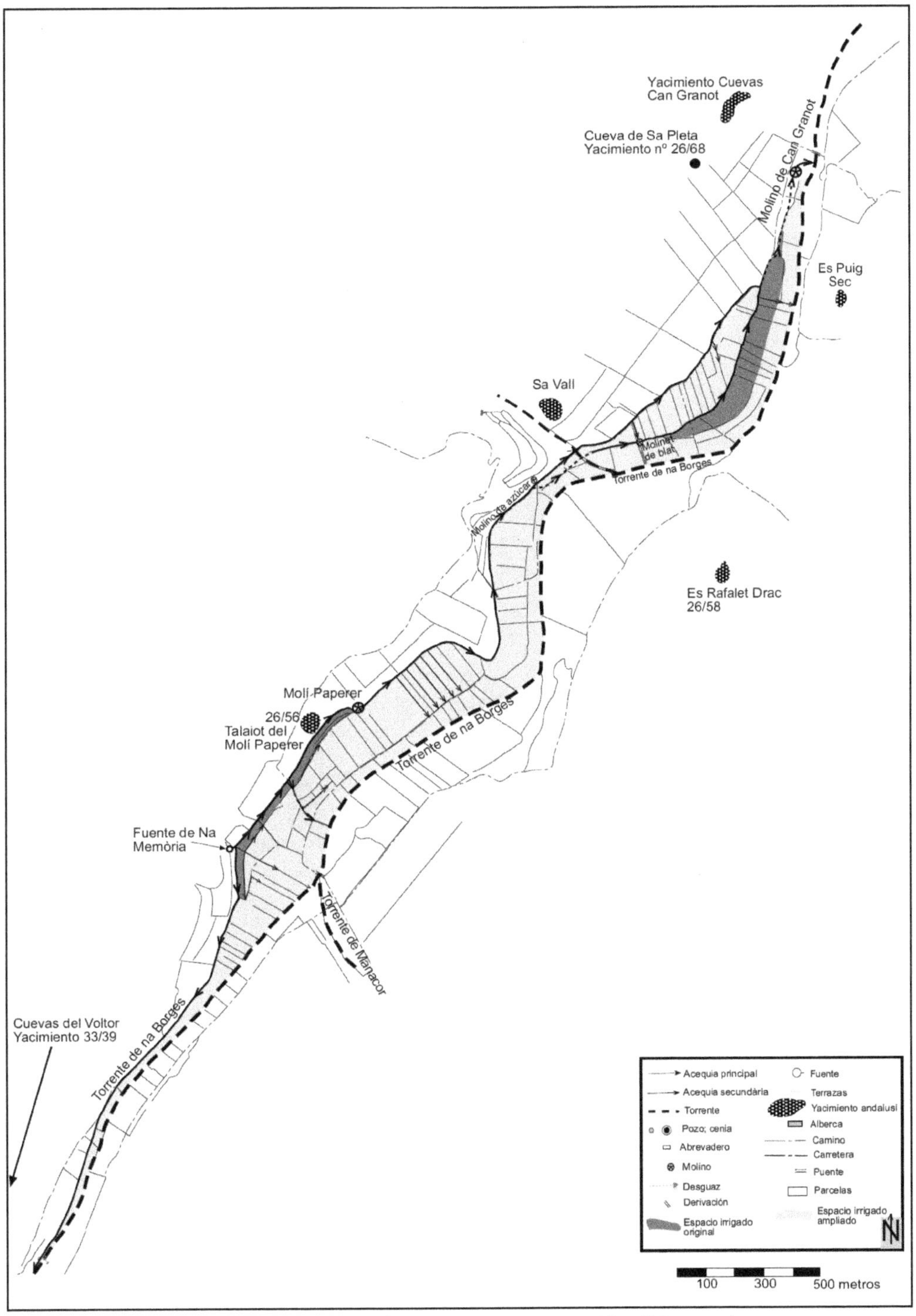

FIG. 5: EL SISTEMA HIDRÁULICO DE SA VALL DE LA NOU (MANACOR)

tenían una morfología claramente diferente de la del parcelario original.[18]

En *La Remenbrança* se mencionan los dos molinos de este sistema como los "molins de Balleix", posiblemente gestionados, por lo tanto, por los habitantes de la alquería Balleix Manacor. Éste topónimo, en todo caso, no se documenta posteriormente y el sistema y los molinos hidráulicos del valle se atribuyen a la alquería Teulada, nombre catalán que rápidamente sustituyó el nombre andalusí. El documento más inmediato a la conquista que menciona este valle está fechado el 10 de octubre de 1242. En él se menciona dicha alquería Teulada, que está situada en la Vall de la Nou (ECR 342, f. 183v). Este mismo año se vende un huerto y un campo situados "in valle de Nuce" que confrontan con el honor de Berenguer d'Aurenga, el honor de Bernat Vaquer de Horta y con la fuente de la Mola (posiblemente el nombre que se le daba a la fuente de Na Memoria). Los molinos son más frecuentemente mencionados en la documentación que el espacio agrario: en 1247 Joan de Marí y Simó de Marí, señores de la caballería de la Vall de la Nou, establecían a Bernat Molner un honor desde el molino de la Vall de la

[18] Estos procesos de ampliación modernos son muy frecuentes en los sistemas hidráulicos de las islas (Barceló, Retamero 2005; Kirchner 2006; Retamero 2006).

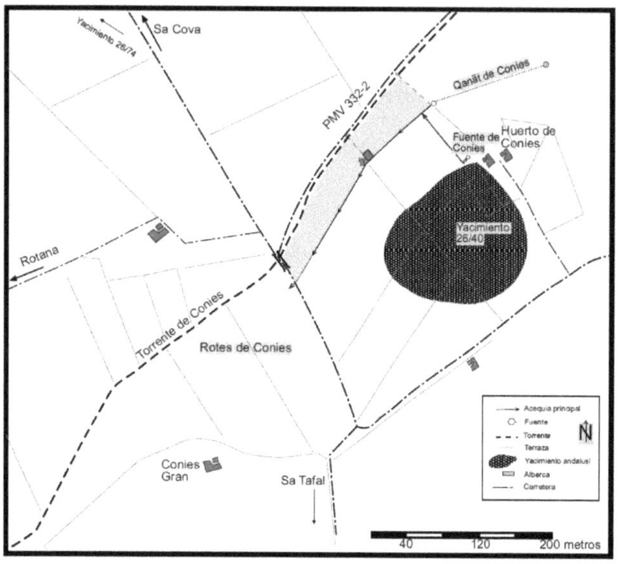

FIG. 6: EL SISTEMA HIDRÁULICO DE CONIES (MANACOR)

Nou hasta Rotana (ECR 343, f. 192). Éste debió ser el primer molino, más cercano al valle de Rotana y que al estar más cerca de la fuente se pudo poner en funcionamiento pocos años después de la conquista. El segundo molino es mencionado en 1268, cuando el procurador real estableció a Bernat Rosanes una casa-molino en la Vall de la Nou, dentro de la alquería Teulada, y se añade que en este casal "postquam terra Maioricarum fuit erepta a manibus sarracenorum non moluit alique molendinum", mención interesante ya que deja constancia de que el molino de la alquería Teulada, actualmente molino de Can Granot,[19] en 1268 (es decir, 38 años después de la conquista) aún no se había puesto en funcionamiento. No es la única mención de espacios de cultivo abandonados o molinos que no se utilizan hasta décadas después de la conquista, debido a la falta de colonos que ocupen todos los espacios vaciados de andalusíes.

En la Vall de la Nou había otras alquerías además de Balleix Manacor. Éstas son, según diferentes documentos de la *Escrivania de Cartes Reials*, Benjorbana[20] (Orben en la *La Remenbrança*)[21] con el rahal Benimaria, el rahal Almunia,[22] la alquería Benicudia y el rahal Agut.[23] Estas alquerías estaban sin duda situadas en torno del espacio irrigado del valle, Benjorbana y Benimaría al norte (en Son Cifre) y Benicudia y el rahal Agut al este. Hay un yacimiento arqueológico muy próximo al primer bloque de 1,85 ha y tres yacimientos cercanos al segundo bloque de 5 ha, sin duda relacionados con éste, con lo que esta distribución supondría 1,66 ha irrigadas de media para cada zona de residencia, si es que los tres yacimientos de la parte final del sistema podían disponer de un lote de superficie similar. Es muy probable que las dispersiones de cerámica en superficie que señalan la presencia de estos yacimientos se correspondan a zonas de residencia cuya entidad es, por ahora, difícil de evaluar. Hay que destacar, sin embargo, que se trataba de tres alquerías, Balleix, Benjorbana y Benicudia, dos de ellas con rahales asociados y un tercer rahal, denominado Almunia, que no aparece en los documentos relacionado con ninguna alquería. La media de espacio irrigado debe establecerse entre las tres alquerías, con sus rahales vinculados. Ya H. Kirchner demostró, con ejemplos de la isla de Ibiza, que es habitual que el número de yacimientos no corresponda con el número de alquerías documentadas (puede haber más de un yacimiento por cada topónimo documentado) (Kirchner 1998b: 351-370). Principalmente porque la alquería no designa una zona de residencia, sino todas las tierras, espacios de cultivo y zonas de residencia de un grupo asentado (Kirchner 1998b: 370). En referencia a los rahales, se puede observar claramente que estaban vinculados a una alquería determinada, prueba de ello es la expresión 'alqueria cum suo rafallo' que aparece frecuentemente en los documentos del siglo XIII. Los rahales estaban incluidos en el término de la alquería a la cual pertenecían (hecho que ya indicaba P. Guichard –Guichard 1977: 431- y que H. Kirchner ha mostrado también recientemente –Kirchner 2009: 161).

Un sistema de fondo de valle sin aterrazamiento: Conies

El sistema hidráulico de Conies tiene dos captaciones, la fuente de Conies y el qanāt de Conies (con un túnel de 130 metros que permite drenar un acuífero subterráneo). El aporte principal de agua proviene del qanāt, a la salida del cual se canalizan las aguas permitiendo regar un espacio alargado al margen del torrente, que no fue aterrazado. La fuente de Conies añadía agua al sistema mediante un canal de 60 metros (Fig. 6). Hay una alberca en medio de las dos parcelas del sistema, posiblemente construida en tiempos recientes, que permitía acumular agua. Estas dos parcelas fueron el espacio original del sistema hidráulico, con unas dimensiones de 1,09 ha y una longitud de 235 metros (Fig. 6). En época moderna se roturaron y parcelaron tierras al otro lado del camino de Conies, que se denominaron "Rotes de Conies", de las que se tiene constancia en los planos de 1859.[24]

Al lado de la fuente de Conies hay un yacimiento con cerámica andalusí (nº 26/40) que está claramente

[19] Otros documentos posteriores permiten asegurar que el molino de la alquería Teulada es actualmente el último molino del sistema, ya que el molino de dicha alquería pasa a denominarse molino Jussà, es decir, "el de abajo", situado en la parte baja del valle.

[20] Hay una mención de 1267 cuando Pere Obrador y Domingo Guamir suplican al Batlle real la reparación del instrumento notarial del establecimiento que les hizo Jaume Picany de la alquería Benjorbana con el rahal Benimaria, en la Vall de la Nou (ECR 643, f. 51). Inmediatamente después se les reconoció dicho establecimiento de la alquería y el rahal (ECR 643, f. 51).

[21] Orben o Beniorban provienen del grupo bereber Awraba, que tiene otros asentamientos tanto en la isla como en la Península: la alquería Orban en Petra (Mallorca) (Mut, Rosselló 1993: 160), Orba cerca de Denia (País Valencià) y Oliva cerca de Gandía (País Valencià) (Barceló, 1982: 186).

[22] Esta alquería se documenta tardíamente, en 1300, cuando Pere Servar y su esposa Bonaventura vendieron a Bernat Pasqual y Ferrer Pujol dos rahales que confrontaban con la alquería de Justaní de Marí, el valle de Rotana y el rahal Almunia (ROSSELLÓ 1978a: 88).

[23] Del que no se conoce el correspondiente topónimo andalusí, seguramente debido a que la primera mención documental es tardía, de 1294 (ECR 343, f. 182).

[24] *Atlas de Pedro de Alcántara Penya* (Sección 48, AMM).

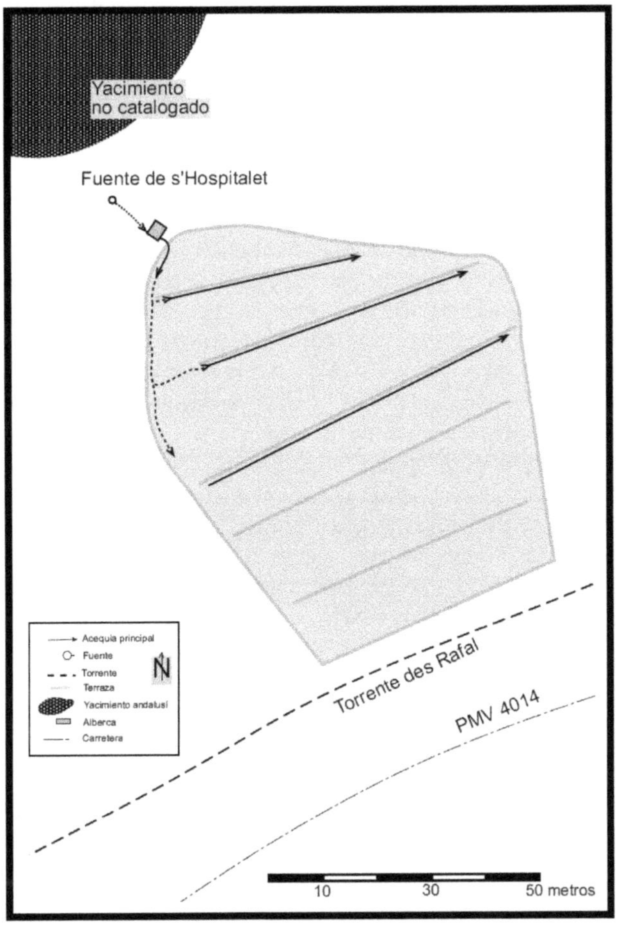

FIG. 7: EL SISTEMA HIDRÁULICO DE S'HOSPITALET (MANACOR)

relacionado con el espacio irrigado descrito (Fig. 6). La alquería tomó el nombre de su posesor en el siglo XIII, de nombre Conilles, derivando posteriormente en Conies, y no se ha podido relacionar con un topónimo andalusí. En todo caso se conocen los topónimos andalusíes situados alrededor de este espacio irrigado, y con los que linda en la documentación: al norte Maimó Azermico (a 1,9 km), al oeste Rotana (a 2,1 km) y al sur la alquería Atafal (a 2 km).

Un sistema de vertiente: la fuente de S'Hospitalet

La fuente de S'Hospitalet nace a media vertiente de una colina. Una alberca de 5 x 5,5 metros que se encuentra en una posición elevada respecto las terrazas, recoge el agua. En la parte baja de la alberca se abre la compuerta de salida a partir de la cual se canalizaba el agua para irrigar un conjunto de cinco terrazas, construidas en la vertiente y hasta el fondo de la vaguada del valle (Fig. 7). Los sobrantes del sistema desembocan en el Torrente del Rafal. La superficie total del espacio irrigado es de 0,41 ha. Este espacio de cultivo está claramente relacionado con el yacimiento andalusí que ocupa la parte alta del cerro, tan solo dos metros por encima de la fuente (Fig. 7).

Las alternativas a la hidráulica

La cifra de 17 sistemas hidráulicos andalusíes, de un total de 172 alquerías y rahales de Manacor, evidenciaba que

Superficie ALQUERÍAS	Porcentaje
2 yugadas	10%
3 yugadas	10%
4 yugadas	25%
5 yugadas	13%
6 yugadas	20%
7 yugadas	1%
8 yugadas	8%
9 yugadas	1%
10 yugadas	1%
12 yugadas	7%
14 yugadas	2%
15 yugadas	1%
40 yugadas	1%

FIG. 8: SUPERFICIE DE LAS ALQUERÍAS DE MANACOR

Superficie RAHALES	Porcentaje
2 yugadas	29%
3 yugadas	13%
4 yugadas	30%
5 yugadas	20%
6 yugadas	8%

FIG. 9: SUPERFICIE DE LOS RAHALES DE MANACOR

no todos los grupos pudieron contar con la irrigación como estrategia de subsistencia. Hubo, por lo tanto, alternativas a la hidráulica, basadas en los cultivos de secano y la ganadería, pero la irrigación, aunque menor en número, fue claramente la opción preferencial. La irrigación permitía minimizar los riesgos de la imprevisible pluviosidad mediterránea y permitía la posibilidad de abrir una nueva época de siembra en verano (Watson 1983: 123). Además, el riego artificial permitía tener rendimientos mayores y más estables, así como dilatar el período de maduración de las plantas y, por lo tanto, prolongar en el tiempo el período de cosecha de los cultivos o fragmentarlos en diferentes períodos del año (Watson 1983: 127). Sin embargo, la disponibilidad de acuíferos es limitada. No todos los grupos asentados podían disponer de un espacio irrigado.

La documentación posterior a la conquista proporciona numerosos ejemplos de espacios agrarios de secano andalusíes que los colonos catalanes ocuparon y cultivaron. Gracias a la información documental se puede indicar su situación aproximada, pero a diferencia de los espacios irrigados que tienen límites marcados por las líneas de rigidez del sistema, los espacios de secano tienen límites más difusos y en muchos casos son difícilmente reconstruibles arqueológicamente. Se han llevado a cabo hasta ahora algunos estudios que han permitido identificar espacios de cultivo no irrigado de época andalusí, situados en los fondos de valle o en los márgenes de zonas de marjal: en la Serra de Tramuntana (Mallorca) (Kirchner 1997), en Felanitx (Mallorca) (Kirchner 2003a) y en Menorca (Retamero 2008).

Los primeros datos sobre las extensiones cultivadas, irrigadas y no irrigadas, los proporciona *La Remenbrança,* el inventario de posesiones de Nunó Sanç donde se enumeran las dimensiones en yugadas de las alquerías y rahales de Manacor, aunque no sabemos cómo hicieron estas estimaciones de superficie los agrimensores de *La Remenbrança*. Lo primero que se constata (Fig. 8, 9) es que los rahales tienen menor superficie que las alquerías. La media de superficie de éstos es de 3,6 yugadas, mientras que las alquerías tienen una media de superficie de 5,8 yugadas. En cifras absolutas el máximo de superficie de los rahales es de 6 yugadas, mientras que las alquerías llegan a 40 yugadas (es el caso único de la Cariat Açoch).

La combinación entre el trabajo de campo y el estudio documental ha permitido conocer la situación de diferentes alquerías "de secano", localizadas en zonas donde no hay fuentes estables que permitan construir espacios hidráulicos. Más difícil es la reconstrucción de estos espacios agrarios no irrigados, aunque posiblemente ocuparon las zonas más bajas y próximas a los torrentes, las más adecuadas para el cultivo de cereal por la humedad existente a poca profundidad.[25] Se presentan, a continuación, tres ejemplos de alquerías situadas en zonas donde no se pudieron construir espacios hidráulicos, pero de las que se constata que tuvieron espacios de cultivo de cereal. En ellos se mencionan piezas, suertes, trozos de tierra o, simplemente, yugadas de tierra, con alguna mención a campos.

Hay, en primer lugar, un documento de 1242 que atestigua que Miquel y Domingo Alagó compraron *tres yugadas* de tierra en la alquería Benixarquera (ECR 342, f. 178v).

Un documento de 1263 deja constancia que Pere de Pardines estableció a Bernat Marí un corral, donde hay unas casas sarracenas, con un *trozo* de tierra en el rafal llamado Predrís, en Manacor, parroquia de Bellver, y otro *trozo* de tierra cerca del *campo mayor* (ECR 347, f. 248v; Rosselló, Ferrer 1977: 119). Las frecuentes menciones a 'trozos de tierra' se referían, muy plausiblemente, a campos dedicados al cultivo de cereal (Soto 1991; Kirchner 1997: 186).

Hay pocos documentos que especifiquen los productos que eran cultivados en los terrenos de secano, normalmente se trata de trigo y viña. Hay un documento de 23 de abril de 1259, donde se detallan las cantidades de cereal sembradas en las posesiones de Petrus de Pardines. En primer lugar, en la alquería en la cual habitaba dicho Petrus de Pardines (que era la alquería de Sa Torre, actual Son Vives) y en la vecina alquería llamada Pocafarina había sembradas 40 cuarteras de cebada y 65 cuarteras de trigo. En la alquería llamada Riba (actual Sa Riba), también de dicho Petrus de Pardines, se habían sembrado 35 cuarteras de cebada y 50 cuarteras de trigo (ECR 345, f. 51v). La cuartera es una medida de capacidad de grano,[26] de la que se conoce su equivalencia en medida de superficie.[27] Siguiendo esta equivalencia se puede hacer una estimación de la extensión de cultivo de cereales existente en 1259 en las tres alquerías referenciadas: las alquerías Pocafarina y Sa Torre disponían de un espacio de cultivo de 9,6 ha de cebada y 15,6 ha de trigo (en total 25,2 hectáreas entre las dos alquerías que no sabemos como quedarían repartidas) y en la alquería Sa Riba 8,4 ha de cebada y 12 ha de trigo (en total unas 20,4 ha). Aunque estas cifras son posteriores a la conquista, muy posiblemente no se habían roturado nuevas extensiones de tierra en estas tres alquerías, si consideramos lo que se ha documentado en otras zonas de Manacor, donde en la década de 1260 no se habían utilizado aún todos los molinos ni puesto en cultivo todas las tierras abandonadas por los grupos andalusíes.

Se ha podido comprobar como en el caso de las alquerías Pocafarina y Sa Torre las superficies estimadas son coherentes con los parcelarios existentes en los márgenes de los dos torrentes más cercanos (Fig. 10). De hecho, la estimación de 25,2 ha para las dos alquerías coincide casi exactamente con la suma de los parcelarios cercanos a los dos torrentes (25,3 ha en total). Estos parcelarios son morfológicamente coherentes con los espacios agrarios andalusíes conocidos hasta ahora (Sitjes 2006). Más difícilmente comprobable es el caso de la alquería Sa Riba, por su proximidad al pueblo de Son Carrió, en las cercanías del cual se ha urbanizado considerablemente en tiempos recientes.

Un ejemplo de combinación de hidráulica y secano: el valle de Sa Begura y Ses Planes

Este valle (situado a 150 metros de altitud) está emplazado al norte del término de Sant Llorenç des Cardassar, entre los montes de Alpare (437 m), la

[25] P. Rokseth indicó que las tierras situadas al fondo de una depresión del terreno son generalmente las mejores tierras en las islas (Rokseth 1923: 17). Así, los fondos de valle son los más adecuados para el cultivo de cereales, siempre que la humedad no sea excesiva, ya que si las aguas quedan estancadas es necesario construir drenajes para eliminar los excedentes de agua de determinados suelos. De hecho, la condición primordial para obtener buenas cosechas de cereales es que el suelo, en el momento de la siembra, contenga la humedad necesaria para la germinación de las semillas, evitando suelos demasiado secos o en el caso contrario suelos húmedos en exceso (Rokseth 1923 : 56).

[26] La cuartera es una medida de capacidad principalmente de granos (trigo, cebada, avena,...) (Alsina, Feliu, Marquet 1990: 209). En el siglo XX la equivalencia de la cuartera en Mallorca ha sido de, aproximadamente, 70 litros (Rokseth 1923: 24).

[27] En las zonas conquistadas por Jaime I se aplicaron, en buena parte, los criterios metrológicos de las regiones de origen de los conquistadores, tal como constató A. Virgili en Tortosa (Virgili 2001: 206). Según este autor la ausencia de la cuartera como medida de capacidad de cereales en Tortosa supuso que se tomara de referencia la cuartera de Barcelona (Virgili 2001: 206) que corresponde a 69,5 litros y equivalía, en medidas de superficie, a 2448,25 m², es decir poco menos de un cuarto de hectárea (Alsina, Feliu, Marquet 1990: 215).

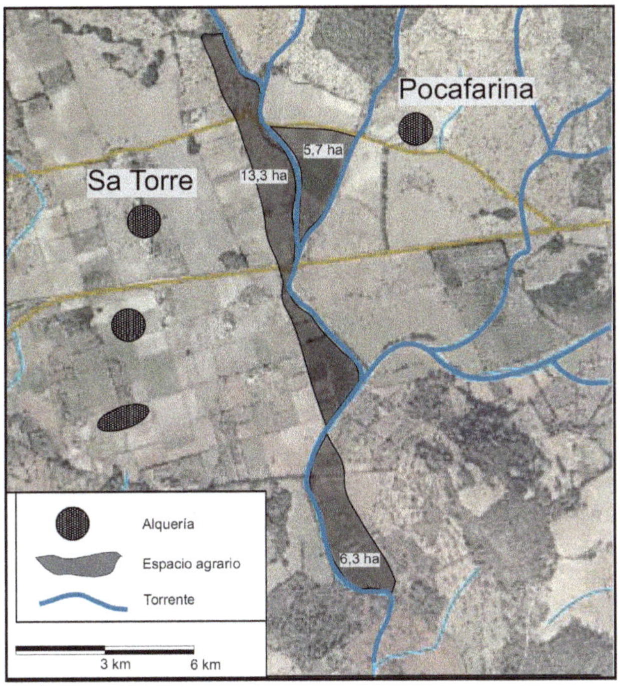

FIG. 10: LOS ESPACIOS AGRARIOS DE SECANO DE LAS ALQUERÍAS POCAFARINA Y SA TORRE

montaña de Sos Llulls (391,56 m), el Puig Negre (284,22 m), el Puig de S'Esquerda (343 m), el Puig des Tresor (362 m) y la posesión de Salme (195 m). En este valle hay un espacio irrigado que ocupa el fondo de valle encajado, con una superficie de 2,49 ha y un molino hidráulico situado al final del primer bloque de parcelas, a la salida del cual el agua volvía a canalizarse para irrigar la parte final del sistema (Fig. 11).

Este sistema hidráulico está documentado a partir de 1234, formando parte de la caballería de la familia Burguet. No se conserva el nombre andalusí en los documentos y ya, desde la primera mención de 1242, Nunó Sanç da a Berenguer Burguet el sitio llamado "El Verger", es decir, *el vergel*, nombre que ya indica la presencia de un sistema hidráulico. Un documento de 1262 permite indicar la existencia de diferentes huertos, así como de una viña que linda con los huertos, sin precisar si ésta estaba dentro del perímetro irrigado o fuera de él.[28] H. Kirchner y R. Soto ya indicaron que después de la conquista feudal aparecen frecuentemente menciones documentales de viñedos dentro de los espacios irrigados, debido a la expansión de la viña que se dio a partir de la instalación de colonos catalanes (Kirchner, Soto 2006: 139-140). En otro documento, de 1263, se menciona un huerto 'rodeado de acequias',[29] que debía estar situado en la primera parte del sistema, donde las parcelas tienen menor elevación respecto al torrente y posiblemente tuvieron que ser parcialmente drenadas. La

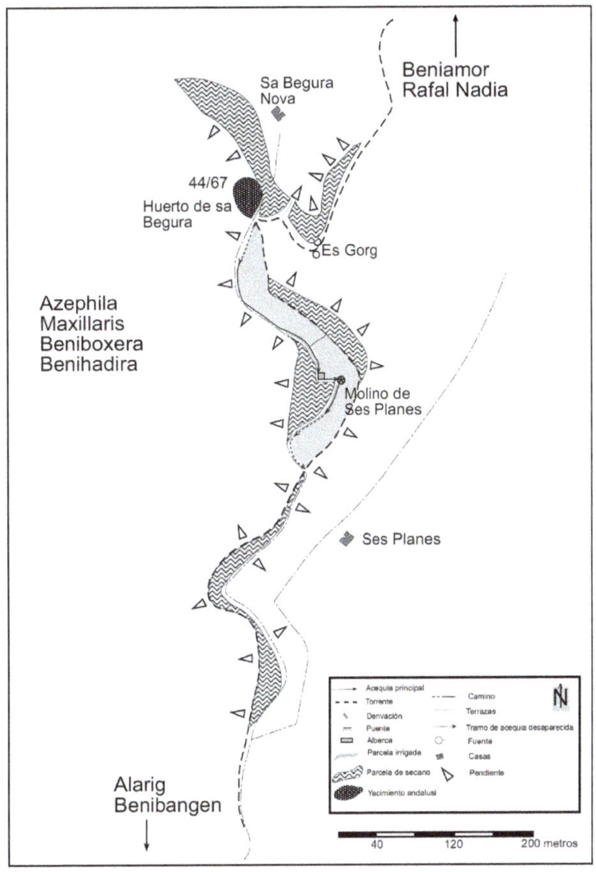

FIG. 11: EL SISTEMA HIDRÁULICO Y LOS ESPACIOS DE SECANO DEL VALLE DE SA BEGURA Y SES PLANES

conversión reciente de este espacio en campos de cultivo de cereales, en los que se labra frecuentemente con maquinaria agrícola, no ha permitido localizar estos drenajes que se documentan, sin los cuales, muy posiblemente, las zonas más próximas al torrente no hubieran podido ser cultivadas de forma estable.

Hay diferentes topónimos andalusíes que tienen relación con el valle de Sa Begura y Ses Planes. La alquería Beniamor, que siempre es mencionada con su rahal, denominado Nadia, se ha podido identificar con Sa Begura. Esta alquería debió coincidir, con toda probabilidad, con la zona de residencia situada en la entrada del valle y debió gestionar el sistema hidráulico a juzgar por su situación y proximidad. En torno al sistema hidráulico había otras alquerías: a la salida del valle las alquerías Alarig y Benibangen, al oeste las alquerías Benibule (actual Sos Llulls) y Margamta (Pou Colomer). Hay otras alquerías que no han podido ser situadas, pero que estaban en los alrededores del valle de Sa Begura y Ses Planes: Azephila, Maxillaris, Beniboxera y Benihadira.

La alquería Beniamor es muy posiblemente la alquería Beni Maior de *La Remenbrança*, que tenia 4 yugadas. Siguiendo la equivalencia de la yugada sarracena, bien constatada en Mallorca (Kirchner 1997 : 169-172), estas 4 yugadas serían unas 8-10 hectáreas de espacio agrario. El sistema hidráulico tiene 2,5 ha, cifra que no llegaría a las 8 ha estimadas en *La Remenbrança,* pero en torno a él se pueden observar parcelas yuxtapuestas al sistema que

[28] En 1262 Dalmau Negre estableció a Bernat Calvó un huerto que tenía en el Verger, que afrontaba con un huerto de Pere Vianer, una viña de Na Santoliva y una acequia que pasaba en medio del valle (ECR 347, f. 255).
[29] En 1263 Pere Vianer vendió a Bernat Calvó un huerto rodeado de acequias en la alquería Verger que también lindaba con una viña de Na Santoliva, el huerto de Vianer y el huerto de Andreva (ECR 347, f. 265v).

tienen una morfología similar, aunque no sean irrigadas (Fig.11). La documentación permite fechar con precisión el espacio de riego y el molino, que existían antes de la conquista catalana, pero la homogeneidad del parcelario de secano que envuelve el sistema hidráulico hace plausible que sea también construido en época andalusí.

En el valle de Sa Begura y Ses Planes se distinguen bien cinco parcelarios de secano. Los dos primeros están situados antes del espacio irrigado, con unas dimensiones de 2 ha y 0,6 ha respectivamente. El segundo espacio es la parcela situada en el lado del torrente opuesto al sistema hidráulico, aprovechando el estrecho fondo de valle, con una superficie de 0,56 ha. En tercer lugar, la parcela situada encima del molino, con una superficie de 1 ha (Fig. 11). Si el grupo constructor del sistema hidráulico hubiera decidido no incorporar un molino en el trazado de la acequia esta parcela podría haber sido de riego, pero tomando la decisión de integrar un ingenio de moltura, aún sabiendo que perdían espacio irrigado, se tuvo que construir una acequia elevada que permitiría la instalación de un cubo de más de 4 metros para el correcto funcionamiento del molino hidráulico. Por último, al final del espacio irrigado, cuando la acequia ha devuelto los sobrantes de agua al torrente, hay una parcela estrecha y alargada que toma la forma curvada de los meandros del torrente, que también fue deforestada y puesta en cultivo (Fig. 11). Esta última parcela supone una superficie de 1,8 ha.

La suma de las cinco parcelas de secano es de 5,96 ha. Se puede afirmar que estos cinco bloques están yuxtapuestos al sistema hidráulico: necesariamente se construyó primero el espacio irrigado. Después se construyeron los espacios de secano yuxtapuestos a éste, aprovechando los espacios del margen del torrente que no habían sido utilizados para la irrigación y amoldándose claramente al sistema hidráulico. Esta constatación hace plausible indicar que la opción preferente de los grupos andalusíes fue la hidráulica. Los cinco parcelarios tienen límites precisos, marcados por el fondo de valle, y son claramente coherentes con la morfología parcelaria del sistema hidráulico. El mismo patrón de construcción fue identificado en los valles de la sierra de Tramontana estudiados por H. Kirchner (1995, 1997, ver también el artículo en este mismo volumen): espacios situados en el fondo del valle, con cierta forma ahusada, adaptándose a los meandros del curso de agua.

La suma de la superficie de los cinco espacios de secano y del espacio hidráulico es de 8,45 ha, cifra coherente a las 4 yugadas que *La Remenbrança* atribuye a la alquería Beniamor, que según la equivalencia de la "yugada sarracena" propuesta por H. Kirchner supondrían entre 8-12 ha (Kirchner 2003a : 230).

La red de alquerías y rahales de Manacor

Los asentamientos andalusíes de Manacor: los yacimientos y la toponímia

La cifra de 172 alquerías y rahales que presenta *La Remenbrança* prueba que antes de la conquista catalana, en 1229-30, la "parte" de Manacor estaba densamente ocupada. No hablamos de cantidad de población, si no de un gran número de asentamientos dispersos y discontinuos, concretamente de un asentamiento cada 1,9 km² de media.

La prospección arqueológica ha permitido localizar y estudiar 132 yacimientos andalusíes de Manacor: 122 yacimientos que fueron asentamientos o lugares de residencia estable y 10 cuevas que sirvieron como refugio y escondite durante la conquista catalana. El porcentaje de identificación de asentamientos es considerable, ya que del horizonte máximo de 172 topónimos andalusíes de *La Remenbrança* se han podido localizar 122 asentamientos, hecho que supone un 71% de la reconstrucción del mapa.

El hecho de disponer de un elevado número de yacimientos (122) en un territorio continuo ha permitido determinar sus características comunes. Estos asentamientos rurales eran pequeñas agrupaciones de casas con sus espacios de cultivo y de pasto.[30] Los cálculos de superficie de dispersión de materiales arqueológicos de los 122 yacimientos andalusíes de Manacor dan una media de 0,8 ha. No se puede afirmar, conociendo solo esta cifra media, que los asentamientos andalusíes fueran pequeños, ya que las dimensiones de las áreas de dispersión de materiales arqueológicos pueden estar determinadas por condiciones muy diversas. En todo caso, sí permite indicar que la mayor parte de yacimientos posiblemente no tenía una extensión superior a una hectárea. Pero es gracias al estudio documental que esto puede ser confirmado, ya que las alquerías y rahales de Manacor que aparecen en los textos tienen tan solo 2 o 3 casas.[31] El único caso en el que se documenta una cierta estructura urbana es la Cariat Açoch, posteriormente villa de Manacor.[32] En este sentido, el patrón es análogo al identificado en otras zonas de la isla (Kirchner 1997; Argemí 1997, 1998, 1999; Barceló, Kirchner 1995) donde sólo las alquerías que después de la conquista se convierten en las "vilas" que concentran la habitación de los nuevos colonos, tenían agrupaciones algo más consistentes de casas organizadas en calles (Felanitx, Bunyola, Alaró, Almudaina de Artá, por mencionar las que están estudiadas), mientras que el resto de alquerías,

[30] A las alquerías y rahales les pertenecía un territorio a su alrededor que incluía los campos de cultivo y las áreas de pasto, caza y recolección, aunque estos territorios son difícilmente delimitables con las informaciones documentales de que disponemos. En otras zonas de las islas Baleares han sido, a veces, bien identificados (Kirchner 1997, Kirchner 1998).

[31] Es el caso, por ejemplo, de las dos casas de la alquería Beniulpech, situada en el valle de Son Macià, que aparece en un documento de 1268 siendo objeto de transacción entre Arnau Nebot y Pere de Montsó (ECR 347, f. 36).

[32] La mención más antigua que hace referencia a una cierta estructura urbana de la Cariat Açoch es del 10 de junio de 1233, cuando el conde Nunó Sanç hizo diversas donaciones a los monjes del Cister, sujetos al monasterio de Poblet. Entre ellas se incluyen unas casas dentro de la villa de Manacor que fueron de un andalusí llamado Abenferrug, que confrontan con la plaza delante de la iglesia, al norte con otras casas y a occidente con una via (Mora, Andrinal 1982: 186-187).

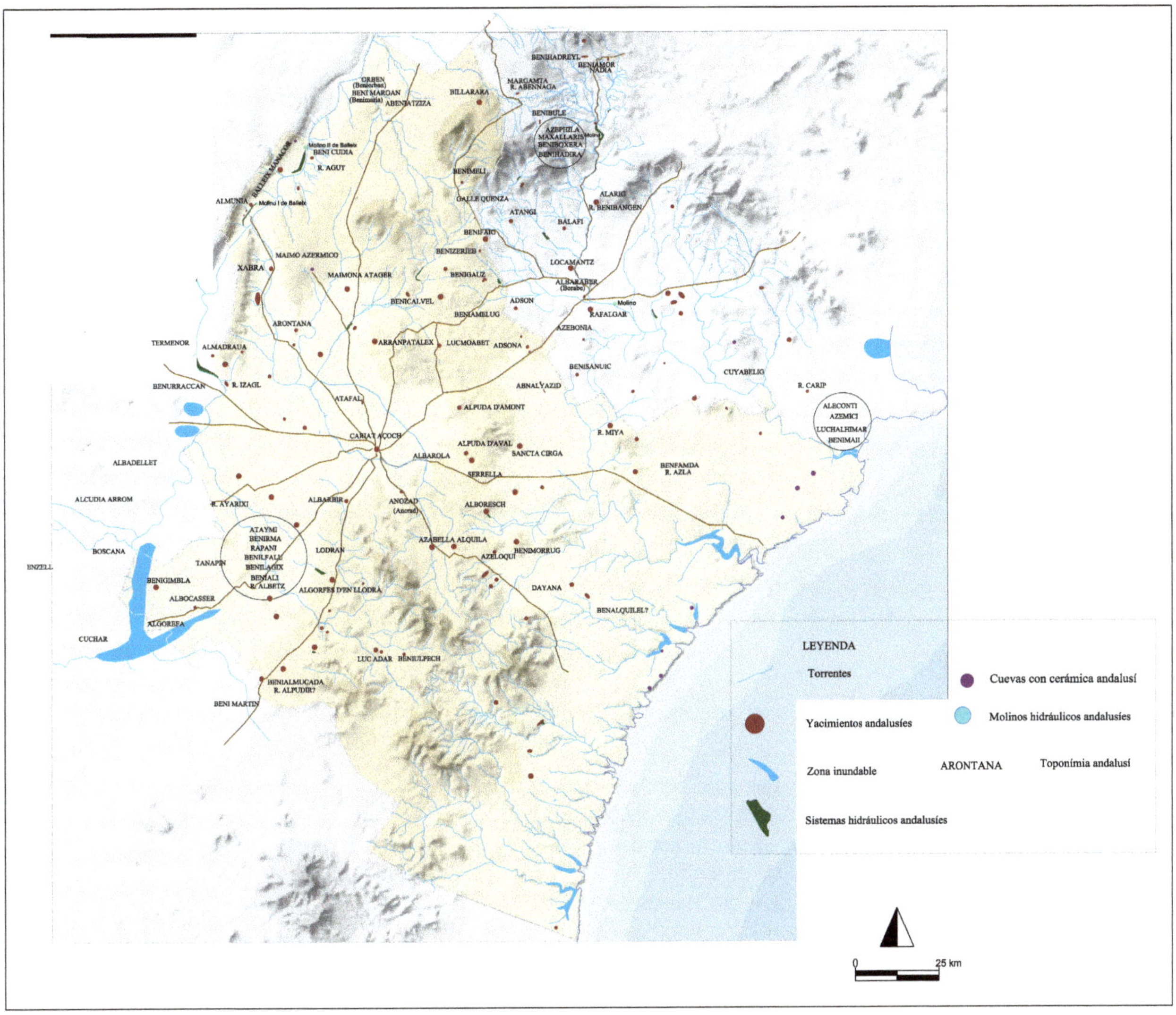

FIG. 12: MAPA GENERAL DE MANACOR CON LOS CAMINOS, ASENTAMIENTOS Y SISTEMAS HIDRÁULICOS EXISTENTES EN ÉPOCA ANDALUSÍ

también en estas zonas, la documentación las describe como agrupaciones de dos a cinco casas.

Se observa, también, una clara homogeneidad al escoger las zonas de residencia, condicionadas claramente a los espacios de cultivo. En primer lugar, los yacimientos andalusíes están situados preferentemente en vertientes sur o suroeste, nunca en la cima de elevaciones, hecho que ya se había indicado en otros estudios (Kirchner 2002). Su situación es próxima a los cursos de agua, pero evitando los márgenes inundables de éstos (Fig. 12). De hecho, la mitad de los 122 yacimientos andalusíes están a una distancia igual o menor a 200 metros de un curso de agua.[33] Se observaron también diferentes densidades en la trama de yacimientos:[34] mayores al interior y menores en la zona de costa. Por ejemplo, hay tan solo un yacimiento a una distancia inferior a 500 metros del mar y tan solo 2 a una distancia igual o inferior a 2 km.

En una franja de 5 km de la línea de costa solo encontramos 18 de los 122 asentamientos (Fig. 13). Aunque falten por identificar un 30% de yacimientos, hecho que podría ampliar el número de yacimientos de la zona litoral de Manacor, no parece muy plausible que se modificara la tendencia que se ha podido constatar, por ahora, en un 71% de los asentamientos. Un elemento que podría explicar esta menor densidad en la costa es el tipo de suelos y de vegetación de la zona más próxima al mar, suelos de menor calidad para el cultivo y una vegetación xerófila y termófila poco aprovechable para algunos tipos de ganadería. Esto pudo comportar un mayor espaciamiento entre los asentamientos en comparación con las zonas interiores, con suelos más profundos y mayor presencia de aguas superficiales.

Los yacimientos andalusíes localizados gracias al trabajo de campo han sido identificados, parcialmente, con topónimos andalusíes. El estudio del fondo de la ECR ha permitido situar 95 topónimos de *La Remenbrança*, es decir, un 55% de la toponimia de *La Remenbrança*. A estos 95 topónimos debemos añadir otros 10 topónimos

[33] Referente al análisis espacial, los datos y los mapas presentados se han obtenido utilizando las herramientas de ArcMap (del programario ArcGIS, de ESRI).

[34] Cabe destacar que en la zona sureste hay una gran propiedad, Es Fangar, de 1800 ha, en la que no se permite el acceso, motivo por el cual no se pudieron llevar a cabo prospecciones en todo el recinto. Esto explica el vacío de yacimientos que puede observarse en el mapa en esta zona.

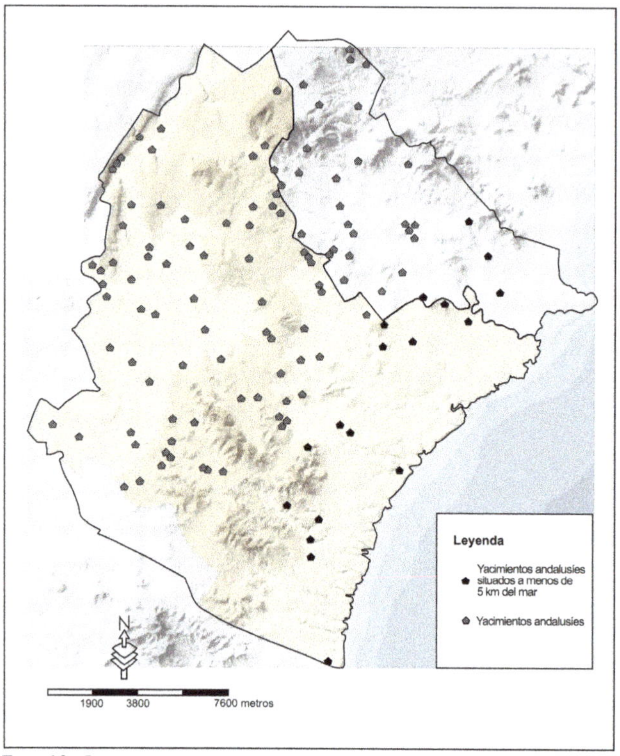

FIG. 13: LOS YACIMIENTOS DE MANACOR: SE PUEDE OBSERVAR LA MENOR DENSIDAD EN LA ZONA CERCANA A LA COSTA

andalusíes documentados en la ECR que no se han podido relacionar con topónimos de *La Remenbrança* pero que han podido ser emplazados en el mapa porque los documentos daban información de su situación. Y, por último, se han documentado en la ECR 36 nombres de alquerías y rahales andalusíes que se denominan con un nombre catalán a partir de la conquista, y de los que no se conoce su denominación anterior.

Se había indicado, gracias a la prospección arqueológica, que era una sociedad con un elevado número de asentamientos. El estudio toponímico y documental también lo confirma y permite constatar el hecho de que estamos hablando de una sociedad clánica y tribal. Un 30 % de los topónimos de Manacor tienen la partícula Beni, un 15 % son antropónimos, hay un 6,3% de *nisbas* y un 2,3 % son nombres tribales, entre otros porcentajes menores. Se constata, pues, la organización en grupos agnaticios herencia de la sociedad tribal tradicional que postulaba P. Guichard (1976: 332). En Manacor se observa claramente que se trata de una sociedad que generó multitud de asentamientos, 172 alquerías y rahales en concreto según la cifra total que proporciona *La Remenbrança.* Se trata de una formación social, pues, que estaba fragmentada en gran número de células de pequeñas dimensiones, parcialmente autónomas pero relacionadas entre sí.

Hace unos años M. Barceló (1989: XVIII) destacaba la frase del antropólogo y etnógrafo J. Caro Baroja: "la densidad de la población está en relación inversa con la densidad del sistema de linajes" (Caro 1957: 146). Esta afirmación es coherente, sin duda, con la discontinuidad espacial de los asentamientos tribales y clánicos de Manacor, explicable en una sociedad segmentaria. Las estrategias sociales adoptadas por estos grupos también tienen mucho que ver con sus opciones de subsistencia y los espacios de cultivo que construyeron. La dificultad de llevar a cabo ampliaciones importantes de los sistemas hidráulicos conllevan soluciones sociales al crecimiento poblacional: la emigración de una parte del grupo, que se segmenta creando un nuevo asentamiento que puede reduplicar el nombre como forma de identificación genealógica (Barceló 1989: XXVIII; 1995b: 249). Los rígidos límites de los espacios irrigados, pues, tienen mucho que ver con esta alternativa segmentaria, bien conocida en el Magreb[35] y que también se constata en al-Andalus. Concretamente, en Manacor puede ser observada esta estrategia gracias a la fijación de la toponimia que permite detectar repeticiones.[36]

La existencia de relaciones políticas entre estos grupos era, también, otra estrategia para mantener vivo el orden campesino establecido. Sin tener en cuenta estos pactos y alianzas no puede comprenderse la existencia de 172 asentamientos andalusíes de los que solo 17 tenían un espacio de cultivo estable irrigado. Los grupos que no disponían de un espacio irrigado debían de tener acceso también a ciertos productos vegetales que no podían obtener en sus cosechas. Las relaciones entre grupos equilibraban y permitían obtener los productos vegetales y animales necesarios. Estas relaciones quedan también plasmadas en los mapas, donde, por su situación geográfica, pueden detectarse agrupaciones de alquerías. Estas agrupaciones se definen por una mayor proximidad entre las alquerías o bien porque se relacionan, mediante ejes viarios, bien por que ocupan unidades de relieve coherentes –valles, llanos-, o porque están en torno de estanques o zonas pantanosas y prados. Son 13 los grupos de alquerías y rahales que se han podido discernir con claridad en Manacor, con los asentamientos a una

[35] D. M. Hart, en sus estudios sobre el Magrib, pudo constatar la segmentación y reduplicación de los nombres de los grupos, creando un poblamiento discontínuo con identidades genealógicas (Hart 1984).

[36] Los casos de repeticiones son los siguientes: Ason lo Major y el Rafal al Maptor d'Ason (en la documentación de la ECR seran denominados Adson y Adsona); Alpuda d'Amont y Alpuda d'Aval; la existencia de dos alquerías Rapellaix; las alquerías Sebella y Sebella Menor; los rahales Zerclu y Afo Zerclu; los rahales de Aben Bunnel y de Mafomat Aben Bunnel; los diferentes topónimos Maimon (Ascrraxola de Maimon y rahal de Maimon). El caso más excepcional es el del grupo bereber *Manqur*, que dio nombre al distrito (Barceló 1985:35). P. Guichard indicó que posiblemente cuando un grupo étnico daba nombre a un distrito correspondía al establecimiento de un grupo tribal o clánico entero (Guichard 1976: 206). En Manacor hay Balleix Manacor en el norte (Sa Vall de la Nou), posiblemente también eran *Manqur* los habitantes de la Cariat Açoch y otra fracción del grupo estaba al sur, ya en el término de Felanitx pero limitando con Manacor, los *Manqur* de Banu Hiyyara (alquería Mancorme Abeniara; Barceló, Kirchner 1995). Los tres asentamientos forman un eje del norte al sur de la parte de Manacor, que tomó el nombre del grupo, y dio también nombre a todo el distrito. Había, también, el topónimo Manchor en el distrito de Inkān (Repartimiento CC, 6v y 54r), actual Mancor, así como se documenta un personaje que procedía de Manacor, llamado Abū Muḥammad 'Abd Allāh b. Sahl al-'Abdarħi al-Manaqūrī (Barceló 1985 : 36; Rosselló 1968 : 120-121; Riera 1985 : 38). Otra vez, esta pauta ha sido observada en otras zonas estudiadas de la isla: grupos que dan nombre a distritos y alquerías (Banû 'Arûs> Benicuaroz y *ǧuz'* de Canarrosa; Yṛtān - Yraten> *ǧuz'* de Artà; Banû Furânik> alquerías de Beniforani, Felanitx, en Mallorca, y Beniformiga en Ibiza; Banû Aǧǧer> alquerías de Beniacar, Beniatzar y Beniadars, en los valles de Coanegra y Bunyola, etc.). Ver varios ejemplos en Barceló 1995c : 29-52.

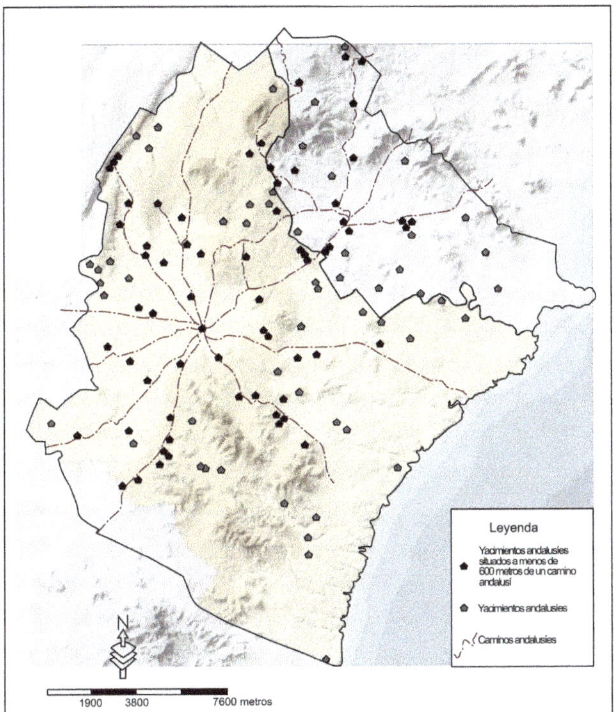

FIG. 14: LOS CAMINOS Y YACIMIENTOS ANDALUSÍES DE MANACOR. SE SEÑALAN LOS YACIMIENTOS QUE ESTÁN SITUADOS A MENOS DE 600 METROS DE UNO DE LOS CAMINOS EXISTENTES EN EL SIGLO XIII

distancia media de entre 1 y 2 km. Se constatan también alquerías que quedan más apartadas de estos grupos, ocupando –no por azar- las zonas montañosas de más altitud y las zonas litorales. Estos grupos que ocupan una posición más externa, "centrifugados" (tomando el concepto de Barceló, Kirchner 1995), no estaban, en todo caso, fuera de la red de alquerías mayor, que implica toda la "parte" de Manacor, y que tiene su plasmación más evidente en los caminos andalusíes.

La conectividad entre alquerías se ha podido detectar gracias al estudio de la caminería andalusí. Se han documentado 13 caminos poco después de la conquista catalana, que ya existían en el período anterior. Los caminos que se unen en la villa de Manacor son: al oeste, el camino que iba a la Ciudad (madīna Mayūrqa); al norte el camino de la Vall de la Nou, el camino de Artá y el camino de la alquería Banyeres (actual Son Servera); al este el camino del puerto de Manacor; al sur el *camino del sur* (actual carretera de Cales) y el camino de Felanitx.

Más de la mitad de los yacimientos andalusíes de Manacor están a menos de 600 metros de estos ejes viarios principales,[37] dando un efecto de "corredor", ya que se sitúan a ambos lados del camino (Fig. 14). Es el caso, por ejemplo, del grupo de alquerías situado en torno al *camino del sur* (actual carretera de Cales), al que nos hemos permitido darle esta denominación, no sólo por su orientación, sino porque el nombre de una de sus alquerías es, literalmente, Azabella Aquila (sabīla = camino / alquibla = del sur) (Mut, Rosselló 1993: 114-115).

Se puede observar en el mapa de la vialidad andalusí que los caminos de Manacor tienen visiblemente un centro, un nudo de caminos (Fig. 12). En el punto donde confluían los caminos había la Cariat Açoch (actual villa de Manacor), es decir *qaryat as-sūq,* o "alquería del mercado" (Fig. 12). En Manacor el mercado ocupa, pues, una posición marcadamente central: es el centro de un eje radial de caminos que unen las alquerías y rahales dispersos del término, nudo de una red de grupos campesinos y ganaderos.

La Cariat Açoch de Manacor es uno más[38] de los mercados que F. Retamero denominaba muy acertadamente "silenciosos" (porque no dejan restos arquitectónicos ni escritos –Retamero 1998: 20), que hubiera sido difícilmente identificable sin la fijación del topónimo. La caminería andalusí y el mercado central tienen mucho que ver con el proceso de asentamiento de los grupos y con las estrategias de minimización de riesgos de los grupos campesinos. Tal como lo describe F. Retamero, el mercado era el centro donde se negociaban y regulaban aspectos fundamentales de la vida social y de las actividades agrarias y ganaderas de estos grupos. En ellos se vendían e intercambiaban productos, sin duda, pero también en ellos se podían pactar alianzas, uniones matrimoniales, se podían negociar las zonas de pasto de las alquerías, los turnos de riego y los derechos de acceso al agua,... También era donde se podía intervenir fiscalmente el producto campesino (Retamero 1998: 20).

A partir de la conquista catalana y sobretodo a partir de las Ordinacions de Jaime II, en 1300, se desarrollaron los dos focos básicos de población justo al lado de estos dos nudos de caminos de herencia andalusí, configurándose los pueblos de Manacor y Sant Llorenç des Cardassar.

Conclusiones

La gran homogeneidad de los espacios irrigados andalusíes conocidos hasta ahora, constatada en los diferentes estudios regionales en Mallorca, Ibiza y Menorca (Barceló, Kirchner 1995; Argemí 1995, 1998,

[37] Cabe añadir que hay un camino bien documentado que no ha podido ser situado, el que conducía a Cala Murada, que además sabemos que confrontaba con una mezquita, pero que no podemos afirmar por ahora con cual de los ejes actuales puede corresponder: si es una continuación de la carretera de Cales, si era la carretera de la Mola del Fangar, si era una vía que salía del eje Manacor-Felanitx como, las actuales bifurcaciones que de norte a sur se dirigen a S'Hospitalet, S'Espinagar y Sa Plana Vella. Al no poderse trazar este camino parece que los asentamientos de la parte sur quedaban alejados de la vialidad en el mapa, aunque sabemos que no era así, y que este camino existía sin que podamos precisar su recorrido. Esta es una limitación del SIG: como no hay datos geográficos del camino el programa considera que hay una distancia de 7,6 km entre un yacimiento y el camino más cercano.

[38] Se conocen otros topónimos de este tipo en Mayūrqa y en al-Andalus en general. Hay una *Kariatazoq,* de 7 yugadas (Repartiment foli 37v) en Inca, que después de la conquista también tomó el nombre del distrito. También se documentan los topónimos Mincaria Azoh en Pollença (Poveda 1980: 97), el rahal Azoch en Inca (Poveda 1980: 97) y la alquería Alxuch o Assoch de Montuïri (Soto 1984: 176). Hay otros ejemplos en territorio peninsular como por ejemplo el topónimo Assoc de Gandia (Barceló, C. 1983: 99).

1999; Kirchner 1997, 1998a, 2002; Retamero 1998, 2000; Barceló, Retamero 2005) y sistematizados recientemente (Sitjes 2006), se verifica ahora en Manacor. Esta homogeneidad se comprueba especialmente en las soluciones técnicas y morfológicas de la construcción de espacios irrigados. Las dimensiones de los 17 sistemas hidráulicos son cercanas a una hectárea, generalmente inferiores a esta cifra, y las longitudes se situan entre 400-450 metros. Hay 3 sistemas de grandes dimensiones (el de la Vall de la Nou de 6,9 ha; el de Sa Valleta de 5,4 ha y el de Sa Begura y Ses Planes de 2,5 ha) que hacen subir ligeramente la media, siendo esta de 1,4 ha. En todo caso, no varía mucho respecto a las otras zonas conocidas y sistematizadas recientemente, donde había una media global de 1,19 ha (Sitjes 2006). No sólo las dimensiones, también son uniformes los procedimientos técnicos utilizados tanto para la captación de agua, su canalización, la construcción de los parcelarios y la esporádica inclusión de molinos hidráulicos, todos ellos de cubo y rueda horizontal.

La homogeneidad también se constata en las selecciones y características de los asentamientos de los grupos andalusíes. Su emplazamiento y sus dimensiones son congruentes con el orden campesino descrito. Por otro lado, el estudio de los topónimos de estos asentamientos permite confirmar la existencia de una organización social basada en grupos agnaticios y segmentarios. Sin considerar los pactos, vínculos y relaciones entre grupos, que se plasman en redes de asentamientos coherentes, poco puede comprenderse el orden campesino descrito, basado en un gran número de asentamientos discontinuos, de pequeñas dimensiones. Estas redes tienen un centro claro en Manacor, el mercado, la Cariat Açoch. No era solo el centro donde se producían intercambios, sino también donde debían regularse las relaciones políticas y sociales de estos grupos campesinos.

La homogeneidad de los espacios agrarios y de los asentamientos vinculados a ellos hace plausible avalar un proceso de construcción compacto, que tuvo lugar a partir de la conquista y colonización andalusí. Algunos hallazgos esporádicos de cerámica califal (Riera, Rosselló 1995) así como una de las lápidas encontradas en Manacor (la lápida de Sulaymān ibn Manṣūr fechada en el 357 H/968 dC) permiten sugerir una cronología de los asentamientos y los espacios agrarios del siglo X. Es, en cambio, la homogeneidad en la construcción de espacios agrarios y sus asentamientos lo que permite postular esta compacidad en el momento de establecimiento de los grupos campesinos andalusíes.[39]

Se ha comprobado que los espacios agrarios irrigados presentan una gran discontinuidad en el territorio. Las alternativas a la hidráulica no se conocen, por ahora, sistemáticamente, pero los casos conocidos permiten indicar que la irrigación fue la opción preferencial, aunque menor en número. En cualquier caso, la reproducción social de este orden campesino fue exitosa hasta el momento de la conquista feudal, así que las estrategias campesinas y ganaderas escogidas fueron adecuadas para este fin. Estrategias como la diversificación de productos cultivados, la irrigación, la relación entre grupos, la interconectividad viaria, los intercambios, la segmentación, etc., tienen un rol importante en la subsistencia de estos grupos campesinos y ganaderos.

Este orden agrario andalusí fue interrumpido con la conquista catalana de 1229-30, momento a partir del cual se inició un rápido proceso de extinción de los indígenas de Mayūrqa, que habían generado densas redes de asentamientos, como se ha visto en Manacor. En Manacor había un asentamiento cada 1,9 km² de media, con zonas más densamente ocupadas que otras pero era, sin duda, un territorio plenamente poblado. Los colonos catalanes llegados después de la conquista no pudieron ocupar todos los sitios *vaciados* de andalusíes. Después de la conquista, los colonos traídos de la península tardarían décadas, aún, en utilizar algunos molinos, en cultivar las tierras abandonadas por los andalusíes y en ocupar sus asentamientos. El caso más extremo es el de un gran número de asentamientos que no volverían a ser, nunca más, ocupados. En Manacor sabemos que fueron un 46% los lugares sin ocupar (Sitjes 2008a). No queda duda, pues, del éxito de las opciones de subsistencia de los grupos andalusíes que permitieron su reproducción social y la continuidad del poblamiento islámico, hasta el abismo que supuso la conquista feudal.

BIBLIOGRAFÍA

Arxiu del Regne de Mallorca (ARM)
Arxiu Municipal de Manacor (AMM)

Argemí, M. 1995: El sistema de molinos andalusí del guz de Yartān (Mayūrqa). *En*: *II Coloquio de Historia y Medio Físico. Agricultura y regadío en al-Andalus.* Almería, pp. 259-271.

Argemí, M. 1997: *El ğuz' de Yartān (Mayūrqa): a la recerca de la lògica dels assentaments andalusins*, vol. 1 y 2. Trabajo de licenciatura inédito. Universitat Autònoma de Barcelona, Bellaterra.

Argemí, M. 1998: Segmentación de grupos beréberes y árabes a través de la distribución de asentamientos andalusíes en Yartān (*Mayūrqa*). *Arqueología del paisaje. Arqueología Espacial,* 19-20. Zaragoza, pp. 373-386.

Argemí, M. 1999: *A les vores dels torrents.* Pollença.

Argemí, M.; Barceló, M.; Kirchner, H.; Navarro, C. 1997: Un sistema hidràulic compartit per diversos assentaments: La Vall de Buscastell. *En: El curs de les aigües. Treballs sobre els pagesos de Yābisa (290-633H/902-1235dC).* Eivissa y Formentera, pp. 37-51.

Barceló, M. 1978: Sobre la divisió administrativa de Mayūrqa. *BSAL,* 36, pp. 238-245.

Barceló, M. 1984: *Sobre Mayūrqa.* Palma de Mallorca.

Barceló, M. 1985a : Un topònim berber més: Manqur. Mankur>Mancor, Manacor. *Bolletí de la Societat Arqueològica Luliana,* 41, pp. 35-36.

[39] Así se propuso para los asentamientos de los valles de la sierra de Tramuntana: la construcción compacta en tiempo era coherente con su homogeneidad (Kirchner 1997).

Barceló, M. 1985: Els molins de Mayūrqa. *Les illes orientals d'al-Andalus.* Palma, pp. 253-262.

Barceló, M. 1988ª: La arqueología extensiva y el estudio de la creación del espacio rural. *En*: *Arqueología medieval. En las "afueras" del medievalismo.* Barcelona, pp. 195-274.

Barceló, M. 1988b: Los límites de la información documental escrita. *En*: *Arqueología medieval. En las "afueras" del medievalismo.* Barcelona, pp. 73-87.

Barceló, M. 1989: El diseño de espacios irrigados en al-Andalus: Un enunciado de principios generales. *En*: *I Coloquio de Historia y Medio Físico. El agua en zonas áridas. Arqueología e historia,* I, Almería, pp. XV-XLV.

Barceló, M. 1995ª: Saber lo que es un espacio hidráulico y lo que no es, o al-Andalus y los feudales. *En*: González Alcantud, J.A.; Malpica, A. (coord.) *El agua. Mitos, ritos y realidades,* Granada, pp. 240-254.

Barceló, M. 1995b: De la congruencia y la homogeneidad de los espacios hidráulicos en al-Andalus. *En*: *Catálogo de la exposición Agricultura y Regadío en al-Andalus,* Almería, pp. 25-39.

Barceló, M. 1995c : Els Ait Iraten i els altres: immigració i assentaments berbers al šarq al-Andalus. *En* : Boldrini, E. ; Francovich, R. (ed.) *Acculturazione e mutamenti. Prospettive nell'archeologia medievale del mediterraneo. Quaderni del dipartimento di archeologia e storia delle arti sezione archeologica,* Università di Siena, pp. 29-52.

Barceló, M. (coord.) 1997: *El curs de les aigües. Treballs sobre els pagesos de Yābisa (290-633H/902-1235d.C.),* Eivissa-Formentera.

Barceló, M. 2001 : Immigration berbère et établissements paysans à Ibiza (902-1235). À la recherche de la logique de la construction d'une nouvelle société. *Castrum 7,* Rome-Madrid, pp. 291-321.

Barceló, M. 2004a : *Los Banū Ru'ayn en al-Andalus. Una memoria singular y persistente.* Granada.

Barceló, M. 2004b : The missing water-mill. *The making of feudal agricultures?.* Leiden-Boston, pp. 255-314.

Barceló, M. 2005a: Negre i roig. Els contextos historiogràfics per a l'estudi de la societat andalusina de Menorca i la seva destrucció. *En*: Barceló, M.; Retamero, F. (ed.) *Els barrancs tancats. L'ordre pagès al sud de Menorca en època andalusina (segles X-XIII).* Institut Menorquí d'Estudis, Maó, pp. 13-49.

Barceló, M. 2005b: Enganya l'ull. El guerrer, el comerciant i la noble causa en la història medieval de Catalunya. *En*: Fradera, J.M.; Ucelay-Da Cal (ed.) *Notícia nova de Catalunya.* Centre de Cultura Contemporània, Barcelona, pp. 13-27.

Barceló, M.; Carbonero, M.A.; Martí, R.; Rosselló., G. 1986: *Les aigües cercades. Els qanāt*(s) *de l'illa de Mallorca.* Institut d'Estudis Baleàrics, Palma de Mallorca.

Barceló, M.; Kirchner, H. 1995: *Terra de Falanis. Quan Felanitx no ho era. Assentaments andalusins i organització de l'espai al sud-est de Mallorca.* Palma de Mallorca.

Barceló, M.; Kirchner, H.; Martí, R.; Torres, J.M. 1998 : *The design of irrigation systems in al-Andalus. The cases of Guájar Faragüit (Los Guájares, Granada, Spain) and Castellitx, Aubenya and Biniatró (Balearic Islands).* Bellaterra.

Barceló, M.; Kirchner, H.; Navarro, C. 1995: *El agua que no duerme. Fundamentos de la arqueología hidráulica andalusí.* Granada.

Barceló, M.; Retamero, F. 2005: *Els barrancs tancats. L'ordre pagès andalusí al sud de Menorca (X-XIII).* IME, Menorca.

Bofarull, P. de. 1975: *Repartimiento de Mallorca. Valencia y Cerdeña.* Colección de documentos inéditos de la Corona de Aragón, XI, nº 4, Bellaterra.

Bruguera, J. (ed.). 1991: *Llibre dels Fets del Rei en Jaume.* Barcelona.

Busquets, J. 1953: El códice Latinoarábigo del Repartimiento de Mallorca (parte latina). *BSAL,* XXX, pp. 708-758.

Busquets, J. 1954: El códice Latinoarábigo del Repartimiento de Mallorca (texto árabe). *En*: *Homenaje a Millàs-Vallicrosa,* I, pp. 243-300.

Gelavert, B. 2002: *Atles de zones inundables. Pla de Prevenció dels Riscos d'inundació.* Govern de les Illes Balears, Conselleria de Medi Ambient, Direcció General de Recursos Hídrics, Illes Balears.

Glick, Th.; Kirchner, H. 2000: Hydraulic Systems and Technologies of Islamic Spain: History and Archaeology. *En*: Squatriti, P. (ed.) *Working with Water in Medieval Europe. Technology and Resource-Use.* Leiden-Boston-Köln, pp. 267-329.

González, V.; Kirchner, H. 1997: La construcció d'un espai agrari drenat andalusí al *ḥawz* de la *madīna* de *Yābisa.* Anàlisi morfològica, documental i arqueològica del Pla de Vila. *En*: *El curs de les aigües. Treballs sobre els pagesos de Yābisa.* Eivissa, pp. 65-96.

Guichard, P. 1977 : *Structures sociales 'orientales' et 'occidentales' dans l'Espagne musulmane.* París – La Haya.

Kirchner, H. 1995: Construir el agua. Irrigación y trabajo campesino en la Edad Media. *Arbor. Ciencia pensamiento y cultura,* Madrid, pp. 35-64.

Kirchner, H. 1997: *La construcció de l'espai pagès a Mayūrqa: les valls de Bunyola, Orient, Coanegra i Alaró.* Palma de Mallorca.

Kirchner, H. 1998a: Husun y alquerías campesinas en las Islas Orientales de al-Andalus. En: Barceló, M.; Toubert, P. (ed.) *L'incastellamento. Actas de las reuniones de Girona (26-27 noviembre 1992) y de Roma (5-7 mayo 1994).* Roma, pp. 249-269.

Kirchner, H. 1998b: Tierras de clanes. Espacios hidráulicos y clanes andalusíes en la isla de *Yābisa* (Ibiza). *Arqueología del paisaje. Arqueología Espacial,* 19-20, Zaragoza, pp. 351-372.

Kirchner, H. 2002a: El mapa de los asentamientos andalusíes de Ibiza. *Asentamientos rurales y territorio en el mediterráneo medieval.* Granada, pp. 120-186.

Kirchner, H. 2002b: *La ceràmica de Yābisa. Catàleg i estudi dels fons del Museu Arqueològic d'Eivissa i Formentera,* Eivissa.

Kirchner, H. 2003: *Qanāt*(s) y espacios irrigados en las Islas Orientales de al-Andalus. Su identificación arqueológica y documental y sus características constructivas. *Las galerías de captación en la Europa mediterránea,* Casa de Velázquez, Madrid.

Kirchner, H. 2007: La reconstrucció del disseny original dels espais irrigats andalusins i de les modificacions posteriors. Exemples d'Eivissa. *Estudiar i gestionar el paisatge històric i medieval. Territori i Societat a l'Edat Mitjana. Història, arqueologia, documentació,* 4, pp. 11-38. Lleida.

Kirchner, H. en premsa: *Los Banî Furânik en las islas orientales de al-Andalus*, Granada.

Kirchner, H.; Navarro, C. 1993: Objetivos, método y práctica de la arqueología hidràulica. *Archeologia Medievale,*XX, pp. 121-150.

Lliteras, Ll. 1971: *Artá en el siglo XIV. Capdepera, Son Servera y Sant Llorens.* Palma de Mallorca.

Mascaró, M.; Antich, F.; Segura, P. A. ; Salom, J. M. 1999: *Els regants de sa Vall de la Nou. Manacor.*

Mora, P.; Andrinal, L. 1982: *Diplomatari del monestir de Santa Maria de la Real de Mallorca I. 1232-1360.* Palma de Mallorca.

Mut, A.; Rosselló, G. 1993: *La Remenbrança de Nunyo Sanç. Una relació de les seves propietats a la ruralia de Mallorca.* Mallorca.

Pasqual, T.; Sitjes, E. 2007: Son Comte: estudi d'una zona de la ruralia manacorina. *En*: *IV Jornades d'Història Local de Manacor.* Manacor: 349-368.

Poveda, A. 1980: Repertori de toponímia àrabo-musulmana de Mayūrqa segons la documentació dels arxius de la ciutat de Mallorca (1232-1276 / 1229-1300). *Fontes Rerum Balearium,* III, pp. 81-119.

Retamero, F. 1998: Espacios agrarios andalusíes en el Barranco de Algendar (Menorca). Primeras consideraciones. *Arqueología del paisaje. Arqueología Espacial,* 19-20. Zaragoza, pp. 261-270.

Retamero, F. 2002: Gestiones campesinas de llanos y de barrancos en el término de Alaior (Menorca). Siglos X-XIII". *Asentamientos rurales y territorio en el Mediterráneo Medieval,* Granada, pp. 187-220.

Retamero, F. 2006: Lo que el tamaño importa. *Arqueología Espacial,* 26, pp. 293-310.

Riera, M. M.; Rosselló, G. 1995: El nivell andalusí de la sala hipòstila del poblat talaiòtic d'Hospitalet (Manacor/Mallorca). *BSAL,* 51, pp. 289-292.

Rokseth, P. 1923 : *Terminologie de la culture des céréales à Majorque.* Institut d'Estudis Catalans. Barcelona.

Rosselló Bordoy, G. 1975: *Corpus Balear de epigrafía árabe.* Museu de Mallorca. Palma de Mallorca.

Rosselló Bordoy, G. 1983: *El poblado prehistórico de Hospitalet Vell (Manacor).* Palma de Mallorca.

Rosselló Bordoy, G. 1998: L'esperança en el retorn: algunes reflexions sobre les coves de refugi mallorquines. *L'Islam i Catalunya.* Barcelona, pp. 243-249.

Rosselló Bordoy, G. 2007: *Mallorca Musulmana.* Universitat de les Illes Balears, Mallorca.

Rosselló Vaquer, R. 1978a: *Història de Manacor. Segle XIV.* Volum 2, Mallorca.

Rosselló Bordoy, G. 1978b: *Història de Sant Llorenç des Cardassar. Segles XIII-XVI.* Mallorca.

Rosselló Bordoy, G. 1978c: La possessió del Fangar l'any 1490. *Fontes rerum Balearium,* II. N° 2, pp. 325-346.

Rosselló Bordoy, G. 1979: *Història de Manacor. Segle XV.* Volum 3, Mallorca.

Rosselló Vaquer, R.; Ferrer, R. 1977: *Història de Manacor. Segle XIII.* Volum 1. Mallorca.

Rosselló Vaquer, R.; Vaquer, O. 1991: *Història de Manacor. Segle XVI.* Volum 4, Mallorca.

Rosselló Verger, V. M. 1964: *Mallorca: el sur y sureste.* Palma de Mallorca.

Rosselló Verger, V. M. 1977: *Les Illes Balears. Resum Geogràfic.* Col·lecció popular Barcino, 232, Editorial Barcino, Barcelona.

Sitjes, E. 2004: *Inventari i tipologia de sistemes hidràulics andalusins.* Treball de recerca de doctorat, Universitat Autònoma de Barcelona.

Sitjes, E 2006: Inventario y tipología de sistemas hidráulicos andalusíes". *Arqueología Espacial: Espacios agrarios,* 26, Teruel, pp. 263-291.

Sitjes, E. 2008a: *Assentaments i sistemes hidràulics andalusins a la part de Manacor abans i just després de la conquesta catalana (1229-30).* Tesis Doctoral inédita, Universitat Autònoma de Barcelona, Bellaterra.

Sitjes, E. 2008b: El sistema hidráulico de Balleix. *En*: Martín Civantos, J.M. (ed.) *Medio ambiente y arqueología medieval.* Alhulia, pp. 115-144.

Soto, R. 1978a: La población musulmana de Mallorca bajo el dominio cristiano (1240-1276). *Fontes Rerum Balearium,* II, n° 1, Fundació Bartolomé March, pp. 65-80.

Soto, R. 1978b: La población musulmana de Mallorca bajo el dominio cristiano (1240-1276). *Fontes Rerum Balearium,* II, núm 3. Fundació Bartolomé March, pp. 549-564.

Soto, R. 1978c: *Assaig de reconstrucció d'alguns ajzā', alqueries i rahals de Mayūrqa segons els protocols catalans de l'Escrivania de Cartes Reials de Ciutat (1232-1276) i els llibres del Repartiment.* Universitat Autònoma de Barcelona, Tesis de licenciatura inédita, Bellaterra.

Soto, R. 1979a: Mesquites urbanes i mesquites rurals a Mayūrqa (estudi documental i problemes d'interpretació). *Bolletí de la Societat Arqueològica Lul·liana,* XXXVII, pp. 8-135.

Soto, R. 1979b: Quan Mallorca era Mayūrqa. *L'Avenç,* 16, pp. 25-32.

Soto, R. (ed.) 1984: *Códex Català del Llibre del Repartiment de Mallorca.* Conselleria d'Educació i Cultura del Govern Balear, Mallorca.

Soto, R. 1985-86: Alguns casos de gestió 'colonial' feudal a la Mallorca del segle XIII. *En*: *La formació i expansió del feudalismo català. Estudi general* 5-6. Girona, pp. 345-369.

Soto, R. 1990: 'Repartiment' i 'repartiments': l'ordenació d'un espai de colonització feudal a la Mallorca del segle XIII. *De Al-Andalus a la sociedad feudal: los repartimientos bajomedievales. Anuario de Estudios Medievales,* Annex 24, Barcelona, pp. 1-51.

Soto, R. 1991: *L'ordenació de l'espai i les relacions socials a Mallorca en el segle XIII (1229-1301).* Tesis doctoral inédita, Universitat Autònoma de Barcelona, Cerdanyola del Vallès (Bellaterra).

Soto, R. 1992: Ovelles, vaques, porcs i eclesiàstics (Algunes consideracions sobre la ramaderia balear a l'Edat Mitjana, segles XI-XIV). *Estudis d'Història Econòmica,* 1, pp. 13-29.

Soto, R. 1994: La *porció* de Nunó Sanç. Repartiment i repoblació de les terres del Sud-est de Mallorca. *Afers,* 18, pp. 347-365.

Virgili, A. 2001: *Ad detrimentum Yspanie. La conquista de Ṭurṭūša i la formació de la societat feudal (1148-1200).* Universitat Autònoma de Barcelona, Servei de Publicacions Universitat de València.

Redes de asentamientos andalusíes y espacios irrigados a partir de *qanât*(s) en la sierra de Tramuntana de Mallorca: una reconsideración de la construcción del espacio campesino en Mayûrqa

Helena Kirchner[1]
Universitat Autònoma de Barcelona

En 1997 publiqué en el volumen *La construcció de l'espai pagès a Mayûrqa: les valls de Bunyola, Orient, Coanegra i Alaró* el estudio de los asentamientos andalusíes en cuatro valles de la sierra de Tramuntana de la isla de Mallorca, en la región conocida como el Raiguer. Constituía el primer estudio de alcance regional que se realizó en el marco de la línea de investigación sobre espacios irrigados en al-Andalus iniciada en los años 1980 bajo al dirección de Miquel Barceló.[2] Paralelamente se llevó a término otro estudio regional en Felanitx (sudeste de Mallorca) (Barceló, Kirchner 1995) y de forma casi simultánea se comenzó la investigación para la reconstrucción del poblamiento andalusí y todos los espacios agrarios asociados a éste de toda la isla de Ibiza (Barceló et al. 1997, Barceló 2001, Kirchner 1998, 2002). Poco más tarde, los barrancos del sur de la isla de Menorca se incorporaban también en el programa de investigación de las Islas Orientales de al-Andalus (Barceló, Retamero eds. 2005). En la isla de Mallorca, las zonas de Artà y Pollença fueron objeto también de estudios concretos (Argemí 1998, 1999) aunque, como en los casos de Felanitx y los valles de la sierra de Tramuntana merecerían una revisión. La más reciente actuación en las islas ha sido la de E. Sitjes, para la región de Manacor (Sitjes 2008) (Fig. 1). La minuciosidad técnica de este estudio, realizado más de diez años después del mío y la investigación realizada posteriormente, es la que me ha llevado a pensar en la necesidad de revisar y profundizar en algunos aspectos de la interpretación que hice como resultado de mi tesis doctoral.

En su momento, pues, observé que el poblamiento andalusí en los valles de Coanegra, Bunyola, Alaró y Orient, se organizaba en torno a los torrentes principales donde se construyeron los sistemas hidráulicos de mayor tamaño (Bunyola con 10,20ha, Coanegra, con 7,73ha, y Alaró, con 30ha[3]) (Fig. 2). Estos sistemas estaban alimentados por las captaciones de caudal más abundante, los *qanât*(s) de la Font de la Vila (Bunyola), el *qanât* de Coanegra y el de la Font de Ses Artigues (Alaró) (Barceló, *et al* 1986). Se trata de sistemas a veces compartidos por diversas alquerías, donde se concentraban, además, la mayor parte de los molinos hidráulicos. En los pequeños valles tributarios de estos torrentes centrales, otros asentamientos estaban mayoritariamente asociados, también, a espacios irrigados, aunque nunca compartidos y de tamaño mucho más pequeño, sin superar las 2ha de superficie, y muy excepcionalmente dotados de molinos. Una proporción considerable de los topónimos asociados a estos espacios irrigados eran de origen clánico, algunos de ellos relacionados con grupos beréberes bien identificados.[4]

H. Goblot, en 1979, propuso las vías y los diferentes agentes de la difusión de la técnica de los *qanât*(s) y, tras él, otros autores sugirieron alternativas y matizaciones.[5] En los abundantes estudios regionales sobre *qanât*(s) destaca un hecho que hace años ya señaló M. Barceló (1986: 19): cuando hay *qanât*(s) casi siempre hay muchos. El Raiguer de Mallorca es una región donde se cumple esta norma y la concentración de *qanât*(s) es importante.

El estudio regional realizado en la sierra de Tramuntana daba la ocasión de visualizar una concentración de este tipo de captaciones. Y ello era especialmente relevante puesto que la documentación escrita apenas alude a estas captaciones y, cuando lo hace, se refiere a ellas como "fuentes". Tampoco permitía, la documentación escrita, hacer una reconstrucción precisa de los sistemas hidráulicos y de los procesos de selección y asentamiento protagonizados por los grupos campesinos que migraron a las islas a partir del 902d.C.[6] (Soto 1990). La conquista catalana de 1229 propició la inmediata redacción del *Repartiment* de la isla de Mallorca,[7] donde se consignó el proceso de repartimiento de la isla entre el rey los magnates que participaron en la conquista. Este documento ofrece, pues, una nómina exhaustiva de las alquerías y rahales de la parte de la isla que se reservó el rey, con extensiones de terreno expresadas en yugadas. Para el distrito de Manacor, en el sudeste de la isla, recientemente estudiado por E. Sitjes (2008),[8] contamos con la *Remenbrança* de Nuno Sanç (Mut, Rosselló 1993; Soto 1994), que consiste en un listado de sus alquerías y rahales -también con extensiones expresadas en yugadas- en este distrito y en el de Bunyola-Valldemosa, que fueron las porciones que le tocaron en el

[1] Este estudio se ha realizado en el marco del proyecto de investigación *Aclimatación y difusión de plantas y técnicas de cultivo en al-Andalus* (HUM 2007-62899/HIST) y en el seno del grupo de investigación (AGAUR: 2009 SGR-304): *Arqueologia Agrària de l'Edat Mitjana* (ARAEM).

[2] Esta línea de investigación empezó con el estudio de los *qanât*(s) de la isla de Mallorca (Barceló *et al.* 1986) y los primeros espacios irrigados andalusíes de Mallorca y Granada (Barceló *et al.* 1998, Carbonero 1992).

[3] La superficie irrigada del sistema hidráulico de Alaró fue inicialmente estimada en 30Ha. Es muy difícil determinar, en este caso, la superficie del diseño original irrigada puesto que el casco urbano del actual pueblo ocupa buena parte del espacio irrigable a partir del *qanât* conocido como fuente de Ses Artigues. Por ello, el cálculo se hizo incluyendo el espacio con pendiente favorable existente y la longitud de las acequias secundarias (Kirchner 1997: 287). Sin embargo, podría haber sido mucho menos extenso. De hecho la cifra de de 30Ha es excepcional en el contexto de las islas (Sitjes 2006).

[4] Benicuaroz> Banû 'Arûs; Beniacar, Beniatdars, Beniatzar> Banû Ağğer; Beniforani> Banû Furânik; Benisaba> Banû Saba; Raixa> Irasen; Yarfan> Yarfan; Inmelassen> Imelasen; Beniarri> Banû Aruy (Barceló 1995a).

[5] Ver como publicaciones representativas al respecto: Barceló 1986; Lambton 1989; Planhol 1992.

[6] Fecha en que 'Isam al-Khawlani, de origen iemenita, protagoniza la conquista oficial de las islas.

[7] Los distintos códices están publicados en Busquets 1953, 1954; Bofarull 1856, Soto 1984. Recientemente se ha hecho una edición facsímil de todos ellos (Rosselló Bordoy 2007).

[8] Ver el artículo de la misma autora en este volumen.

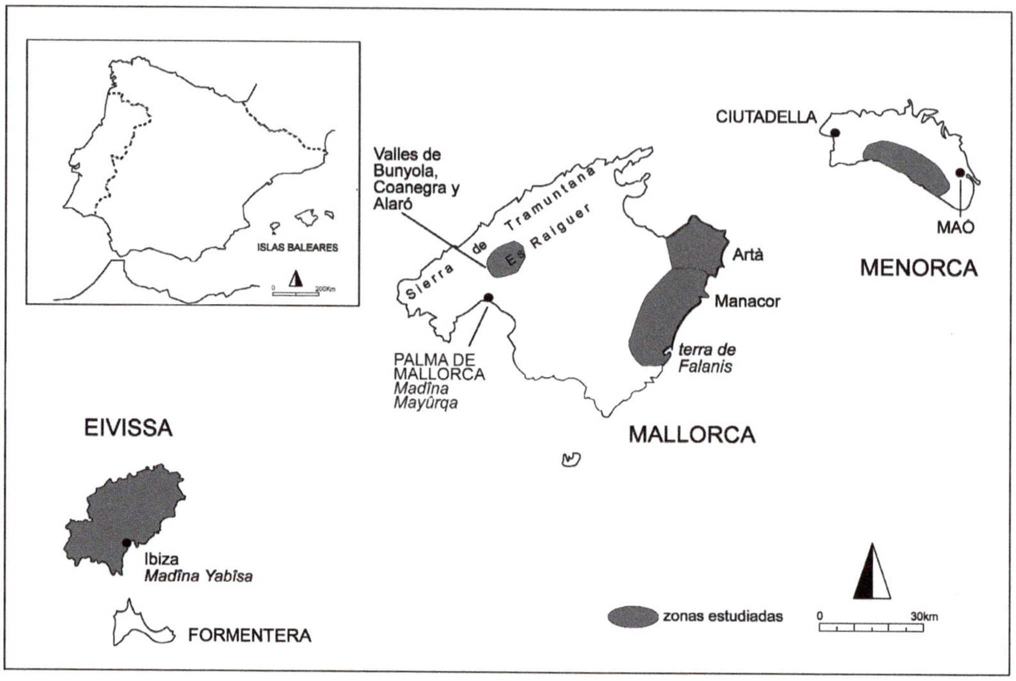

FIG. 1: MAPA DE LAS ISLAS BALEARES Y ZONAS ESTUDIADAS

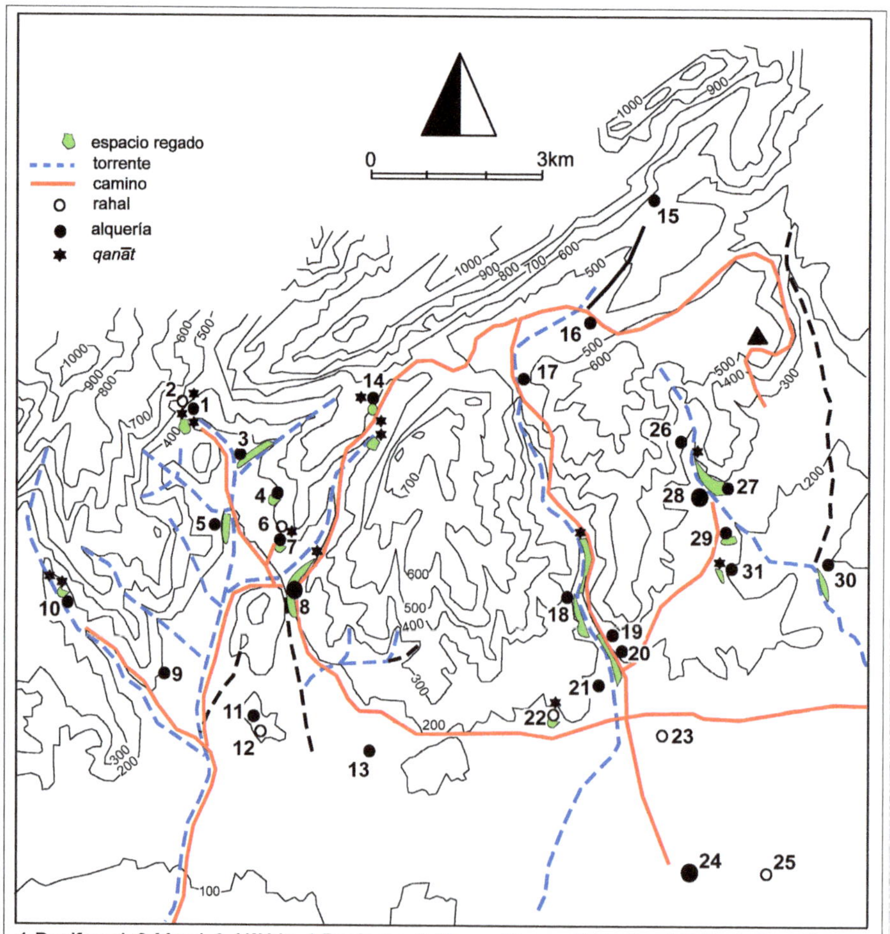

1-Beniforani, 2-Margi, 3-Alfàbia, 4-Benisaba, 5-Manso Blanco, 6-Montueri, 7-Beniadars, 8-Bunyola, 9-Beniatzar, 10-Raixa, 11-Caubet, 12-Polenci, 13-Estremera, 14-Honor, 15-Comasema, 16-Orient, 17-Lluc, 18-Califa, 19-Beniacar, 20-Abrassim Alfelus, 21-Benicuaroz, 22-Cauhas, 23-Abdahen, 24-Mauhia, 25-Albiar, 26-Beniarri, 27-Atzanet, 28-Alaró, 29-Inmelasen, 30-Bànyols, 31-Yarfan.

FIG. 2: ASENTAMIENTOS ANDALUSÍES EN LOS VALLES DE BUNYOLA, ORIENT, COANEGRA AND ALARÓ (MALLORCA): TORRENTES, CAMINOS Y ESPACIOS IRRIGADOS (FUENTE: KIRCHNER 1997)

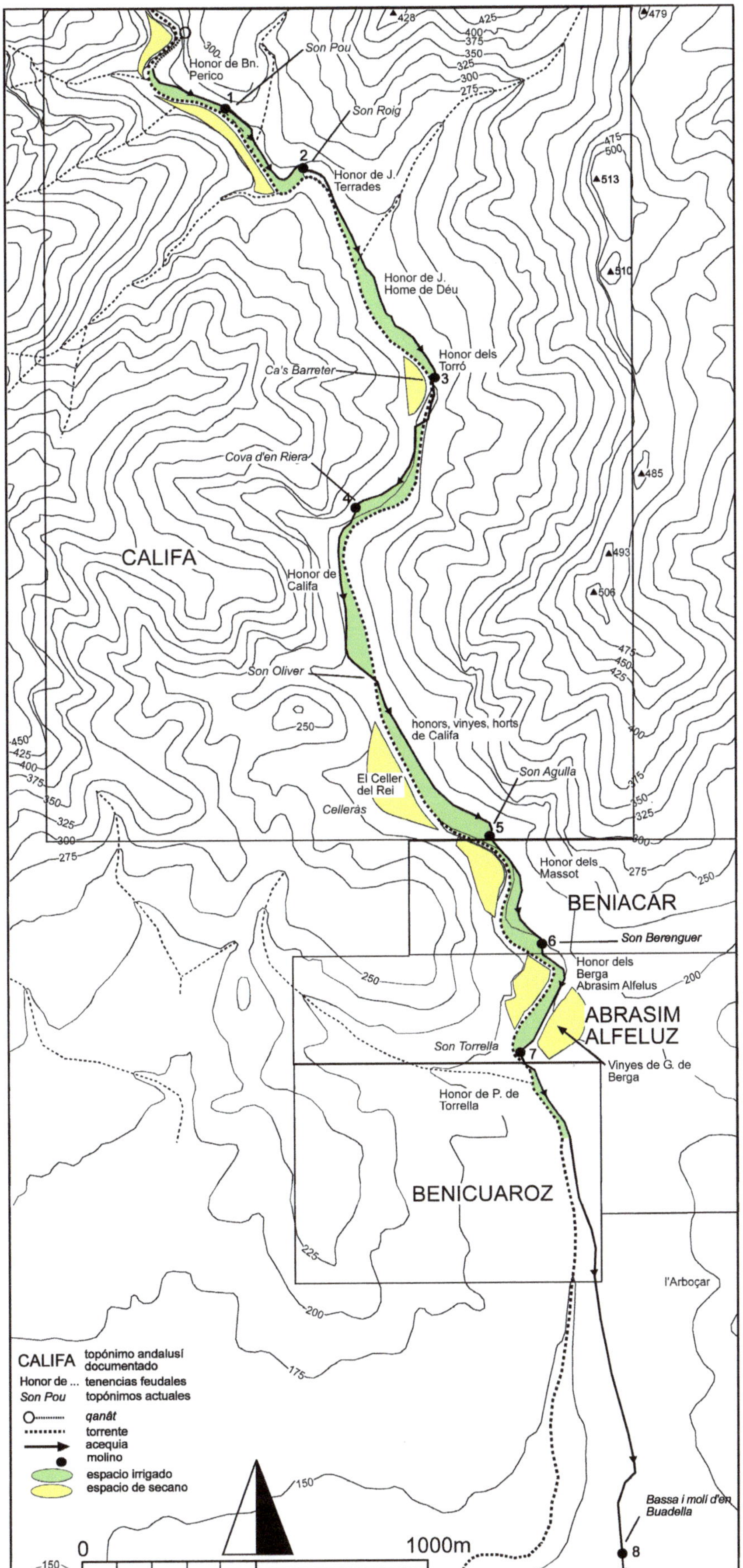

FIG. 3: RECONSTRUCCIÓN EN PLANTA DEL SISTEMA HIDRÁULICO ANDALUSÍ DE COANEGRA (MALLORCA) (KIRCHNER 1997)

FIG. 4. PARCELA ALARGADA DEL SISTEMA HIDRÁULICO DE COANEGRA

repartimiento. Estos listados, al ser contrastados con la documentación notarial posterior de la *Escrivania de Cartas Reials* (ECR) o del *Reial Patrimoni* (RP) del Arxiu del Regne de Mallorca (ARM),[9] ponen de manifiesto que una parte significativa de los topónimos consignados en el Repartiment y en la Remenbrança no reaparecen nunca más (Soto 1990). E. Sitjes ha medido esta "desaparición" de topónimos en el distrito de Manacor (Sitjes 2008).

La documentación notarial tiene una gran capacidad informativa sobre las condiciones en que los catalanes encontraron el paisaje agrario puesto que recoge transacciones (establecimientos de colonos, ventas, etc.) realizadas sobre alquerías, parcelas, molinos, casas, etc. en las que habitualmente se consignan las lindes y se hace referencia a estructuras hidráulicas, caminos y términos que acotan las nuevas posesiones feudales. Ello permite, mediante la contrastación sobre el terreno, localizar, e identificar asentamientos y estructuras agrarias, así como restituir los diseños originales de los sistemas hidráulicos.[10]

Sistemas hidráulicos en los valles de la Sierra de Tramuntana

El sistema hidráulico de Coanegra (Fig. 3) estaba compartido por cuatro alquerías. La documentación atribuye a una de ellas, Califa, con el área de residencia situada en el interior del valle, la mayor parte del espacio irrigable, unas 5,92Ha. Además, controlaba la cabecera del sistema. Las otras, Benicuaroz, Abrasim Alfelus y Beniacar, cuya área de residencia se encuentra en la entrada del valle, contaban con una porción mucho menor del perímetro irrigado, los tres últimos bloques de parcelas del sistema, con un total de 1,81Ha. Los espacios irrigados de las cuatro alquerías han sido reconstruidos a partir de los límites descritos en la documentación y las parcelas que ésta les atribuye. Los asentamientos de las cuatro alquerías, pues, se debieron pactar a partir de la posición de preeminencia de una de ellas, Califa. El nombre de la alquería, que puede ser relacionado con la raíz tamazigh *K.L.F*, con el significado de "ordenar", "organizar", es congruente con este papel preeminente.[11]

Desde el punto de vista morfológico, el perímetro irrigado de Coanegra, se adapta al fondo de valle, donde el aterrazamiento es casi inexistente.[12] El torrente, perfectamente canalizado, y la acequia, desde la cual se irrigan directamente las parcelas, configuran los límites de rigidez del perímetro irrigado (Fig. 4). El trazado de la acequia cruza en más de una ocasión el torrente. La localización de los molinos encima de la acequia, siete en total, responde a una estrategia que privilegia el riego y pretende recuperar el agua utilizada por el molino a la salida del cárcavo. Su emplazamiento encima de la acequia permite que, cuando se está moliendo, la misma acequia recoja el agua utilizada por el molino.[13] De todas maneras, el emplazamiento del molino no es suficiente para garantizar la preferencia del riego sobre la moltura. Es necesario que la distribución del agua contemple la preferencia del riego puesto que un funcionamiento simultáneo de más de un molino no permite extraer el agua de la acequia para regar. La altura de los cubos de los molinos supone que solo se puedan construir después de que la acequia alcance el nivel adecuado por encima de la cota del torrente. A la vez, la presencia de un molino hace perder el nivel de la acequia repentinamente y ésta vuelve a retomar su curso cerca de la cota del torrente. La presencia de un molino supone la posibilidad de restituir el trazado de la acequia en el fondo del valle que, de otro modo, se alejaría de éste, que es la zona que realmente se pretende acondicionar para el riego (Fig. 5).

Por lo tanto, el emplazamiento de un molino o el cruce de la acequia al otro lado del torrente hacen que se formen bloques de parcelas en forma de huso, con más o menos sinuosidades según lo fuerce el torrente canalizado. La distribución del agua debió ser congruente con estos bloques y, a la vez, con el emplazamiento de los molinos, siempre al final de un bloque y, por tanto, subsidiarios de la irrigación de éste. La parte del perímetro controlada por cada asentamiento coincidía con uno o más de estos bloques. La distribución del agua debió hacerse, probablemente, de forma equilibrada entre los diferentes bloques. En el seno de cada alquería la gestión colectiva de su bloque de parcelas y de los turnos correspondientes estaría asegurada por la organización clánica de su población. Hay que recordar que se trata de nombres clánicos, algunos beréberes, como Benicuaroz y Beniacar, y

[9] La documentación notarial empieza ya en los años 30 del siglo XIII, aunque es regular hasta la década de 1240.

[10] Para el método de la "arqueología hidráulica" y los principios de la hidráulica andalusí ver Barceló *et al.* 1995).

[11] La toponimia clánica de estos valles es también bereber, por lo que el origen propuesto para Califa puede ser plausible (Kirchner 1997: 61-65)

[12] Para la tipología de los sistemas hidráulicos andalusíes ver Glick, Kirchner 2000; Kirchner 2008).

[13] Hace ya algunos años, se dirimió un pequeño debate suscitado por la afirmación de que los molinos andalusíes "normalmente cerraban" los sistemas hidráulicos andalusíes (Barceló 1988: 234). Efectivamente, diversos autores hicieron notar, por un lado, que el molino no consume agua, puesto que la deja pasar (Rosselló 1989) y, por otro, que su posición al final de la acequia no era mayoritaria, si no que también era habitual la existencia de varios molinos a lo largo de una acequia principal (Selma 1991, 1993). En estudios posteriores se ha podido precisar cómo se hace la integración de la molineria en los perímetros irrigados (Kirchner 1997; Argemí et al 1997; Kirchner en prensa).

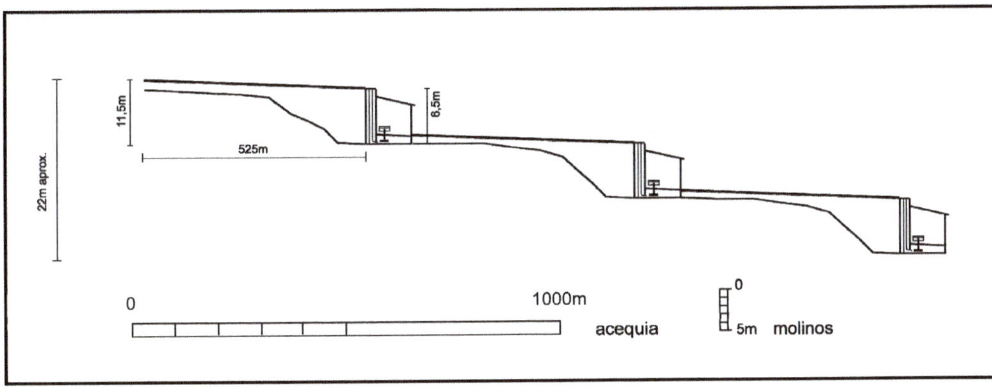

FIG. 5: ESQUEMA DEL ESCALONAMIENTO DE LOS MOLINOS A LO LARGO DE LA ACEQUIA PRINCIPAL BASADO EN EL CASO DE COANEGRA (MALLORCA) (KIRCHNER, EN PRENSA)

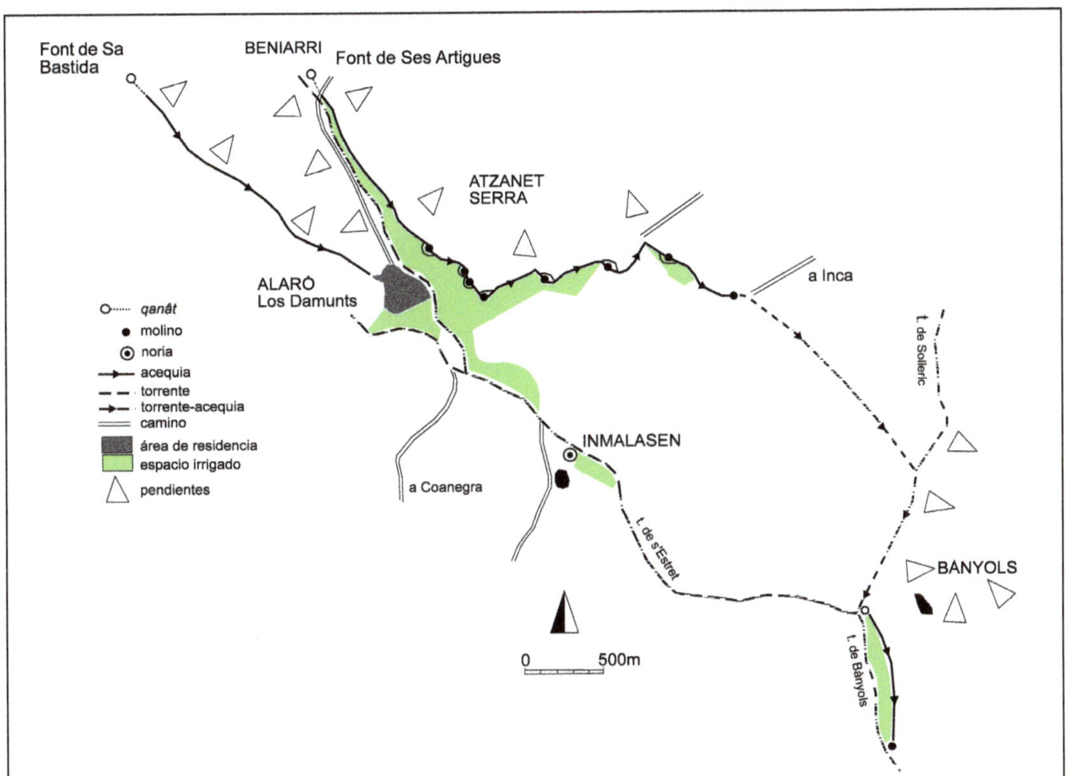

FIG. 6: RECONSTRUCCIÓN EN PLANTA DEL SISTEMA HIDRÁULICO ANDALUSÍ DE ALARÓ (MALLORCA) (FUENTE: KIRCHNER 1997)

que los espacios cultivados tienen tamaños muy pequeños que difícilmente pueden ser fragmentados. Además, tampoco pueden multiplicarse los partidores en la acequia de forma arbitraria. La distribución del agua debió hacerse a dos niveles, el de los bloques y el de las alquerías. Desconocemos cómo se hacía la gestión de los molinos, individual o colectivamente, aunque tenía que estar, por lo menos, sometida a una distribución del agua que no priorizaba la molienda. Los beneficiarios del repartimiento del valle después de la conquista invertirán el criterio dando preferencia a los molinos (Kirchner 1995).

El sistema irrigado de Alaró (Fig. 6) también estaba compartido por diversos asentamientos: la propia alquería de Alaró, Beniarri, Atzenet y posiblemente Serra, mientras que en Bànyols se recibían los sobrantes de agua a través del torrente de Solleric. Beniarri estaba situado en la cabecera del valle, por encima de la fuente de Ses Artigues, localización que se deduce de las referencias documentales, aunque no se han encontrado restos. La alquería de Alaró se situaba en la pequeña colina conocida hoy con el nombre de los Damunts ("arriba", en catalán), con un área de residencia de 1,8Ha. Atzanet y Serra debían estar en la misma vertiente por donde circula la acequia y por encima de ésta.

Alaró es la alquería que tenía atribuida la mayor parte de las tierras del perímetro irrigado. Además, disponía de otra captación, el *qanât* de Sa Bastida, para abastecimiento doméstico y para regar una zona de huertos secundaria adyacente al núcleo habitado. La escasez de documentación referente a este valle no permite establecer qué partes del

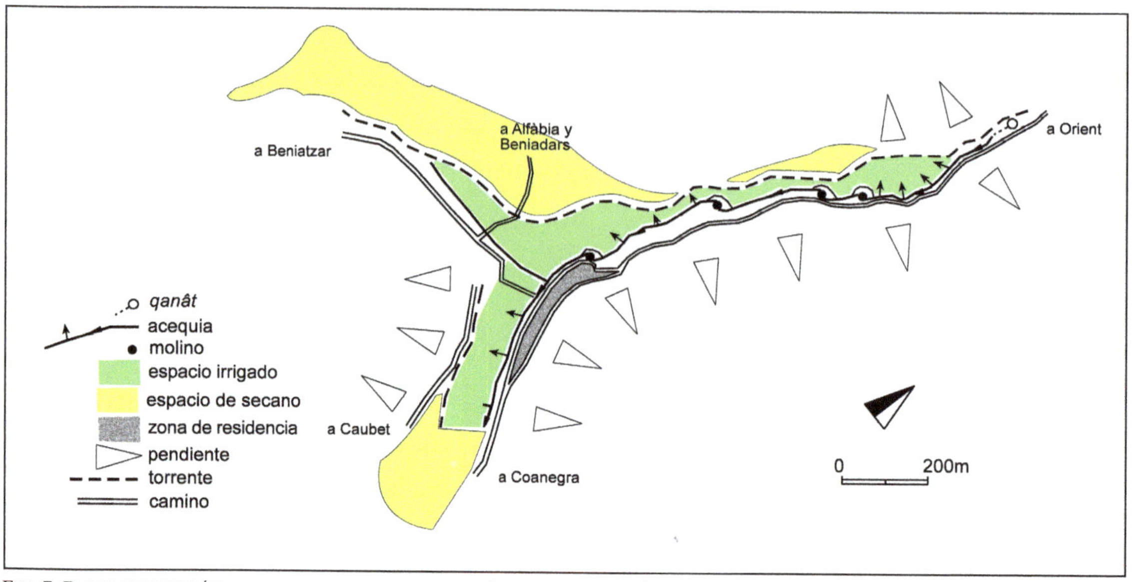

FIG. 7: RECONSTRUCCIÓN EN PLANTA DEL SISTEMA HIDRÁULICO ANDALUSÍ DE BUNYOLA (MALLORCA) (FUENTE: KIRCHNER 1997)

sistema controlaba cada alquería. Sin embargo, como en Coanegra, encontramos diversos grupos asentados que comparten desigualmente un sistema hidráulico con varios molinos.

Morfológicamente, el sistema hidráulico de Alaró es un sistema de vertiente. El valle donde se encuentra se abre rápidamente hacia el llano y ello hace que el trazado de la acequia se limite a recorrer una vertiente, la que se orienta al este. Progresivamente, a medida que se avanza en el trazado de la acequia, el aterrazamiento es más necesario, después de una primera parte del perímetro análoga a la morfología de Coanegra, en la cual el espacio irrigado es fundamentalmente de fondo de valle. La organización del espacio irrigado en una sola vertiente hace que sean necesarias acequias secundarias o ramales que conduzcan el agua a las parcelas que no la tengan accesible directamente desde la acequia principal.

En Alaró había diez molinos en el momento de la conquista catalana,[14] nueve de ellos situados a lo largo de la acequia y uno en Bànyols. Su emplazamiento encima de la acequia, igual que en Coanegra y Bunyola, permite recuperar el agua después de ser utilizada para moler. Los molinos se localizan espaciados a lo largo de la acequia y el desnivel de sus cubos provoca un descenso en la cota de la acequia que hace que ésta dibuje un trazado escalonado. Las caídas de nivel de la acequia detrás de cada molino no suponen la formación de bloques de parcelas como en el caso de Coanegra ya que la cota de la acequia seguirá alejada de la del torrente. En este caso, los bloques de parcelas irrigables para cada turno estarían definidos por los ramales de la acequia y por la ubicación de los molinos, con turnos subsidiarios al riego. Los ramales secundarios se abren justo antes del emplazamiento de cada molino.

El sistema hidráulico de Bunyola no parece compartido por ningún otro asentamiento (Fig. 7). Solo la alquería de Bunyola estaba asociada a él. La zona de residencia de ésta se situaba por encima de la acequia principal, donde, actualmente, el trazado urbano todavía se organiza a lo largo de ésta (la calle de Sa Síquia sigue su recorrido) y a lo largo del antiguo camino que iba a Orient (calle de Orient). A través de la documentación, que menciona la acequia, el torrente, los caminos de Orient y Caubet, y de la prospección, se ha establecido un espacio irrigado de 10,20Ha, limitado por la acequia en su parte superior y por el torrente de Bunyola y la torrentera paralela al actual calle de Caubet.

Morfológicamente, el sistema hidráulico de Bunyola es análogo al de Alaró. La rápida abertura del valle hace que el espacio irrigado ocupe solo una vertiente. El progresivo alejamiento de la acequia del torrente hace necesario un cierto aterrazamiento de la ladera, aunque al principio, las parcelas son de fondo de valle.

La organización de la distribución del agua debía hacerse mediante ramales secundarios. Uno de estos ramales puede ser reconstruido en la acequia secundaria que llevaba el agua a la zona conocida con el nombre de Ses Vinyetes, adyacente al torrente de Bunyola y situada en uno de los extremos del sistema. La documentación generada por el repartimiento del espacio irrigable por parte de los catalanes refleja una compartimentación del sistema en lotes perpendiculares a la acequia o asociados a los molinos que conservaron. Muy posiblemente estos bloques de parcelas coincidían con los ramales secundarios de la acequia y el emplazamiento de los molinos.

En el momento de la conquista había siete molinos, uno de ellos con dos muelas.[15] Se ha conseguido identificar el emplazamiento de cuatro de ellos, en la primera parte del sistema, antes que la acequia entre en el actual pueblo. Como en Alaró, la distribución de agua debió organizar-se en función de los ramales secundarios y del emplazamiento de los molinos, subsidiarios a los turnos de riego. Los

[14] Documentados en el cabreve de Gastó de Bearn (Bover 1841).

[15] Documentados en la *Remembrança* de Nuno Sanç (Mut, Rosselló Bordoy 1993).

documentos referentes a transacciones de tierras hacen referencia a lotes asociados a derechos de agua para regarlos, lo cual hace pensar que inicialmente los catalanes heredan un procedimiento de distribución del agua según el cual ésta estaría vinculada a la tierra.

El número de molinos por sistema, nueve en Alaró, seis en Bunyola (uno de ellos con dos muelas) y siete en Coanegra, no parece que deba ponerse directamente en relación con el número de alquerías que compartían los sistemas. Muy posiblemente otras comunidades de los alrededores tenían formas de acceso a estos molinos en unos términos que desconocemos. Pero conviene destacar que el número de molinos no tiene porqué estar motivado por el volumen de cereales cultivados y, en consecuencia, por las necesidades de molienda (Glick, Martínez 2000: 88). En un sistema de distribución del agua que no favorece la molienda por encima del riego, el número elevado de molinos tiene la función primordial de multiplicar las ocasiones de moler sin atribuir específicamente turnos de agua a buena parte de los molinos puesto que siempre que el turno de agua está situado en una cota inferior a un molino concreto, éste podrá funcionar simultáneamente ya que no consume el agua que utiliza. (Kirchner en prensa).

Los molinos se concentraban en los sistemas hidráulicos que mejor garantizaban el caudal necesario de agua para su funcionamiento (Coanegra, Bunyola y Alaró) o, excepcionalmente, encontramos alguno situado en afluentes con captaciones con caudal suficientemente abundante, como en Alfàbia, con tres molinos, Bànyols, con un molino y Orient, con un molino. La mayoría de los otros espacios irrigados, más pequeños y con caudales escasos, no tenían molinos.[16]

El resto de espacios irrigados, situados en los afluentes de los torrentes principales, no eran compartidos por diversos asentamientos sino que eran exclusivos de un solo grupo, a menudo con nombre clánico. Presentan, aparentemente, características morfológicas muy diversas, pero esto se debe a transformaciones recientes que, en estos sistemas, mucho más pequeños y vinculados a un solo propietario desde época moderna, son mucho más radicales. Los casos más evidentes son los que se han convertido en huertos cerrados (Biniçabà-Son Palouet, Son Verdera-Arboçar) o huertos con terrazas rectilíneas sin pared que los cierre (Raixa-Raixeta, Lluc). Aunque también hay casos de abandono que desdibuja los límites del espacio irrigado (Orient, Beniatdars-Fonts de Barcelona, Alfàbia, Biniforani Nou-Son Cavalleria, Honor, Bànyols, Yarfan, Cauhas, Son Credo-Arboçar). Sin embargo, se trata de sistemas cuyos límites y emplazamiento no pueden haber cambiado mucho puesto que están estrictamente condicionados por el punto de captación, el torrente donde se ha realizado la captación y las pendientes favorables (Kirchner 2007). Morfológicamente, pues, estos pequeños espacios irrigados no reflejan de inmediato lo que debieron ser sus diseños originales, pero podemos reconstruir una tendencia general que se caracteriza por acondicionar el riego de una franja de tierra más o menos larga o ancha, regada gracias a la pendiente favorable desde la captación y limitada por el torrente donde ésta se ha captado. Este espacio suele coincidir con un fragmento del fondo de valle, ocupando siempre las tierras más llanas y próximas al torrente.[17] En estos sistemas suele haber una alberca que recoge el agua de la captación. Se trata normalmente de captaciones con caudales escasos que hacen imprescindible la acumulación del agua para poder crear, a la salida de la alberca, un caudal artificial, con suficiente fuerza para irrigar la superficie acondicionada para el riego. El tamaño de la alberca estará, pues, en relación con el caudal, pero sobretodo con la frecuencia en que se pueda realizar cada irrigación, determinada por el tiempo que tarde en llenarse y su capacidad.

Lo que caracteriza más estos pequeños espacios irrigados exclusivos de un solo asentamiento es la considerable regularidad de sus dimensiones que van de las 0,60Ha (S'Hort de Biniforani), las más reducidas, a las 2,6Ha (Raixeta), las mayores. La media se encuentra en las 1,7Ha.[18]

Los espacios de secano

En 1997 abordé también la cuestión de los espacios de secano y de las extensas áreas incultas, de bosque o matorral, que encuentran los catalanes inmediatamente después de la conquista. La documentación describe con bastante precisión la localización de las parcelas cultivadas en el interior de los perímetros irrigados, o, cuando se trata de espacios no regados, los sitúa en los márgenes de los torrentes opuestos a los que ocupan las parcelas irrigadas. Las posibles zonas de cultivo no irrigado se situaban, pues, también en el fondo de valle, aprovechando el terreno más húmedo que quedaba excluido del perímetro irrigado. En el proceso de construcción de un sistema hidráulico de fondo de valle, se debía canalizar el torrente y, al mismo tiempo que se construían las terrazas irrigadas en uno de sus márgenes, también se construían terrazas no irrigadas en el lado opuesto.[19]

En Coanegra, concretamente, es donde mejor se ha podido estimar el tamaño de los posibles espacios de cultivo no irrigado. Se pueden distinguir bastante bien, en los espacios de fondo de valle que quedan excluidos del perímetro irrigable, parcelarios simétricos a los irrigados que podrían haber sido construidos simultáneamente a la canalización del torrente y el aterrazamiento de las partes del fondo de valle que habían de ser regadas. En el margen opuesto donde se construyen las parcelas irrigadas quedan espacios

[16] También en el País Valenciano los molinos aparecen concentrados en determinados sistemas hidráulicos (Selma 1991; Glick, Martínez 2000: 92, 95).

[17] El caso mejor conservado de un diseño original de este tipo es el de Castellitx (Barceló *et al.* 1998), donde la parcela irrigada, casi sin aterrazamiento, queda comprendida entre la acequia procedente de un *qanât* y el torrente al lado del cual se realizó la captación.

[18] Se trata de una media ligeramente superior a la determinada por el conjunto de sistemas de las Islas Baleares, más cercana a 1ha (Sitjes 2006).

[19] Estos espacios de fondo de valle, donde se acumulan sedimentos aportados por la erosión de la lluvia y donde se mantiene mejor la humedad, son los más fértiles de la isla (Rokseth 1923).

de fondo de valle que aparecen a menudo documentados y que podrían haber ocupado un máximo de 14Ha. De esta superficie hay claramente documentada una parte en el interior del valle (5,50Ha). En la entrada al valle, en su margen izquierda, se situaba una zona plantada de viña e higueras (Kirchner 1997: 83). Difícilmente la documentación permite saber si se trata de espacios preexistentes antes de la conquista catalana y que los nuevos colonos reintegran progresivamente al cultivo, como ocurre con los espacios irrigados o si, por el contrario, son en parte o totalmente de creación feudal. En cambio, los espacios de secano documentados fuera del valle, en el llano de Santa Maria del Camí, sí que parecen mayoritariamente de creación feudal: hay abundantes referencias a zonas de matorral que se establecen para ser roturadas y que aparecen en los límites de muchas parcelas o como zonas de gran extensión en las lindes de las alquerías. Ello permite describir un paisaje de matorrales, mayoritariamente inculto en el momento de la conquista catalana [20] (Fig. 3).

En Bunyola y Alaró estos espacios son más difíciles de delimitar porque la orografía de los valles, menos encajonados, no constreñía tan claramente las zonas que quedan excluidas de los perímetros irrigados. Aún así, se propuso una extensión de 90Ha de cultivo no irrigado en torno al sistema hidráulico de Bunyola que coincidía bastante bien con la estimación en yugadas que aparecía en la *Remenbrança* de Nunyo Sanç.[21] (Fig. 7). En Bunyola, además, había una tradición de cultivo del olivo de origen andalusí, iniciada probablemente en época almorávide (Barceló 1984) y quizá extendida después de la conquista (Soto 1991).

En los tres valles, pues, se detectó, la existencia de extensas zonas yermas que rodeaban las áreas de cultivo. Los asentamientos campesinos se seleccionaron en función de esta opción donde la irrigación es preferente y central. Las zonas de residencia, en consecuencia, se sitúan en los alrededores inmediatos de los torrentes colonizados. Este paisaje que describe la documentación y que se ha intentado reconstruir es coherente, además, con la importancia que algunas fuentes árabes atribuyen a la ganadería de las islas (Barceló 1984). Las abundantes referencias documentales posteriores a la conquista a rebaños y pastos (Orient, Comassema, Honor, Serra a la vall d'Alaró) permiten proponer que los catalanes heredan una ganadería llevada en régimen semisalvaje en las extensas zonas de matorral de los llanos y en los pastos de montaña. Con la prospección, además, se han identificado diversas fuentes en Honor y Comassema, no vinculadas a espacios hidráulicos, que debieron tener una función principal como abrevaderos de los rebaños.[22]

Selección de lugares de asentamiento y creación de redes de alquerías

El criterio principal, pues, en la selección de los emplazamientos de los asentamientos era, claramente, la construcción del espacio de cultivo irrigado, determinado por los puntos de captación del agua en los fondos de valle de torrentes o torrenteras. No se trataba de un parcelario continuo sino de espacios irrigados discontínuos, con algunas zonas de secano situadas en los mismos fondos de valle, en un paisaje dominado por el bosque y el matorral. Así, los topónimos clánicos y las zonas de residencia identificadas se situaban en torno a los fondos de valle donde se habían construido los sistemas hidráulicos, dejando intersticios espaciales de llano o montaña, incultos, probablemente aprovechados para la caza, la recolección y como pasto, entre las diferentes líneas de escorrentía colonizadas agrícolamente.

También la red de caminos documentados resultaba coherente con esta disposición del poblamiento en torno a los espacios irrigados. En general, todos los trazados de caminos que se han podido restituir coinciden con los ejes de los torrentes centrales de los valles y se dirigen al camino transversal del Raiguer, todavía bien conservado hoy en día, que comunicaba estas redes de asentamientos con Madîna Mayûrqa, al suroeste, y la alquería y mercado de Inca, al este.

Un factor que resulta muy ilustrativo de cómo estaba configurado el poblamiento es el de las distancias entre los asentamientos y, específicamente, respecto a los sistemas hidráulicos de mayor tamaño situados en los torrentes principales de los valles (Coanegra, Bunyola y Alaró). Las distancias entre las alquerías del valle de Alaró respecto a la alquería del mismo nombre no superan los 3Km (Yarfan es la que se encuentra más lejos), en línea recta. En Coanegra, el asentamiento que queda más lejos de la entrada del valle es el Rafal Albiar, a 3,5Km de distancia en línea recta, pero los otros asentamientos no se encuentran a más de 1Km. En el valle de Bunyola, la alquería más alejada es la de Raixa, a 4Km de Bunyola, y las demás oscilan entre poco menos de 1Km (Beniadars) y 3,25Km (Alfàbia). Algunas alquerías quedarían separadas entre sí tan solo por un centenar de metros (Atzanet, Serra Y Alaró o Benicuaroz, Abrasim Alfelus y Beniacar).

Estas distancias ponen de manifiesto la concentración de los lugares de asentamiento en torno de los espacios irrigados y, también, que los límites de los territorios de control

[20] En la documentación, esta zona exterior al valle merece el nombre de *arbossario* (también *arbossar)*, término que hace referencia a este bosque bajo donde crecían especialmente los madroños (*arboç* o *arbocera* en catalán) (Alcover 1930-60). J. Corominas (1980, I:358) menciona un significado del término de arboçar usado en Bunyola (Mallorca), con el sentido de "colectivo del nombre de arbusto" (Kirchner 1997: 64-65). También se hace referencia en otros documentos a la *garriga de Consel* (Kirchner 1997: 119) (*garriga* en catalán significa bosque de arbusto y matorral).

[21] Según la propuesta de equivalencia que realicé en 1997 (Kirchner 1997: 183), una yugada podría ser equivalente a una superficie de 2 a 3 ha. En la *Remenbrança* se atribuyen 34 yugadas a Bunyola, lo que representaría entre 78 y 102ha de terreno cultivable según la estimación del registrador de Nuno Sanç.

[22] El término de Felanitx, en el sudeste de la isla, es otro ejemplo de esta dedicación ganadera, en este caso, claramente predominante ya que la mayoría de asentamientos campesinos no se vinculan a espacios irrigados. Sólo tres de ellos aparecen asociados a sistemas hidráulicos: Binifarda y Mancorme Abeniara tenían pequeños espacios irrigados y Felanitx tenía el más extenso (8,1Ha) (Barceló, Kirchner 1995). Para la cuestión de la ganadería ver Soto 1992.

político de los diferentes grupos debieron ser, a menudo, compartidos sobre la base de algún tipo de pactos similares a los que se producían con motivo de la construcción y gestión de los espacios irrigados compartidos. La misma disposición espacial del poblamiento no permite pensar en límites rígidos de estos territorios. Por esta razón, los límites de los territorios clánicos son difíciles de restituir.

Evidentemente, no tenemos elementos para poder reconstruir estos pactos y conocer sus condiciones precisas pero considero que la disposición espacial que produce la selección campesina de esta colonización sólo es inteligible si se tiene en consideración este tipo de pactos. La mayoría de las alquerías situadas, como hemos visto, a distancias muy próximas entre sí, están confusamente delimitadas en la documentación, a pesar de las alusiones a picos y crestas como límites de extensos territorios incultos que los textos designan como "pertenecientes" a las alquerías o a sus términos, ahora consideradas como posesiones feudales.

En algunos casos, los documentos permiten establecer con precisión los límites de los territorios de control político de los diferentes grupos. Se trata de los asentamientos más aislados, como Beniforani o Comassema, donde las referencias a accidentes geográficos claros son más fáciles de restituir en el paisaje y de plasmar en un mapa.

En los valles estudiados al sur de la sierra de Tramuntana, se encontró, pues, un espacio campesino construido según criterios muy precisos de selección y que generó unas redes de asentamiento de grupos clánicos coherentes y estables. La homogeneidad de las soluciones técnicas aplicadas y de la morfología de los parcelarios irrigados permitió proponer por primera vez que el proceso de establecimiento de los grupos campesinos fue corto y compacto en el tiempo y que el único momento que ofrecía estas condiciones era el proceso de migración inmediatamente posterior a la conquista de la isla por `Isam al-Hawlâni en 902d.C. Los grupos campesinos que protagonizan esta migración, con una organización clánica activa en el siglo X, llegan con un conjunto de conocimientos técnicos consolidados que son resultado de una síntesis ya realizada previamente en la península (Barceló 1995b; Kirchner 1997: 349-35). Los procesos de migración, y éste es el caso, no pueden hacerse, además, de forma paulatina y prolongada en el tiempo sin que ello comprometa seriamente sus posibilidades de éxito (Barceló 2001). La distribución de poblamiento que podemos reconstruir por ahora, corresponde a la que encuentran los catalanes en el momento de la conquista de 1229. Sin embargo, los criterios de selección se establecieron tres siglos antes y determinaron la estructura básica de esta distribución. A lo largo de este tiempo se pudo reforzar en los intersticios que inicialmente no hubieran sido ocupados, pero, las posibilidades de creación de nuevos asentamientos no eran ilimitadas, estaban determinadas por los lugares donde era posible establecer las captaciones que alimentaban los espacios irrigados.

He realizado una propuesta de cómo pudo producirse en algunos casos este robustecimiento. Una posibilidad es la transformación de rahales que inicialmente eran zonas complementarias de producción asociadas a las alquerías y que acaban convirtiéndose en alquerías estables. La situación inicial vendría reflejada en las expresiones "*alquería de tal con su rahal tal*" que aparecen en la documentación catalana, mientras que la situación final comportaría denominaciones del estilo de "*alquería Rahal tal*", donde el término "rahal" ya forma parte del topónimo. Desde el punto de vista arqueológico, algunos de estos rahales presentan espacios irrigados con zonas de residencia equiparables a los de pequeñas alquerías asociadas a espacios irrigados de menos de una hectárea (Kirchner 2009). Otra posibilidad es la de la creación de nuevas alquerías, por segmentación, aprovechando intersticios entre los asentamientos iniciales, donde todavía es posible hacer captaciones de agua. Realmente, este tipo de cambios no alteran, en su conjunto, la estructura del poblamiento. De momento, a menos que futuras excavaciones puedan precisar mejor la cuestión, parece que los asentamientos inicialmente creados en el siglo X, permanecieron ocupados hasta la conquista catalana, momento en que el abandono de zonas de residencia, aunque no de los espacios de cultivo, es masivo, tal como ha demostrado E. Sitjes (2008).[23]

La selección de técnicas de captación y las concentraciones de *qanât*(s)

La investigación llevada a cabo en las islas ha puesto de manifiesto que la zona de mayor concentración de *qanât*(s) se encuentra en la sierra de Tramuntana de Mallorca (Kirchner 1997; Barceló, Carbonero 1986: 39-40; Barceló *et al.* 1986, 1998). Los encontramos, también, cerca de la sierra de Llevant (este de la isla), en torno al pico de Randa (Barceló *et al.* 1986, 1998) y, de forma dispersa en Ibiza, mientras que en Menorca no los hay (Kirchner 2003a).

Las técnicas de construcción son muy parecidas: paredes de piedra seca, cubiertas en arco de medio punto o con losas de piedra horizontales o apuntadas, a menudo disponen de pozos de ventilación y las longitudes son relativamente modestas. El *qanât* de Coanegra tiene un pozo madre de 4,45m de profundidad y una galería de 113m de longitud, excavada parcialmente en la roca, con cubierta de vuelta de piedra seca. No tiene pozos de ventilación y su trazado sinuoso pasa por debajo del torrente que, a su vez, fue empedrado a fin de proteger la galería de las filtraciones (Barceló *et al.* 1986: 135). En la documentación aparece mencionado como fuente.[24] Muy cerca del valle de Coanegra, está el *qanât* de Es Cabàs, asociado al *rahal* Cauhas, que permitía regar en torno a 1ha de superficie. Está compuesto de siete pozos de ventilación, una galería de 132 m. de largo, de piedra

[23] La sustitución de poblaciones a raíz de la conquista feudal en al-Andalus es un proceso que algunos investigadores han puesto especialmente de relieve (Torró 1999; Virgili 2002).

[24] "*carraria qua itur ad fontem*" (ARM, ECR, RP 2067, f.50v); la "*carraria fonte molendini*" (RP 2067, f.33).

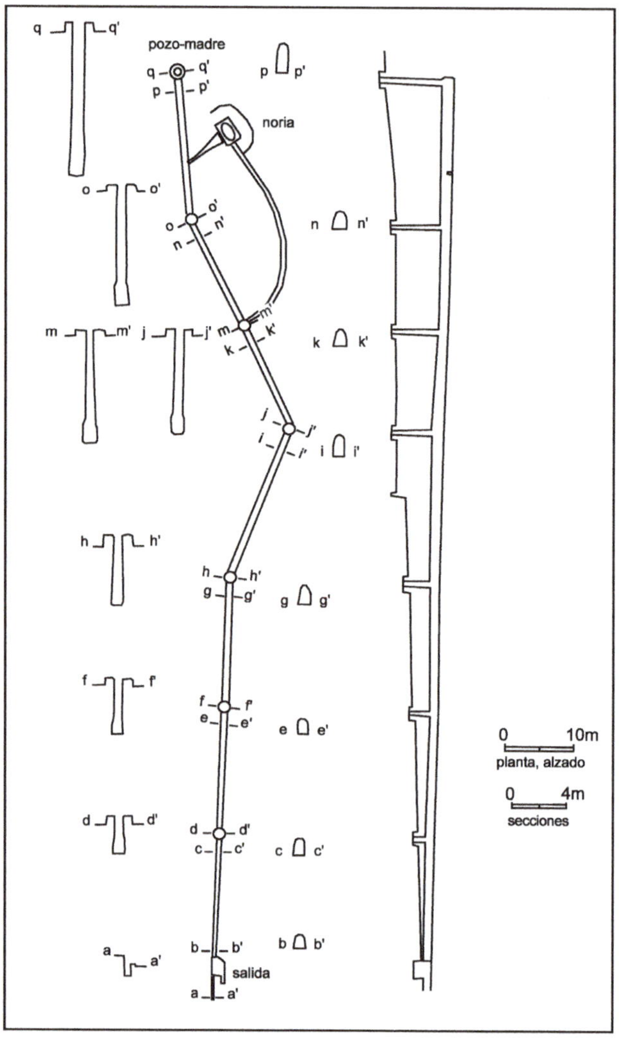

FIG. 8: *QANÂT* DEL RAHAL CAUHAS (ES CABÀS, COANEGRA, MALLORCA) (FUENTE: KIRCHNER 1997)

FIG. 9: *QANÂT* DEL RAHAL CAUHAS (ES CABÀS, COANEGRA, MALLORCA): SUCESIÓN DE POZOS DE VENTILACIÓN

seca, con cubierta de vuelta. Entre el pozo madre y el siguiente hay un pozo de noria que comunica con la galería, añadido en tiempos recientes (Kirchner 1997: 120-126). Este *qanât* es denominado "pozo" en la documentación.[25] (Fig. 8, 9)

El *qanât* de Bunyola, la Font de la Vila, fue destruido en 1982. Tenía 60m de galería, ocho pozos y su canalización interior estaba excavada en la roca. Tanto las paredes como la cubierta estaban hechas en piedra seca. Tenía una galería secundaria abierta al oeste de la galería principal que tenía la función de evacuar los sobrantes de agua directamente al torrente (*Barceló et al.* 1986). Este *qanât* también es mencionado como fuente en la documentación.[26]

El *qanât* de Alaró, la Font de Ses Artigues, tiene una galería de unos 100m aproximadamente. La primera parte de la galería, la más profunda, es, de hecho, una cavidad natural en la roca, de forma alargada, de 60 m aproximadamente. El resto de la galería, de 40m de longitud, una altura de 1,63m y una anchura de 0,90m, está construido en piedra seca. En el punto de unión de ambos tramos hay un pozo de ventilación. Cerca de la salida al exterior hay una galería secundaria que permitiría evacuar los sobrantes de agua directamente al torrente (Barceló *et al.* 1986: 141)

Sin la difusión de la técnica del *qanât,* pues, los espacios de cultivo de la sierra de Tramuntana habrían sido otra cosa. El recurso a esta técnica de captación de agua, con los consiguientes espacios irrigados resultantes, tan homogéneos en su morfología y sus dimensiones, no ha de entenderse, sin embargo, como un traslado de un lugar remoto -Oriente Medio- a dos islas de las Baleares, de una técnica concreta. El *qanât* forma parte de un conjunto de conocimientos campesinos donde se incluyen plantas, la construcción de terrazas, el diseño de circuitos de canalizaciones de agua, la construcción de molinos de cubo, otras formas de captación de agua como los azudes, el aprovechamiento de fuentes naturales o las norias. Se trata de un sistema integrado de conocimientos campesinos en el cual se fundamentan las selecciones tanto del espacio como de las técnicas realizadas por los inmigrantes en función de las condiciones encontradas (Barceló 2001).

Así, por ejemplo, es conveniente ver cómo diversos segmentos de los Banû Furânik hicieron asentamientosen al menos tres lugares diferentes de las islas: Beniforani (Bunyola, Mallorca), Felanitx (Mallorca) y Beniformiga (Ibiza),[27] adoptando técnicas de captación diversas en función de las condiciones de los acuíferos explotados.[28]

[25] "*carraria quo itur ad puteum que ibi est*" (ARM, ECR 351, f.155-155v; ECR 352, f.22).

[26] "*medietate illorum duorum casalium que sunt in sursum fonte ex qua molent dicta molendina*" (ARM, ECR 347, f.136bis/v).

[27] Biniforani, *Beniforani* en la documentación (Bunyola) (Kirchner 1997), Felanitx, *Falanis* en la documentación (Mut, Rosselló 1993; Barceló, Kirchner 1995), y, en Ibiza, Beniformiga (Marí 1976). Para las identificaciones etimológicas ver Barceló 1984: 112; Barceló Kirchner 1995 y Cruz Hernández 1990: 82.

[28] Los Banû Furânik aparecen documentados por primera vez en el contexto de la primera *fitna*, en el siglo IIIH/ IX d.C., cuando un miembro preeminente del grupo, que dio nombre a una mezquita de Córdoba, fue llamado por la gentes de su *qawm* para que los dirigiera. Los Nafza, tribu a la cual pertenecían los Banû Furânik (Ibn Hazm 1948: 80), se habían instalado en la parte noroccidental de al-Andalus, entre el valle del Guadalquivir y las Marcas. Tenían una fortaleza llamada Umm Dja`far, en el valle del Guadiana (Guichard 1977: 262-266, 325-326).

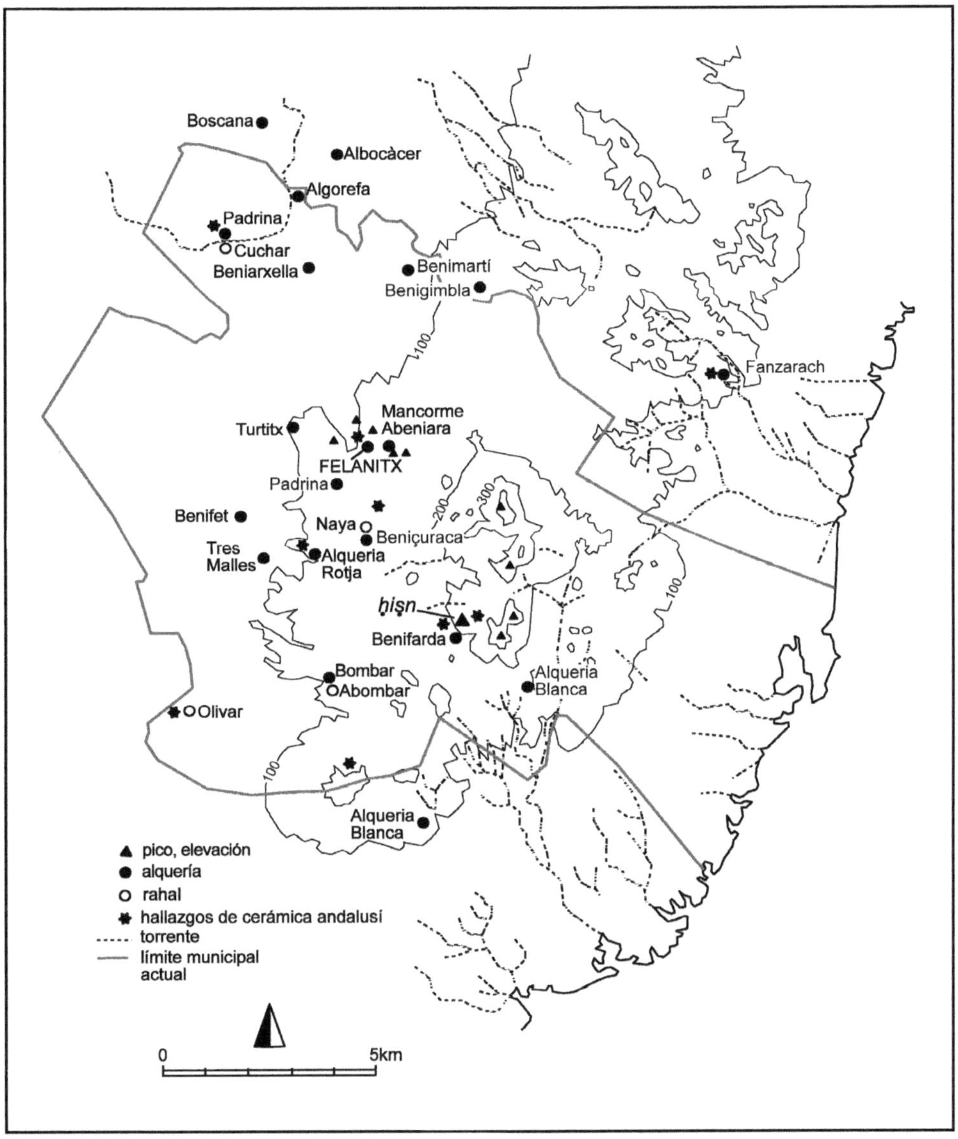

FIG. 10: LA *TERRA* DE FALANIS. MAPA TOPOGRÁFICO DEL TÉRMINO DE FELANITX Y LOS ASENTAMIENTOS ANDALUSÍES (FUENTE: BARCELÓ, KIRCHNER 1995)

La *terra de Falanis,*[29] o territorio donde los Banû Furânik se instalaron, es una zona con pocas surgencias de agua (Fig. 10). La más importante es la fuente natural de Santa Margalida de Felanitx, que permitió la construcción del mayor espacio irrigado de Felanitx, de 8,1Ha.[30] El emplazamiento de la fuente a los pies del montículo donde se instalarían las casas, y al lado de un torrente que recogía las agua pluviales de las vertientes de las elevaciones que rodean el asentamiento (entre 150 i 240m de altitud), condicionaba el trazado de la acequia principal. Este trazado ha sido reconstruido gracias a su fosilización en la actual calle dels Horts (de los Huertos). Así mismo, el recorrido de las aguas de escorrentía a través de dos torrentes, limitaba por los otros lados el área potencialmente irrigable. Aquí, como en la sierra de Tramuntana, los torrentes constituyen los factores fundamentales para determinar el punto de captación del agua que, en este caso, nace espontáneamente al lado del torrente, las pendientes favorables para hacer circular el agua y los límites y morfología del espacio de cultivo construido en sus márgenes. La suavidad del relieve en Felanitx debió permitir acondicionar el terreno con escaso aterrazamiento.[31] No hay ningún molino mencionado en la documentación. Este hecho contrasta con la concentración de molinos que caracteriza los espacios irrigados centrales de los valles de la sierra de Tramuntana. En Felanitx, el escaso desnivel entre la captación y el final de la acequia –3,60m-, que no puede ser más larga porque finalizaba al encontrarse con uno de

[29] Así aparece mencionado en la *Remenbrança* de Nuno Sanç (Mut, Rosselló Bordoy 1993: f.10v-11r) lo que debió ser un territorio clánico de los Banû Furânik, donde quedaba incluido un extenso listado de alquerías. Este grupo dio nombre también, dentro de su *terra*, a un fortificación (*ḥiṣn*), denominado también de Santueri después de la conquista (Barceló, Kirchner 1995: 45-47).

[30] Sólo hay dos sistemas más, el de Binifarda y el de Mancorme Abiniara. El primero, a los pies del *ḥiṣn* de Falanis, tenía 0,64ha y se alimentaba de una fuente. El segundo, junto a Felanitx, se regaba a partir de una noria y su superficie, aunque probablemente pequeña, no puede ser reconstruida en el actual parcelario urbano aunque es posible que la plaza a la que dio nombre la noria (plaza de Sa Sínia) haya fosilizado la parcela regada.

[31] Hoy cubierto por la zona urbana construida a partir del siglo XX.

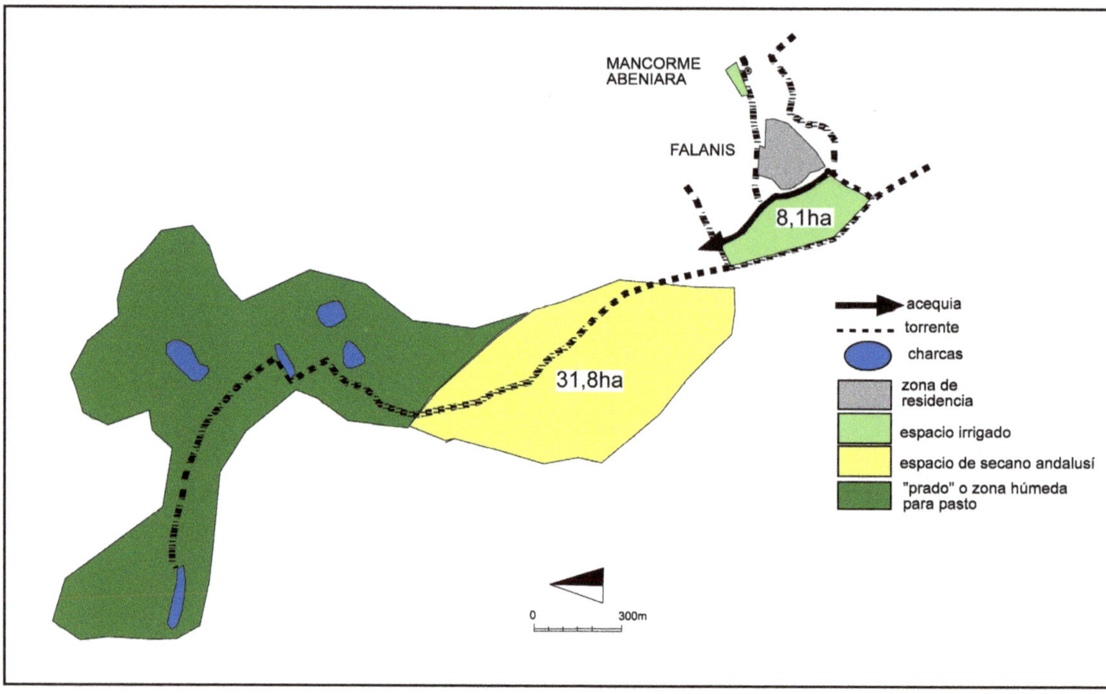

FIG. 11: RECONSTRUCCIÓN EN PLANTA DEL SISTEMA HIDRÁULICO DE FELANITX Y DE LAS ÁREAS DE SECANO Y MARJAL DE ORIGEN ANDALUSÍ (FUENTE: KIRCHNER 2003)

los torrentes que recogen las aguas de escorrentía de los montículos de los alrededores, impedía la instalación de un cubo.[32] (Fig. 11)

La mayor parte de los asentamientos[33] de la *terra de Falanis*, no eran resultado de una opción hidráulica, sino de una opción ganadera. El régimen de esta actividad ganadera es difícil, por ahora, de describir, aunque se debía basar probablemente en rebaños domésticos, semisalvajes, aprovechando pastos de matorral o humedal.[34] Diversos pozos y pequeñas fuentes aparecen en la documentación con la función de proporcionar abrevaderos para los rebaños. En el propio sistema de Felanitx hay documentado un ramal que abastecía un abrevadero para animales. En los márgenes de las zonas de humedal, además, es posible que se desarrollara una agricultura de cereal. Concretamente, se ha identificado un parcelario al lado del sistema irrigado de Felanitx adyacente al torrente del mismo sistema que, al no tener desguace al mar, produce todavía hoy una zona de encharcamiento. Su superficie ha sido estimada, además, gracias a la información documental disponible de tipo notarial, así como las ordenaciones de las villas que Jaime II mandó redactar en el 1300[35] (Kirchner 2003b) (Fig. 11). La documentación hace referencia a otras zonas húmedas y a parcelas aisladas que no han podido ser, por ahora, localizadas. Ni esta ganadería ni esta agricultura en los márgenes de zonas húmedas, pues, pueden ser, por ahora, adecuadamente estiomadas. [36]

En este territorio se acogieron diversos clanes beréberes que debieron pactar su asentamiento y el acceso al *ḥiṣn* Probablemente, los Banû Furânik tenían una posición desde el principio que les permitía determinar las condiciones de la formación de la red de asentamientos al seleccionar el lugar de su establecimiento en torno al mejor acuífero de la zona.[37]

Biniforani es un pequeño valle situado en el noroeste del valle de Bunyola, justo por debajo del puerto de Sóller. Se encuentra totalmente rodeado de picos altos (entre 500 i 900m) y solo se abre hacia el valle de Bunyola a través de los torrentes afluentes del de Bunyola. Los picos que delimitan el pequeño valle coinciden con las referencias que da la documentación escrita sobre los límites del "término" de la alquería, probablemente reproduciendo su antiguo territorio político. En los documentos, la alquería es designada como "lugar" o como "*vila*" [38] y a veces se le atribuye un término propio o es incluida en el término de Bunyola. Estas vacilaciones indican la confusa percepción

[32] El desnivel habitual para instalar un cubo de molino suele ser superior a 5 m (Kirchner en prensa).

[33] Muchos son topónimos clánicos: Benimartí (Banû Izmartîn), Benigimbla (Banû Yamla), Benifarda (Banû Farda), los Zurâğ (Fanczarag y Benizoracha) y 10 topónimos más con el prefijo *Beni*, no identificados por ahora (Barceló 1995b; Barceló, Kirchner 1995).

[34] Serán la base de una ganadería que se convierte en fuente de renta para los feudales catalanes después de la conquista (Soto 1992).

[35] No se conserva el documento completo, sólo algunos fragmentos que han sido reproducidos por diversos autores (Muntaner, Vich 1945; Alomar 1976, Morro 2000).

[36] Este tipo de agricultura asociada a áreas de humedal parcialmente drenadas se ha documentado también en Ibiza (Barceló *et al.* 1997), en Menorca (Barceló, Retamero 2005) y en Tortosa (Virgili 1997).

[37] Lo mismo hacen otros grupos, como los Iraten en Yartân (Artà) (Argemí 1995, 1998), o los Manqûr en Manacor (Sitjes 2008), donde los nombres tribales designan también los distritos de origen andalusí (*ğuz'*, pl. *'ağza*).

[38] El termino *vila* normalmente es utilizado en esta documentación para designar las alquerías de mayor tamaño y que se encuentran asociadas también a los espacios irrigados de más extensión, como Bunyola, Alaró o Felanitx, por mencionar algunos ejemplos tratados aquí. Fueron estas alquerías las que concentraron la población catalana posteriormente a la conquista.

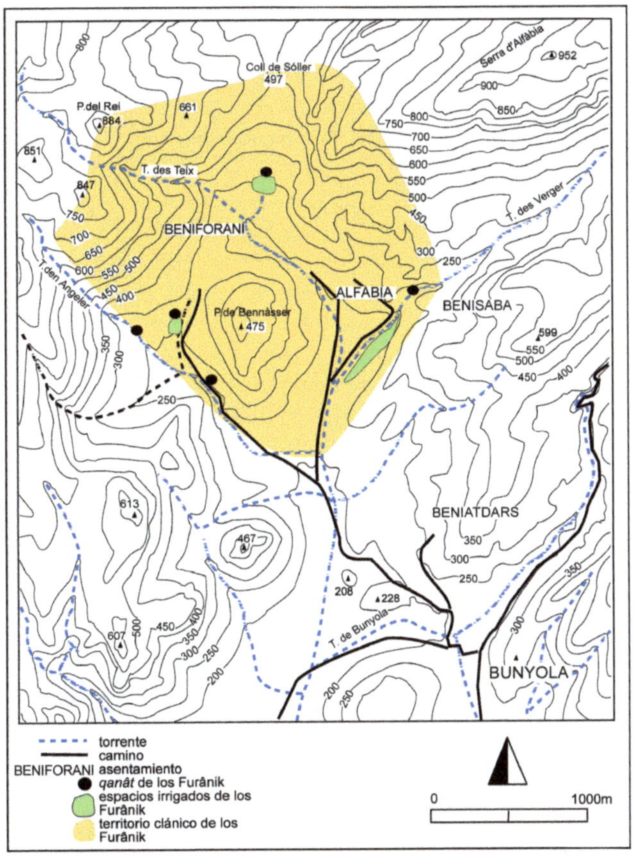

FIG. 12. MAPA TOPOGRÁFICO DEL VALLE DE BINIFORANI (BUNYOLA, MALLORCA) (FUENTE: KIRCHNER 1997)

que tienen los nuevos colonizadores catalanes de lo que probablemente fue un territorio clánico bien definido por el espacio de un valle de montaña, donde, además, se sitúan pastos de uso común (Fig. 12) La zona de residencia de la alquería estaba constituida por un núcleo agrupado de casas que en la documentación aparecen limitando entre ellas y algunas calles. Algunas casas limitan también con huertos lo cual indica que había un espacio irrigado adyacente. También se menciona una mezquita. El espacio irrigado fue localizado en la parte alta del valle, alimentado por un *qanât*[39] (Font de Sa Pastera), aunque abandonado desde hace tiempo. Quedan restos de la acequia que distribuía el agua por tres terrazas situadas justo por debajo de la salida de la galería con una superficie máxima de 1ha. La captación está hecha en una torrentera. Unos metros más abajo de esta captación, hay otra que permite regar un pequeño espacio de 0,6ha, el Hort de Biniforani. Se trata de un espacio completamente remodelado en tiempos recientes (s.XIX o XX) pero con límites rígidos que no pueden haber variado, establecidos por el *qanât,* en el lado superior, y por los torrentes y pendientes en los otros lados.[40] Este espacio fue asociado con el *Rafal Margi* que en la documentación aparece situado en el "lugar" de de Beniforani, con unas casas.[41] (Fig. 13).

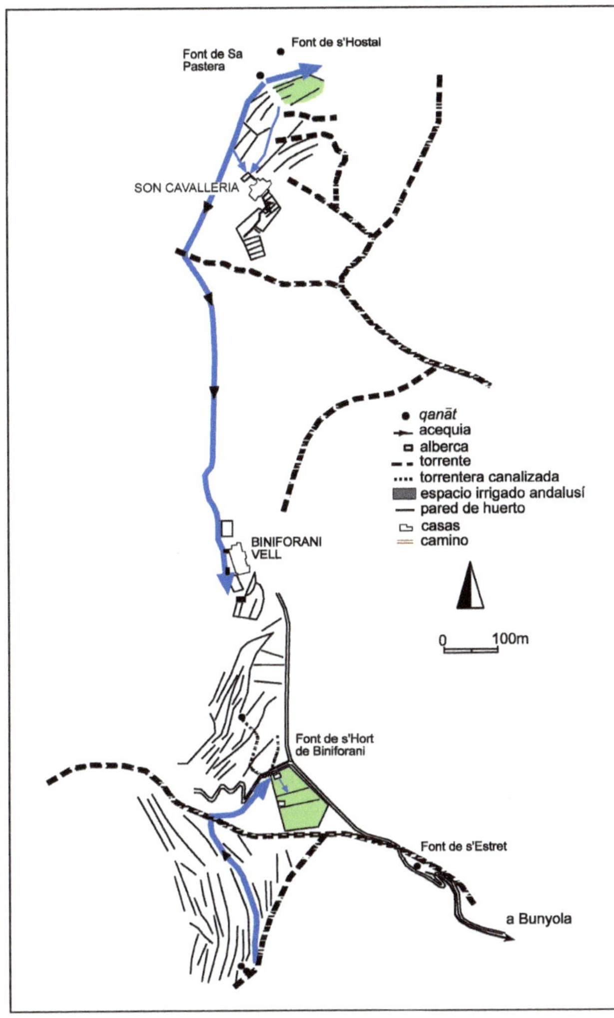

FIG. 13: ESPACIOS IRRIGADOS DE LA ALQUERIA DE BINIFORANI (BUNYOLA, MALLORCA) (FUENTE: KIRCHNER 1997)

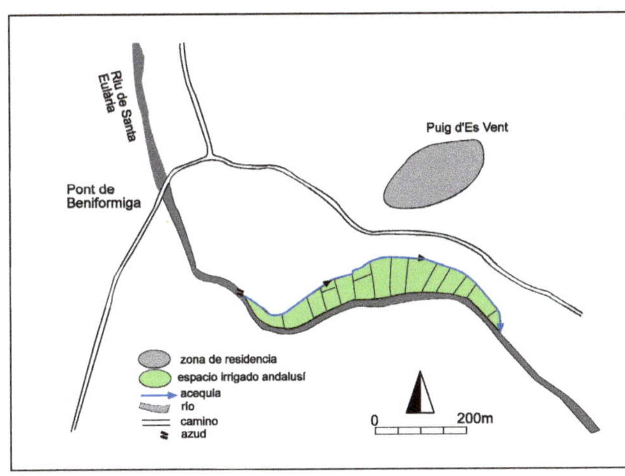

FIG. 14: RECONSTRUCCIÓN EN PLANTA DEL SISTEMA HIDRÁULICO DE BENIFORMIGA (IBIZA)

Los Banû Furânik hicieron, también, un asentamiento en la isla de Ibiza, en Beniformiga. Este grupo se instaló en el curso medio del río de Santa Eulària, en su margen izquierda. El sistema hidráulico comenzaba en una captación hecha mediante un azud en el lecho del río. La acequia derivada abarcaba un perímetro irrigable de 2,63ha de superficie, actualmente fosilizado en el parcelario.

[39] Denominado "pozo" en la documentació: *unum trocium terre ante puteum de Beniforani* (ARM, ECR 345, f.143v).

[40] Estas transformaciones son frecuentes en los espacios irrigados de pequeño tamaño en las islas (Kirchner 1997, 2007; Barceló, Retamero eds. 2005; Retamero 2006).

[41] Diversos casos de este tipo de asociación han sido documentados en las islas. Sobre el sentido de esta asociación y la función de los rahales en las islas ver Kirchner 2009.

Ocupa un espacio de fondo de valle delimitado por un meandro del río y el trazado de la acequia. Actualmente, la acequia y el azud han desaparecido pero su trazado y el del parcelario han quedado fosilizados. Por encima del nivel de rigidez de la acequia y en un pequeño montículo se instaló la zona de residencia del grupo (Fig. 14).

La reconstrucción de los asentamientos de los Banû Furânik en las Islas Orientales de al-Andalus y de los espacios irrigados que construyeron pone de relieve que el bagaje técnico de este grupo comprendía diversas alternativas en los procedimientos de captación que eran escogidas en función de las condiciones del terreno y de los acuíferos disponibles. Esta selección de recursos técnicos se manifiesta, sobretodo, en los diferentes tipos de captación de agua que eran capaces de hacer estos campesinos: fuente natural en Felanitx, *qanât*(s) en Beniforani y un azud en Beniformiga. En los tres casos, los cursos de agua, torrentes, torrenteras o un río, condicionan el lugar de construcción de la captación y del espacio de cultivo.

Conclusión

Volvamos, pues, al principio: las captaciones. El proceso de selección y formación de los asentamientos en esta zona de montaña de Mallorca, está regido por la construcción de espacios irrigados y su localización en los fondos de valle de torrentes y torrenteras. Sus tamaños, alrededor de 1-2ha de superficie los no compartidos y entre 7 y 15ha los más extensos y compartidos, en los torrentes centrales de los valles, son coherentes con las medias establecidas en el conjunto de las islas (Sitjes 2006). El tamaño está determinado no sólo por el espacio potencialmente irrigable, en función del caudal disponible, del terreno adecuado para construir parcelas y la pendiente favorable sino también por estrategias de minimización de riesgos (Retamero 2006) que parecen tener relación con una opción deliberada por mantener sin ampliaciones significativas los espacios de cultivo (Retamero 2006, Kirchner 2009). Tanto las limitaciones técnicas como las opciones sociales, pues, conducen a un paisaje formado por espacios agrarios discontinuos rodeados de redes de alquerías y de amplias àreas incultas. La selección y creación de espacios de tamaño pequeño efectuada por los grupos campesinos andalusíes pone de manifiesto, al mismo tiempo, la necesaria congruencia entre su tamaño poblacional y las superficies construidas.[42]

Pero estos espacios irrigados, en esta zona en particular, no son posibles sin los *qanât*(s). La técnica del *qanât* es imprescindible para poder realizar captaciones de agua con caudal estable en el fondo de los torrentes, caracterizados por la irregularidad de su escorrentía según la estación y las lluvias. Todos los sistemas de los valles estudiados, excepto el de Bànyols y el de Inmelassen en el valle de Alaró, están alimentados por *qanât*(s).[43] Los grupos asentados en la sierra de Tramuntana pudieron construir espacios irrigados gracias al dominio que tenían de la técnica del *qanât*. La difusión de la técnica era imprescindible en esta zona para crear este tipo de redes de asentamiento y espacios agrarios.

El ejemplo de los Banû Furânik, que no es único,[44] constituye la otra cara de la moneda del argumento inicial de este artículo. Un mismo grupo realiza diferentes tipos de captaciones según el lugar donde se asienta y movilizando todos sus recursos técnicos. Así, la difusión del *qanât* no se hizo por azar ni en cualquier parte. Grupos campesinos que saben construirlos no tienen porqué hacerlo si la técnica no es adecuada a las condiciones de los acuíferos que quieren captar. La presencia de los *qanât*(s) en sistemas hidráulicos bien documentados, pues, es un indicio claro del carácter fundacional de los diseños hidráulicos andalusíes, puesto que la técnica de captación tiene una difusión asociada a la migración de campesinos andalusíes y, sin ella, estos sistemas no serían posibles.

La selección técnica, la ocupación discontinua de fondos de valle en aquellos puntos donde es posible esta selección y el tamaño de los espacios de cultivo son los factores que intervienen en la creación de un paisaje agrario que condicionará el asentamiento de colonos feudales a partir del siglo XIII. A diferencia de otras zonas de alAndalus, ,[45] en los sistemas hidráulicos andalusíes de las Islas Baleares, no se documentan operaciones de ampliaciones o de creación de nuevos espacios irrigados hasta el siglo XVII o incluso más tardíamente (Kirchner 2009).

BIBLIOGRAFIA

Alcover, A.M.; Moll, F. (1930-60): *Diccionari català-valencià-balear*. Palma de Mallorca.

Alomar, G. 1976: Urbanismo regional en la Edad Media. Las "Ordinacions" de Jaime III en el reino de Mallorca. Barcelona.

Argemí, M. 1995: El sistema de molinos andalusí del *guz''* de Yartân (Mayûrqa). *En*: *Agricultura y regadío en al-Andalus. II Coloquio de historia y medio físico*: Almería, pp. 259-271.

Argemí, M. 1998: Segmentación de grupos bereberes y árabes a través de la distribución de asentamientos andalusíes en Yartân (Mayûrqa). *Arqueología del paisaje. Arqueología Espacial,* 19-20, pp. 373-386.

[42] En 1995b, M. Barceló, establecía esta relación entre el tamaño de los espacios y el de los grupos constructores.

[43] El sistema hidráulico de Immelassen dependía de una noria y el de Bànyols, de una derivación realizada en el lecho del torrente que recogía los sobrantes de agua del torrente de Solleric, procedentes, del *qanât* de Ses Artigues, captación del sistema hidráulico de Alaró. A fin de cuentas, pues, Bànyols dependía también de un *qanât*.

[44] También hemos comprobado que los árabes Banû Ru'ayn movilizan técnicas diferentes en Mallorca y Menorca, diferentes a su vez de las que fundamentaron el diseño del espacio irrigado pre-islámico fundado en el Yemen, en su lugar de origen (Barceló 2003, 2004; Barceló et al. 2000: Barceló, Torró 2003; Barceló, Retamero eds. 2005); o los Yeṭṭurer en Albacete y Granada (Liétor, Letur, Yátor), en Mallorca (Fanzarach, Felanitx) y en Ibiza (Xarraca, Ibiza) (Navarro 1995, 1997; Barceló, Kirchner 1995).

[45] Ver el artículo de J. Torró en este volumen.

Argemí, M. 1999: *A les vores dels torrents. Una prospecció dels assentaments pagesos andalusins de Pollença. Anuari*, nº6, Pollença.

Argemí, M.; Barceló, M.; Kirchner, H.; Navarro, C. 1997: Un sistema hidràulic compartit per diversos assentaments. *En*: Barceló, M. (coord.): *El curs de les aigües. Treballs sobre els pagesos de Yabisa (290-633H/902-1235dC)*. Consell Insular d'Eivissa i Formentera, 1997, pp.37-51.

Barceló, M. 1984: *Sobre Mayûrqa*. Palma de Mallorca.

Barceló, M. 1986: La qüestió de l'hidraulisme andalusí. *En*: Barceló, M. *et al. Les aigües cercades. Els* qanât*(s) de l'illa de Mallorca*: 9-36. Palma de Mallorca.

Barceló, M. 1988: La arqueología extensiva i el estudio de la creación del espacio rural. *En*: Barceló, M. *et al.*: *Arqueología Medieval. En las "afueras" del medievalismo*. Barcelona, pp. 195-274.

Barceló, M. 1995a: De la congruencia y la homogeneidad de los espacios hidráulicos en Al-Andalus. *En*: *El agua en la agricultura de al-Andalus*. Granada, pp. 25-39.

Barceló, M. 1995b: Els Ayt Iraten i els altres: immigració i assentaments berbers a sharq al-Andalus. *En*: Boldrini, E.; Francovich, R. (ed.) *Acculturazione e mutamenti. Prospettive nell'archeologia medievale del Mediterraneo*. Florencia, pp. 29-52.

Barceló, M. 2001: Immigration berbère et établissements paysans dans l'île d'Eivissa, 902-1235: à la recherche de la logique de la construccion d'une nouvelle société. *En* : *Castrum VII. Zones côtières et plaines littorales dans le monde méditerranée au Moyen Âge: défense, peuplement, mise en valeur.* Roma-Madrid, pp. 291-321.

Barceló, M. 2003: The search for the Hararah *asdad* in the area of Zafar, Governorate of Ibb, Yemen. *Proceedings for the Seminar for Arabian Studies,* 33, pp. 133-142.

Barceló, M. 2004: *Los Ru'ayn en al-Andalus. Una memoria singular y persistente.* Granada.

Barceló, M.; Carbonero, M.A; Martí, R.; Rosselló Bordoy, G. 1986: *Les aigües cercades. Els qanât(s) de l'illa de Mallorca.* Palma de Mallorca

Barceló, M.; Kirchner, H. 1995: Terra de Falanis. Quan Felanitx no ho era. Assentaments andalusins i organització de l'espai al sud-est de Mallorca. Palma de Mallorca.

Barceló, M.; Kirchner, H.; Navarro. C. 1995: *El agua que no duerme. Fundamentos de la arqueología hidráulica andalusí.* Granada.

Barceló, M.; González, R.; Kirchner, H. 1997: La construction d'un espace agraire drainé au *hawz* de la madina de Yabisa (Ibiza, Baléares). *En* : *La dynamique des paysages protohistoriques, antiques, médiévaux et modernes ou les paysages au carrefour de l'interdisciplinarité et de la diachronie. XVIIe Rencontres Internationales d'Archéologie et d'Histoire d'Antibes*, Sophia Antipolis, pp. 113-125.

Barceló, M. (coord.) 1997: *El curs de les aigües. Treballs sobre els pagesos de Yâbisa (290-633H/902-1235d.C.).* Conselleria de Cultura del Consell Insular d'Eivissa i Formentera, Eivissa.

Barceló, M.; Kirchner, H.; Martí, R.; Torres, J.M.; 1998: *The design of irrigation systems in al-Andalus. The cases of Guajar Faragüit (Los Guájares, Granada, Spain) and Castellitx, Aubenya and Biniatró (Balearic Islands).* Universitat Autònoma de Barcelona, Bellaterra.

Barceló, M.; Kirchner, H.; Torró, J. 2000: Going around Zafar (Yemen), the Banu Ru'ayn field survey: hydraulic archaeology and peasant work. *Seminar for Arabian Studies,* 30, pp. 27-39.

Barceló, M.; Torró, J. 2003: The hydraulic set-up of Bayt al-Ashwal valley: a case study. *En*: Al-Hakimi, A.; Pelat, F. (ed.) *Indigenous Knowledge and Sustainable Agriculture in Yemen. Les Cahiers du CEFAS,* 3, pp. 15-18.

Barceló, M. Retamero, F. (ed.) 2005: *Els barrancs tancats. L'ordre pagès al sud de Menorca en època andalusina.* Maó (Menorca).

Bofarull, P. de 1856: *Repartimientos de los reinos de Mallorca, Valencia y Cerdeña. Colección de documentos inéditos del Archivo General de la Corona de Aragón.* Vol.XI, Barcelona.

Bover, J.M. 1841: *Historia general del Reino de Mallorca.* Palma de Mallorca.

Busquets, J. 1953: El códice latinoarábigo del Repartimiento de Mallorca (parte latina). *Bolletí de la Societat Arqueològica Luliana*, XXXI, pp. 305-307. Palma de Mallorca.

Busquets, J. 1954: El códice latinoarábigo del Repartimiento de Mallorca (texto árabe). *En*: *Homenaje a Millás Vallicrosa*: Barcelona.

Carbonero, M.A. 1992: *L'espai de l'aigua. Petita hidràulica tradicional a Mallorca.* Palma de Mallorca.

Corominas, J. 1980: *Diccionari etimològic i complementari de la llengua catalana.* 9 vols. Barcelona.

Cruz Hernández, M. 1990: Topografía árabe de la isla de Ibiza a comienzos del siglo XIII según el *Memoriale Divisionis*. *En*: *Homenaje a Manuel Ocaña Jiménez*, Córdoba, pp. 65-94.

Goblot, H. 1979 : *Les qanât*(s)*. Une technique d'acquisition de l'eau.* Paris-La Haya-New York.

Glick, T.; Kirchner, H. 2000: Hydraulic systems and technologies of islamic Spain: history and archaeology. *En*: Squatriti, P. (ed.) *Working with water in Medieval Europe. Technology and Resource-Use*, pp. 267-330. Brill. Leiden, Boston, Köln.

Guichard, P. 1977: *Structures sociales orientales et occidentales dans l'Espagne musulmane.* París.

Kirchner, H. 1995: Colonització d'*un regne en la mar*: la subversió feudal dels espais agraris andalusins a Mallorca. *En* : Sénac, P. (ed.) *Histoire et archéologie des terres catalanes au Moyen Age*, Perpignan, pp. 279-316.

Kirchner, H. 1997 : *La construcció de l'espai pagès a Mayûrqa: les valls de Bunyola, Orient, Coanegra i Alaró.* Universitat de Les Illes Balears, Palma de Mallorca.

Kirchner, H. 1998: Tierras de clanes. Espacios hidráulicos y clanes andalusíes en la isla de Yâbisa (Ibiza).

Arqueología del paisaje. Arqueología Espacial, 19-20, pp. 351-372.

Kirchner, H. 2002: El mapa de los asentamientos rurales andalusíes de la isla de Ibiza. *En*: Trillo, C. (ed.) *Asentamientos rurales y territorio en el mundo mediterráneo en época medieval.* III Jornadas de arqueología medieval, Berja, pp. 120-186.

Kirchner, H. 2003a : La datation des *qanât*(s) et des espaces irrigués dans les Iles Orientales d'al-Andalus (Baléares, Espagne). Identification archéologique et documentaire. *En* : *Internationales Frontinus-Symposium. Wassrversorgung aus Qanaten –Qanate als Vorbilder im Tunnelbau"*, pp. 187-206.

Kirchner, H. 2003b : Arqueologia colonial: espais andalusins i pobladors catalans, 1229-130". *En* : *Actes del col.loqui El feudalisme comptat i debatut. Formació i expansió del feudalisme català.* Museu d'Història de Catalunya, pp. 201-236. Barcelona.

Kirchner, H. 2007: La reconstrucció del disseny original dels espais irrigats andalusins i de les modificacions posteriors. Exemples d'Eivissa. *En*: Bolòs, J. (ed.) *Estudiar i gestionar el paisatge històric medieval. Territori i societat a l'Edat Mitjana. Història, arqueologia, documentació* IV, Lleida, pp. 11-38.

Kirchner, H. 2008: Archeologia degli spazi irrigati medievali e le loro forme di gestione sociale. *En*: *L'acqua nei secoli altomedievali.* Atti delle LV Settimane, Spoleto: Centro Italiano di Studi sull'Alto Medioevo, vol.I, pp. 471-503.

Kirchner, H. 2009: Original design, tribal management and modifications in Medieval hydraulic systems in the Balearic Islands (Spain). *World Archaeology: The archaeology of water,* 41, n°1, pp.148-165.

Kirchner, H. en prensa : Surfaces de cultures irriguée et concentrations de moulins hydrauliques en Al-Andalus. Le cas dels Îles Baléares. *En* : *VIIIth Ruralia International Conference : Processing, storage, distribution of food. Food in the Medieval Rural Environment.* Murcia (7-12 septiembre 2009).

Lambton, A.K.S. 1989: The origin, diffusion and functioning of the *qanât*. *En*: Beaumont, P.; Bonine M.; McLachlan (ed.): *Qanat, kariz and khattara,* Londres, pp. 5-12.

Marí Cardona, J. 1976: *Illes Pitiüses. I- La conquista catalana de 1235.* Eivissa.

Morro, G. 2000: Les ordinacions de Jaume II. *I Jornades d'estudis locals de Felanitx. Actes Commemoratius 700 aniversari Fundació de La Vila de Felanitx*: Felanitx, Mallorca, pp. 108-132.

Muntaner, J. Vich, J. 1945: *Documenta Regni Majoricarum (Miscelanea).* Palma de Mallorca.

Mut, A.; Rosselló Bordoy, G. 1993 : *La "Remenbrança"de Nunyo Sanç. Una relació de les seves propietats a la ruralia de Mallorca.* Palma de Mallorca.

Navarro, C. 1995: El *ma'gil* de Liétor: un sistema de terrazas de origen andalusí en activo. *En*: *I Congreso de Arqueología Peninsular*, vol.VI, Porto, pp. 365-378.

Navarro, C. 1997: Els Zûrâg (>Xarraca) i els Banî Rasn (>Benirràs) al quartó de Xarc. *En*: Barceló, M. (coord.) *El curs de les aigües. Treballs sobre els pagesos de Yâbisa (290-633H/902-1235d.C.),* Eivissa, pp. 53-63.

Panhol, X. De 1992: Les galeries drainantes souterraines: quelques problèmes généraux. *En* : Balland, D. (ed.). *Les eaux cachées. Études géographiques sur les galeries drainantes souterraines.* París.

Retamero. F. 2006: Lo que el tamaño importa. Cuándo y por qué se modificaron los antiguos sistemas hidráulicos andalusíes. *Arqueología Espacial,* 26, pp. 293-310.

Rokseth, P. 1923 : *Terminologie de la culture des céréales à Majorque.* Institut d'Estudis Catalans, Barcelona

Rosselló Bordoy, G. 2007: *Documents cabdals del Regne de Mallorca. Llibre de Repartiment de Mallorca o Llibre del Rei.* Palma de Mallorca.

Selma, S. 1991: El molí hidráulic de farina i l'organització de l'espai rural andalusí. Dos exemples d'estudi arqueològic espacial a la Serra d'Espadà (Castelló). *Mélanges de la Casa de Velázquez* 27/1, pp. 65-100.

Selma, S. 1993: Molins i rodes: entorn d'una discussió desafortunada. *Afers,* 15, pp. 11-26.

Rosselló, V.M. 1989: Els molins d'aigua de l'horta de València. *En*: *Los paisajes del agua. Libro jubilar dedicado al profesor Antonio López Gómez.* València, pp. 317-345.

Sitjes, E. 2006: Inventario y tipología de sistemas hidráulicos de Al-Andalus. *En*: *Arqueología Espacial,* 26, pp. 263-291.

Sitjes, E. 2008: Assentaments i sistemes hidràulics andalusins a la part de Manacor, abans i just després de la conquesta catalana (1229-1230). Tesis Doctoral, Universitat Autònoma de Barcelona.

Soto, R. 1984: *Còdex català del llibre del Repartiment de Mallorca.* Palma de Mallorca.

Soto, R. 1990: Repartiment i repartiments: l'ordenació d'un espai de colonització feudal a la Mallorca dels segle XIII. *En*: *De al-Andalus a la sociedad feudal: los repartimientos bajomedievales. Anuario de Estudios Medievales.* Annex 25, Barcelona, pp. 1-51.

Soto, R. 1991: *L'ordenació de l'espai i les relacions socials a Mallorca en el segle XIII (1229-1301).* Tesis Doctoral, Universitat Autònoma de Barcelona. Bellaterra.

Soto, R. 1992 : Ovelles, vaques, porcs i eclesiàstics. (Algunes consideracions sobre la ramaderia balear a l'Edat Mitjana, segles XI-XIV. *En*: *Estudis d'història econòmica* 1, pp. 13-29.

Soto, R. 1994: La *porció* de Nunó Sanç.Repartiment i repoblació de les terres del sud-est de Mallorca. *Afers,* 18, pp. 347-366.

Virgili, A. 2002: *"Ad detrimendum Yspanie". La conquesta de Turtûsha i la formació de la societat feudal (1148-1200).* Universitat Autònoma de Barcelona-Universitat de València.

Torró, J. 1999: *El naixement d'una colònia. Dominació i resistencia a la frontera valenciana (1238-1276).* València.

Virgili, A. 1997 : L'indret de les Arenes al Prat de Tortosa. Contribució a l'estudi de la toponímia de Tortosa (segleXII). *En*: *Actes del vint-i-tresè col.loqui general de la Societat d'Onomàstica (I).* Ulldecona.

Los espacios agrícolas de Madîna Manûrqa (Ciutadella de Menorca). Siglos X-XIII

Fèlix Retamero[1]
Bernat Moll

Este trabajo es una continuación de un estudio llevado a cabo por los mismos autores hace unos años sobre la localización de las zonas de cultivo en la antigua Madîna Manûrqa (Retamero, F.; Moll, B. 2003). En este estudio previo, se puso de relieve cómo la ciudad andalusí de Menorca, residencia principal de los diferentes estados que gobernaron la isla desde el siglo X hasta la conquista catalana de 1287, no fue un espacio continuo de edificios y de calles, sino que incluyó algunas zonas intersticiales y otras, adyacentes a la medina, dedicadas al cultivo. Buena parte del área delimitada por la muralla construida a principios del siglo XIV, que englobaba la red de calles y algunos de los antiguos campos de la antigua medina, estuvo ocupada por huertos, cortinales (*hortals*), y herrenales (*farraginals*) a finales del XIII.

El registro escrito de los repartos llevados a cabo en los años posteriores a la conquista del 1287 permitió en el mencionado trabajo ubicar la mayor parte de estos espacios de cultivo e insistir sobre la cortedad de la distinción tajante entre espacios "urbanos" y "rurales" como instrumento de análisis, recordando una vieja prevención de I. Lapidus (1967: 90). Esta consideración conduce a la necesidad de plantear el estudio de la medina, también y de manera principal, en tanto que lugar de gestiones agrarias. Algunas de estas producciones tuvieron lugar en los espacios palatinos de experimentaciones botánicas, bien documentados en el caso de al-Andalus.[2] Pero independientemente de estas áreas restringidas, gestionadas por personal del estado, existieron espacios agrícolas de extensiones y producciones congruentes con la concentración de gente en la medina. En el caso de Madîna Manûrqa se puede ofrecer una estimación fiable de los espacios de cultivo situados en su interior y en las zonas adyacentes.

Por otra parte, Madîna Manûrqa fue la sede principal del estado en la isla en época andalusí. Esta condición se sustentó primeramente en la capacidad de agrupar gente, servidores del estado, artesanos, comerciantes, a parte de labradores y hortelanos. También, en la necesidad de sostener la vinculación tributaria con los grupos campesinos de la isla. La dimensión política de este orden campesino (*badâwa*) estaba inscrita, a su vez, tanto en las condiciones de generación y de viabilidad del orden de las dinastías y de la plasmación urbana de éste (*ḥaḍâra*), como en la limitación del dominio político del estado (*sulṭân*). Estos fueron los términos, "gente del campo" (*ahl bâdîya*) y "gente de la ciudad" (*ahl ḥadîra*), que utilizó el autor del llamado *Kitâb lubâb al-albâb* para referirse a la renovación del pacto entre el arráez (*raᶜîs*) Saᶜîd ibn Ḥakam, máxima autoridad del estado, y los habitantes de Menorca, en 1248. Si, como parece probable, el anónimo autor del *Kitâb* fue coetáneo y conoció de cerca los acontecimientos narrados (Antuña 1941; Molina 1982; 1985), se trataría de una descripción del orden político andalusí de la isla hecha con unos términos que fueron utilizados un siglo y medio después por Ibn Jaldûn para desarrollar su potente explicación de cómo surgieron, se organizaron y se extinguieron las dinastías en el occidente islámico medieval (Ibn Jaldûn trad, Rosenthal 1967).

Tal como se indicaba en ese artículo del 2003, la *ḥaḍâra* implicaba la institucionalización tributaria de las capturas, y su fundación descansaba primeramente sobre las producciones concentradas en su inmediatez (Retamero, F.; Moll, B. 2003). La incorporación de nuevos textos y la prospección de las zonas circundantes han permitido completar la identificación de los espacios de cultivo de Madîna Manûrqa que se presentó en el artículo publicado en el 2003. Esta nueva información permite precisar aún más cómo fueron los espacios que sostuvieron en primera instancia el poder del estado en Menorca y conformaron su sede, la medina. La primera parte de este artículo estará centrada en la identificación de estos espacios; en la segunda, se tratarán algunos de los aspectos más relevantes de la base empírica descrita, como son los relacionados con la extensión de estas zonas de cultivo y con los tipos de prácticas agrícolas que se llevaron a cabo en ellas.

Las zonas de cultivo en el interior de la medina

La figura 2 muestra los espacios de cultivo situados en el interior de la medina que han podido ser identificados a partir de los textos escritos después de la conquista de 1287. Algunas de ellas, como las que fueron repartidas a los franciscanos y a las clarisas, no sufrieron modificaciones importantes a lo largo de los siglos, tal como puede seguirse a través de la documentación textual y cartográfica (Sastre 1982a),[3] hasta la desaparición de todos ellos durante la urbanización desarrollada desde mediados del siglo XX. Hubo más espacios cultivados en la medina, como veremos más adelante, pero no han podido ser localizados con precisión y por ello no aparecen en el plano.

El espacio aludido como "*viridarium* del palacio del rey" en los textos fechados pocas semanas después de la

[1] Este estudio se ha realizado en el marco del proyecto de investigación *Aclimatación y difusión de plantas y técnicas de cultivo en al-Andalus* (HUM 2007-62899/HIST) y en el seno del grupo de investigación (AGAUR: 2009 SGR-304): *Arqueologia Agrària de l'Edat Mitjana* (ARAEM).

[2] Sobre el contexto de estas producciones continúa siendo básica la obra de L. Bolens, 1994; sobre los espacios vinculados al *sulṭân* de Menorca, Retamero (2006).

[3] Principalmente, se trata del *Plan de la plaza de Ciutadella*, del ingeniero militar español Blas Zappino, fechado el 10 de agosto de 1782, del que se hizo una copia en 1799. Hemos utilizado la copia conservada en el Museu de Ciutadella. También hemos utilizado el *Plan de la ville et des environs de Ciutadella en l'isle de Minorque relatif aux projets de 1762*, de La Barrère, del 25 de agosto de 1761.

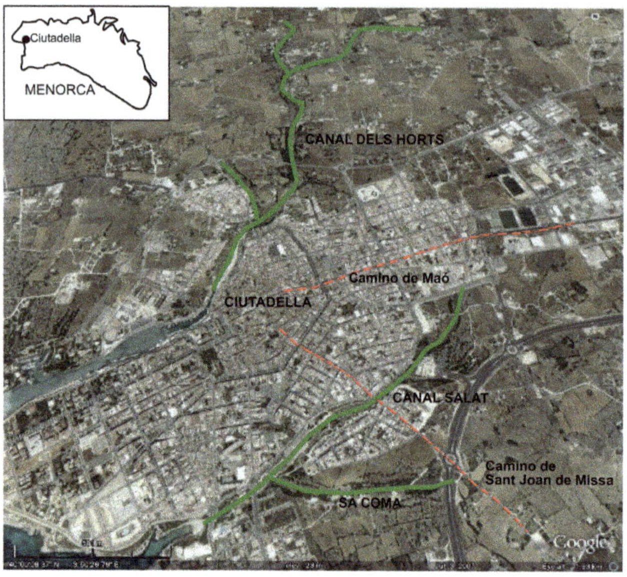

FIG. 1: CIUTADELLA Y LOS BARRANCOS

conquista fue el antiguo vergel palatino andalusí.[4] De acuerdo con las referencias contenidas en otros documentos de donaciones de esta época, este palacio estaba situado entre las calles de Sant Jeroni y Major del Born, la plaza del Born, y la calle de Sant Francesc (Fig. 2). No hay duda de que el vergel estaba situado dentro del palacio, como refleja claramente la expresión *viridario dominus regis qui est intus palatio*, en un documento de 1292.[5] Es probable que este *viridarium* fuera el que aparece citado en un documento del 1290 por el que se donaba una plaza a los franciscanos para que hicieran un cementerio. La plaza lindaba con una "torre del vergel" (*turris viridarii*) (ARM. ECR. 640 fol. 90v, 17-09-1290). También, es posible que se hubiera tratado del "vergel de Menorca" (*bustân bî Manûrqa*), por el que Sa^cîd b. Ḥakam, su secretario y un grupo de estudiantes paseaban, y donde improvisaban poemas, según se dice en el *Kitâb lubâb al-albâb* (fol. 43v y 44r).

Este *viridarium*, o al menos parte de él, era regado desde una cenia a la que se accedía por un callejón (*via que ibi est in quae est senia dicti nostro palatiy* (ACA. Reg. 64, fol.157, 20-02-1287); *androna que va a la cenia.* (ARM. ECR. Reg. 644, fol.112v, 1292). Este callejón (*androna*), a su vez, limitaba con otras casas que tenían un cortinal en el que estaba enterrado el padre del almojerife. El último almojerife de Menorca fue Abû 'Umar Ḥakam b. Sa^{c}îd, de manera que quien estaba enterrado en este recinto era Abû Uṯmân Sa^{c}îd b. Ḥakam (Barceló, M.; Moll, B. 2006). Este último *hortal* aparece mencionado en otros documentos, en los que se alude a unas casas situadas en el palacio que lindaban con la judería (la actual calle de Sant Jeroni),[6] con otras casas el mismo palacio, y con el *orto seu ortali* donde yacía el padre del almojarife (ARM. ECR. Reg. 644, fol.111v, 1292). Estas y otras menciones coincidentes permiten ubicar la rauda – sepulcro y verjel (Dickie 1968: 238-240) de Sa^{c}îd b. Ḥakam, en un lugar cercano pero diferente al del *viridarium* del palacio (Fig. 2).

Según un documento fechado en Ciutadella el 1 de marzo de 1287, el rey concedió a los guardianes de los conventos franciscanos de Barcelona y de Mallorca un huerto en la villa llamado del arráez (*ortus uocabatur ortus del arraiz*), y unas casas situadas a cada lado de ese huerto, para que construyeran la iglesia y el monasterio de la orden. El conjunto de huerto y casas lindaba con una calle (*carraria publica*), con un prado o patio situado delante de una torre (*prato siue patium ante turrym*), y con tierras y cortinales del rey, aún pendientes de ser asignados (*terris seu ortalibus nostris que nondum sunt aliys assignata*) (ACA. Reg.64, fol.163v; Parpal, 1901; doc. XXXI; Sastre 2000: 35). En un documento fechado en setiembre de 1487, es mencionado como *hort major* del convento, en el que había árboles, una noria y albercas (Sastre 2000: 39). La iglesia y el convento de los franciscanos establecidos inmediatamente después de la conquista fueron destruidos durante el ataque turco a Ciutadella del año 1558, y fueron levantados de nuevo en el mismo lugar (Fig. 2). El huerto, que desapareció bajo el ensanche de la villa de mediados del siglo XIX, aparece ubicado en mapas del XVIII y en el expediente de desamortización del 1821 (Arxiu Municipal de Ciutadella. División VI. Iglesia. Legajo 1556-1855; Gomila 1976: 86-88). En este último documento se describe con precisión ese huerto del arráez. En aquel momento, la extensión regada ocupaba 4 barchillas (*barcelles*), es decir, 4450 m^2. El agua se extraía de un pozo mediante una noria de tiro y se acumulaba en una alberca. Por otra parte, el huerto incluía una cuartera (*quartera*) de secano (unos 6666 m^2) dividida en cinco cercados (*tanques*), en las que había nueve higueras y dos saúcos. A estas 1,1 ha habría que añadir unos 3000 m^2 más, que fueron los que aproximadamente ocuparon los mencionados convento e iglesia franciscanos. Además, una parte del espacio debió de ser arrasado durante la construcción de las murallas de la villa, a principios del siglo XIV, y una parte de él quedó extramuros.[7] Durante la excavación de urgencia llevada a cabo en esta zona de la ciudad durante 1998 se encontraron restos de paredes de piedra seca construidos sobre los niveles romanos de la antigua Iamona, y datados en época andalusí. Es posible que se trate de los muros de las casas vecinas al huerto, mencionadas en el documento del 1287, ya citado. También se halló una gran cantidad de fragmentos cerámicos, mayoritariamente de los siglos XII y XIII, pero con cantidad significativa de restos fechados entre

[4] *Palatium sive regale nostro* (del rey) (ACA. Reg.70 fol. 66-v.5-3-1287); *palatio nostro de Ciutadella.* (ACA. Reg. 64 fol. 157.20-02-1287); *palatium domini Regis.* (ARM. ECR. 644 fol. 111v, 1292).

[5] Se trata de la donación de un algergue com patio y un vergel situado también dentro del albergue. El albergue lindaba con el *viridarium* del palacio. ARM. ECR. 644 fol. 114-114v 1292.

[6] Aún existía una sinagoga en la esquina de la calle Sant Jeroni con la del Born en el siglo XVI (Sastre 1982: 51).

[7] *muri de Ciutadella, qui murus transibit et extendit se per ortum fratum minorum medio per medio.* (Aguiló, 1896-1897: 170-171; Rosselló, 1985a: 23; ARM. LR. 1, fol. 43v) Si el sentido de la referencia es que la muralla atravesaba justo por enmedio del huerto, la superficie que habría quedado extramuros habría sido aproximadamente la misma que la del interior; en total, pues, el huerto del arraéz habría ocupado unas 2,5 ha.

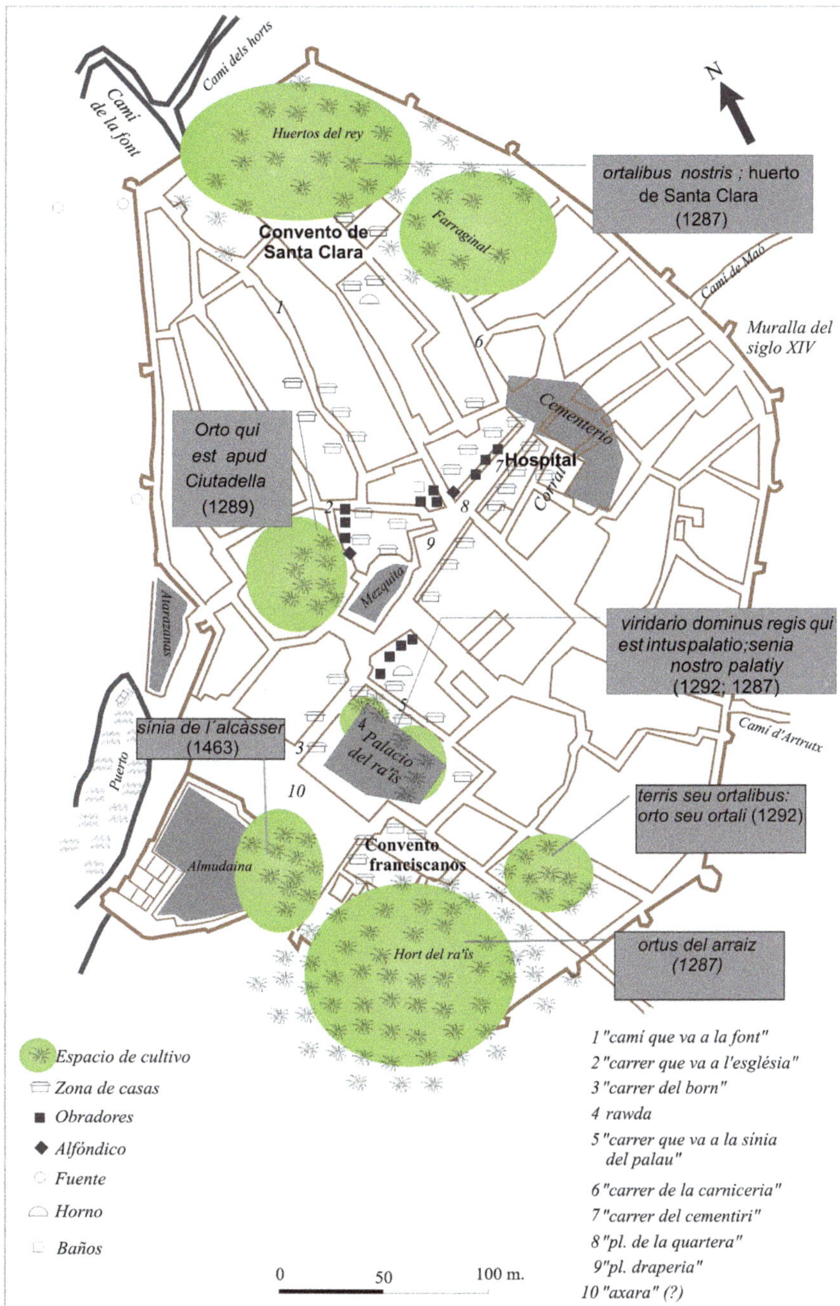

FIG. 2: MADÎNA MANÛRQA SEGÚN LA DOCUMENTACIÓN POSTERIOR A LA CONQUISTA DEL 1287

los siglos X y XI, como ataifores con vidriado blanco o melado y decoración en verde y manganeso (Riera 2000:138-142). Este huerto de los franciscanos estaba muy cerca del que estaba en el alcázar –actual ayuntamiento. El indicio más antiguo que conocemos de este huerto es el pago que recibió un carpintero por arreglar la cenia, de acuerdo con un documento del año del 1463 (Rosselló 1985b: 234; Sastre 1989: 108-109). Por otra parte, el huerto aparece cartografiado en los planos de La Barrère y de Blas Zappino ya citados (Fig. 2).

Los franciscanos recibieron también una plaza para hacer un cementerio. Una de las lindes de esta plaza era el huerto de Berenguer Riba (ARM. ECR. Reg. 644, fol 90v.; fol 92v-93, 1290). Teniendo en cuenta la ubicación del convento franciscano y la de la plaza destinada a cementerio, este huerto debía de estar al sudeste del espacio ocupado por el antiguo monasterio, y formaba parte de las "tierras o huertos" (*terris seu ortalibus*) que lindaban con el ya mencionado huerto del arráez. En otro texto del 1290 (ARM. ECR 644 fol. 92v-93), se menciona una viña del mismo Berenguer Riba, situada en la misma zona donde estaba el "matorral del rey", ya en las afueras de la antigua medina. Esta ubicación es congruente con la situación propuesta para este huerto vecino al del arráez (Fig. 2).

Otro de los espacios de cultivo identificados es el huerto que recibió, junto a unas casas, la orden de Santa Clara. Este huerto lindaba con calles y con los "huertos del rey", según un documento de 1287 (ACA. Reg.64 fol.159.1-3-1287; Parpal, 1901: doc.XXVIII). Otro texto de 1289 da fe de que dos años después de la conquista ya había sido

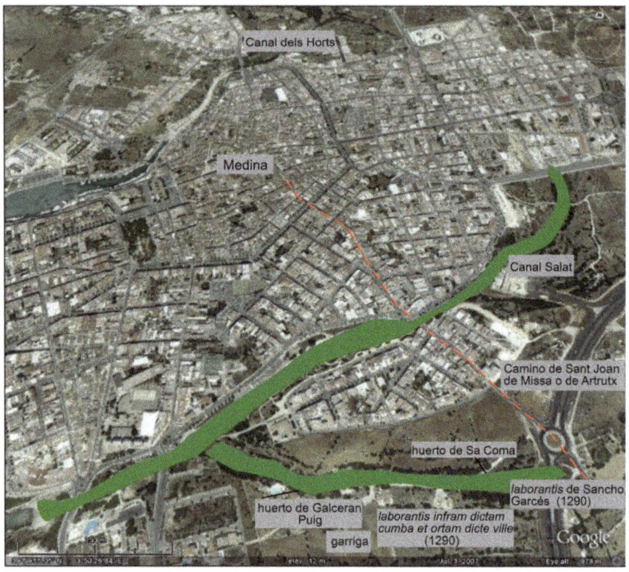

FIG. 3: EL CANAL SALAT Y SA COMA

construido el monasterio de esta orden en Ciutadella (ACA. Reg.78, fol. 35; Parpal, 1901: doc XXIX; ARM. ECR Reg. 644, fol. 89v-90). El huerto del convento de Santa Clara fue transformado en el patio del colegio de los Salesianos en 1939, y hasta esta fecha tuvo una cenia y una alberca. El plano de Blas Zappino, ya mencionado, muestra que el huerto tenía la forma de un trapecio irregular con un área de unos 4000 m^2, y que estaba rodeado de casas y junto al convento. Todo el conjunto, delimitado por la antigua muralla, ya desaparecida, del siglo XIV, ocupaba el extremo oeste de la medina, próximo al Canal dels Horts, del que se tratará más adelante (Fig. 2). Los huertos "del rey" que lindaban con este huerto de Santa Clara probablemente eran espacios que aún no habían sido adjudicados en marzo de 1287, pocas semanas después de la conquista. Estos huertos debieron ser los mismos que en el siglo XVI lindaban con el *carrer que va a la font*, ya documentado en 1291, y que corresponde a la actual calle de Sant Cristòfol (Sastre 1982a: 52-53; Fig. 2).

Los Trinitarios recibieron unas casas y una mezquita para que construyeran su convento, si bien no hay indicios posteriores de que hubiera sido edificado. También, en un corral próximo a uno de los cementerios de la antigua medina, levantaron un hospital –este sí–, documentado en el siglo XIV. Por otra parte, obtuvieron dos rafales y un huerto (*orto qui est apud Ciutadella*) que limitaba con calles y con varias heredades (ACA. Reg. 78, fol 46r, 27-02-1289; ACA Reg.64, fol. 160v, 1-3-1287). El documento conocido como el *Pariatge* de 1301, permite situar este huerto al lado de la actual calle del Bisbe (figura 2). Se trataría del mismo espacio aludido como los *horts detras la sglesia* en un texto del siglo XVI, y que a principios del siglo XIX era "un gran patio lleno de azufaifos" (Sastre 1982b; Benejam 1909: 8).

A los espacios de cultivo mencionados hasta ahora hay que añadir otros que no han podido ser ubicados por falta de referencias más precisas. Este es el caso del huerto que fue de *Yahie Çaheix* y de *Mahometi Abagadon*,

FIG. 4: RESTOS DE LA CANTERA DE SA COMA (CIUTADELLA)

adjudicado a Berenguer Llopis, junto con unas casas situadas al lado de la bahía y un horno que había en el mercado (*açoc*) (ACA. Reg.70, fol. 65v, 23-2-1287). También, de la casa y del huerto que fueron de *Damozuach* y que recibió Ramon Lloret (ARM. ECR 352, fol. 133-133v, 1290), y de un ilocalizable *orto d'en Navara* (ARM. ECR. Reg. 644, fol. 97-97v, 1290). Un texto del 1291 menciona el "huerto o herrenal que fue de *Abrahim Abuzeit* y de *Almesquida*, sarracenos", obtenido por Asnar Lopis de Gorrea. No se dan indicaciones que permitan localizar este espacio, pero es posible que estuviera en el *freginal defront lo monasteri de Santa Clara* documentado en el siglo XVI (Fig. 1) (ARM. ECR Reg. 644, fol. 102v, 1291; SASTRE, 1982a: 51-52). También en un lugar impreciso de la medina, pero en todo caso cercano al ya mencionado "huerto del rey" que estaba en el recinto palatino del antiguo arráez, se encontraba el vergel concedido a Bernat Vilarder y a Jaume Llompart en 1292 (ARM. ECR Reg. 644, fol. 114-114v, 1292).

Las zonas de cultivo en las afueras de la medina

Según un documento del 1290, Galcerán Puig recibió una *cumba* (en catalán, "coma", hondonada), y una extensión de matorral que estaban junto a un huerto del que ya disponía. Esta hondonada había sido una cantera "en tiempos de los sarracenos" y lindaba con el huerto propio, con el matorral del rey, con unas *laborantis* (tierras de labor) de Sancho Garcés de Nuz situadas junto al camino de Artrutx, y con otras *laborantis* que estaban por bajo de la hondonada mencionada y de la huerta de la villa (*infram dictam cumba et ortam dicte ville*) (ARM. ECR. Reg. 644, fol. 87v-88, 1290).

Indudablemente, se trata del predio (*lloc*) conocido aún como Sa Coma, situado en un pequeño barranco (*canal*) que desemboca en el Canal Salat, otro barranco que circunda los flancos este y sur de la villa (Fig. 3). Los restos de la cantera son todavía visibles junto al camino de Sant Joan de Missa, el antiguo camino del pago de Artrutx, al sur de Ciutadella (Fig. 4). La hondonada en la que se encuentra la cantera tiene una superficie de 5700 m^2. El barranco se estrecha más abajo, se vuelve a ensanchar en la parte baja, justo antes de confluir en el Canal Salat, y forma entonces un llano rectangular de unos 4000 m^2. Ahí estaba el huerto adjudicado a Galcerán

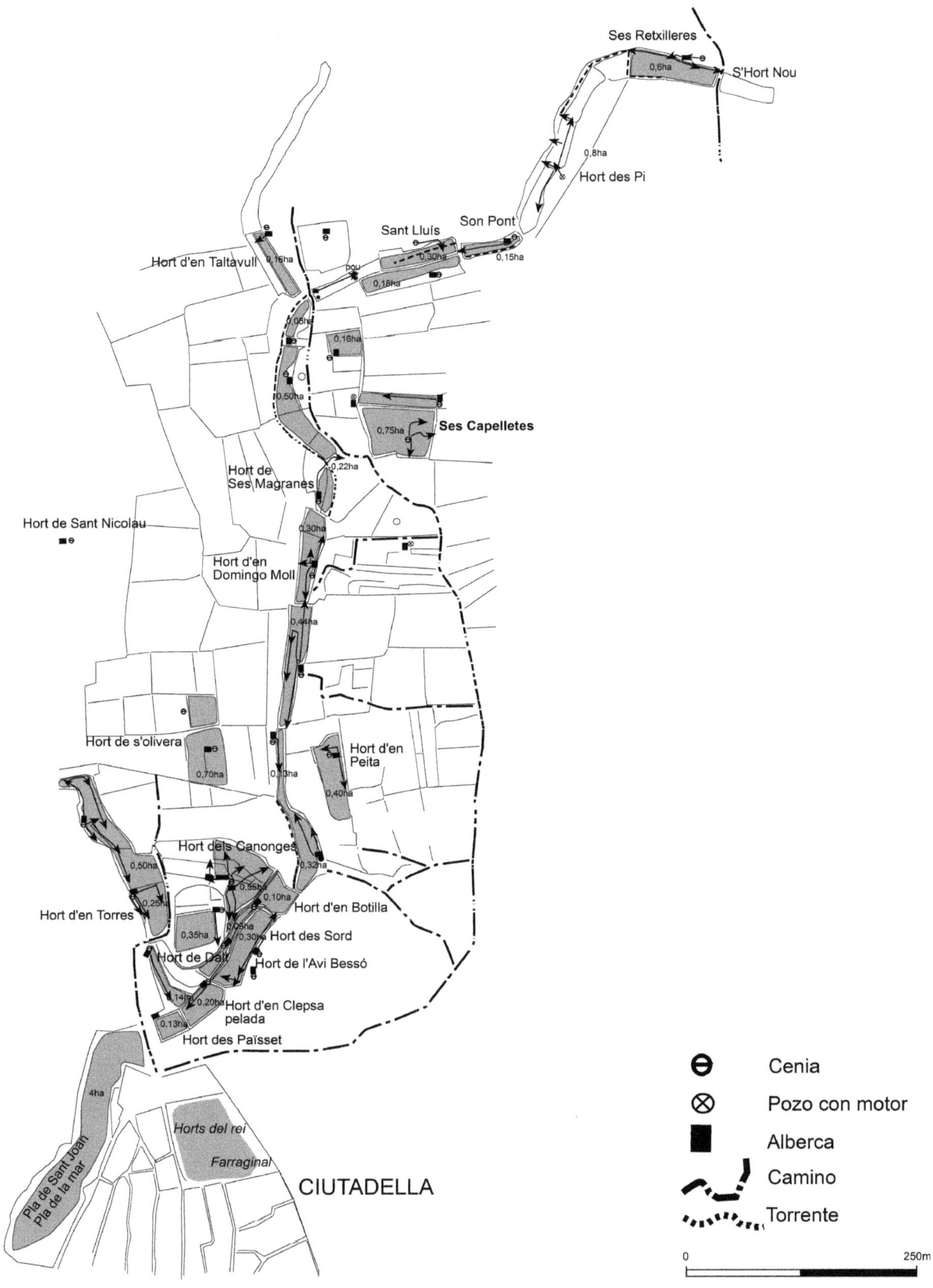

FIG. 5: HUERTOS CON NORIAS EN EL CANAL DELS HORTS Y ALREDEDORES (CIUTADELLA)

Puig. No se conocen fuentes en este barranco, de manera que si ese huerto tuvo riego debió de ser desde una noria, probablemente ubicada donde hubo una hasta mediados del siglo pasado, en el lugar donde se construyó una de las primeras piscinas de Ciutadella. Sin duda, fue esta la cenia que regaba "el huerto del camino del Degollador" (la parte baja del barranco), perteneciente a los agustinos de Ciutadella (Cavaller 1929: 45). Por otra parte, el huerto estaba rodeado de tierras de labor (*laborantis*) intercaladas con el *saltus* (*garriga*), según el documento mencionado del 1290.

Lo más sorprendente de este documento de 1290 es la referencia, la única conocida hasta ahora, a la "huerta de la villa", por bajo de la cual se extendían los campos de labor y el matorral. Difícilmente puede pensarse que esta huerta fuera el huerto del mencionado Galcerán Puig, una extensión de menos de media hectárea que es identificado en el mismo documento precisamente como "huerto". "Huerta" remite a una dimensión mayor. El único espacio cercano que podría haber sido una huerta es el Canal Salat. Este barranco tiene una longitud de unos 1,5 km y contiene un área aproximada de 5 ha. No se conoce ninguna mención de huertos en este canal hasta el siglo XVI, y sólo en la Cala del Degollador, la parte final del barranco.[8] Por otra parte, se trata de un *canal* seco, en el que sólo se podría haber regado con norias de tiro. En la actualidad no hay ninguna conservada, pero las hubo. Aún quedan restos de una alberca cerca de donde el camino de Sant Joan de Missa atraviesa el barranco. Justamente entre este lugar y la confluencia con el barranco de Sa Coma hubo un huerto de regadío hasta mediados del siglo pasado. La huerta de Ciutadella mencionada en el documento de 1290, o al menos una parte de ella, se extendió, pues, tanto por el Canal Salat como por el de Sa Coma, y lindó, hacia el exterior, con campos de labor intercalados con el matorral.

Un caso similar es el del Canal dels Horts, otro barranco formado por un torrente que atraviesa rocas carbonatadas y que acumula en el fondo materiales cuaternarios. Está situado en el norte de la villa, entre el pago del Hort nou y el puerto de Ciutadella, y su longitud es de unos 2,5 km (Fig. 5). Hay que añadir el ramal que se une por el norte, proveniente del Hort de Sant Salvador, y el que desemboca por el oeste, justo antes del inicio del Pla de Sant Joan, en la parte baja del Canal. De acuerdo con los restos conservados, que corresponden a los de la última fase de utilización, hubo algunas partes del barranco que no fueron regadas.[9] Por otro lado, algunas cenias están situadas en el exterior del *canal*, bien en el llano adyacente, bien en la pendiente aterrazada. La superficie ocupada por los huertos del fondo del canal y los que están en las zonas próximas es de unas 9 ha. A éstas hay que añadir las 4 ha ocupadas por los huertos del Pla de Sant Joan.

No se conoce ninguna referencia textual de los huertos de este canal anterior al siglo XVI, y las más antiguas aluden a los que estaban situados en la parte más baja del barranco, como en el caso del Canal Salat.[10] Lo que está claro es que el Canal dels Horts ha sido –y es- *la* huerta de Ciutadella, al menos desde época moderna. A pesar de que ningún texto conocido, escrito justo después de la conquista de 1287, haga alusión a este espacio, existen indicios de peso para pensar que también hubo huertos en esta zona en época andalusí. El primero, ciertamente discutible por si solo, es la proximidad de este canal a la villa, y el hecho de que haya sido la zona hortícola por excelencia de la misma. El segundo, más contundente, es el descubrimiento de dos arcaduces de época andalusí en el pozo de uno de los huertos próximos al canal en la década de los 50 del siglo pasado (Fig. 6, 7). Se trata del pozo del Hort de Ses Capelletes, situado sobre la vertiente del canal (Fig. 5). El hallazgo se produjo durante los trabajos de limpieza –y posiblemente de profundización- del pozo de la cenia. La factura de los arcaduces es muy diferente a la de los fabricados en época moderna en la isla (Fig. 7), e idéntica a la de los encontrados en las excavaciones llevadas a cabo en el interior de la villa, indudablemente andalusíes (Riera 2000: 146), Por otra parte, el análisis por termoluminiscencia de uno de ellos ha confirmado un momento de fabricación situado entre mediados del siglo X y mediados del XII.[11]

Durante la última fase de funcionamiento de este pozo, el agua se ha bombeado con un motor. Como en buena parte de las antiguas norias de sangre, la profundización de los pozos –en este caso, hasta los 27 m- fue acompañada de la utilización de motores, ya desde la primera mitad del siglo XX. El Hort de Ses Capelletes está situado en el límite superior de las antiguas cenias en la zona del Canal dels Horts, justo en el llano que domina el barranco. Los nuevos pozos excavados para bombear agua con motor están situados normalmente en estas partes altas y llanas, por encima del barranco. En los pozos con cenias del fondo del barranco, la profundidad no supera los 12 m en ninguno de los que han podido ser medidos.[12] Difícilmente puede pensarse que el huerto de Ses Capelletes, situado a 1200 m del extremo norte de la villa, hubiera sido un espacio irrigado aislado en época andalusí, y que el fondo del barranco no hubiera estado en cultivo coetáneamente. Era en el fondo del barranco donde se daban las mejores condiciones de acumulación de suelo, de protección del viento, y donde el nivel freático estaba más próximo a la superficie. Partiendo del supuesto, más razonable, de que el Hort de Ses Capelletes esté en el extremo de las zonas de huerto que pudieron ser regadas con norias de sangre, y de que, por lo tanto, la ocupación preferente habría tenido lugar en el fondo del

[8] Cosme Serra tenía un higueral y una viña en la Cala del Degollador, según un documento del 20 de junio de 1553 (Rosselló 1975: 551). Por otra parte, Nicolau Libertí tenía dos cuevas, un huerto y una viña en la misma cala (Sastre 1982: 66).

[9] El trabajo de campo en el Canal dels Horts se llevó a cabo dentro del proyecto "Inventari dels ginys hidràulics de Menorca" (2004-2006), financiado por el Consell Insular de Menorca. Lo llevaron a cabo Félix Retamero, Eugènia Sitjes y Joan Albert Soler entre el 2004 y el 2006.

[10] Se trata de huertos situados en el denominado Pla de la Mar, actual Pla de Sant Joan, cercanos a la *font de rentar* y a los tendederos (Rosselló 1975: 509; Sastre 1982). Más tardíamente, en los siglos XVIII y XIX, sí que se encuentran referencias a los huertos de este canal, la huerta principal de Ciutadella. Así, John Armstrong, ingeniero militar destinado a Menorca el 1738 hizo referencia a la abundancia de las hortalizas, mayoritariamente provenientes de un barranco situado al norte de la ciudad (Armstrong 1978: 88). R. Oleo (1876, II: 631) observó que el agua se encontraba a poca profundidad en el Canal dels Horts, y que "todo aquel terreno está convertido en huerta cuya hortaliza abastece la ciudad".

[11] El análisis fue realizado en marzo de 2009 en el Laboratorio de Datación y Radioquímica, de la Facultad de Ciencias de la Universidad Autónoma de Madrid. Como los hallados en el interior de la medina, tienen la base plana. Compárese con los tipos de arcaduces hallados en Ibiza, publicados por H. Kirchner (2002), y con los recogidos por A. Bazzana & Y Montmessin (2006).

[12] Es imposible calcular la eficiencia de estas cenias, resultado de una relación entre la profundidad, la capacidad del animal, del número, forma y capacidad de los arcaduces, y del diámetro de las ruedas. Sobre estos cálculos, ver el libro clásico de Th. Schiøler (1973: 21-22); Bolens (1974: 71-72).

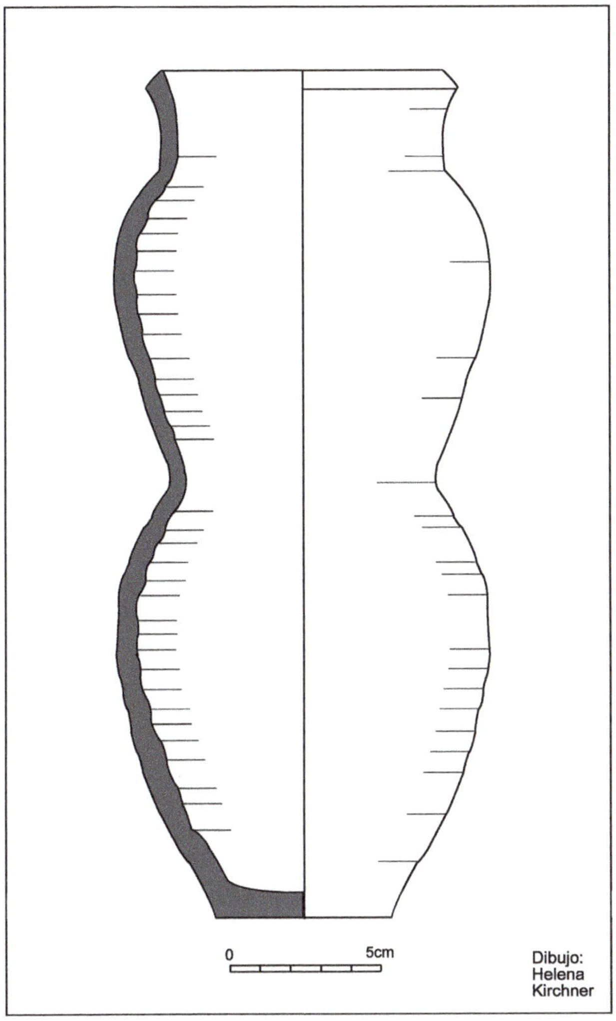

FIG. 6: ARCADUZ ENCONTRADO EN EL POZO DE LA NORIA DEL HORT DE SES CAPELLETES

barranco, se puede proponer que el espacio cultivado en el Canal dels Horts y zonas adyacentes ocupó como máximo cerca de 9 ha, como se ha indicado anteriormente.[13]

La ausencia de referencias al Canal dels Horts en la documentación conocida de finales del siglo XIII puede producir, a primera vista, perplejidad –de ello se tratará más adelante. De hecho, salvo la mención excepcional del huerto de Galcerán Puig y de la "huerta" en el documento de 1290, ya comentado, de concesión de la Coma, los únicos huertos que aparecen mencionados con cierta profusión en los textos que legalizaron las posesiones en Ciutadella tras la conquista son los del interior de la villa, los que lindaban con edificios que fueron, a su vez, también repartidos. Obviamente, éstos no pudieron ser los únicos espacios agrícolas relacionados con la antigua medina andalusí. Los indicios documentales y arqueológicos ya comentados permiten proponer que las áreas de cultivo andalusíes de la antigua Madîna Manûrqa estuvieron situadas no sólo en el

FIG. 7: ARCADUZ DE MENORCA DE ÉPOCA MODERA (IZQUIERDA) Y UNO DE LOS HALLADOS EN EL HORT DE SES CAPELLETES (DERECHA)

interior de la misma, sino principalmente en el Canal dels Horts,[14] A éstos habría que añadir los del canal donde está situada Sa Coma, y los que pudo haber en el Canal Salat (6 ha, como máximo).

La selección de los espacios agrícolas de la medina: ubicación y tamaños

La base empírica comentada en las páginas anteriores, aun siendo fragmentaria, permite hacerse una idea de la pauta seguida en la organización de los espacios de cultivo de Madîna Manûrqa. De dentro hacia fuera, encontramos los huertos, los cortinales y los herrenales de la villa, intercalados con calles y edificios. Buena parte de estos espacios fueron irrigados desde cenias; algunos estaban situados en el recinto palatino, sede principal de la extinguida autoridad andalusí de la isla.[15] Más allá, en las afueras, la "huerta" de la medina, encajonada en un barranco y ocupando algunos espacios adyacentes a éste. De acuerdo con el documento de 1290, ya comentado, habría que ubicar esta "huerta" hacia el sur de la medina; pero el hallazgo de arcaduces andalusíes en un pozo de cenia lindante con el Canal dels Horts, más el hecho de que esta zona fue en época moderna y hasta la actualidad, *l'horta* de Ciutadella, llevan a pensar que este barranco fue el espacio central de la huerta de la medina andalusí, construida justamente sobre la parte más baja del mismo.[16] No se conoce ninguna mención de tierras de labor en las proximidades de la villa, salvo las que había hacia el sur, lindantes con el barranco de Sa Coma, donde sabemos que había un huerto, y con el *saltus*. Hacia el norte, la distancia máxima entre el límite de la medina y la parte más alejada del Canal dels Horts no llegaba a los 2 km. Hacia el sur, las tierras de labor y la *garriga* estaban a menos de 1 km.

[13] Esta preferencia por la ocupación de zonas deprimidas en época andalusí ha sido identificada en otras zonas del sur de Menorca (Barceló, Retamero 2005).

[14] Esta extensión es similar, por ejemplo, al de la huerta andalusí de Felanitx, en Mallorca (alrededor de 8 ha) (Kirchner 2003: 213).

[15] Sobre algunos de los huertos palatinos en al-Andalus, L. Bolens (1987), y más recientemente, Ruggles (2003).

[16] Otros ejemplos de "campos de cenias" andalusíes en Bazzana *et al* (1987) y más recientemente, Bazzana & Montmessin (2006); Torró (1998). Recopilaciones de las referencias en los "libros de agricultura" andalusíes en Bolens (1972: 69-72); Schiøler (1973: 79-82), y Carabaza (1994: 27-33).

Este mapa revela una relación inversa entre los espacios de cultivo propios de prácticas agrícolas intensivas y las distancias relativas respecto a las zonas de residencia. Por un lado, los patios, los huertos y los cortinales (*hortals*) insertos en el área de residencia, de los que hay algunas indicaciones de que estaban habitualmente vallados, permitían aprovechar los residuos orgánicos generados en las inmediaciones como abono. La proximidad a las casas, por otra parte, facilitaba una atención continua al riego y a la escarda. La referencia a las tierras *laborantis* y a la *garriga* más allá del huerto de Sa Coma, al sur del barranco, muestra la ubicación exterior de los campos de labor, en los que no era necesario un esfuerzo continuado de mantenimiento, y donde las secuencias de la siembra y de la recolección seguían cadencias comparativamente más dilatadas.[17]

Sin embargo, esta lógica de la disposición relativa de los diferentes tipos de espacios de cultivo no generó una distribución mecánica de las distancias en este caso. Así, las tierras de labor y el matorral mencionado en el documento de Galcerán Puig de 1290 estaban más próximos a la medina que la cenia y el huerto de Ses Capelletes, donde fueron hallados los arcaduces andalusíes. Por un lado, la lógica social de la distribución de los diferentes tipos de espacios debió de contener umbrales de tolerancia a la fatiga producida por los desplazamientos. En el caso que nos ocupa, podemos pensar en una distancia cercana a los 2 km, es decir, a unos 40 minutos de ida y vuelta. Por otra parte, y esta observación es más importante, la selección del barranco como el espacio central de la huerta obligó, obviamente, a ordenar los campos dentro de los márgenes del canal y a seguir la orientación de éste. La opción por el barranco, de suelos más profundos y húmedos, y al abrigo de los frecuentes vientos violentos del norte y del oeste, implicó que la huerta no pudiera estar organizada de manera concéntrica a partir de la zona de residencia. Por otra parte, la inexistencia de fuentes, salvo en la parte más baja del Canal dels Horts, ya en el Pla de Sant Joan, supuso que sólo perforando pozos y levantando cenias fuera posible la irrigación en esta zona.

El riego con norias de tiro comportó unas condiciones específicas: las relacionadas con la selección del lugar y con la construcción del pozo y de la cenia, con la necesidad de alfareros (Glick 1977), de carpinteros (Schiøler 1973; Bazzana, Montmessin 2006: 255-262) y de energía animal, y con la limitación del área que podía ser regada desde cada pozo, de manera destacada. Justamente el Hort de Ses Capelletes es el que ocupa la superficie mayor (0,75 ha) en la zona del Canal dels Horts. El área de la mayoría de los huertos con cenia está entre los 2000 y los 4000 m^2, y buena parte de ellos tiene menos de 0,2 ha. No se puede decir nada, en este caso, sobre el orden asociado a esta solución técnica: cómo se organizó la construcción, el mantenimiento y el cultivo de estos huertos.[18] Lo único seguro es que fue utilizada también en el huerto palatino de Madîna Manûrqa, y que, aparte de esta vinculación con el estado, ni las dimensiones ni las soluciones constructivas aplicadas fueron diferentes de las de los huertos situados en las afueras de la medina. Esta imposibilidad de distinguir pautas constructivas específicas en los espacios agrícolas vinculados al *sulṭân* ya fue percibida en el caso de los huertos del almojarife (*horts del moixerif*) mencionados en la documentación posterior a la conquista de 1287, situados en el barranco de Algendar, en el sur de Menorca, y en los *vergers* de Maó, en el extremo oriental de la isla (Retamero 2006a).

Con respecto a la cronología, la datación proporcionada por el análisis de uno de los cangilones hallados en el pozo de Ses Capelletes, sugiere que la huerta debió de estar ya totalmente construida antes de mediados del siglo XII. Teniendo en cuenta que se trata de un huerto situado en el exterior del barranco y situado a más de 1 km de distancia de la medina, y asumiendo que la lógica constructiva de la huerta hubiera ido de cerca a lejos y del fondo del barranco hacia arriba, el huerto de Ses Capelletes habría sido un espacio situado en el límite de la misma.

A pesar de que esta cuestión no puede ser resuelta definitivamente con la información disponible, debe de ser, al menos, planteada: ¿fue la huerta de Madîna Manûrqa construida de manera compacta en un lapso de tiempo breve, o bien fue el resultado de adiciones sucesivas? Atendiendo a las consideraciones precedentes, y a la pauta identificada en los espacios irrigados del sur de Menorca (Barceló, Retamero 2005), la primera opción parece la más plausible. En cualquier caso, la construcción de la huerta en el fondo de un barranco implicó limitar de manera muy estricta las posibilidades de ampliación. Ya hemos dicho que el huerto de Ses Capelletes ocupó posiblemente un espacio extremo de esta huerta, en el límite donde se podía subir el agua con un asno o una acémila. Ninguno de los pozos situados en el fondo del barranco tiene más de 12 m de profundidad, y la mayoría no llega a los 10 m. Todos los que han podido ser medidos, fuera del barranco, tienen entre 15 m y 30 m, resultado, sin duda, de profundizaciones modernas en la mayor parte de los casos. Pero incluso considerando que en algunos de ellos la profundidad del pozo hubiese sido inicialmente menor, como en el del huerto de Ses Capelletes, y que se hubiera podido regar a fuerza de asno, el hecho de que estuvieran situados en una cota más elevada los hacía más vulnerables a eventuales descensos del acuífero.

Prácticas agrícolas intensivas: ¿especialización o supervivencia?

No se puede decir nada sobre las combinaciones de especies cultivadas en estos espacios de la medina, más allá de las generalidades conocidas gracias a los "libros

[17] Sobre la relación entre prácticas intensivas y distancias relativas, ver los artículos recientes de M. Van der Veen (2005), de A. Bogaard (2005) y de G. Jones (2005) en el número monográfico de *World Archaeology*.

[18] Algunas posibilidades, recogidas por el jurista al-Wanšarîsi, en V. Lagardère (1989: 113-114).

de agricultura" de los geóponos andalusíes (Bolens 1994). Sin embargo, la disposición de los espacios, tal como ha sido propuesta en este estudio, sí que permite hacer algunas observaciones sobre la lógica seguida en la construcción de estas áreas de cultivo. Tanto las menciones textuales de huertos, cortinales, patios y *farraginals*, como los indicios arqueológicos comentados, remiten a prácticas agrícolas intensivas, tanto si se trató de espacios irrigados, como los huertos con norias, como si no. La única excepción posible fue la de las tierras de labor vecinas al matorral. La cercanía de estos campos de cultivos intensivos, sin duda de pequeñas dimensiones, a las casas, hasta el punto de mezclarse con ellas en la medina, hubo de estar asociada al mantenimiento de faenas continuas: de siembra, de estercolado, de cava, de poda, de injertos, de riego, de recolección, o de otras cualesquiera que hubieran comportado una frecuentación diaria y una atención particularmente intensa. La irrigación fue una de las prácticas asociadas al cultivo intensivo, pero no la única.

Así, pues, el diseño de la medina incluyó la construcción de campos en su interior y en las zonas próximas. La parte central y principal de estos campos fue concebida para desarrollar cultivos mediante un abigarrado calendario de faenas. La proximidad a las casas, las pequeñas dimensiones de las superficies cercadas y las cenias son los indicios más llamativos de esta opción agrícola: el primero tiene que ver con la frecuentación; el segundo, con el umbral de energía movilizada en cada parcela –esfuerzo humano y estiércol, básicamente; y el tercero, con la utilización del agua como fertilizante. La combinación de todos ellos permitió crear las condiciones óptimas para la experimentación (Van der Veen 2005: 197) y, sobre todo, para conseguir diversificar tanto la producción como los momentos de recolección (Retamero 1998). Tal opción, sin embargo, no excluyó la posibilidad de cultivar especies siguiendo una cadencia de faenas más espaciada en las tierras de labor extremas, las únicas, por otra parte, que permitían la inclusión de animales en las secuencias de los cultivos, majadeando en los campos entre las cosechas y el barbecho.

El caso de Madîna Manûrqa ilustra, con la disposición espacial de los diferentes tipos de campos, la jerarquización impresa en el diseño de las áreas de cultivo. Se trató de una combinación desigualmente importante de tipos diferentes de espacios, cada uno de ellos con unas exigencias específicas, tanto de técnicas como de dedicación. Obviamente, la prioridad de los espacios de cultivos intensivos fijó límites estrictos a otras opciones. La ubicación de las tierras de labor lindando con un huerto y el *saltus* al sur de la medina muestra la limitada extensión de los campos donde pudieron desarrollarse prácticas menos intensivas: es posible que hubiera habido tierras más allá de este límite, pero la presencia vecina de la *garriga*, a menos de 1 km de la medina, revela que estos campos no constituyeron espacios continuos. Y en la misma medida en que la prioridad de los espacios de las agriculturas intensivas determinaba la extensión de los campos de labor, también condicionaba las dimensiones de las cabañas ganaderas asociadas a éstos.

No fue esta, de todas maneras, la única limitación impuesta en la configuración descrita páginas atrás. Ya se ha aludido anteriormente a la dificultad de crear espacios irrigados en el llano, más allá de alguna parcela aislada, como probablemente fue la ocupada por el huerto de Ses Capelletes. El espacio cultivable del fondo del Canal dels Horts, donde era posible el desarrollo de prácticas agrícolas intensivas, tenía unos límites estrictos que fueron obviamente asumidos en el momento fundacional. Fuera de los canales y de las zonas intercaladas entre los edificios de la medina no había más espacio apto para esta opción; se fijaron, pues, extensiones apenas modificables. Se trata de un caso más que ilustra el potente principio de rigidez formulado por M. Barceló (1989), también contrastado en otros barrancos de Menorca (Barceló, Retamero 1995) y que no tiene que ver en esta ocasión sólo con los espacios irrigados, sino con los que albergaron prácticas intensivas, en general.

El caso también permite plantear la relación ente prácticas agrícolas intensivas y producciones especializadas, mayoritariamente orientadas hacia la comercialización. La demanda urbana ha sido a menudo presentada como el incentivo de estas prácticas intensivas, y no es extraño encontrar al estado en el trasfondo de esta relación, bien como impulsor inicial de la demanda, bien como organizador de unas producciones adecuadas a esa demanda, o bien como fiscalizador exterior del proceso de intensificación. No es éste el lugar para tratar sobre estas explicaciones (Retamero 2008). Baste decir que la vinculación entre prácticas agrícolas intensivas, experimentaciones botánicas y poder político es bien visible en los huertos palatinos de la medina: espacios cerrados, de pequeñas dimensiones, irrigados, y ubicados en el núcleo del *sulṭan*. Por otro lado, es más que probable que una parte de las producciones de la huerta de Madîna Manûrqa acabara en los mercados de la misma. La relación planteada entre producción intensiva, comercializaciones y presencia activa del estado en la medina es ciertamente plausible; otra cosa, sin embargo, es discernir la lógica fundacional del sistema agrícola ligado a la medina y los márgenes en los que pudieron haberse producido las especializaciones.

Los textos escritos después de la conquista comentados más arriba contienen una notable diversidad léxica (*hort*, *hortal*, *pati*, *prat*, *farraginal*, tierras *laborantis*, *garriga*), referida a los espacios agrarios de la antigua medina. Hemos visto anteriormente que la mayor o menos intensidad de las prácticas agrícolas desarrolladas en ellos determinó la distribución de estos diferentes espacios respecto a la zona de residencia. La selección del Canal dels Horts y del Canal Salat como espacios principales de la huerta, debió de regir –con otros factores difíciles de ponderar, como el puerto y los restos arquitectónicos de épocas anteriores- la ubicación de las partes restantes del asentamiento: las casas y los espacios cultivados adyacentes, y más allá de los huertos, las tierras de labor y el *saltus*. Lo que destaca de esta distribución, a parte de la variedad, es la rigidez, perceptible tanto en la distribución espacial ya aludida, como en la fijación de las dimensiones de los espacios de cultivos intensivos, los principales. No había posibilidad de hacer ampliaciones sustanciales de estas áreas en el interior de la medina, ni más allá de los bordes de los barrancos. Las especializaciones que pudieron haberse producido en los espacios agrícolas de la medina estuvieron contenidas en las rigurosas medidas iniciales –o, en todo caso, previstas inicialmente. Tales especializaciones no produjeron, pues, ni una uniformización de los espacios de cultivo, ni pudieron forzar ampliaciones de las áreas dedicadas a estas producciones comercializadas de manera sistemática. La concepción de Madîna Manûrqa contuvo la asunción de limitar a unas 20h –la suma de los espacios de los barrancos y de los del interior de la ciudad- la superficie dedicada a los cultivos intensivos.

Si la especialización hubiera sido el criterio determinante en la selección y en la jerarquización de los espacios, el panorama habría sido bastante diferente al que se encontraron los primeros colonos catalanes y aragoneses, tras la conquista de 1287. Tanto la diversidad de espacios ya señalada, como la fijación de medidas difícilmente alterables remiten a un orden en el que la supervivencia y la disminución del riesgo debieron de ser las pautas dominantes, sin que por ello dejara de haber cierto margen para eventuales especializaciones. Tal vez esta rigidez explique la poca o nula atención dada después de la conquista a las zonas principales de una huerta inexorablemente constreñida, si entendemos de esta manera la inexistencia de menciones del Canal dels Horts y del Canal Salat en los textos de la época que conocemos. Vale la pena destacar, en este sentido, que los huertos mentados en estos documentos aparecen mayoritariamente como lindes de otros espacios concedidos, y sobre todo, como lugares ocupados por las órdenes religiosas, pioneras en la colonización de la antigua medina. Algunas de estas extensiones repartidas continuaron siendo huertos; otras fueron solares de los nuevos conventos, y alguna acabó atravesada por la muralla pocos años después.

En otros lugares de Menorca, como en los barrancos del sur de la isla y en los *Vergers* de Maó, las menciones de espacios irrigados aparecen asociadas a la construcción de molinos, y muestran la preferencia del uso del agua como energía, y no como fertilizante. Por otro lado, los nuevos ocupantes de la isla optaron preferentemente por los espacios de cultivo que podían conformar extensiones ampliables y compactas, las propias de una opción orientada a la comercialización sistemática. En este sentido, los espacios agrícolas de Madîna Manûrqa, mencionados de soslayo en los textos, fueron considerados de la misma manera que los huertos de los barrancos del sur de la isla, y así, excluidos de las concesiones de tierras iniciales (Retamero 2006b: 302-303). La organización agrícola sobre la que se asentó la medina no fue diferente a la de los barrancos del sur de Menorca. A pesar de que, sumadas, las zonas cultivables conformaron la superficie más extensa de la isla en época andalusí, compartieron con las situadas en los barrancos del sur las mismas rigideces contenidas en los diseños y la misma prioridad de las prácticas intensivas. El orden de las dinastías, plasmado inicialmente en la medina, la *ḥaḍâra*, no contuvo en Menorca soluciones agrícolas sustancialmente distintas; el margen dejado a las producciones orientadas a la comercialización fue ciertamente estrecho, contenido por la diversidad y la jerarquización de los campos, y por los límites estrictos de los barrancos. El poder político andalusí tuvo que desarrollarse siempre más acá de un umbral productivo trabado, previsto ya en el momento de la fundación, incluso en los espacios agrarios más cercanos.

BIBLIOGRAFIA

Abreviaturas

ACA: Archivo de la Corona de Aragón (Barcelona)

ARM. ECR: Arxiu del Regne de Mallorca (Palma de Mallorca). *Escrivania de Cartes Reials.*

ARM. LR: Arxiu del Regne de Mallorca (Palma de Mallorca). *Lletres Reials.*

Estudios

Aguiló, E. de K. 1896-1897: Construcción de las murallas de Ciudadela en 1303, 1 (2ª época), pp. 170-172.

Antuña, M. 1941: Notas sobre dos mss. escurialenses mal catalogados. Correspondencia literaria hispano-musulmana. *Al-Andalus*, VI, pp. 276-297.

Armstrong, J. 1978: *Historia de la isla de Menorca*, trad. J. J. Vidal, Ed. Nura, Ciutadella de Menorca.

Barceló, M., 1989: "El diseño de espacios irrigados en al-Andalus: un enunciado de principios generales", *El agua en zonas áridas. Arqueología e Historia. Actas del I Coloquio de Historia y Medio Físico*, I, Almería, p. XV-XLX.

Barceló, M.; Moll, B. 2006: Els ossos contorbats de Saᶜîd ibn Hakam. Nota sobre un text de 7 de febrer de 1288. *I Jornades de Recerca Històrica a Menorca. La Manûrqa de Sa'îd ibn Hakam, un país islàmic a Occident.* Cercle Artístic, Ciutadella de Menorca, pp. 7-10.

Barceló, M.; Retamero, F. 2005: *Els barrancs tancats. L'ordre pagès al sud de Menorca en època andalusina (segles X-XIII)*, Institut Menorquí d'Estudis, Maó.

Bazzana A., *et alii* 1987: *El yacimiento medieval de "Les Jovades" en Oliva (Valencia).* Ajuntament d'Oliva.

Bazzana, A.; Montemessin, Y. 2006: *Nâᶜura* et *sâniya* dans l'hydraulique agricole d'al-Andalus à la lumière des fouilles de 'Les Jovades' (Oliva, Valence). *En:* Cresier, P. (ed.) *La maîtrisse de l'eau en al-Andalus. Paysages, pratiques et techniques.* Casa de Velázquez, Madrid, pp. 209-287.

Benejam, J. 1909: *Ciutadella Veya.* Imprenta Salvador Fàbregues, Ciutadella.

Bogaard, A. 2005: Garden agriculture and the nature of early farming in Europe and the Near East. *World Archaeology*, 37 (2), pp. 177-196.

Bolens, L. 1972: L'eau et l'irrigation d'après les traités d'agronomie andalous au moyen-âge (XIᵉ-XIIᵉ siècles), *Options méditerranéennes*, pp. 64-77.

Bolens, L. 1974: L'eau et l'irrigation d'après les traités d'agronomie andalous au moyen-age. (XIe-XIIe siècles). *Options Mediterranéenes*, 16, pp. 65-77.

Bolens, L. 1987: Les jardins d'al-Andalus. *Jardins et vergers en Europe occidentale (VIIIe-XVIIIe siècles). Flaran*, 9, p. 71-96.

Bolens, L. 1994: *Agrónomos andaluces de la Edad Media.* Universidad de Granada-Instituto de Estudios Almerienses, Granada.

Carabaza, J. M. 1994: El agua en los tratados agronómicos andalusíes. *Anaquel de Estudios Árabes*, V, pp. 19-38.

Cavaller, J. 1929: *Iglesia y exconvento de Nuestra Señora del Socorro (El Socós)*, Imprenta Moll, Ciutadella.

Dickie, J. 1968: The Hispano-Arab garden. It's filosophy and function. *Bulletin of the School of Oriental and African Studies*, XXXI, pp. 237-248.

Glick, Th. 1977: *Noria* pots in Spain. *Technology and Culture*,18 (4), pp. 644-650.

Gomila, J. M. 1976: La desamortización eclesiàstica en Menorca. 1820-1845. *Revista de Menorca*, 1r. semestre, pp. 36-173.

Ibn Jaldûn 1967: *The Muqaddimah*, trad. F. Rosenthal, Routledge and Kegan Paul, Londres.

Jones, G. 2005: Garden cultivation of staple crops and its implications for settlement location and continuity. *World Archaeology*, 37 (2), pp. 164-176.

Kirchner, H. 2002: *La ceràmica de Yâbisa. Catàleg i estudi dels fons del Museu Arqueològic d'Eivissa i Formentera*, Museu Arqueològic d'Eivissa i Formentera, Ibiza.

Kirchner, H. 2003: Una arqueologia colonial: espais andalusins i pobladors catalans a les Illes Balears. *En*: Barceló, M.; Feliu, G.; Furió, A.; Miquel, M.; Sobrequés, J. (eds.) *El feudalisme comptat i debatut.* Universitat de València, 2003, pp. 201-236, p. 213.

Lagardère, V. 1989: Droit des eaux et des installations hydrauliques au Maghreb et en Andalus au XIe et XIIème siècles dans le Mi^{c}yar d'al-Wanšarîsi. *Cahiers de Tunisie*, XXXVII-XXXVIII, pp. 83-124.

Lapidus, I. 1967: *Muslim cities in the later Middle Ages.* Cambridge University Press, Cambridge.

Molina, E. 1982: El Gobierno independiente de Menorca y sus relaciones con Al-Andalus e Ifrîqiya. El *Kitâb lubâb albâb*, una nueva fuente para la historia del occidente musulmán. *Revista de Menorca*, 1er trimestre, pp. 5-88.

Molina, E. 1985: El *Kitâb Lubâb al-albâb*, una nueva fuente para la historia de Occidente musulmán. El gobierno independiente de Menorca y sus relaciones con al-Andalus e Ifrîqiya. *Actas de las II Jornadas de Cultura Arabe e Islàmica (1980)*, Instituto Hispano-Árabe de Cultura, Madrid, pp. 365-376.

Oleo, R. 1876: *Historia de la Isla de Menorca*, II.

Parpal, C. 1901: *La conquista de Menorca en 1287 por Alfonso III de Aragón.* Barcelona.

Retamero, F. 1998: 'Un conjunto de reglas sabias y ordenadas'. La disciplina agraria del *sulṭān. En*: Laliena, C.; Utrilla, J.F. (eds.) *De Toledo a Huesca. Sociedades medievales en transición a finales del siglo XI (1080-1100).* Institución Fernando el Católico-Universidad de Zaragoza, pp. 75-91.

Retamero. F. 2006a: Les plantes i els camps del moixerif de Minûrqa. *I Jornades de Recerca Històrica a Menorca. La Manûrqa de Sa'îd ibn Hakam, un país islàmic a Occident.* Cercle Artístic, Ciutadella de Menorca, pp. 81-94.

Retamero, F. 2006b: Lo que el tamaño importa. Cuándo y por qué se modificaron los antiguos sistemas hidráulicos andalusíes. *Arqueología espacial*, 26, pp. 293-310.

Retamero, F. & Moll, B. 2003: Moneda i *madīna*. El caso de Manūrqa. *En*: Ginés, M.A. (ed.) *La arqueología medieval en la arqueología.* Universidad de Granada, Granada, pp. 203-239.

Riera, M. 2000: Estudi dels materials. *Investigacions al voltant de l'excavació del solar de correus de Ciutadella. Publicacions des Born*, Ciutadella de Menorca, pp. 129-149.

Rosselló, J. 1975: Capbreu de Menorca de Danús. *Butlletí de la Societat Arqueològica Lul·liana*, XXXIV, núm. 822-823, pp. 508-517.

Rosselló, R. 1985a: *Aportació a la història medieval de Menorca. Segle XIV (Reis de Mallorques i Pere el Cerimoniós).* Consell Insular de Menorca, Maó.

Rosselló, R. 1985b: El notari Jaume Comes. *Revista de Menorca*, 3r. trimestre, pp. 193-260.

Ruggles, D. F. 2003: *Gardens, landscape and vision in the palaces of Islamic Spain.* University Park, Pennsylvania.

Sastre, F. 1982a: *La Ciutadella de Menorca en el tránsito a la modernidad.* Consell Insular de Menorca, Ciutadella.

Sastre, F. 1982b: El *Pariatge* de Menorca de 1301. *Revista de Menorca*, 4art. trimestre, pp. 573-590.

Sastre, F. 1989: *Algunas consideraciones sobre la situación económica de las instituciones menorquinas en la primera mitad del siglo XVI.* Institut Menorquí d'Estudis, Maó.

Sastre, F. 2000: El convent de Sant Francesc de Ciutadella. *Publicacions des Born*, 7, pp. 35-42.

Schiøler, Th.1973: *Roman and Islamic water-lifting wheels.* Odense University Press, Copenhague.

Torró, J. 1998: La colonización del valle de Pego (c. 1280-c. 1300). Prospección y estudio morfológico: primeros resultados. *Arqueología espacial*, 19-20, pp. 443-461.

Van der Veen, M. 2005: Gardens and fields: the intensity and scale of food production. *World Archaeology*, 37 (2), pp. 157-163,

Arqueología de los espacios agrarios andalusíes en el Sureste peninsular: nuevas perspectivas desde la periferia

Jorge A. Eiroa Rodríguez[1]
Universidad de Murcia

1. Introducción

El objetivo del presente trabajo es hacer un breve balance historiográfico sobre los análisis arqueológicos de los espacios agrarios andalusíes en el Sureste de la Península Ibérica (concretamente en las provincias de Almería y Murcia) realizados en los últimos treinta años; presentar el estado actual de nuestros conocimientos sobre el tema; dar a conocer las actuaciones que se están realizando, en su mayoría gracias al proyecto de investigación sobre aclimatación y difusión de plantas en al-Andalus, que se encuentra en una fase inicial;[2] y, muy especialmente, presentar los resultados provisionales que se han obtenido en relación al conocimiento de los espacios agrícolas en el estudio realizado en el valle del río Vélez-Corneros, en concreto en el sector de Tirieza (Fontanares, Lorca), que son relevantes en lo que respecta a la identificación de las estrategias productivas de los pobladores del mundo rural de la frontera oriental nazarí: el trabajo desarrollado hasta ahora abre algunos interrogantes de carácter teórico y metodológico en torno a la Arqueología de los espacios agrarios medievales y sobre todo de carácter histórico, en torno a los campesinos nazaríes y a su comportamiento.

2. Historiografía del estudio arqueológico de los espacios agrarios andalusíes en el Sureste peninsular

A pesar de la importancia que la agricultura tuvo en el sostenimiento y desarrollo de al-Andalus, no han sido muchos los trabajos desarrollados en el Sureste peninsular que han profundizado en el conocimiento de sus espacios agrarios a través del testimonio arqueológico. Son insuficientes los estudios que se han dedicado al análisis de los espacios agrícolas de regadío si tenemos en cuenta que en un contexto de déficit hidráulico permanente, con gran desarrollo de la explotación intensiva de vegas y huertas, la supervivencia del sistema socioeconómico dependió, en buena medida, de las estructuras de captación, canalización y almacenaje de agua para el riego, es decir, de los sistemas hidráulicos. Y si la importancia de la agricultura irrigada no se ha reflejado en el interés de los investigadores, tampoco lo ha hecho el decisivo papel de los cultivos de secano.

Los trabajos de investigación se han ocupado, casi de forma exclusiva, de los grandes espacios irrigados periurbanos, como las huertas que rodeaban a las ciudades de Lorca y Murcia, sobre los que hay abundante bibliografía.[3] En la mayor parte de los casos se ha tratado de estudios geográficos, como los de Calvo García-Tornel (1968, con Olivares Galván; y, especialmente, 1987); de carácter toponímico, como los conocidos trabajos de Robert Pocklington (por ejemplo, 1986, 1988 o 1990) o, excepcionalmente, de corte antroponímico, como los análisis, innovadores en su momento, de Manzano Martínez (1993, 1999 a); todos ellos tomaron como base las fuentes árabes, la documentación posterior a la conquista castellana, especialmente los repartimientos de Murcia y Lorca (Torres Fontes 1990 y 1994), y algunos trabajos clásicos del siglo XIX (en especial los de Díaz Cassou). Una visión de conjunto de los resultados susceptibles de ser obtenidos a través de este camino se encuentra en el reciente trabajo de Alfonso Carmona y Robert Pocklington (2008), un completo balance de lo desarrollado hasta ahora a partir de la toponimia y una actualizada compilación de las fuentes escritas disponibles sobre agua e irrigación en la Murcia andalusí. Este tipo de trabajos también han sido relativamente habituales en otros territorios del Sureste desde hace más de treinta años.[4]

En cambio, las fuentes arqueológicas han sido objeto de un interés sustancialmente menor a la hora de estudiar los espacios agrarios del Sureste. Esto ha sido especialmente evidente en lo que respecta a los mencionados espacios irrigados periurbanos y más mitigado en lo que se refiere al ámbito rural. En líneas generales, sólo podemos mencionar dos casos de excavación arqueológica realizada en estructuras que formaban parte de un sistema hidráulico medieval y de varios estudios de arqueología extensiva o territorial basados en el resultado de prospecciones y en el análisis de la fotografía aérea, especialmente tras la celebración del *I Coloquio de Historia y Medio Físico* celebrado en Almería en 1989. Las aproximaciones desde la arqueología agraria de laboratorio, por su parte, son extraordinarias, es decir, prácticamente inexistentes.

Los dos únicos ejemplos del estudio mediante excavación arqueológica de una estructura de almacenamiento, canalización o conducción del agua para el riego que formase parte de un sistema hidráulico medieval han

[1] Este estudio se ha realizado en el marco del proyecto de investigación *Aclimatación y difusión de plantas y técnicas de cultivo en al-Andalus* (HUM 2007-62899/HIST) y en el seno del grupo de investigación (AGAUR: 2009 SGR-304): *Arqueologia Agrària de l'Edat Mitjana* (ARAEM).

[2] Véase nota 1.

[3] Una visión global del estado actual de nuestro conocimiento sobre la huerta de Murcia en época islámica y sobre los problemas históricos que plantea se puede encontrar en un sintético trabajo de Manzano Martínez (1999 b) o, más recientemente, en un análisis de las transformaciones del concejo de Murcia tras la conquista castellana que hemos presentado a la I Reunión Acción Integrada España-Italia "Ciudad y mundo rural en época medieval: la influencia de los procesos de aculturación en la formación y evolución de los paisajes medievales", celebrada en Granada en febrero de 2009 (Molina Molina y Eiroa Rodríguez, en prensa a).

[4] El trabajo de Martín Galindo sobre los paisajes agrarios almerienses es un buen ejemplo de lo expresado (Martín Galindo 1975).

tenido lugar en la huerta de Murcia y han sido el resultado de dos actuaciones arqueológicas de urgencia. La primera tuvo lugar en 1991, cuando se realizaron unos sondeos arqueológicos en el acueducto de la Rueda de Alcantarilla; aunque no se pudieron precisar fases de construcción o utilización, estos sondeos fueron útiles para descartar su origen romano, tantas veces propuesto (López Campuzano 1997: 588); no obstante, los datos obtenidos no permitieron concretar la cronología ni dieron como resultado una interpretación histórica consistente (Gallego Gallardo 1997). La segunda actuación se desarrolló en 1994, con las labores de documentación arqueológica que tuvieron lugar en el conocido acueducto de Los Arcos (Alcantarilla) como consecuencia de las obras de infraestructura del Proyecto de Modernización del sistema de regadío correspondiente al Heredamiento de Mediodía; por vez primera se tuvo la posibilidad de analizar el proceso de configuración y crecimiento de la red de canalizaciones en el que quizás es el monumento más importante conservado después de la propia Contraparada (López Campuzano 2002); la intervención confirmó que este conocido acueducto, realizado para salvar el desnivel de la rambla de las Zorretas, escondía en realidad tres estructuras distintas, difuminadas por una doble fachada: el acueducto original (de la Alquibla), una ampliación posterior (correspondiente al canal del Turbedal) y otra ampliación y reforzamiento posterior (correspondiente al canal de La Dava). Más allá de la imposibilidad de precisar la cronología de las tres estructuras, casi con seguridad anteriores al siglo XIII (los tres topónimos, *Alquibla*, *Turbedal* y *La Dava*, aparecen en las primeras particiones castellanas), el estudio tuvo el valor de informarnos sobre el proceso de crecimiento de la red de canalizaciones: a una primera estructura destinada a salvar el desnivel (*Alquibla*) se le adosa otro acueducto (*Turbedal*), con el fin de *hacer rafa* y elevar el nivel del agua mediante la instalación de un nuevo canal de crecida y la repavimentación del cajal del anterior conducto;[5] posteriormente, otro acueducto de mayor altura se adosa a la primera estructura y refuerza la obra precedente mediante un recubrimiento y una nueva elevación del cajal preexistente; así, el informe del acueducto de Los Arcos ofrece una interpretación clara en relación con los sistemas y técnicas de riego que se siguen empleando y permitieron confirmar los datos ofrecidos por la documentación escrita. En definitiva, de ambas intervenciones arqueológicas se puede extraer una visión puntual, poco útil, del marco físico y tangible en el que se articuló el sistema de riegos de la huerta de Murcia y pocas conclusiones globales susceptibles de ser exportadas a otras áreas y otros espacios agrícolas.

Los estudios arqueológicos de los espacios agrarios andalusíes basados en los datos procedentes de la prospección arqueológica (en cualquiera de sus formas: análisis de fotografía aérea, prospección sistemática de superficie, arqueología "hidráulica", etc.) han sido más frecuentes. En un primer momento, durante los años setenta y ochenta del pasado siglo, este tipo de trabajos apenas se desarrollaron en los territorios de Murcia y Almería; de esos años, apenas podemos mencionar algunos pioneros análisis de Patrice Cressier en la zona almeriense, como un trabajo, inicial y muy general, de corte metodológico, sobre el empleo de la fotografía aérea para la reconstrucción de los paisajes agrarios medievales que tomó como ejemplo el caso de la Sierra de los Filabres, en Almería (Cressier *et alii* 1995), o un estudio de la irrigación y el acondicionamiento del espacio agrícola en el valle del Andarax (Almería), centrado en los sistemas hidráulicos de Rágol (Bertrand y Cressier, 1985). Sin embargo, el año 1989 marcó una inflexión gracias a la celebración y publicación del I coloquio Historia y Medio Físico "El agua en zonas áridas. Arqueología e historia. Hidráulica tradicional de la provincia de Almería" (Cara Barrionuevo 1989); esta reunión científica, además de incluir el que quizás es el trabajo más relevante y de mayor repercusión real sobre espacios irrigados andalusíes que ha visto la luz (Barceló, 1989), permitió acceder a varias investigaciones en curso en el espacio el Sureste que indicaban un cambio de tendencia y una nueva generalización de este tipo de estudios: un buen ejemplo son los análisis de los turnos de riego de Ambroz (Almería) efectuados por Espinar Moreno, Glick y Martínez Rodríguez (1989); o los trabajos en la Alpujarra almeriense de Rodríguez López y Cara Barrionuevo (1989). A partir de entonces, las investigaciones se sucedieron, no sólo con un nuevo Coloquio de Historia y Medio Físico, esta vez centrado en el regadío (Cara Barrionuevo y Malpica Cuello 1995), en el que destacó, como única referencia a espacios agrícolas andalusíes de Murcia o Almería, la aportación de Cara Barrionuevo y Rodríguez López (1995) sobre el paisaje agrícola andalusí de Níjar y Huebro (Almería); sino de forma independiente, con investigaciones concretas vinculadas a proyectos de investigación más amplios, que han dado lugar a interesantes resultados en áreas tan dispares como la Sierra de Los Vélez (Almería), dónde Eugenia Sitjes desarrolló un relevante análisis de los sistemas hidráulicos de María (Sitjes, 2006); o el espacio irrigado situado entre Cieza y Abarán, en el valle de Ricote (Murcia), ámbito de trabajo de un equipo franco-belga liderado por André Bazzana y De Meulemeester (Bazzana y De Meulemeester, 1998 a, 1998 b, 2009; Bazzana, De Meulemeester y Montmessin, 2002; De Meulemeester, 2005), en el contexto de la colaboración internacional entre España y Bélgica (De Meulemeester, 2006). En la actualidad, los datos obtenidos mediante trabajos de prospección arqueológica en muchos casos siguen pendientes de una visión global y una interpretación histórica; así, por ejemplo, aunque conocemos la existencia de una gran cantidad de galerías con lumbreras en el Sureste, especialmente en la franja litoral que va de Mazarrón (Murcia) a la desembocadura del río Almanzora (Almería), que han sido localizadas y descritas por los geógrafos (por ejemplo, Gil Meseguer y Gómez Espín 1993), todavía no han sido objeto de una lectura arqueológica o de una interpretación adecuada en el contexto de al-Andalus.

[5] La acción de "hacer rafa", según el lenguaje popular de la huerta de Murcia y Orihuela, consistía en obstruir la acequia mayor con el fin de que el agua entrara por el canal más elevado.

En todos los trabajos antes señalados, aproximaciones mayoritaria o minoritariamente arqueológicas al estudio de los espacios agrícolas andalusíes almerienses o murcianos, nada se incluye de trabajos de laboratorio: análisis carpológicos, estudios antracológicos, informes palinológicos, etc. La arqueobotánica esta completamente ausente, si exceptuamos los resultados de los análisis de semillas procedentes de la excavación del castillo andalusí de Yecla, en la comarca murciana del Altiplano (Ruiz Molina 2000: 164-165), donde se identificaron algunas pepitas de calabaza de peregrino (*Lagenaria sicenaria*) y semillas de las denominadas "lágrimas de Job" (*Coix lacryma-jobi*) que habían sido recuperadas de la tierra del interior del aguamanil hallado en la ocultación de la denominada "casa 5", fechada en torno a la primera mitad del siglo XIII (1180-1265) mediante el análisis de C14 efectuado a partir de varias tablas de madera de pino.

Por todo lo expuesto, el balance de la investigación arqueológica sobre los espacios agrarios medievales desarrollada hasta ahora abre toda una serie de interrogantes de carácter metodológico y obliga a un ejercicio de autocrítica, tal y como recientemente hemos señalado (Eiroa Rodríguez 2009a). En síntesis, creemos que, aún asumiendo la crucial importancia de la prospección arqueológica, base técnica de la Arqueología del paisaje, hidráulica, territorial o espacial (es decir, la Arqueología que se ocupa de las relaciones del hombre con su entorno natural en sus diferentes versiones o corrientes), la excavación arqueológica sigue siendo ineludible; no solamente la excavación de asentamientos vinculados a espacios agrarios, sino también la excavación parcial de los espacios de cultivo; y en ese contexto, en el de la excavación de los yacimientos en un sentido amplio del término (que incluya sus espacios productivos y sus áreas de residencia) debe desempeñar un papel muy relevante la arqueología agraria desarrollada en el laboratorio mediante los distintos análisis arqueobotánicos. En definitiva, consideramos que es bastante cuestionable la capacidad real de la Arqueología, tal y como se pone en práctica en la actualidad de forma mayoritaria, para esclarecer la complejidad de las relaciones del hombre con el medio en la Edad Media y que debemos seguir recuperando la necesaria pregunta "¿Qué Arqueología para al-Andalus?" (Barceló 1994; Martínez Enamorado 2006).

3. Nuevas perspectivas en el Sureste

Para dar respuesta a esta situación de los estudios sobre espacios agrarios andalusíes del Sureste peninsular, en varios lugares del sector murciano se está tratando de dotar a los trabajos de una nueva perspectiva que ponga el acento en los debates actuales en torno a las estrategias productivas, que recupere la excavación arqueológica como pieza fundamental del esquema y que inserte definitivamente las disciplinas arqueobotánicas en el proceso de investigación. Se trata de varios trabajos de campo centrados en conjuntos técnicos y sistemas hidráulicos en proceso de excavación o prospección que se insertan en mayor o menor medida en el proyecto global antes referido.[6] En conjunto, permiten obtener información de diferentes períodos y de espacios agrícolas distintos: la huerta urbana, en el caso de Senda de Granada; los espacios agrarios vinculados a una red de alquerías en un entorno rural perirurbano, en el caso de El Pocico; los complejos sistemas de irrigación del compacto valle de Ricote; finalmente, las estrategias productivas de una comunidad campesina en la periferia más extrema, en los límites orientales del estado nazarí, en el caso de Tirieza, que será analizado con detalle.

La primera actuación ha tenido lugar en el yacimiento arqueológico recientemente descubierto y todavía en proceso de excavación denominado "Senda de Granada", en las afueras de la ciudad de Murcia.[7] El equipo de trabajo dirigido por Luis García Blánquez ha descubierto, por encima de los niveles arqueológicos correspondientes a una factoría romana, una almazara de los siglos IV y V, distintos elementos integrantes de un sistema hidráulico andalusí que ha sido claramente fechado en los siglos X y XI mediante la cronotipología de algunos de los arcaduces de noria encontrados, tanto los de amarre central como, especialmente, de amarre distal, en comparación con algunos ejemplos valencianos y murcianos (véase, p.e., Bazzana y Montmessin, 2006: 264-266); en primer lugar se hallaron dos aceñas asociadas a las acequias de Churra la Vieja, una derivación de la acequia mayor de Aljufía; posteriormente se excavó una nueva aceña aparentemente desvinculada del resto; y, más tarde, una compuerta o tablacho construido con cuatro bloques de piedra, situado en el fondo de un cauce artificial colmatado por diversas capas sedimentarias de relleno; el análisis de la fotografía aérea ha revelado que ambas estructuras, la tercera aceña y el tablacho, formarían parte de un antiguo y abandonado trazado de la acequia Alfatego, que podría datarse, a partir de los materiales cerámicos, en el siglo XI, y que ha quedado fosilizado en el paisaje en una línea arbolada que une ambos elementos; la acequia discurre sobre los niveles tardoantiguos de la factoría industrial, amortizados previamente bajo un nivel de sedimentos arcillosos en el cual se excavó su cauce, por lo que queda descartado el origen preárabe de este sector, tan central, de la huerta de Murcia. Estos datos cierran el absurdo debate sobre la romanidad de una ciudad, Murcia, claramente una fundación de nueva planta islámica, y sobre la cronología de su sistemas de irrigación periurbanos. Aunque las muestras de tierra obtenidas del interior de los atanores conservados en uno de los conductos que penetraban en el cauce de la acequia, en el sector del tablacho, no han ofrecido ningún resto botánico que permita la vinculación entre especies vegetales y el conjunto técnico exhumado, la información obtenida permite extraer una visión general bastante completa del marco físico y tangible en el que se articuló el sistema de riegos de la huerta de Murcia, que parece estar funcionando ya en el siglo XI.

[6] Véase nota 1.

[7] Un amplio resumen de los resultados provisionales de la excavación puede encontrarse en el reciente artículo de García Blánquez y Cerdá Mondéjar (2007).

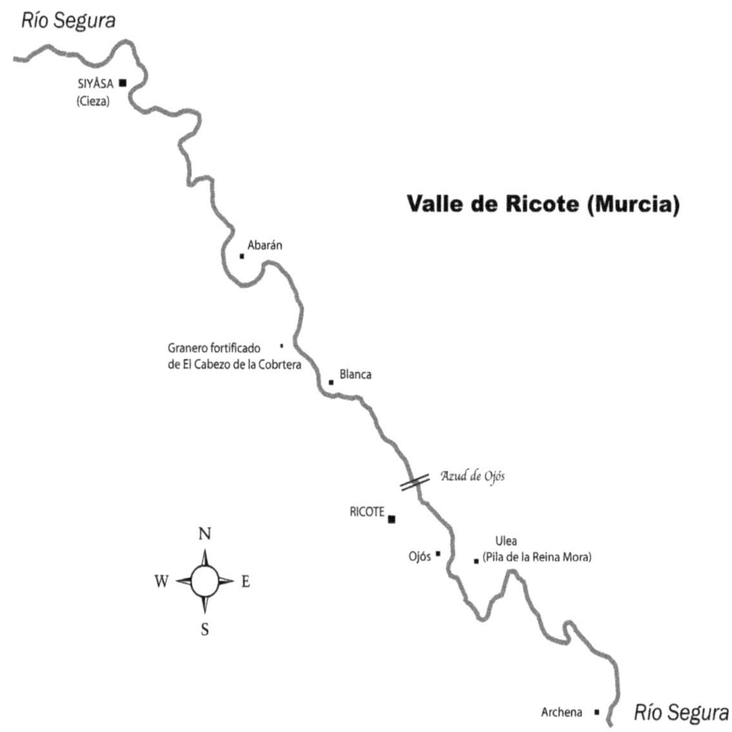

FIG. 1: MAPA DE LOS ASENTAMIENTOS ANDALUSÍES DEL VALLE DE RICOTE EN EL SIGLO XIII

La segunda actuación acaba de iniciarse en un sector situado a unos 30 km de la ciudad de Murcia, en el paso natural que atraviesa la sierra desde la planicie de Murcia y Orihuela hasta el sector del campo de Cartagena y el Mar Menor: en las proximidades de un conjunto de, al menos, tres alquerías de los siglos XI al XIII que se han visto afectadas por la construcción de una nueva autovía, denominadas El Pocico I, II y III, se ha podido documentar los restos de un *qanât*, que estaba siendo parcialmente destruido. Si las previsiones más optimistas se confirman, es posible que se puedan precisar con exactitud las características de esta estructura, excavar un tramo y, por consiguiente, obtener muestras de alta calidad susceptibles de ser analizadas en laboratorio, con el objeto de vincular, de nuevo, especies y conjuntos técnicos.[8]

El tercer espacio de actuación es el valle de Ricote, que por sus características geográficas y por su devenir histórico constituye una micro-región que permite desarrollar en unas condiciones excepcionales una aproximación a los espacios agrícolas medievales.[9] Se trata de una comarca histórica de la Región de Murcia, situada en la cuenca media del río Segura, que engloba seis pequeños municipios, y que se configura a modo de valle de "cuentas de rosario", como designan algunos geógrafos a este tipo de formaciones geológicas en las que se alternan los estrechamientos encañonados del río con amplios espacios de regadío, muy aislado por el abrupto relieve que lo delimita del camino que comunica Murcia con Madrid y del resto del territorio del Sureste. Fue un territorio de gran relevancia histórica durante el período medieval por ser el escenario del levantamiento de Ibn Hud y de su sueño por reunificar al-Andalus en la primera mitad del siglo XIII. Tras la conquista alfonsí, el valle fue entregado a la Orden de Santiago, que lo administró desde entonces y hasta bien avanzada la Edad Moderna, manteniendo, en líneas generales, las estructuras de organización social islámicas y la dinámica de poblamiento preexistente. En el contexto de la expulsión de Felipe III, los moriscos del Valle de Ricote fueron los últimos en salir de la Península, ya que lograron, alegando su cristianismo, evitar el decreto de expulsión de 1609, pero no un nuevo documento que directamente fue dirigido contra ellos en 1614, que ocasionó que ese año fueran embarcados en el puerto de Cartagena, primero con destino a Mallorca y posteriormente al Norte de África. Así, el Valle de Ricote fue uno de los principales núcleos de mudéjares de la Península Ibérica y esto determinó la profundidad y la intensidad de las modificaciones del poblamiento y de las estructuras de organización social del territorio tras la conquista cristiana, pues la población musulmana se mantuvo en esta zona aislada hasta bien entrada la Edad Moderna, cuando aceptaron definitivamente las nuevas estructuras de organización que les imponía Castilla. El carácter mudéjar de los habitantes del valle fue decisivo en lo conceptual y en lo estrictamente material. La continuidad y la alta capacidad de percibirla y analizarla a través de los estudios históricos dotan a este sector geográfico de un carácter excepcional y lo convierten en un espacio idóneo para el análisis de los espacios agrícolas medievales.

[8] Tesis de máster de Alejandro Paredero Pérez, titulada "La red de alquerías de "*Cañadas de San Pedro*". Análisis del territorio: Espacios, relaciones y transformación tras la conquista", actualmente en fase de realización.

[9] Para obtener una visión general del valle de Ricote y una recopilación bibliográfica actualizada, remitimos al reciente trabajo publicado en la monografía sobre Ibn Arabí (Eiroa Rodríguez, 2008 a).

Con los datos que poseemos sabemos que, en el siglo IX, el Valle de Ricote ya se encontraba claramente estructurado, con un importante lugar central, Ricote (del que posteriormente se separaría Siyasa) y una serie de asentamientos periféricos que constituían una densa red de alquerías. Desde la Universidad de Murcia hemos llevado a cabo un análisis arqueológico del poblamiento en el sector: en 2004 se iniciaron los trabajos de excavación arqueológica en el complejo fortificado medieval de Blanca, que se prolongaron durante dos campañas anuales y sirvieron de punto de partida a un análisis general de los restantes recintos fortificados del valle. La microrregión se estructuraría a partir de un lugar central, el espectacular castillo de Ricote, con una superficie aproximada de media hectárea, y distintas menciones en las fuentes escritas árabes: en especial, la conocida referencia al castillo en la tercera parte del *Muqtabis* de Ibn Hayyân, que nos presenta un asentamiento ya configurado en tan temprana fecha en una doble estructura de *hizam* y *qasaba*, que todavía se conserva y ha sido documentada arqueológicamente (Eiroa Rodríguez 2008). En torno a Ricote se levantarían el resto de los espacios fortificados y las pequeñas alquerías a ellos vinculadas (Fig. 1). El análisis detallado de la documentación castellana referida a los primeros años de la ocupación del territorio del Valle de Ricote nos informa de la existencia de multitud de centros menores, lugar de residencia de pequeñas comunidades campesinas, en este caso fortificadas. Conocemos con bastante detalle el caso de Blanca: el análisis arqueológico reveló que se trataba de una fortificación tardía, posiblemente almohade, levantada frente a una torre de alquería construida aproximadamente dos siglos antes, sin hábitat permanente y en relación con las tareas de refugio y de vigía y control del territorio circundante; estaría en conexión visual con los terrenos de regadío próximos al río y con otros emplazamientos contemporáneos significativos del entorno, como el granero colectivo fortificado del Cabezo de la Cobertera, en el que posiblemente las alquerías de Abarán y Blanca, cada una de ellas emplazadas los pies de sus respectivos recintos fortificados de refugio, y las restantes pequeñas alquerías de sus alrededores, conservarían y protegería de forma colectiva sus bienes agrícolas.

Sintetizando el problema, las posibilidades y las direcciones actualmente seguidas: normalmente la cronología de la aparición de los núcleos rurales viene determinada por la aparición de los recintos fortificados, pero la configuración de los espacios de defensa, definitiva fijación del poblamiento, no parece anterior al siglo XI; mientras que las agrupaciones de población, la configuración de la red de alquerías, ya funciona desde el siglo IX al menos. Es en este momento cuando deberíamos situar la estructuración de los sistemas hidráulicos vinculados a los espacios residenciales. Se trata de una serie sucesiva de grandes y no tan grandes sistemas de fondo de valle, con la captación mediante derivación del río y desde azud, que no ha sufrido demasiadas modificaciones en los últimos años (a excepción del embalse creado desde 2002 en el sector central del regadío de las alquerías de Ojós y Blanca); para el análisis de los espacios agrícolas del valle a partir de los presupuestos metodológicos de la denominada arqueología hidráulica, recientemente iniciado, contamos además con significativas fuentes árabes y con la rica información de las visitas de la Orden de Santiago.[10]

4. El proyecto Tirieza y las estrategias productivas de los pobladores de la frontera oriental nazarí

La principal actuación desarrollada hasta el momento en el ámbito murciano y en el marco del proyecto es el estudio que se centra en el sector del valle del río Vélez-Corneros y, en concreto, en torno al asentamiento rural fortificado de Tirieza. Allí, los datos obtenidos durante las excavaciones arqueológicas desarrolladas entre 2003 y 2009 por un equipo de la Universidad de Murcia, en colaboración con la Universidad de Granada, han permitido ahondar en las estrategias productivas de los pobladores de la frontera oriental nazarí y abrir un interesante debate en torno a los espacios agrarios andalusíes durante el período bajomedieval.[11]

El valle del río Vélez-Corneros (Fig. 2) se estructura como un corredor de unos 50 km de longitud, delimitado por la sierra de la Torrecilla al sur y la Sierra de Gigante al norte, en las provincias de Almería y Murcia, y constituye una de las principales vías de comunicación del Sureste desde la Prehistoria. Se conformó como una ruta natural de comunicación entre los territorios murcianos y almerienses, conectando el valle del Guadalentín y las tierras del interior murciano con las altiplanicies granadinas y en la Edad Media su importancia fue decisiva: hasta el establecimiento de la frontera en el siglo XIII fue uno de los principales caminos de al-Andalus al comunicar las *kuwar* de *Baŷŷāna* (Almería) y *Tudmīr* (Murcia) por la antigua ruta seguida por la vía augusta, uniendo de esta forma las zonas del Levante y Sur peninsular.

El espacio en el que se ha centrado la atención se sitúa en torno al complejo fortificado medieval de Tirieza, sobre la cuenca del río y frente a la Sierra del Gigante, en un sector denominado "Fontanares" por la significativa proliferación de fuentes naturales. El castillo de Tirieza se emplaza sobre el valle, que es muy variado geológicamente, con condiciones ecológicas especialmente aptas para el aprovechamiento cinegético y ganadero y con un potencial edafológico más que adecuado para el desarrollo del cultivo. Actualmente el corredor del río Vélez, a pesar de estas altas condiciones de habitabilidad, es una de las zonas más despobladas del Sureste: los escasos núcleos de población, más allá de los

[10] Este estudio de los espacios agrícolas del valle de Ricote a partir de los presupuestos metodológicos de la denominada "Arqueología hidráulica" está siendo realizado desde 2008 por Arnald Puy Maeso, en el marco del proyecto ya referido (véase nota 1), y constituirá la base de su futura Tesis Doctoral.

[11] Una visión de conjunto de los resultados obtenidos a partir de las excavaciones arqueológicas del recinto fortificado de Tirieza se puede obtener en el catálogo de la reciente exhibición centrada en el yacimiento que se ha expuesto en el Museo Arqueológico Municipal de Lorca (Eiroa Rodríguez, Martínez Rodríguez y Ponce García, 2009).

FIG. 2: VISTA GENERAL DEL VALLE DEL RÍO VÉLEZ-CORNEROS

dos Vélez, se limitan a cortijadas de clara evolución demográfica negativa y se dedican a la explotación de pequeñas propiedades agrícolas, especialmente de secano, entre las que destaca el cultivo del almendro. No obstante, el paisaje medieval debió ser muy distinto y las características geográficas, en especial la presencia de importantes nacimientos de agua, lo convirtieron en un espacio con evidentes posibilidades para la explotación agrícola irrigada y el desarrollo de la ganadería, más allá de su evidente relevancia geoestratégica como vía principal de comunicación y, posteriormente, como homogéneo y estable espacio fronterizo.

La atención de los estudios desarrollados en Tirieza se centra en el período posterior al siglo XI y, especialmente, en el período que sucede al establecimiento de la frontera nazarí, en un intento por analizar el comportamiento de las comunidades campesinas andalusíes ante la conquista y la continuidad o abandono de sus prácticas agrícolas tras el establecimiento y fosilización de la frontera en ese mismo lugar. La opción metodológica elegida, en el marco del proceso de estudio, viene inevitablemente predefinida, pues el análisis de los espacios agrarios ha tenido que partir de la experiencia previa desarrollada en el espacio residencial, el castillo de Tirieza, que había sido objeto de cinco campañas de trabajo de campo programadas. Así, hemos tomado como base inicial el análisis de un asentamiento y de la evolución de los lugares de residencia, a pesar de que es evidente que un estudio de estas características no tendría sentido sin el abordaje de las áreas de producción y que suele ser habitual en época andalusí que éstas determinen el poblamiento (y no al revés). La excavación realizada en un núcleo habitado, Tirieza, y la prospección arqueológica de superficie de su entorno, en conjunción con toda una serie de estudios paralelos (documental, toponímico, etc.), han permitido definir una evolución global del poblamiento en el sector, una visión general de la captación de recursos y un esquema básico de la distribución de las vías de comunicación. El análisis de los espacios productivos, por lo tanto, nace del estudio del asentamiento, que ha permitido determinar las prácticas ganaderas de sus pobladores en conjunción con el aprovechamiento del monte, y que ha posibilitado establecer los pilares del estudio de los espacios agrícolas a través de distintas aproximaciones emanadas de la "arqueología agraria".

Para resumir muy brevemente las conclusiones alcanzadas en el análisis de la evolución del poblamiento en el sector de Tirieza, es preciso resaltar que algunos pasajes de las fuentes árabes, distintos hallazgos descontextualizados, y la aparente cronología de algunas estructuras (confirmada por dataciones de radiocarbono realizadas a partir de fragmentos de agujas del tapial), indican que el conjunto fortificado de Tirieza habría sido construido como muy tarde en el siglo XI (no olvidemos que el castillo de Tirieza ya aparece mencionado en el *Tarsi al-ajbar* de al-Udri como uno de los castillos de la comarca de Vélez y poco después aparece en el *Hulal al-Mawsiya* en el marco de la campaña almorávide para recuperar Aledo), con el objeto de dar respuesta a las necesidades de protección y refugio de las comunidades campesinas andalusíes establecidas en sus alrededores, en el marco de un poblamiento intenso pero disperso, tal y como atestiguan algunos yacimientos arqueológicos documentados en su entorno inmediato, en especial el denominado Cerro de Tirieza. En el sector Este del valle, en el momento de la conquista, había multitud de centros

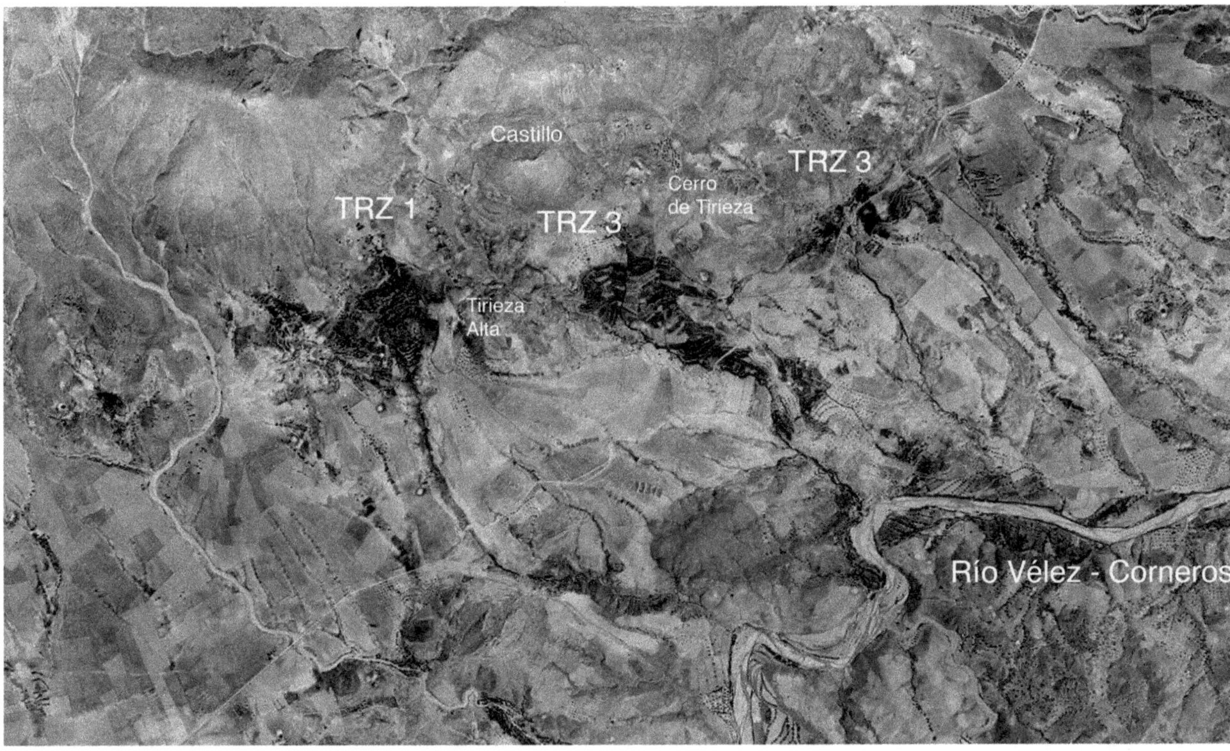

FIG. 3: FOTOGRAFÍA DEL "VUELO AMERICANO" CORRESPONDIENTE A LOS SISTEMAS HIDRÁULICOS DE TIRIEZA EN 1956

menores, pequeñas comunidades campesinas, mayoritariamente fortificadas. Las excavaciones arqueológicas de urgencia llevadas a cabo en el complejo fortificado de Puentes y su entorno nos ilustran bien sobre las características de una de ellas: si bien parece tratarse, más que de una alquería fortificada, de un ejemplo de *agadir* o granero colectivo fortificado, la red formada por la alquería hallada en la falda del cerro y por las de sus alrededores constituiría una comunidad de base agrícola fuertemente cohesionada que conservaría y protegería de forma colectiva sus bienes y que acudiría los viernes a rezar en una mezquita, recientemente excavada, verdadero elemento estructurador del territorio (Eiroa Rodríguez 2009 c).

A partir de los datos obtenidos mediante la excavación arqueológica del recinto fortificado y, sobre todo, gracias a los resultados de los trabajos de prospección arqueológica (tanto prospección sistemática de superficie mediante cobertura total como análisis de fotografía aérea) se pudieron documentar los yacimientos arqueológicos vinculados al castillo de Tirieza, es decir, los lugares de residencia, antes mencionados, de las comunidades campesinas que lo levantaron y lo sostuvieron, al menos desde el siglo XI y hasta el siglo XIII, momento en el que la conquista castellana modificó la situación. A partir de este mapa de los asentamientos vinculados al recinto fortificado se ha acudido a los espacios productivos, los campos, aplicando los principios metodológicos (Kirchner y Navarro 1993) emanados de la línea de investigación iniciada en los años ochenta por Miquel Barceló (1989, 1995) en torno a los espacios irrigados construidos y gestionados por las comunidades clánicas beréberes y árabes; tal y como se ha materializado en los análisis desarrollados diferentes lugares de la península Ibérica, que han generado un caudal importante de resultados (Glick y Kirchner 2000; Sitjes 2006 a). Este tránsito de la excavación arqueológica a la prospección de superficie posterior es un proceso inverso al que están siguiendo otros equipos de investigación (Eiroa Rodríguez 2009 a), en una clara divergencia marcada por las exitosas circunstancias iniciales del proyecto Tirieza: el paso definitivo del análisis del poblamiento al de los espacios productivos agrícolas, más allá de las aproximaciones realizadas a través de las fuentes documentales, tuvo lugar cuando los trabajos de "arqueología hidráulica", permitieron definir un área de agricultura irrigada a los pies del castillo.[12] La cronología de los asentamientos invita a retroceder hasta el siglo XI, cuando tenemos conocimiento de la construcción del complejo fortificado por parte de las comunidades campesinas, que no habitaban en su interior sino en, al menos, dos yacimientos (El Cerro de Tirieza y la Ladera), posiblemente tres (si se incluye Tirieza Alta) situados al pie del castillo pero sobre el área de cultivo. El espacio irrigado original se estructuraba en tres sistemas hidráulicos de vertiente con la captación en la vertiente, de dimensiones variadas (23, 17 y 7,5 Ha. aproximadamente), ubicados al pie del castillo y bajo los núcleos residenciales del Cerro de Tirieza, de La Ladera y de Tirieza Alta. Estos sistemas (denominados TRZ 1, 2

[12] La investigación desarrollada hasta el momento y la secuenciación de las actuaciones llevada a cabo pone encima de la mesa toda una serie de interrogantes: A pesar de que en este caso la opción elegida venía marcada por los estudios previos desarrollados en el sector, ineludibles como punto de partida, cabría preguntarse ¿cuál es la correcta secuenciación de actuaciones para el estudio de los espacios productivos agrícolas en la Edad Media? ¿Sería el salto de los asentamientos a los espacios productivos o viceversa? ¿Permitiría la primera opción plantear más directamente un estudio sistemático sobre las combinaciones de especies empleadas y los conjuntos técnicos asociados a ellas?

FIG. 4: VISTA AÉREA DEL COMPLEJO FORTIFICADO DE TIRIEZA

y 3), en los que es posible identificar el perímetro original (en líneas generales, coincidente con el aspecto que refleja la fotografía aérea de 1956) (Fig. 3). En un primer momento se planteó la posibilidad de que se tratase de un nuevo ejemplo del sistema hidráulico de vertiente con diversas captaciones (tipo 2B) (Glick, Kirchner 2000; Kirchner 2008; Sitjes 2006 a: 281) y que, hasta el momento, sólo se había documentado en Liétor, en la sierra de Segura (Navarro, 1995); no obstante, los resultados provisionales del trabajo de campo desarrollado hasta el momento parecen descartar que los parcelarios hayan sido construidos de forma integrada y continua, como en el caso de Liétor, y nos llevan a considerarlos tres sistemas independientes. De momento, sólo hemos identificado dos zonas de residencia claramente asociadas (Tirieza Alta, asociada a el sistema hidráulico TRZ 1; y el Cerro de Tirieza, asociado a TRZ 3). Los trabajos de prospección arqueológica también han permitido localizar una galería drenante con lumbreras, punto de partida de uno de los sistemas hidráulicos (el mayor y central, TRZ 2). Esta galería drenante, todavía en proceso de estudio, es bastante similar a otros ejemplos documentados en el vecino sector de la vega de Vélez Blanco (Roth, Schütt y Burg 2001) y quizás pueda ponerse en relación con el sugerente texto de al-Udri (m. 1085) que Alfonso Carmona, siguiendo a Emilio Molina (Carmona y Pocklington, 2008: 76), ha situado en Tirieza. El texto, posiblemente otro más de esos *agaib* o relatos fantásticos que tanta fama le dieron a al-Udri, afirma que "*en la fuente de Lorca está la fuente de la aldea de Tārah, cuyas aguas salen por una acequia abierta en la roca dura; acequia que tiene una longitud de aproximadamente dos millas y una profundidad de una braza. Luego continua por un conducto subterráneo horadado en la roca, con cauces a cielo abierto para que entre la luz. Desemboca después en el interior de la montaña en una sala oscura llena de agua. Toda la montaña descansa sobre pilares, y nadie que entre allí sabe que hay detrás de esos pilares*".[13]

No obstante, el proyecto Tirieza se ha centrado en lo sucedido tras la llegada de los castellanos: la excavación arqueológica sólo se ha desarrollado en el complejo fortificado, ocupado y habitado con posterioridad a la conquista parcial del valle del río Vélez-Corneros por las tropas castellanas. No poseemos datos para el conocimiento de los asentamientos andalusíes de los siglo XI al XIII vinculados a la construcción del castillo y a la configuración de los espacios irrigados, más allá de los que se pueden extraer de los trabajos de prospección arqueológica (ubicación concreta y cronología aproximada a través de los hallazgos cerámicos de superficie); y nada sabemos del papel que desempeñaron, en estos siglos previos al establecimiento de la frontera, los espacios productivos no regados (el bosque, los pastos, las áreas de agricultura pluvial, etc.). El verdadero objetivo del proyecto Tirieza era analizar las estrategias productivas de los pobladores de la frontera oriental nazarí y su modo de actuar ante la nueva situación y con respecto a los siglos precedentes.

[13] Según la traducción de A. Carmona (Carmona y Pocklington 2008: 76).

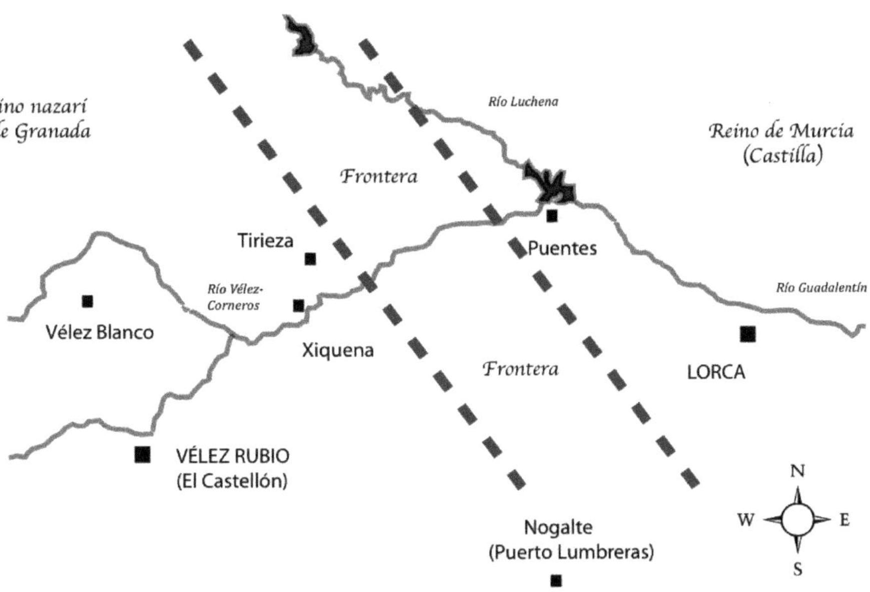

FIG. 5:MAPA DE LOS ASENTAMIENTOS MEDIEVALES DEL VALLE DEL RÍO VÉLEZ-CORNEROS EN LA SEGUNDA MITAD DEL SIGLO XIII.

En los primeros años que sucedieron a la conquista castellana la población mudéjar debió mantenerse en el territorio gracias a los acuerdos logrados con Castilla, conservando cada comunidad sus límites territoriales y también la estructura de la propiedad; pero esta aparente continuidad se vio claramente modificada conforme se implantaron las estructuras de organización castellana. Se produjo la huída de gran parte de las comunidades rurales andalusíes hacia Granada y distintos intentos de repoblación castellana, mayoritariamente fracasados: hacia 1290 el proceso de despoblación ya afectaba la totalidad de estas comunidades campesinas andalusíes y sólo algunas guarniciones militares se emplazaron en sus castillos, en adelante fortificaciones de frontera.[14] El castillo de Tirieza que actualmente se conserva (Fig. 4) y la mayor parte del registro arqueológico documentado a través de las excavaciones se corresponde con ese período, a partir de la segunda mitad del siglo XIII, en el que las estructuras habrían sido muy reformadas y el conjunto fortificado desempeñaba, como último asentamiento nazarí frente a Castilla (Fig. 5), unas funciones distintas a las que habían motivado su construcción. En los territorios nazaríes del Oeste del valle se llevó a cabo, una vez fosilizada la frontera del siglo XIII, una actuación de repliegue y todos los datos apuntan a que aquellos campesinos de las alquerías cercanas que no hubiesen huido a territorios interiores del estado nazarí y decidiesen, asumiendo el riesgo y quizás aceptando el incentivo del estado, continuar poblando y explotando el valle, lo hicieron desde la altura, fuertemente militarizados y parapetados tras la protección otorgada por el conjunto fortificado; habitando, por lo tanto, el interior del recinto.

La excavación del castillo de Tirieza, que a partir de la conquista castellana y de su configuración como último enclave nazarí frente a Castilla debe ser entendido como un asentamiento permanente fortificado, ha intentado determinar las estrategias productivas de los habitantes de la frontera a través de una arqueología agraria basada en las aproximaciones arqueobotánicas; esta opción metodológica, por sí sola, puede ser entendida como una novedad en el panorama historiográfico del Sureste y por lo tanto, más allá de sus resultados, como un éxito. Todos los datos confirmaban el despoblamiento del sector Este del valle del río Vélez-Corneros (el sector controlado por Castilla) y, hemos de pensar, de la mayor parte de sus espacios productivos; en cambio, en ese mismo contexto, en el sector Oeste, el caso de Tirieza y su entorno nos estaba revelando la presencia de un pequeño grupo de población muy militarizado que se establecía en el castillo, y que debió poner en práctica una nueva estrategia productiva, para nosotros desconocida. De esta forma, los objetivos concretos del estudio se resumían en una serie de preguntas: ¿Continuaron los habitantes del complejo fortificado de Tirieza, en el contexto de la inseguridad fronteriza, manteniendo en uso los espacios irrigados de sus antepasados? ¿Los abandonaron y comenzaron a basar su supervivencia en el desarrollo de una potente actividad ganadera? ¿Los redujeron en tamaño, quedándose con los más productivos? En esta situación, ¿qué relevancia adquirió la explotación de los recursos forestales? ¿Y el espacio agrícola de secano?

Como base previa para las aproximaciones arqueobotánicas se contó con los datos provenientes de los estudios arqueozoológicos preliminares (aceptando que es imposible disociar espacios vegetales y animales). La información resultante de los análisis arqueozoológicos realizados sobre una muestra considerable de restos óseos y dentales recuperados durante la excavación del yacimiento revelaron la existencia de una sólida actividad ganadera basada en los pequeños rumiantes, principalmente cabras. Se trata de animales con gran resistencia a las fuertes oscilaciones climáticas y a los cambios bruscos de temperatura, que además manifiestan una gran adaptabilidad digestiva a las

[14] Una visión global del proceso se puede encontrar en el trabajo de Molina Molina y Eiroa Rodríguez presentado al Congreso *La ciudad nazarí*, celebrado en Granada en 2007 (Molina Molina y Eiroa Rodríguez, en prensa b).

variaciones del medio y una alta adecuación a los medios montañosos con pobreza de rastrojos. Posiblemente eran empleados para el consumo en edades tempranas, en combinación con la salvaguarda de individuos adultos para la reproducción y la obtención de lana, leche y derivados lácteos. Las cifras porcentuales, aunque son bastante significativas (en torno a un 70-80 % de fragmentos de rumiantes, frente a una menor presencia de lepóridos y gallinácea), pueden inducir a errores en la interpretación, pero no sucede lo mismo con el Número de Individuos Mínimos (muy elevado para los rumiantes). Se trata de cifras similares a las obtenidas en otros yacimientos andalusíes del Sureste, donde los ovicápridos están bien representados en los análisis arqueozoológicos, como sucede en Yakka, Murcia (Ruiz Molina 2000: 166) o en el Castillo del Río, Alicante (Benito 1994: 194). La aportación alimentaria del ganado caprino (cárnica, lácteos), se completaría con la caza menor y con el consumo de caracoles, cuya presencia también ha sido abundantemente constatada, al igual que en otros yacimientos andalusíes del mismo espacio geográfico, como nuevamente Yakka (Ruiz Molina 2000: 166) o la Rábita de Guardamar, en Alicante (Azuar 1989: 163-173). Tradicionalmente se ha subestimado el papel de la ganadería caprina en el contexto cronocultural nazarí, pero distintos análisis realizados en el sector almeriense (especialmente por Cara Barrionuevo; vid., a modo de resumen, 2009) y los datos obtenidos en Tirieza invitan a modificar esta visión. No se trata solamente de conclusiones extraídas a partir de la información arqueozoológica: algunas de las construcciones exhumadas en el complejo fortificado pueden ser identificadas como estructuras vinculadas al mantenimiento y explotación de un ganado local; y, además, son muchos los hallazgos que pueden relacionarse con el desarrollo de una actividad ganadera de carácter estante, como los útiles destinados al trabajo textil, los cascabeles, o los silbatos de pastor, utilizados en las tareas de cuidado y desplazamiento de los animales (Eiroa Rodríguez 2009b: 114-119, 127-131).

Para el estudio de los espacios de trabajo agrario, el punto de partida también fue el análisis de las áreas residenciales: de la excavación del asentamiento fortificado de Tirieza se obtuvieron los datos para el análisis paleobotánico.[15] Este análisis se ha centrado, hasta el momento, en el estudio de los restos vegetales procedentes del castillo, pero, en un futuro cercano, se completará con la información obtenida mediante el análisis polínico y el análisis antracológico.

El análisis arqueobotánico de los restos vegetales procedentes del castillo de Tirieza, realizado por la Dra. Peña-Chocarro (CSIC) ha ofrecido datos de gran relevancia relativos a las actividades productivas de los pobladores del asentamiento.[16] Aunque hasta el momento no han sido frecuentes los análisis de este tipo aplicados a los estudios arqueológicos sobre el mundo medieval, en los últimos años se está constatando un creciente interés por las disciplinas arqueobiológicas entre los medievalistas peninsulares: la aplicación de técnicas sistemáticas de recuperación de restos botánicos en los procesos de excavación como paso previo a la identificación de los macrorestos vegetales conservados (semillas y frutos) se está revelando como una inmejorable vía de acceso al conocimiento del comportamiento agrícola de las comunidades campesinas y a su utilización de los recursos forestales. Ese fue el verdadero objetivo del estudio carpológico llevado a cabo sobre muestras procedentes de los niveles de ocupación del espacio excavado al interior del recinto fortificado de Tirieza; no solamente determinar la riqueza vegetal de los depósitos documentados y analizar la variedad y la frecuencia de los macrorrestos vegetales en las áreas excavadas, sino, evaluar las especies domésticas utilizadas en el yacimiento, conocer su funcionalidad y su importancia económica, y, muy especialmente, determinar las posibles prácticas agrícolas de sus pobladores y su aprovechamiento de los recursos vegetales silvestres (Peña-Chocarro, 2009: 2).

Las muestras de sedimento analizadas procedían de diferentes contextos arqueológicos y fueron procesadas mediante la técnica de flotación.[17] Aunque muchas de estas muestras han resultado estériles en cuanto a la existencia de semillas o frutos, dos ámbitos en concreto ofrecieron resultados muy interesantes. En primer lugar, a partir de las muestras de sedimento procedentes de los niveles de ocupación de una calle (UE 636, UE 654), se han podido documentar un cereal indeterminado, una posible leguminosa (*Leguminosae* indeterminada), una semilla de haba (*Vicia faba*) y varios posibles fragmentos de bellota (*Quercus*). En segundo lugar, en las muestras procedentes de los niveles de ocupación de una vivienda (Fig. 6, UE 658) se han identificado cereales, frutas y plantas silvestres: cariópsides de cebada vestida (*Hordeum vulgare*) y de otro cereal indeterminado, bastantes semillas de higo (*Ficus carica*), una pepita de uva (*Vitis vinifera*) y semillas de leguminosas (*Leguminosae* indeterminada) y gramíneas (*Gramineae* indeterminada).[18]

[15] La mayoría de las aproximaciones basadas en técnicas de reconstrucción paleoambientales se suelen centrar en trabajos de tipo geomorfológico, pero consideramos que es la investigación de tipo arqueobotánico en coordinación con la investigación puramente arqueológica, la que está encaminada a aportar la información más abundante y de mayor calidad.

[16] La Dra. Leonor Peña-Chocarro, del G.I. Arqueobiología del CCHS-CSIC (Madrid), en el marco del proyecto de investigación del MEC HUM2007-62899/HIST "Aclimatación y difusión de plantas en Al-Andalus" (dirigido por la Dra. Helena Kirchner), realizó un análisis arqueobotánico de 31 muestras procedentes del Castillo de Tirieza, obtenidas durante la última campaña de excavaciones arqueológicas en el yacimiento, desarrollada en la primavera de 2008. El primer resultado de este análisis, que se efectuó en el Laboratorio de Arqueobotánica del Centro de Ciencias Humanas y Sociales del CSIC en Madrid, es un informe (Peña-Chocarro 2009), todavía inédito, que en adelante será citado textualmente siguiendo su numeración original.

[17] El sistema de flotación permitió el procesado de grandes volúmenes de tierra, que de otra manera no podrían ser tratados, y posibilitó la recuperación de restos que de otra manera habrían pasado inadvertidos, como las pepitas de uva o las semillas de higo.

[18] Para un desarrollo de los datos, véase Peña-Chocarro (2009: 3).

FIG. 6: ESTRUCTURA DOMÉSTICA DEL CASTILLO DE TIRIEZA

Los resultados de los análisis no han sido muy espectaculares, pero tienen el valor de constituir los primeros análisis de restos vegetales realizados en un asentamiento rural andalusí en el sureste peninsular. No se ha documentado gran cantidad de restos, pero si una gran diversidad de especies, que con toda seguridad representan una mínima parte de lo que realmente se consumió. Respecto a la producción, en líneas generales, con un número tan bajo de restos identificados no se puede confirmar la existencia de cultivos locales, pues casi todas las especies documentadas pueden haber sido transportadas hasta el yacimiento desde otras áreas. La información proporcionada por la palinología y la antracología hasta el momento tampoco permite avanzar ningún detalle complementario sobre el posible cultivo de estas especies en las inmediaciones del castillo.

Los restos de cereales son muy escasos. Las cariópsides claramente identificadas corresponden a la especie de cebada más habitual en el registro arqueobotánico en el Mediterráneo, también durante el período medieval. Considerada un cereal de calidad inferior al trigo, normalmente se asocia su presencia a la alimentación animal, pero Peña-Chocarro (2009: 4) se inclina por explicar su presencia en el yacimiento gracias a su utilización en la dieta humana, mencionando los antecedentes de los niveles islámicos de la ciudad de Lleida (Alonso 2005) y de otros yacimientos medievales de Cataluña (Cubero 1988): la cebada sería un importante componente de la dieta en zonas poco favorables para otros cereales a partir de su mayor resistencia a condiciones de aridez, salinidad y a su mayor capacidad de adaptación a suelos pobres; eso explicaría la presencia de cebada vestida junto a trigos desnudos como especies dominantes entre los cereales (Peña-Chocarro 2009: 5). Respecto a su posible cultivo en el sector geográfico analizado, aunque en las fuentes árabes está muy bien documentado el cultivo de cebada en el Sureste desde las tempranas referencias del calendario de Córdoba (Eiroa Rodríguez, en prensa), los datos arqueobotánicos no son tan concluyentes: en el caso de los granos de cebada, la ausencia de elementos de la espiga (raquis, glumas), de malas hierbas asociadas o la escasez de las propias cariópsides hacen imposible determinar si se trata de cultivo local o, por el contrario, si han llegado al yacimiento como resultado del transporte accidental o del traslado de reservas alimentarias.

Por otra parte, se han documentado restos de uva y de higos. En ambos casos se trata de elementos básicos de la dieta humana, cuya presencia es constante en el registro arqueobotánico del Mediterráneo (Peña-Chocarro 2009: 5) y concuerda con los datos procedentes de otros yacimientos andalusíes como Lérida, donde ambas especies son dominantes (Alonso 2005). Aunque no se puede asegurar el cultivo de uva e higo en las proximidades del castillo, pues ambos frutos viajaban y se comercializaban frecuentemente en forma de uvas pasas e higos secos, tampoco sería extraño que se tratase de especies obtenidas en el entorno de Tirieza. La producción y el consumo de uva no solamente están documentados en el territorio de Lorca durante el período bajomedieval (Veas Arteseros 2005), sino que aparecen en las fuentes árabes desde el siglo X (Eiroa Rodríguez, en prensa); si bien los restos de *Vitis vinifera* identificados mediante análisis arqueobotánicos en el Sureste pertenecen casi exclusivamente a excavaciones prehistóricas: los restos más modernos provienen del basurero tardorromano de la ladera norte del castillo de Lorca (Precioso Arévalo y Rivera Núñez 2005: 52). Con respecto a los higos, su empleo como alimento está sobradamente constatado a ambos lados de la frontera bajomedieval entre el reino nazarí y Castilla (p.e., Torres Fontes 1971: 91) y su gran valor nutritivo y medicinal es conocido desde la Prehistoria en el sector lorquino (Rivera Núñez y Obón de Castro 2005: 254-255).

Los datos procedentes del estudio carpológico se verán completados en un futuro próximo con los resultados de los análisis polínicos, en proceso de desarrollo;[19] hasta el momento, los datos provisionales obtenidos a través de estos análisis en la secuencia polínica estudiada parecen definir un cambio entre los niveles del siglo XIII y los del siglo XV: según Roure, la disminución de *Quercus* (encina y coscoja) y de los tipos polínicos pertenecientes a las especies arbustivas de mayor tamaño (*Cupresáceas, Erica, Pistacia* y *Rhamnus*), así como la presencia de especies arbustivas de menor porte y de herbáceas indicadoras de frecuentación y antropización e incluso de una cierta nitrofilia (*Artemisia, Chenopodiaceae, Cistus, Plantago*), parecen indicar que el pastoreo, junto con algún que otro incendio pastoral, jugaron un papel importante en el mantenimiento e incluso en la acentuación de la degradación en la estructura de la vegetación y de la deforestación general de un medio natural ya muy antropizado, agravada aquí por una climatología con una fuerte componente de aridez (Roure 2009: 3).

También serán de mucha utilidad los resultados de los análisis antracológicos de macrorrestos y microrrestos procedentes de los niveles arqueológicos del castillo de Tirieza.[20] Aunque están en su fase inicial, ya se ha realizado la identificación taxonómica de varias muestras procedentes de los troncos que probablemente constituían la techumbre o algunas vigas interiores de una de las viviendas, y que pertenecen a pino carrasco (*Pinus halepensis*); una de esas muestras también ha sido sometida a un análisis de radiocarbono que ha permitido fecharlo aproximadamente en el primer tercio del siglo XV (1410-1445 cal AD); también se han analizado algunas muestras de los carbones que se localizaron en el hogar de otra de las viviendas, que han sido identificados como encina o carrasca (*Quercus ilex*) y fechados por el radiocarbono en el siglo XIV (1300-1395 cal AD); igualmente, otra muestra obtenida de los niveles de ocupación de la misma vivienda durante la recogida selectiva de muestras para el estudio polínico ha ofrecido restos de *Pinus*, posiblemente *halepensis*, de *Quercus*, posiblemente *ilex*, y de una angiosperma arbustiva. Quizás el principal problema de cara a la interpretación de estos datos resida en la escasez de estudios antracológicos similares para el período islámico, pues, a pesar de ser habituales en el Levante peninsular (Grau y De Haro 2004: 158), son inexistentes en los territorios de Murcia y Almería.

Así, gracias a la combinación de los datos procedentes de los análisis arqueobotánicos, palinológicos y antracológicos, podremos obtener una imagen bastante aproximada de cuál era el medio natural del entorno de Tirieza en los siglos XIV y XV y, muy especialmente, cuáles fueron las relaciones de las comunidades campesinas que habitaron este asentamiento fortificado rural con su entorno vegetal. Aceptando que es imposible disociar espacios agrícolas y ganaderos, estos datos, cuando se cotejan con los obtenidos mediante el estudio arqueozoológico de los restos óseos y dentales, permiten aclarar las estrategias productivas del grupo. En un medio natural bastante similar al actual, si cabe más pobre, los pobladores del asentamiento fortificado de Tirieza entre la segunda mitad del siglo XIII y la primera mitad del siglo XV pusieron en práctica una estrategia económica distinta a la que sus antepasados habían desarrollado. Ningún dato arqueobiológico permite afirmar que se mantuviesen en uso los sistemas hidráulicos creados por los habitantes de los asentamientos de La Ladera y el Cerro de Tirieza (que habrían construido también el castillo para emplearlo como refugio ocasional antes del siglo XI), pues no tenemos restos vegetales que confirmen el consumo de productos obtenidos mediante agricultura irrigada (si exceptuamos una semilla de haba, que por sí sola no es representativa al respecto).[21] Todos los datos apuntan a que, en el contexto del repliegue fronterizo, posiblemente estos sistemas hidráulicos se redujeron en tamaño o en número, manteniéndose en uso los sectores más productivos o los sistemas más rentables que se enfocaron hacia pequeñas explotaciones agrícolas intensivas. En este contexto, la actividad productiva del grupo se debió reorientar en gran medida hacia una sólida actividad ganadera caprina, bien documentada a través de la arqueozoología y los análisis palinológicos, en consonancia con una resistente agricultura de secano (en la que la cebada representaría un papel importante) y en conjunción con un selectivo aprovechamiento de los recursos naturales del monte, no solamente cinegéticos.[22]

No obstante, esta interpretación debe considerarse provisional, pues estamos convencidos de que será muy matizada por el resultado de los análisis arqueobotánicos

[19] El proceso de identificación, cuantificación e interpretación de pólenes mediante el método químico clásico, actualmente en desarrollo por el Dr. Joan Roure en el Laboratorio de Análisis Polínicos de la Universidad Autónoma de Barcelona a partir de las muestras que él mismo obtuvo en el yacimiento durante la campaña de excavaciones llevada a cabo en la primavera de 2008, también se ha realizado en el marco del proyecto de investigación del MEC HUM2007-62899/HIST "Aclimatación y difusión de plantas en Al-Andalus". El informe provisional (Roure 2009), todavía inédito, será citado en adelante siguiendo su numeración original.

[20] Agradezco la información al Dr. Joan Roure, que gentilmente ha traspasado los límites de su estudio polínico gestionando, en el Laboratorio de la Universitat Autónoma de Barcelona, la identificación taxonómica de algunas muestras; y a la Dra. Itxaso Euba Rementería, del ICAC (Institut Català d'Arqueologia Clàssica), que amablemente ha adelantado algunos datos del detallado estudio antracológico de macrorrestos y microrrestos que está desarrollando a partir de las muestras obtenidas en las cinco campañas de excavaciones arqueológicas llevadas a cabo en el castillo de Tirieza.

[21] Es preciso señalar que los análisis palinológicos no han obtenido datos positivos en la representación de los cultivos de frurtales en los perfiles analizados; si bien se han visto algunos pocos pólenes pertenecientes a la familia de las rosáceas, no se puede asegurar que correspondan a especies cultivadas. No obstante, Roure recuerda que es muy frecuente que los frutales de polinización entomógama no dejen restos polínicos significativos (Roure, 2009: 4).

[22] Un monte que también ofrecía, por ejemplo, material de construcción (pino) y combustible doméstico (encina, matorral bajo).

en marcha y perfilada por los datos que se obtengan en otros yacimientos del sector fronterizo nazarí en los próximos años. Además, sobre las reflexiones expuestas planean varias dudas que podrían obligar a replantear el resultado final. Habría que preguntarse cuál sería la huella arqueobotánica que dejarían las especies de regadío en el interior del asentamiento fortificado (que es el lugar en el que se han tomado las muestras para el análisis carpológico); y, en cualquier caso, habría que discutir la posibilidad de extrapolar los resultados obtenidos en un espacio residencial a los que serían propios de un espacio de cultivo. La respuesta a estas preguntas es susceptible de modificar la cronología de los sistemas hidráulicos documentados y la definición de las estrategias productivas de los pobladores del asentamiento fortificado en el período nazarí.

5. Conclusiones

El balance historiográfico sobre el análisis arqueológico de los espacios agrarios andalusíes que se ha realizado en el Sureste de la península Ibérica en los últimos treinta años no es en absoluto positivo. El estado actual de nuestros conocimientos sobre las prácticas agrícolas medievales debe paradójicamente mucho más a los estudios basados en el análisis de las fuentes escritas árabes, incluso castellanas, que a los escasos intentos de utilizar el registro arqueológico como punto de partida. La investigación arqueobotánica es prácticamente inexistente en el estudio de al-Andalus en las provincias de Almería y Murcia y esta es una carencia que debe subsanarse con urgencia. En ese sentido, distintos proyectos de investigación iniciados en los últimos años tratan de paliar estas deficiencias, como el que se centra en los sistemas hidráulicos del Valle de Ricote, el que se ocupa de las estructuras de riego de Senda de Granada o el que tiene como objetivo el conocimiento de las áreas de cultivo vinculadas a la red de alquerías de El Pocico. En conexión con todos ellos, el proyecto basado en las excavaciones arqueológicas realizadas en el asentamiento rural fortificado de Tirieza (Lorca, Murcia) es el único que puede ofrecer, hasta el momento, datos provisionales de carácter arqueobotánico. Esta información permite esclarecer las características de las estrategias productivas de los campesinos que poblaban el espacio rural fronterizo del estado nazarí.

BIBLIOGRAFÍA

Alonso, N. 2005: Agriculture and food from the Roman to the Islamic Period in the North-East of the Iberian peninsula: archaeobotanical studies in the city of Lleida (Catalonia, Spain). *Vegetation History and Archaeobotany* 14 (4): 341-361.

Azuar Ruiz, R. 1989: *La Rábita califal de las Dunas de Guardamar (Alicante). Cerámicas, epigrafía, fauna y malacofauna.* Alicante: Diputación Provincial de Alicante.

Barceló, M. 1989: El diseño de espacios irrigados en Al-Andalus: un enunciado de principios generales. *En*: Cara, L. (ed.) *El agua en zonas áridas: Arqueología e Historia. I Coloquio de Historia y Medio Físico.* Instituto de Estudios Almerienses, Almeria, pp. 2013-2047.

Barceló, M. 1994: ¿Qué arqueología para al-Andalus? *En*: Malpica, A.; Quesada, T. (ed.) *Los orígenes del feudalismo en el mundo mediterráneo.* Universidad de Granada, Granada, pp. 69-99.

Barceló, M. 1995: De la congruencia y la homogeneidad de los espacios hidráulicos en Al-Andalus. *En*: *El agua en la agricultura de Al-Andalus.* El Legado andalusí, Barcelona-Madrid, pp. 25-38.

Bazzana, A.; De Meulemeester, J. 1998a: Irrigation Systems of Islamic Origin in the Valle de Ricote (Murcia, Spain). *En*: *Ruralia 2. Památky Archeologické, supplementum 11.* Institute of Prehistory and Early History, Praga, pp. 152-160.

Bazzana, A.; De Meulemeester, J. 1998b: Les irrigations médiévales du Moyen Segura (Murcie, Espagne). *En*: Beck, P. (ed.) *L'innovation technique au Moyen Age.* Errance, París, pp. 51-56.

Bazzana, A. De Meulemeester, J. 2009: *La noria, l'aubergine et le fellah. Archéologie des espaces irrigués dans l'Occident musulman médiéval (9e-15e siècles).* Archaeologiacl Reports Ghent University, Gante.

Bazzana, A.; De Meulemeester, J.; Montmessin, Y. 2002: Landscape Archaeology in the Valle de Ricote (Murcia, Spain). *En*: Helmig, G.; Scholkmann, B.; Untermann, M. (ed.) *Centre, Region, Periphery. Medieval Europe Basel 2002.* Archäologische Bodenforschung Basel-Stadt, t. III, Basel-Hertingen, pp. 239-243.

Bazzana, A.; Montmessin, Y. 2006: *Na'ura* et *saniya* dans l'hydraulique agricole d'al-Andalus à la lumière des fouilles de "Les Jovades" (Oliva, Valence). *En*: Cressier, P. (ed.) *La Maîtrise de l'eau en al-Andalus. Paysages, pratiques et techniques.* Casa de Velázquez, Madrid, pp. 209-287.

Benito, M. 1994: La recomposición de las comunidades del recinto fortificado del Castillo del Río. Los datos arqueozoológicos. *En*: Azuar, R. (dir.) *El Castillo del Río (Aspe, Alicante). Arqueología de un asentamiento andalusí y la transición al feudalismo (siglos XII-XIII).* Diputación Provincial, Alicante, pp. 189-195.

Bertrand, M.; Cressier, P. 1985: Irrigación y acondicionamiento del espacio agrícola en el valle del Andarax (Almería): las redes antiguas de Ragol. *Mélanges de la Casa de Velázquez,* 21, pp. 115-135.

Calvo García-Tornel, F. 1989: Aproximación a la huerta musulmana. *En*: Flores, F. (ed.) *Murcia musulmana.* Ayuntamiento de Murcia, Murcia, pp. 385-393.

Calvo García-Tornel, F.; Olivares Galván, P. 1968: La huerta de Murcia en los siglos XII y XIII. *Anales de la Universidad de Murcia,* 26 (4), pp. 423-432.

Cara Barrionuevo, L. (coord). 1989: *Agricultura y regadío en Al-Andalus, síntesis y problemas. II Coloquio de Historia y Medio Físico.* Instituto de Estudios Almerienses, Almería.

Cara Barrionuevo, L. 2009a: Huellas de pastores: observando los paisajes ganaderos de los "extremos" granadinos. *En*: Malpica, A. (ed.) *Análisis de los* *paisajes históricos. De al-Andalus a la sociedad feudal*. Editorial Alhulia, Granada, pp. 169-202.

Cara Barrionuevo, L.; Malpica Cuello, A. 1995: *El agua en zonas áridas: Arqueología e Historia. I Coloquio de Historia y Medio Físico*. Instituto de Estudios Almerienses, Almería.

Cara Barrionuevo, L.; Rodríguez López, J.M. 1995: Territorios campesinos: una lectura del paisaje agrícola andalusí de Níjar y Huebro, en el distrito de *Ars al-Yaman* (Almería). *En*: Cara, L.; Malpica, A. (ed.) *Agricultura y regadío en Al-Andalus, síntesis y problemas. II Coloquio de Historia y Medio Físico*. Instituto de Estudios Almerienses, Almería, pp. 229-258.

Carmona, A.; Pocklington,. R. 2008: *Agua e irrigación en la Murcia árabe*. Esamur, Murcia.

Cressier, P. *et alii*. 1992: Aportación de la fotografía aérea a la reconstrucción de los paisajes agrarios medievales. El caso de Andalucía Oriental. *En*: *Estudios de Arqueología Medieval en Almería*. Instituto de Estudios Almerienses, Almería, pp, 149-173.

Cubero Corpas, C. 1988: *Aportació de la paleocarpologia al coneixement de l'explotació agrària del territorio*. Tesis Doctoral inédita. Universidad de Barcelona. Barcelona.

De Meulemeester, J. 2005: Sistemas hidráulicos de época medieval: del Valle de Ricote al valle del Awnil (Marruecos). *En*: *III Congreso Turístico Cultural del Valle de Ricote*. Abarán: Consorcio Turístico Mancomunidad Valle de Ricote, pp. 203-211.

De Meulemeester, J. 2006: Le Valle de Ricote et le développement des recherches de la Region wallone à l'étranger. En *Les cahiers de l'Urbanisme: Mélnges d'archéologie médiévale*. Namur, Ministère de la Région Wallone, 2006, pp. 46-55.

Eiroa Rodríguez, J.A. 2008a: El Valle de Ricote: una propuesta de aproximación intercultural a un espacio medieval excepcional. *En*: Castaño, J. (ed.) *Ibn Arabí y la Tolerancia,* Ayuntamiento de Murcia, Murcia, pp. 61-70.

Eiroa Rodríguez, J.A. 2008b: El Castillo de Ricote (Murcia): identificación y bases para su estudio. *En*: *Estudios sobre desarrollo regional*. Cuadernos del Grupo de Investigación Historia y Geografía del Urbanismo, Murcia, pp. 7-23.

Eiroa Rodríguez, J.A. 2009a: Propuestas para el debate en Arqueología del Paisaje medieval: el ejemplo del corredor del río Vélez-Corneros (Almería-Murcia). En: Malpica, A. (ed.) *Análisis de los paisajes históricos. De al-Andalus a la sociedad feudal,* Editorial Alhulia, Granada, pp. 133-151.

Eiroa Rodríguez, J.A. 2009b: Fichas de catálogo. *En*: Eiroa, J.; Martínez, A.; Ponce, J. (ed.) *El otro lado. Asentamientos rurales andalusíes en la frontera oriental nazarí*. Excmo. Ayuntamiento de Lorca y Universidad de Murcia, Murcia, pp. 75-133.

Eiroa Rodríguez, J.A. 2009c: Peuplement rural dans un territoire marginal de la frontière entre le royaume chrétien de Murcie et le royaume nasride de Grenade (Espagne). *En*: Klápste, J.; Sommer, P. (ed.) *Ruralia VII: Medieval Rural Settlement in Marginal Landscapes*. Turnhout –Cardiff, Brepols, pp. 253-261.

Eiroa Rodríguez, J.A. En prensa: Paisajes agrícolas en el sureste de al-Andalus a partir de las fuentes árabes. *En*: *El paisaje y su dimensión arqueológica*.

Eiroa Rodríguez, J.A.; Martínez Rodríguez, A.; Ponce García, J. (coords.) 2009: *El otro lado. Asentamientos rurales andalusíes en la frontera oriental nazarí*. Excmo. Ayuntamiento de Lorca y Universidad de Murcia, Murcia.

Espinar Moreno, M.; Glick, T.F.; Martínez Ruiz, J. 1989: El término árabe dawla "turno de riego" en una alquería de las tahas de Berja y Dalias: Ambroz (Almería). *En*: Cara, L. (ed.) *El agua en zonas áridas: Arqueología e Historia. I Coloquio de Historia y Medio Físico*. Instituto de Estudios Almerienses, Almería, pp. 121-141.

Gallego Gallardo, J. 1997: Apéndice: excavaciones arqueológicas previas a la consolidación y restauración de los arcos de la Rueda de Alcantarilla (mayo-junio de 1991). *Memorias de Arqueología 6 (1991)*. Servicio de Patrimonio Histórico, Murcia, pp. 583-588.

García Blánquez, L.; Cerdá Mondéjar, C. 2007: Estructuras hidráulicas medievales: tres aceñas y un tablacho en las acequias Churra la Vieja y Alfatego. Senda de Granada (Murcia). *Revista Murciana de Antropología,* 14, pp. 343-362.

Gil Meseguer, E.; Gómez Espín, J.M. 1993: Galerías con lumbreras en el sureste de España. *Papeles de Geografía* 19, pp. 125-145.

Glick, T.F.; Kirchner, H. 2000: Hydraulic systems and technologies of Islamic Spain: History and archaeology. *En*: Squatriti, P. (ed.) *Working with water in Medieval Europe. Technology and Resource-Use*. Leiden-London-Köln, pp. 267-329.

Grau, E.; De Haro, S. 2004: El paisaje vegetal de la rábita de Guardamar en el siglo X. *En*: Azuar, R. (coord.) *El ribat califal. Excavaciones y estudios (1984-1992)*. Casa de Velázquez, Madrid, pp. 152-158.

Kirchner, H.; Navarro, C. 1993: Objetivos, método y práctica de la arqueología hidráulica. *Archeologia Medievale,* 20, pp. 121-150 = 1994. *Arqueología y territorio Medieval,* 1, pp.159-182.

López Campuzano, M. 1997: Informe de la excavación de urgencia realizada en el acueducto de la Rueda de Alcantarilla, sector Sur. *Memorias de Arqueología 6 (1991)*. Servicio de Patrimonio Histórico, Murcia, pp. 583-588.

López Campuzano, M. 2002: Los acueductos de las acequias Alquibla, El Turbedal y La Dava (Alcantarilla): datos arqueológicos sobre la evolución del sistema de regadío rural de la huerta de Murcia durante la Alta y Baja Edad Media. *Memorias de Arqueología, 10 (1995)*. Servicio de Patrimonio Histórico, Murcia, pp. 583-588.

Manzano Martínez, J. 1993: Toponimia gentilicia y antroponimia musulmana en la huerta de Murcia. *Verdolay,* 5, pp. 201-217.

Manzano Martínez, J. 1999a: Aproximación a la estructura de la propiedad musulmana de la tierra en la huerta de Murcia (siglo XIII). *En*: *Castrum 5. Archéologie des espaces agraires méditerranéens au Moyen Âge*. Madrid, Roma, Murcia: Casa de Velázquez, Ayuntamiento de Murcia, pp. 61-75.

Manzano Martínez, J. 1999b: Aproximación a la problemática histórica de un espacio hidráulico: la huerta de Murcia. *En*: *Memorias de Arqueología 9 (1994)*. Servicio de Patrimonio Histórico, Murcia, pp. 489-507.

Martínez Enamorado, V. 2006: Reflexiones sobre el estudio de al-Andalus como sociedad o, de nuevo, qué arqueología para al-Andalus. *En*: García Sanjuán, A. (ed.) *Saber y sociedad en al-Andalus: IV-V Jornadas de Cultura Islámica*. Universidad de Huelva, Huelva, pp. 193-238.

Martín Galindo, J.L. 1975: Paisajes agrarios moriscos en Almería. *Estudios geográficos,* 36, (140-141), pp.673-696.

Molina Molina, A.L. Eiroa Rodríguez, J.A. En prensa a. El paso de la administración islámica a la cristiana en el alfoz murciano (siglos XIII-XV). *En*: *Ciudad y Mundo rural en época medieval: la influencia de los procesos de aculturación en la formación y evolución de los paisajes culturales*. Granada-Bolonia, s.p.

Molina Molina, A.L. Eiroa Rodríguez, J.A. En prensa b: La frontera castellano-nazarí. Evolución del poblamiento del área Xiquena-Tirieza. *En*: *La ciudad nazarí. Nuevas aportaciones desde la Arqueología*. Universidad de Granada, Granada.

Peña Chocarro, L. 2009: *Informe de los restos vegetales de Castillo de Tirieza*. Informe inédito. CCHS-CSIC, Madrid.

Pocklington, R. 1986: Acequias árabes y preárabes en Murcia y Lorca: aportaciones toponímicas a la historia del regadío. *En*: *X Colloqui General de la Societat d'Onomastica*. Valencia, pp. 462-473.

Pocklington, R. 1988: Toponimia y sistemas de agua en Sharq al-Andalus. *En*: *Agua y poblamiento musulmán*. Benissa, Ajuntament, pp. 103-114.

Pocklington, R. 1990: *Estudios toponímicos en torno a los orígenes de Murcia*. Real Academia Alfonso X el Sabio, Murcia.

Precioso Arévalo, M.L.; Rivera Núñez, D. 2005: Estudio arqueobotánico de los restos de *Vitis* en la Región de Murcia. *Revista murciana de Antropología,* 12, pp. 45-54.

Rivera Núñez, D.; Obón de Castro, C. 2005: Informe sobre los restos vegetales procedentes del enterramiento calcolítico de Cueva Sagrada I (Lorca). *En*: Eiroa García, J. (ed.) *El Cerro de la Virgen de la Salud (Lorca). Excavaciones arqueológicas, estudio de materiales e interpretación histórica,* Servicio de Patrimonio Histórico, Murcia, pp. 249-271.

Rodríguez López, J.M.; Cara Barrionuevo, L. 1989: Aproximación al conocimiento de la historia agrícola de la Alpujarra oriental (Almería). Épocas antigua y medieval. *En*: Cara, L. (ed.) *El agua en zonas áridas: Arqueología e Historia. I Coloquio de Historia y Medio Físico.* Almería, Instituto de Estudios Almerienses, pp. 441-466.

Roth, D.; Schütt, B.; Burg, H. 2001: Las galerías con lumbreras (qanat): obras maestras de la ingeniería rural amenazadas. *Revista Velezana*, 20, pp. 53-64.

Ruiz Molina, L. 2000: *Hisn Yakka. Un castillo rural de Sarq Al-Andalus. Siglos XI al XIII.* Servicio Municipal de Publicaciones (Yakka 12), Yecla.

Sitjes, E. 2006a: Inventario y tipología de sistemas hidráulicos de Al-Andalus. *Arqueología Espacial,* 26, pp. 263-291.

Sitjes, E. 2006b: La vega de María (Los Vélez, Almería). *Revista Velezana,* 25, pp. 83-106.

Torres Fontes, J. 1971: Los cultivos murcianos en el siglo XV. *Murgetana,* 37, pp. 89-96.

Torres Fontes, J. 1990: *Repartimiento y repoblación de Murcia en el siglo XIII.* Real Academia Alfonso X el Sabio, Murcia.

Torres Fontes, J. 1994: *Repartimiento de Lorca.* Real Academia Alfonso X el Sabio y Ayuntamiento de Lorca. Lorca, Murcia.

Veas Arteseros, F. 2005: El vino en el reino de Murcia durante la Baja Edad Media. Notas para su estudio. *Revista murciana de Antropología,* 12, pp. 176-197.

LA AGRICULTURA DE LOS VENCEDORES Y LA AGRICULTURA DE LOS VENCIDOS: LA INVESTIGACIÓN DE LAS TRANSFORMACIONES FEUDALES DE LOS PAISAJES AGRARIOS EN EL VALLE DEL EBRO (SIGLOS XII-XIII)

Julián M. Ortega Ortega[1]
Universidad de Zaragoza/S.A.E.T.

Una de las principales controversias que tiene abierta en este momento la investigación sobre las formaciones sociales del periodo medieval en el Valle del Ebro es la que tiene como eje de discusión el calado de las modificaciones introducidas a raíz de la conquista aragonesa en la larga centuria que media entre finales del siglo XI y principios del siglo XIII. El perfil básico de este debate, que hay que entender dentro de una discusión más amplia sobre la trayectoria de las sociedades afectadas por la expansión del feudalismo,[2] ha acabado cristalizando en torno a dos posturas nítidamente diferenciadas, cuyos fundamentos no pueden ser sino muy groseramente resumidos aquí: de un lado, la de quienes, como Carlos Laliena o Phillipe Sénac, tienden a poner el acento en las drásticas repercusiones que a corto plazo tuvieron las nuevas reglas del juego implantadas por los aragoneses y sus aliados ultrapirenaicos, basadas en los principios estructurantes de la renta feudal;[3] de otro, la que aquellos autores, en particular los norteamericanos Clay Stalls y Brian Catlos, paradójicamente más propensos a aceptar los planteamientos clásicos de la historiografía aragonesa en este punto –básicamente los elaborados por José M.ª Lacarra, Antonio Ubieto o M.ª Luisa Ledesma–, al destacar la escasa contundencia de los cambios acaecidos.[4] La idea general que sobrevuela esta segunda aproximación, que tiene en la persistencia sobre sus tradicionales terrazgos de las poblaciones autóctonas –los *mudéjares*– uno de sus razonamientos predilectos, es la de una conquista fulgurante, pero con muy limitados efectos en cuanto a la ocupación del territorio a consecuencia de la escasa afluencia de nuevos colonos. Ello habría tendido a circunscribir las transformaciones experimentadas por la sociedad andalusí de la región a la sustitución de la antigua burocracia taifa y almorávide por unos nuevos señores más interesados en beneficiarse del reparto del antiguo aparato fiscal, y de las rentas agrarias de los terratenientes urbanos, que en modificar la organización previa de un espacio agrario eficaz y altamente productivo. La superioridad tecnológica andalusí y la notable laboriosidad de la mano de obra mudéjar habrían sido, además, causas determinantes de la permanencia generalizada, tanto de las abundantes infraestructuras de regadío, como de las tradicionales formas de trabajo que venían desarrolladas en el marco de una estructura del poblamiento, que se habría visto igualmente poco alterada.[5]

La peculiaridad más notoria de este desacuerdo, lo que quizás haga distinguible a esta controversia de otras a que el tema ha dado lugar, procede en buena medida de los derroteros argumentales que ha tomado, próximos a quedar atrincherados en una discusión sobre la naturaleza y limitaciones de la información textual disponible. Así las cosas, se comprende que el replanteamiento general de los procedimientos analíticos que propone uno de los autores señalados, Carlos Laliena, como medio de escapar del círculo vicioso a que parece abocar el que los textos sean las únicas bases legítimas para dotar de sentido a otros textos, comporte de forma muy directa una atención, prácticamente inédita hasta ahora, a las huellas materiales dejadas por las transformaciones del paisaje.[6] Es justamente esta la cuestión que pretendo abordar en las páginas que siguen.

Lo cierto es que, como ha hecho notar Brian Catlos, el aporte a esta discusión de las indagaciones arqueológicas, sobre todo de aquellas que tienen a los espacios de cultivo como centro de su atención, ha sido hasta la fecha francamente modesto.[7] En efecto, el bagaje actual, aunque no exento de contribuciones de calidad, resulta claramente insuficiente y cualquier conclusión que pueda realizarse a partir de la corta experiencia acumulada debe estar necesariamente movida por la más extrema de las cautelas. En este estado de cosas, mis objetivos en estas líneas serán necesariamente limitados y abiertamente pragmáticos. Me limitaré, por tanto, a introducir aquí una

[1] Este texto se ha beneficiado enormemente de las apreciaciones del profesor Carlos Laliena, a quien debo agradecimiento por ello. Está demás recalcar que, por el contrario, los errores que aquí se puedan haber vertido son de mi exclusiva incumbencia.

[2] Glick 2007 ha sintetizado recientemente las líneas maestras de esta cuestión. Aproximaciones regionales igualmente importantes a esta cuestión son las de de las de Guinot 1998; Torró 1999 o Virgili 2001.

[3] Entre otros trabajos, Sénac 2000; Laliena 2007a; Laliena 2007b; Laliena 2008a; Laliena e.p.

[4] Stalls 1995: 294-310; Catlos 2002; Catlos 2005: 112-118.

[5] Es mérito de J. M.ª Lacarra haber proporcionado la primera articulación acabada de esta interpretación: Lacarra 1972: 127. Un buen ejemplo de su traslación a un caso concreto es el trabajo de Ledesma 1986: "En el reino de Aragón su permanencia [la de la población mudéjar] durante varias centurias imprimió una huella especial en la vida y la fisonomía de los pueblos, particularmente en aquellos centros rurales donde el proletariado musulmán, constituido en mayoría, mantuvo en pie la economía agraria merced a sus técnicas y experiencia" (p. 335). Más adelante, añade: "Desde el punto de vista del potencial humano los cambios operados no fueron inmediatos ni de envergadura. La masa campesina persistió en sus solares cultivando las tierras; únicamente variarían los cuadros administrativos y jurisdiccionales en un proceso paulatino cuya fase definitiva no se aprecia hasta bien mediada la centuria" (337).

[6] Laliena e.p.

[7] Catlos 2002: 300-301. Las pesquisas arqueológicas cuentan en su haber, no obstante, con la tesis doctoral de Simonne Teixeira sobre los regadíos del entorno del Moncayo, de la cual, además de su edición en microfichas, han visto la luz una serie de avances (p.e., Teixeira 1993; Teixeira 1995b; Teixeira 1998; Teixeira 1999). Es preciso añadir una monografía colectiva sobre los regadíos del valle del Aguasvivas y un puñado de excelentes trabajos, con cuestiones muy relevantes para lo que aquí se discute, pero cuyo tratamiento está, en general, alejado de los procedimientos habituales de la investigación arqueológica: Sesma; Utrilla; Laliena 2001; Laliena 1994; Laliena 2008b; Laliena e.p. Sobre los fundamentos conceptuales y metodológicos la arqueología hidráulica, ver, Kichner y Navarro 1993; Kichner 2008.

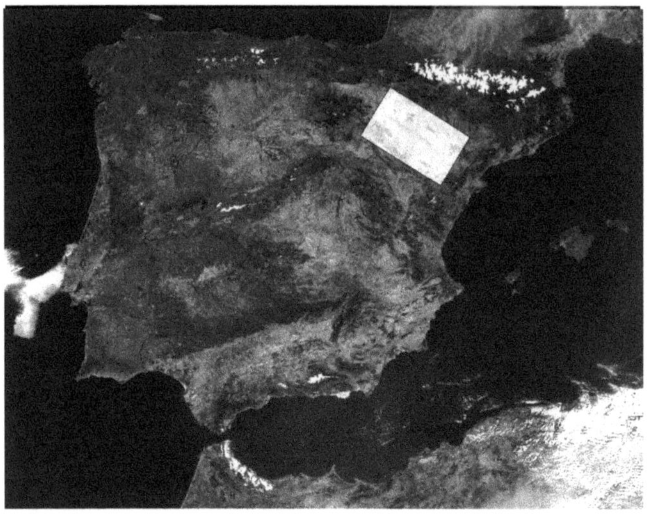

FIG.1: LOCALIZACIÓN DE LA ZONA DE ESTUDIO

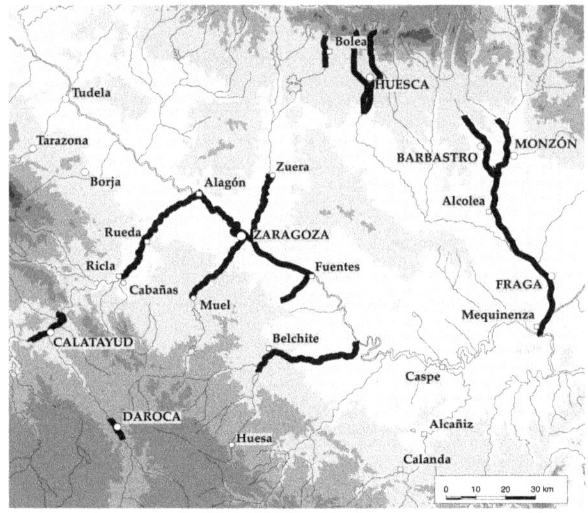

FIG. 2: LOCALIZACIÓN DE LAS PRINCIPALES EXTENSIONES IRRIGADAS EN EL VALE MEDIO DEL EBRO SEGÚN LAS FUENTES ÁRABES.

serie de cuestiones sobre las remodelaciones provocadas en la gestión de los espacios agrarios a resultas de la anexión por parte de los aragoneses del *tagr al-'alà*, tratando de esbozar, de paso, ciertas líneas de trabajo que animan algunas investigaciones todavía en curso y en su mayor parte –he de advertirlo– en sus estadios más iniciales. Centraré para ello mi exposición en aquellos puntos que de forma más señalada jalonan el itinerario de los análisis realizados hasta el momento, en especial en lo concerniente a los problemas que plantean las fuentes disponibles para el conocimiento de la agricultura andalusí de la zona; los cambios en las estructuras del poblamiento asociadas a los perímetros irrigados; los transformaciones ocurridas en las normativas de riego y en el control de las instituciones que garantizaban su funcionamiento; y, por fin, la configuración de nuevos pasajes productivos, sin precedentes en la tradición agraria andalusí.

1. La agricultura andalusí

El Valle del Ebro, como es bien sabido, constituye una enorme cubeta delimitada por los Pirineos, la Cordillera Ibérica y la Costero Catalana, cuya agricultura antes, como ahora, ha estado sometida a una notable "circunscripción ecológica" derivada de la combinación de suelos pobres, precipitaciones escasas –en torno a los 300-500 mm anuales– y un régimen de temperaturas marcado, tanto por la amplitud de sus oscilaciones térmicas, como por la elevada evapotranspiración estival (Fig. 1). Este conjunto de factores ha constreñido secularmente las posibles opciones agrarias de forma muy notoria, generando escasas alternativas al aprovechamiento intensivo de los fondos de valles, por lo general anchos pero de escasa pendiente, donde las aguas podían ser administradas en el seno de complejos hidráulicos de variada extensión.

Todo indica que, como muy tarde, a principios del siglo X la opción hidráulica se había convertido ya en el medio hegemónico de producir alimentos en el Valle del Ebro. Es, sin embargo, poco lo que se sabe de la mecánica que animaba el funcionamiento de este país de acequias. El conocimiento actual del mundo agrario andalusí en la zona procede en su mayor parte de un tratamiento elemental y, en general, poco sistemático de las fuentes textuales, no siempre tan exiguas como a menudo se aduce, pero cuya representatividad ciertamente debe ser severamente puesta en cuestión. Las informaciones más relevantes al respecto giran en torno a tres aspectos fundamentales, que muy rápidamente es posible resumir aquí. El primero, el más obvio, tiene que ver con la distribución geográfica de los espacios de cultivo. Los indicios aportados por al-Razi (ca. 930-940) dejan claro que en su tiempo los anchos fondos de valle de algunos de los principales cursos fluviales que conforman la cuenca sedimentaria del Ebro aparecían ya ocupados por importantes sistemas hidráulicos. El caudal del Cinca, por poner sólo un ejemplo, regaba ya por entonces las vegas que se arremolinaban en torno a las principales poblaciones ribereñas, Barbastro, Monzón y Fraga, y lo mismo sucedía en el entorno de algún *hisn* cercano, como Alcolea, cuyas huertas, dominadas por la presencia de frutales y viñas, merecieron también un convencional elogio del citado autor.[8] Aunque al-'Udri amplia notablemente estas informaciones en la siguiente centuria, es evidente que el panorama que se puede trazar a partir de este conjunto de indicios sigue resultando, no obstante, muy incompleto (Fig. 2).

No existe ninguna sorpresa en esto. Con muy escasas excepciones, los autores andalusíes y árabes en general prestan su atención de forma casi monográfica a las vegas urbanas y, sólo lateralmente, a las más próximas a los *husun* integrados en los resortes administrativos del estado taifa a través de los distritos fiscales (*aqalim*). En todo caso, incluso a este nivel, la información escrita resulta francamente parcial, sin que exista, por ejemplo, la menor mención a los importantes regadíos que con anterioridad a la conquista feudal se extendían por las riberas de los ríos Alhama, Huecha o Queiles, en torno a las medinas de Tarazona y Borja; ni tampoco a los que con pocas dudas debían existir las cercanías de los *husun* del Martín, del Guadalope o del Matarraña, por citar tan sólo afluentes de la margen derecha de la depresión.

[8] Ar-Razi, *Crónica*: 43.

Desde esta perspectiva, es fácil de entender la ausencia generalizada de cualquier tipo de referencia a los pequeños regadíos asociados a almunias y alquerías, cuya existencia tan sólo puede rastrearse textualmente en la documentación feudal y por lo general de forma bastante esporádica. Por otra parte, la alteración, cuando no la destrucción completa, de estos discretos perímetros irrigados, sobre todo en las áreas afectadas desde principios del siglo XX por los grandes proyectos hidráulicos estatales, no siempre permite un acercamiento por vía vía arqueológica a su estudio. La almunia de Alboreg, ubicada a la vera del río Sotón, constituye un caso particularmente claro.[9] En el año 1100 este lugar fue cedido con todas sus tierras, que se extendían en uno de sus extremos "hasta el azud que los sarracenos construyeron en su día". Anegadas hoy por el embalse de la Sotonera, resulta imposible ya una inspección directa del trazado del sistema hidráulico originado en esta presa. Sí ha sido posible, en cambio, estudiar algunos pequeños sistemas hidráulicos de la zona del Moncayo, como el de Golpejar por ejemplo, una antigua almunia convertida luego en granja del monasterio de Veruela, cuyos restos se localizan ahora en el municipio de Agón. En este caso el espacio cultivado, que se regaban a partir de un manantial próximo, está formado en este caso por un conjunto de parcelas de extensión cercana a las 8'4 has situadas al borde de una laguna actualmente desecada.[10] En la misma línea, se ha realizado también una primera aproximación al sistema hidráulico, bastante más extenso, de Cofita, sobre el río Cinca, donada al Temple por Fortún Aznárez de Tarazona en 1146 y que inicialmente compartía con otra almunia, la de Ariéstolas, citada por vez primera en 1090, antes incluso de tuviera lugar la toma de Monzón, en cuyo territorio se integraba (Fig. 3).[11]

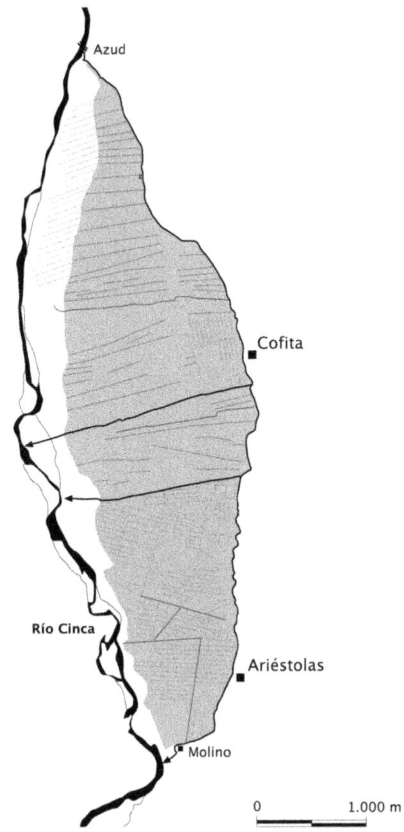

FIG. 3: SISTEMA HIDRÁULICO DE COFITA/ARIÉSTOLAS

El segundo de los aspectos sobre el cual los textos árabes aportan alguna información sustancial atañe a las proporciones de los perímetros irrigados. Prácticamente todos las indicaciones, bastante genéricas por otra parte, se refieren, sin embargo, a la medina de Zaragoza y proceden del *Tarsi' al-ajbar* de al-'Udri, que parece haber recabado los datos personalmente. Es el caso, por ejemplo, de la referencia que hace a la "incalculable" cantidad de tierra regada desde el Jalón, aunque sin contener ninguna alusión directa a las acequias que ya antes de la conquista feudal debían regar la margen derecha del Ebro hasta las puertas mismas de Zaragoza, en especial la de la Almozara.[12] Igualmente lacónicas son las noticias que suministra este mismo autor sobre el Gállego, en la margen izquierda del Ebro, cuyos plantíos se extendían desde de Zuera (*al-Suyjaira*) hasta el mismo puente que, junto a la ciudad, salvaba el curso del Ebro.[13] Es más que probable, pues, que estuviera ya en funcionamiento la acequia de Urdán, cuyo trazado transita por los términos de Zaragoza, Pastriz, La Puebla de Alfinden, Alfajarín, Nuez y Villafranca de Ebro; y lo mismo cabe pensar de la acequia del Rabal, que tiene su inicio también en las cercanías de Zuera, a la misma altura que la de Urdán, regando por la margen derecha los pagos de Cogullada, Corbera, Ortilla y Ranillas. Por su flanco meridional, siempre según al-'Udri, la medina contaba en el siglo XI con el caudal del río *Baltas* o Huerva para bonificar la serie de medianas huertas que de forma ininterrumpida abarcaban desde Muel hasta las mismas murallas de la ciudad, incluyendo con toda probabilidad las partidas de Alfaz, de la Almotilla y Romareda.[14]

Estas largas acequias no son, de todos modos, específicas del entorno de los grandes centros urbanos. En la depresión del Ebro no se da, no al menos del modo tan marcado que se puede encontrar en Valencia o en las Islas Baleares, la división entre pequeños y medianos regadíos rurales de montaña y grandes complejos hidráulicos de las planas aluviales más próximas a las ciudades. Aquí la cantidad de núcleos inmersos en perímetros irrigados de grandes proporciones, con

[9] Donación de Pedro I a la catedral de Huesca: CDCH, doc. 77 (1100.VIII). En 1139 *illam villam de Alboreg que iacebat deserta simul cum suo castello* fue donada de forma vitalicia a Lope Galinz de Bolás para que se encargara de poblarla: CDCH, doc. 152 (1139). Quince años más tarde, el primer contingente de colonos ya estaba establecido: CDCH, doc. 216 (1154).

[10] Teixeira 1993; Teixeira 1997.

[11] CDPI doc. 7 (1090.I); DERRVE, doc. 340 (1146.XII.11). El sistema de regadío ha sido estudiado por Martínez París 2000.

[12] Al-'Udri, *Tarsi'*, n.º 5: 10-11. al-'Udri, *Tarsi'*, n.º 8: 14. También el desconocido autor del *Dikr* recoge de al-'Udri la vaga alusión a la extensión de sus vegas: Anónimo, *Dikr bilad*: 76 (traducción).

[13] Al-'Udri, *Tarsi'*, n.º 5: 10; al-'Udri, *Tarsi'*, n.º 9: 14.

[14] Al-'Udri, *Tarsi'*, n.º 5: 11; al-'Udri, *Tarsi'*, n.º 8: 13. Lo transmite al-Himyari, *Kitab ar-Rawd*: 256.

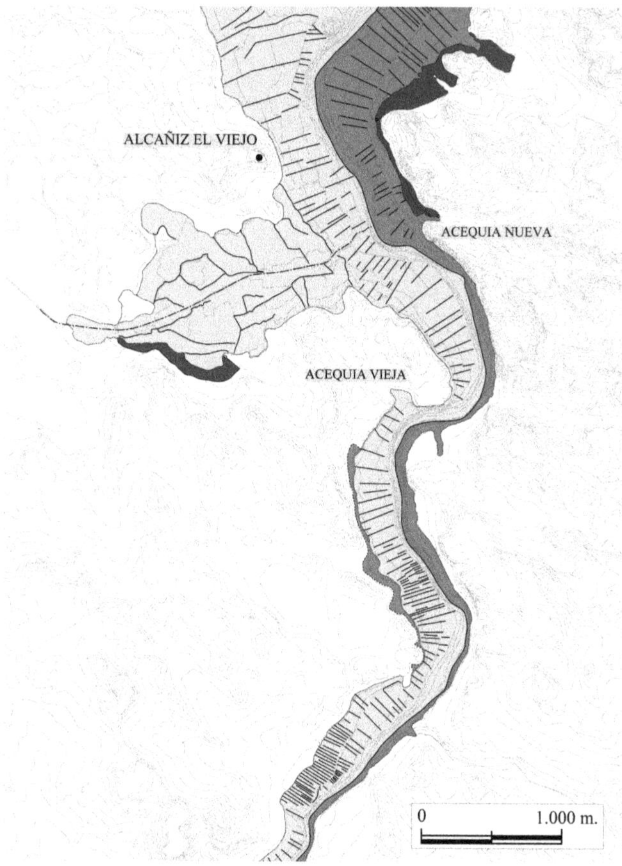

FIG. 4: PARCELARIOS DE LA ACEQUIA VIEJA DE ALCAÑIZ EN TORNO AL *HISN AL-QANNIS*

acequias que fácilmente superan los cinco, diez o quince km. es bastante elevada. En muchos casos se trataba de sistemas compartidos por varias alquerías y almunias, en los que la autonomía productiva de cada comunidad rural. estaba en buena medida determinada por la del resto de comunidades implicadas en el mismo perímetro irrigado. Ello otorgaba un papel absolutamente central a la labor de los zabacequias y alamines encargados de garantizar la distribución del caudal.

La información emanada de los primeros registros de conquista permite comprobar, por ejemplo, que en el río Alhama un mismo sistema hidráulico agrupaba a las huertas Citruénigo, Corella y Alfaro a los largo de más de una decena de km.[15] La acequia de Irués, también de origen andalusí, era compartida a mediados del siglo XII por las poblaciones de Lituénigo, Los Fayos, Santa Cruz, Grisel, alargándose hasta el sector de Cabezolleros, ya cerca de Tarazona.[16] Aguas abajo de Zaragoza, las referencias a los regadíos del Cinca permiten igualmente situar en época andalusí la construcción inicial de la Acequia Mayor que riega la Huerta Vieja de Monzón a partir del azud situado al norte de la ciudad, cerca de la llamada Torre del Paisanto. Lo mismo puede decirse de la acequia de Civieca, en Alcolea; o de la llamada acequia *de Supris*, que bordea las vegas de Velilla, Fraga y Torrente.[17]

Ninguna de las noticias disponibles en los textos árabes incluye, sin embargo, alusiones a la relación que mantenían estas amplias huertas con los asentamientos rurales adyacentes. Resulta complicado, por ello, hacerse una idea de las formas concretas de trabajo desarrolladas o de la organización interna de los cultivos en el seno de estos espacios de cultivo. No se trata ésta de una cuestión menor. Un espacio irrigable en potencia no tiene porqué ser siempre un espacio regado de forma efectiva.[18] Un caso particularmente revelador de este tipo de problemas lo proporciona el análisis de la Acequia Vieja de Alcañiz, un gran canal de hasta seis metros de anchura en algunos de sus trechos, que partía de un azud situado entre Castelserás y Calanda, en la Peña de la Gralla, y serpenteaba, paralelo al cauce del río Guadalope, a lo largo de más de 30 km hasta concluir en la laguna de La Estanca, un gran humedal situado al oeste de la actual localidad de Alcañiz. En época andalusí, esta acequia permitía regar el principal espacio agrario asociado al *hisn al-Qannis*, del que existen noticias desde principios del siglo X y cuyas ruinas se conservan junto a la acequia, en el yacimiento de Alcañiz el Viejo.[19] La minuciosa prospección llevada a cabo en el tramo central de su recorrido ha permitido comprobar la notable entidad del hábitat en las faldas del cerro que coronaba dicha fortificación, sobre todo en comparación con la mucho más laxa ocupación del resto de sectores por donde discurre la canalización, donde tan sólo han sido localizados dos asentamientos andalusíes, uno de ellos, el del Cabezo de los Muros I, al otro lado del cauce del río y, por tanto, sin vinculación directa con las tierras regadas por la Acequia Vieja. Sí debió tenerla, en cambio, el asentamiento de Castelserás el Viejo, ubicado a algo más de seis km al sur de Alcañiz el Viejo y al que probablemente hay que identificar con el lugar de *Borgalmohada* que aparece en la documentación bajomedieval.[20]

Gracias a las campañas de prospección hidráulica realizadas en esta misma zona han podido identificarse, por otra parte, dos únicos tipos de parcelarios, uno dominante, formado por una serie continua de estrechas fajas perpendiculares al eje de la citada acequia, y otro, circunscrito a la zona de La Redehuerta, la partida adyacente a Alcañiz el Viejo, mucho más irregular y cuyo origen probablemente hay que situar antes de la conquista feudal. La principal cuestión que tiene planteada en la

[15] DERRVE, doc. 160 (1128.VIII); DERRVE, doc. 164 (1129.XII).

[16] DERRVE, doc. 26 (1166?.III). La fecha que presenta el texto es claramente errónea y no parece deberse, como opinaba Lacarra, a una falsificación. Un baile de fechas podría ser la razón. Fortún Aznárez está documentado al frente de la *honor* de Tarazona hasta 1171: AIIR, doc. 115 (1171).

[17] En general, Castillón 1979; también, Benito y Monter 1986.

[18] Torró 2003: 185.

[19] Sin duda se trata de la acequia citada en la carta puebla concedida al lugar por Ramón Berenguer IV: CPRA, doc. 83 (1157.XI): *Excepto qui retineo mihi et successoribus meis ipsum castrum de Alcanicia ad meam voluntatem facere, et ipsam hereditatem quam ad opus me et castri retinui, et duo molendina extra acequiam, unum ad opus mei et alium ad opus castri... De cequia ita sit quod açud et exemel insimul faciamus secundum ipsam partem quam unusquisque habuerit ibi. Et ut habeatis zabacequiam vecinaliter, per manum vestram, tam in meo quam in vestro dominium.*

[20] Laliena y Ortega e.p.

	trigo	cebada	avena	centeno	mijo	haba	lenteja	yero	garbanzo	olivo	vid	higo	manzana	melocotón	pera	cereza	acerola	níspero	granada	melón	nuez	azafrán	lino
Calatayud											✔				✔								
Ricla															✔								
Daroca											✔												
Zaragoza	✔					✔			✔		✔	✔	✔	✔	✔	✔	✔						
Huesca													✔		✔		✔	✔					
Barbastro											✔				✔								
Monzón	✔														✔								
Alcolea											✔				✔								
Fraga											✔											✔	
Zafranales										☑	☑	☑		☑							☑		
Solibernat	☑	☑	☑					☑															
Lérida	☑	☑			☑		☑				☑	☑	✔	✔	✔								✔
Balaguer	☑	☑	☑	☑			☑				☑	☑			☑	☑			☑	☑			
Tortosa																						✔	

FIG. 5: PRINCIPALES CULTIVOS ANDALUSÍES DEL VALLE DEL EBRO DOCUMENTADOS EN LAS FUENTES ESCRITAS (√) Y EN EL REGISTRO ARQUEOLÓGICO (☑)

actualidad la investigación de este enorme sistema hidráulico se centra precisamente en determinar la dedicación que en época andalusí pudieron haber tenido las tierras que más tarde, posiblemente en el siglo XIII, fueron sometidas a una partición basada en los lotes alargados. La escasa densidad de núcleos habitados localizados y la menguada capacidad demográfica que debió caracterizar a los hallados, si hacemos caso de la limitada extensión de sus restos, cuadra mal, en principio, con la posibilidad de que el conjunto del espacio susceptible de ser regado hubiera sido efectivamente cultivado de forma estable y continuada. No es improbable, por tanto, que, a principios del siglo XII, la gran Acequia Vieja de Alcañiz constituyera en realidad un rosario discontinuo de espacios de labor, separados por sectores de extensión diversa con una dedicación mucho menos intensiva, probablemente sotos y prados (Fig. 4).

El tercero y último de los aspectos sobre los que los textos árabes aportan informaciones de interés es el relativo a las especies cultivadas (Fig. 5). Con excepción de Ricla, donde una noticia incidental de al-Himyari menciona los perales plantados en sus alrededores, el resto se refieren, de nuevo, a lo producido en los contornos urbanos.[21] El mismo autor proporciona, por ejemplo, noticias acerca de la abundancia de higueras y árboles frutales en Calatayud o de viñedos en las proximidades de Daroca.[22] La descripción que de Huesca hace al-'Udri incluye, por su parte, referencias al cultivo en regadío de manzanas, peras, nísperos y al menos de tres tipos distintos de acerolos.[23] En cuanto a Zaragoza, tan sólo az-Zuhri, al parecer bien informado sobre el asunto, ofrece un elenco relativamente amplio de sus principales producciones agrícolas, que incluye trigo, habas, garbanzos, uvas, higos secos, cerezas, manzanas, peras y melocotones *saqinies*.[24] Desgraciadamente, la ausencia de una política razonable de análisis carpológicos en las actuaciones realizadas sobre los yacimientos medievales de la zona impide, por el momento, contrastar este tipo de noticias, pero las escasas excepciones, concentradas en el sector del Cinca-Segre, apuntan en el mismo sentido, especialmente en lo relativo a la importancia de los frutales y de ciertos cereales, como el trigo duro/común (*Triticum durum/aestivum*) y la cebada, tanto en sus variedad vestida (*Hordeum vulgare* var. *vulgare*), como desnuda (*Hordeum vulgare* var. *nundum*).[25]

En relación a ello, existe un último grupo de noticias alusivas a la proverbial abundancia y dilatada preservación de los frutos recogidos en los alrededores de Zaragoza. La observación hecha en este sentido por az-Zuhri es suscrita, con variantes, por otros autores, como al-Garnati o al-Qazwini. En la misma línea se encuentra el comentario de al-Himyari, cuando afirma que: "... los frutos son allá tan abundantes que su precio es bajísimo, inferior incluso al de su transporte; los campesinos los utilizan como abono para sus tierras, ya veces se ve vender allí el cargamento de una barca llena de manzanas a un precio que equivale, en otros sitios al de unas cuantas libras (*ritl*) de la misma fruta".[26] El dato constituye un buen ejemplo de lo que cabe esperar de este tipo de registros textuales, cuya atención tiende a centrarse, no tanto en la típica diversificación productiva de los medios campesinos, como en aquella agricultura destinada a abastecer los mercados urbanos y, por tanto,

[21] Al-Himyari, *Kitab ar-Rawd*: 256.
[22] Al-Himyari, *Kitab ar-Rawd*: 256 (Calatayud); al-Himyari, *Kitab ar-Rawd*: 257 (Daroca).
[23] Al-'Udri, *Tarsi'*, n.° 142-143: 59; az-Zuhri, *Kitab al-Ya'rafiyya*: 144.
[24] Az-Zuhri, *Kitab al-Ya'rafiyya*: 143. El *Dikr bilad*: 76 (traducción) repite casi al pie de la letra la misma información.
[25] Alonso 2005: 352-357; Alòs, Camats, Monjo, Solanes, Alonso y Martínez 2007: 161-163.
[26] Al-Himyari, *Kitab ar-Rawd*: 255.

sometida a las presiones de la especialización, como sugieren, por otra parte, las referencias a cultivos típicamente comerciales, como el azafrán que, según una alusión del *Dikr*, se producía en Fraga.[27] Lo que describen sumariamente las fuentes árabes a través de las convenciones propias del género de *al-masalik wa al-mamalik* y sus habituales relatos de "portentos" (*aya'ib*) corresponde, por tanto, a una agricultura dominada por la presencia de cultivos hortofrutícolas en los grandes perímetros irrigados de los principales núcleos de población y encaminada fundamentalmente al abastecimiento de los mercados urbanos.[28] En el mejor de los casos, concediendo a este tipo de fuentes un grado de confianza que seguramente no merecen, la única conclusión razonable que puede extraerse de esta rápida revisión es la esterilidad de afrontar el estudio de la agricultura andalusí de la zona con el exclusivo recurso al registro textual. Cualquier intento en este sentido que pretenda obviar el recurso al análisis arqueológico estará irremediablemente abocado al fracaso.

2. Las transformaciones feudales

2.1 La infraestructura tecnológica

La aproximación arqueológica al conocimiento de las transformaciones feudales de los espacios agrarios irrigados de época andalusí no deja de resultar en cierto modo paradójica, en la medida que la posibilidad de reconstruir los antiguos diseños hidráulicos, secularmente fosilizados a través de constantes reparaciones, constituye precisamente un indicador patente de continuidad de los espacios productivos previos a la conquista. De hecho, la permanencia de esta tecnología, confirmada por los escasos análisis arqueológicos realizados hasta la fecha, ha constituido un elemento esencial en la configuración del guión historiográfico que se encuentra tras la idea de continuidad social tras la anexión aragonesa del *tagr al-'alà*.[29] En efecto, al contrario de lo que suele ser habitual en la literatura más comprometidamente colonial, donde la llegada de los occidentales suponía la instauración generalizada de un nuevo sistema tecnológico inherentemente superior –entendiendo aquí "superior" dentro de un esquema evolutivo definido en función de niveles cada vez más elevados de productividad–, en este caso ha venido siendo generalizado el consenso sobre el hecho de que el Valle del Ebro recién conquistado no solo estaba muy lejos de constituir ningún tipo de *terra nullius* a la espera de ser puesta en valor, sino también de que la agricultura andalusí y en general todo el contexto tecnológico en el que ésta se integraba se situaba en una posición más avanzada que la de aragoneses y navarros. Con todo, resulta preciso ponerse en guardia contra la idea de que este proceso de apropiación de los procedimientos técnicos andalusíes era el resultado de una simple inercia, de un mero *laissez-faire* hidráulico en este caso.

[27] Anónimo, *Dikr bilad*: 77 (traducción).
[28] Retamero 1998.
[29] Véase, por ejemplo, los trabajos de Sarasa 1989 y Sarasa 2008.

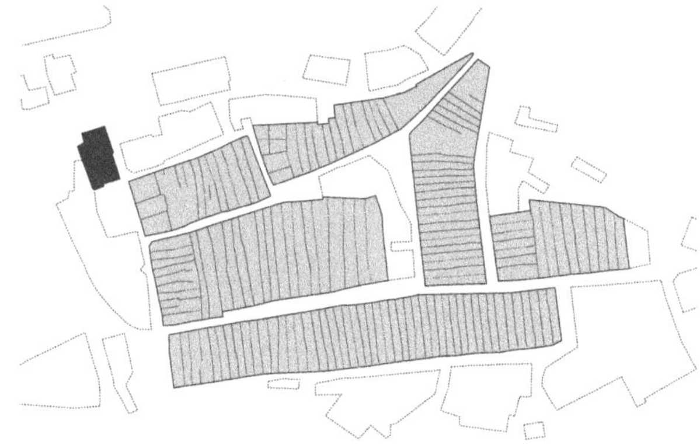

FIG. 6: PARCELARIO URBANO DE ALBORGE.

Un caso particularmente revelador a este respecto es el de Alborge, una localidad ubicada aguas abajo de Zaragoza, frente a Sástago, junto a uno de los meandros más pronunciados del Ebro medio. El topónimo árabe (*al-bury*), sugiere con escaso margen de duda un origen previo a la conquista de la zona, ocurrida antes del verano de 1147.[30] Tras ella, la alquería pasó a manos de la abadía cisterciense del Salz, la antecesora del monasterio de Nuestra Señora de Rueda, por una donación de Alfonso II realizada en marzo de 1165.[31] No mucho después, quizás al año siguiente, los monjes entregaron la cuarta parte del lugar a un potentado zaragozano, Pedro Capalvo, con la condición de que se encargara de organizar la afluencia de colonos y de la (re)construcción allí de un castillo, que debía contar obligatoriamente con una albacara coronada por una torre de dos pisos junto a la que habría de levantarse una vivienda de tapial de unos dos metros de altura convenientemente techada.[32] El abad condicionaba también la cesión a que en el plazo máximo de dos años se "enderezaran" tanto la noria, como el azud, y a que se rehicieran las acequias, dividiendo los gastos derivados de ello en proporción a lo que cada una de las partes poseyera en el lugar.[33] Los desperfectos que inutilizaban estas infraestructuras, unidos a la obligación contraída por Pedro Capalvo de poblar el lugar, sugieren que el lugar debió haber permanecido abandonado durante algún tiempo y que el grupo de mudéjares allí asentados que aparece en la documentación posterior no tiene su origen en la simple persistencia de la población andalusí. Un simple vistazo al plano de la localidad, marcado por una sucesión de lotes de similar tamaño y agrupados en

[30] En julio de ese año, antes pues de la toma de Tortosa, Lérida, Fraga y Mequinenza, las posiciones más avanzadas de los aragoneses eran las de Belchite, Huesa y Sástago: CSSZ, doc. 163 (1147.VII).
[31] CZI, doc. 12 (1165.III.30). En 1192 Juan Capalbo procedió a repartir con Valerio de Pina la herencia de sus abuelo y tíos. El segundo recibió la cuarta parte de Alborge: CZI, doc. 38 (1192.X). Años después, su posesión pasó de nuevo a manos de los cistercienses: CZI, doc. 46 (1199.IV); CZII, doc. 74 (1230.I.8) y CZII, doc. 85 (1235.III.3).
[32] CZI, doc.14 (1166?). Desde 1172 ya se cita el *castrum de Alborge*: CZI, doc.14 (1172.I.22); CZI, doc. 25 (1176.I.11); CZI, doc. 31 (1179.VII.27), etc.
[33] CZI, doc.14 (1166?): *quod vos populatetis eam et indrecetis illa anahora et illo azut et faciatis illas cequias*... El término que emplea el texto, *anahora* (ár. *an-naura*), es el usual en la zona para aludir a las ruedas para la elevación del caudal. Artilugios de este tipo existían en el siglo XVIII en prácticamente todas las poblaciones que se extendían entre Gelsa y Mequinenza: Asso, I., de 1798/1983: 77, 79 y 97.

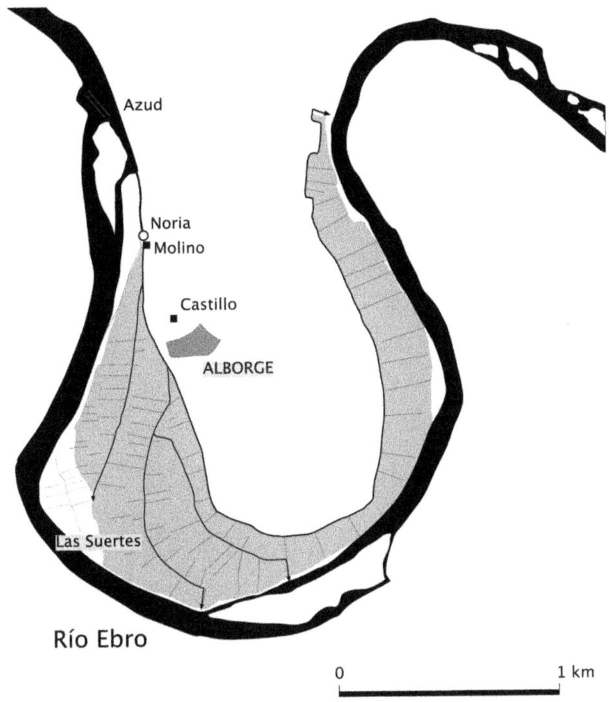

FIG. 7: ESPACIO AGRARIO DE ALBORGE

bloques, deja a las claras, en cualquier caso, que las condiciones de instalación de estos pobladores mudéjares fueron radicalmente diferentes a los modos residenciales característicos de los campesinos andalusíes de hacía sólo unas décadas (Fig. 6).

Por lo que se refiere al sistema hidráulico que se extendía a los pies de la población, su estructura básica estaba constituida por un azud levantado en el cauce del Ebro, desde donde se desviaba el caudal hacia la caja de la citada noria por medio de un canal –el que subsiste es de piedra sillar– que, a fin de aumentar la presión de agua, iba estrechándose progresivamente hasta la base de la rueda, sujeta a dos grandes machones, también de piedra. Un muro lateral soportaba el tramo inicial de la acequia, tallada en un solo bloque, que recogía el agua procedente de los arcaduces cogidos a la rueda y la conducía hacia la acequia principal, la denominada Acequia Mayor, cuyo trazado seguía en paralelo el acusado giro que describe aquí el río. El total de tierras susceptibles de recibir riego supera en la actualidad las 100 ha, aunque es seguro que esta cifra fue menor en origen, cuando todavía no habían sido puestas en cultivo las tierras arrancadas a los sotos ribereños y repartidas entre los vecinos en la zona que continúan portando la significativa denominación de "Las Suertes", característica de los repartos de tierras de época moderna (Fig.7).

Hay que tener en cuenta, además, que en este tipo de sistemas hidráulicos el diámetro de la noria determina el tamaño del conjunto del área cultivable. Cuanto mayores son las dimensiones de la rueda, más alta se puede trazar la acequia principal y más distancia le separa, por tanto, del cauce del río. Modificaciones encaminadas a lograr este objetivo tuvieron lugar en algunas de estas huertas cercanas a Alborge, aunque su fecha no siempre esté clara. Un ejemplo de ello lo proporciona el recrecimiento sufrido por el acueducto bajomedieval que permitía regar los huertos sobre los que se instaló el mismo monasterio de Rueda, sin duda a consecuencia del aumento del tamaño de la noria que dio nombre al cenobio, lo que permitió ampliar en fecha desconocida la superficie inicialmente cultivada hasta alcanzar las 58 ha.

El de Alborge es uno de los pocos casos documentados en el siglo XII donde ni la existencia de una aljama mudéjar en época bajomedieval puede deducirse de la simple permanencia de la población autóctona andalusí, ni el mantenimiento de los terrazgos sometidos a riego estaba causada por la mera prolongación de un estado de cosas anterior. En este caso, la continuidad del diseño hidráulico andalusí fue resultado de una decisión señorial, que implicaba la reparación de un mecanismo ciertamente sofisticado, como era el de la noria, para la reactivación general del espacio agrario.[34] El ejemplo, confirma, además, la importancia que tiene comprender el funcionamiento de las áreas de cultivo en conexión con la forma en que se ordenaban los núcleos de población. Incluso en el caso de que los espacios productivos permanecieran inalterados, las modificaciones operadas sobre la trama de asentamientos introducían cambios de notable alcance en los modos de organizar las pautas de trabajo.

2.2 La estructura del poblamiento

He mencionado antes que a finales del periodo andalusí el grueso de la gestión de estos espacios de regadío se realizaba desde conjuntos más o menos numerosos de núcleos rurales, a los que la documentación feudal suele otorgar la denominación de "almunia", unificando bajo este término tanto explotaciones privadas cultivadas por exaricos, como las alquerías dotadas de aljamas que mantenían una relación directa con la organización fiscal del soberano taifa.[35] La distinción es, sin embargo, importante. Una interpretación estrictamente etimológica de la documentación feudal podría llevar a pensar que los aragoneses encontraron a su paso un territorio atomizado en centenares de pequeñas explotaciones particulares trabajadas por aparceros, sin resquicios para comunidades campesinas establecidas en alquerías. Tras el vocablo almunia, tal como era utilizado en la documentación

[34] Es lo que sucedió cuando los monjes de Rueda concertaron con los vecinos de Belchite la reconstrucción del azud de Lagata, en pleno valle del Aguasvivas: CZII, doc. 122 (1268. VI.29): *çut de petra grossa et sicca et lapidibus minutis, scilicet mensurata LX et duobus palmis de traves de flumine, et decem et septem palmis de amplo... Et in fonte Sancti Petri quod faciatis çut, de illa fuent de la Penniella inferius usque ad aliam çut, prout semper usitatum fuit, tali modo quod cequiam vel regativum novum non faciatis amplius quod modo est.* Un último ejemplo, ya fuera del área de estudio, es el los molinos de Alcalá de la Selva, entregados por los monjes del monasterio bordelés de Seuve Majeur a los colonos del lugar, en caso de que procedieran a su reparación: CPRA, doc. 121 (1184.XII): *omnia moledina que ad castello in susssum reparari potuerint, sicut illa in rivo sarraceni antiquitus habuerunt, exceptis tamen duabus casis moleninorum quas frates sibi retinuerunt.*

[35] Eritja 1998. Nada de esto, sin embargo, puede deducirse del estudio de los textos árabes: Souto 1992.

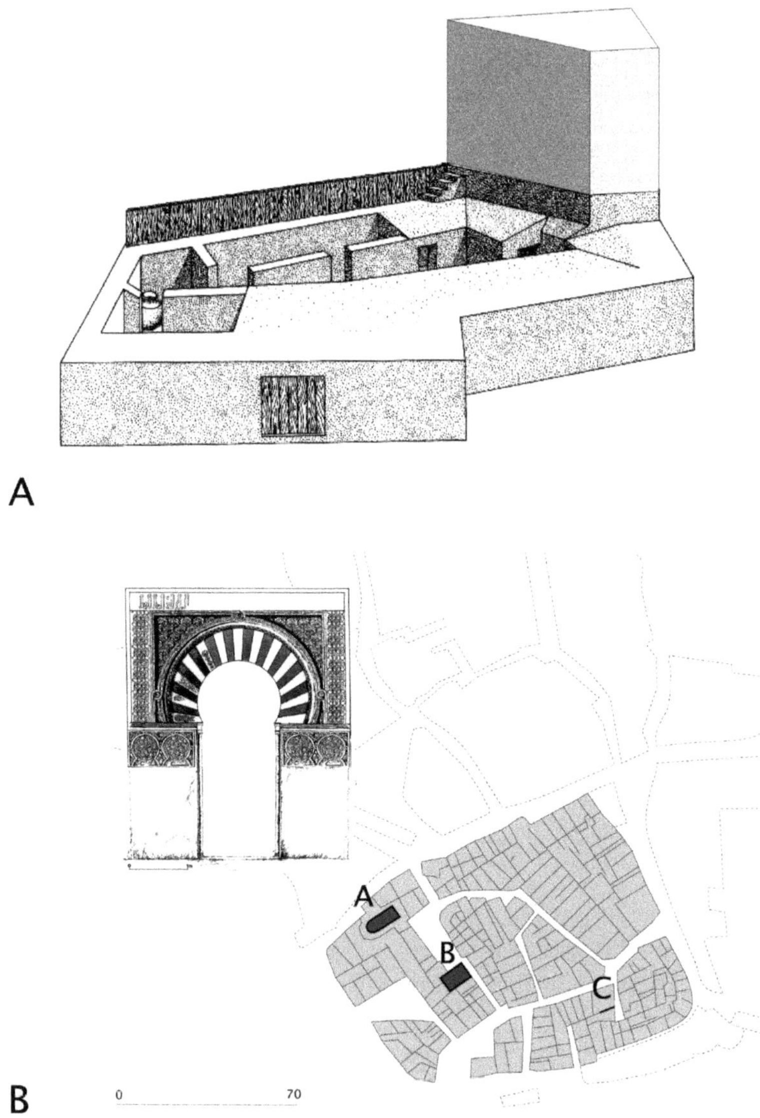

FIG. 8:A. RECONSTRUCCIÓN DEL ASENTAMIENTO DE ZAFRANALES (FRAGA) (SEGÚN MONTÓN 1997, MODIFICADO); CASCO URBANO DE MALEJÁN, CON LA LOCALIZACIÓN DE LA IGLESIA (A), LA TORRE (B) Y LA ARQUERÍA DE ÉPOCA TAIFA.

latina, se escondía, no obstante, una realidad variada, que incluía desde la pequeña instalación de Zafranales, cerca de Fraga, apta para un grupo familiar formado seguramente por no más de dos matrimonios con sus respectivas proles, hasta asentamientos de grupos campesinos, dotados de mezquitas, baños e incluso residencias de recreo para terratenientes, como podría haber ocurrido, por ejemplo, en Maleján (Fig. 8) . Casi todas ellas tienen en común, no obstante, haber estado al albergue de torres de distinto tipo, ya fueran los ejemplares de tapial sobre zócalos de mampostería, típicos de la zona del Cinca, o las sólidas construcciones levantadas a base de grandes sillares que pueden encontrarse en el bajo Jalón, la Huecha o el Queiles, como sucede en Ambel o Mareca, por citar sólo dos de los casos mejor conocidos (Fig. 9).[36] Erigidas generalmente con cargo a bienes habices instituidos al efecto para servir de refugio colectivo ante las incursiones y cabalgadas de los aragoneses,[37] la presencia de este tipo de construcciones explica, tanto la frecuencia de topónimos en *burj* que mantuvieron tras la conquista muchas de estas explotaciones (Alborge, *Alboreg*, Bujaraloz, Bordalba, *Burjaman, Burjazud, Borgalmohada…*), como la equiparación posterior que los feudales hicieron entre almunia y torre.[38]

Un primer indicio de las reconversiones operadas tras la conquista en estas localizaciones fue precisamente la señorialización de las torres a las que acabo de aludir, transformadas a lo largo de todo el siglo XII en auténticos

[36] Montón 1997 (Zafranales); Gerrard 2003 (Ambel); Cantos y Giménez 2004 (Mareca); Cabañero 1992 (Maleján).

[37] Tal como señala el conocidísimo texto de al-Himyari, según el cual en el llano que se extendía al N. de la medina de Lérida: "… hay granjas (*diy'a*), cultivos y pastos en cantidad. Todas las granjas sin excepción poseen un torreón (*bury*) o un refugio subterráneo (*sirdab*) en el que se atrincheran los colonos (*'amirun*) en caso de ataque enemigo. Para poder hacer estos refugios las gentes de las Marcas descuentan dineros de los testamentos y donaciones": Eritja 1998: 22.

[38] Sénac 2000: 249-250 y 252-254.

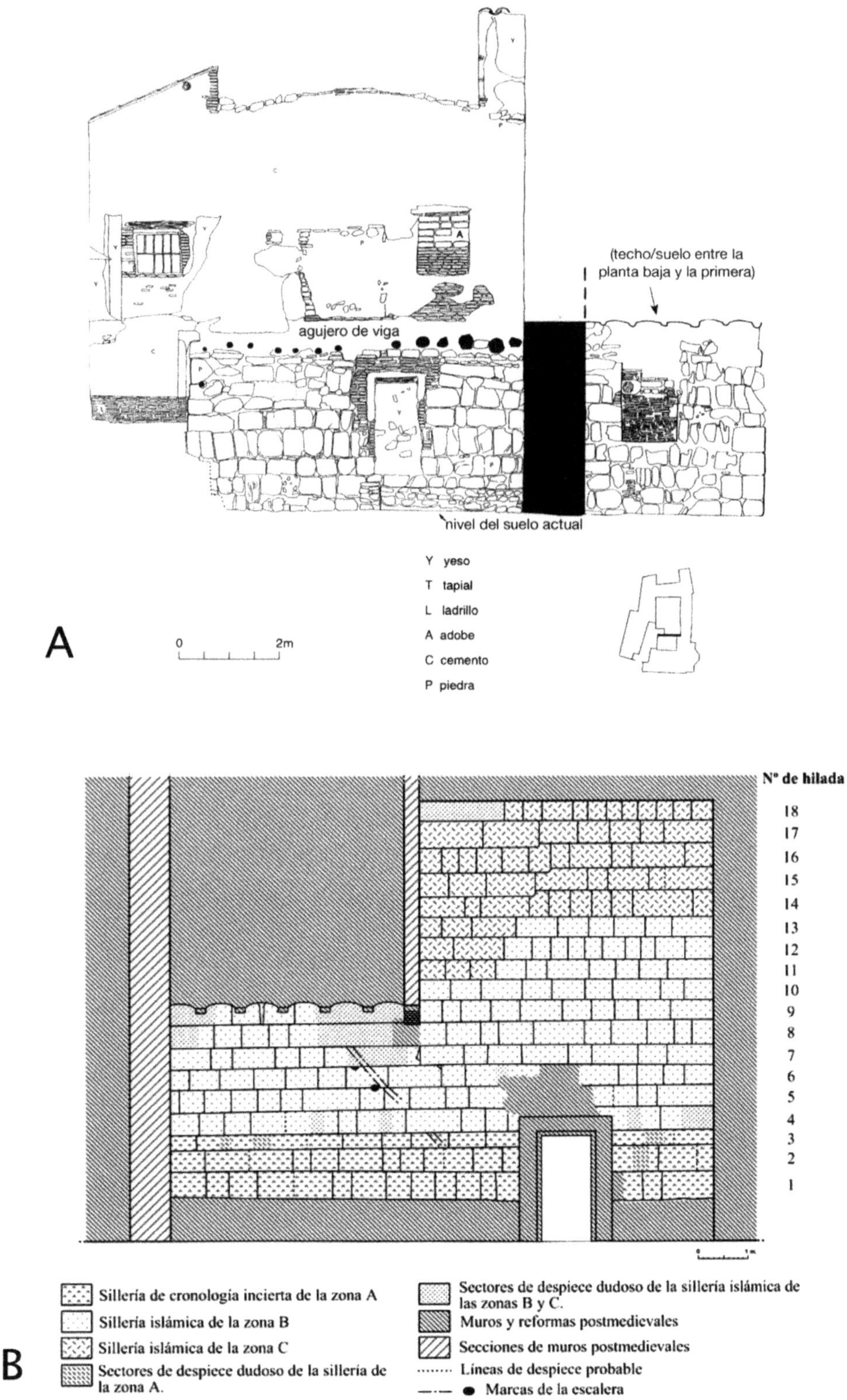

FIG. 9: ALZADOS DE LAS TORRES CONSERVADES EN: A) AMBEL (SEGÚN GERRAD 2003); B) MARECA (SEGÚN CANTOS Y GIMÉNEZ 2004)

castella, donde los feudales que habían recibido su posesión instalaron su residencia, convirtiéndolas así en nuevos centros desde los que establecer una dominación estable a nivel local. Es lo que debió ocurrir en Pleitas, donde Sancho Galíndez de Garasa dejó en 1145 la tercera parte de todos los bienes que allí poseía a sus nietos García de Garasa y Benedicto, incluyendo la tercera parte de la torre, la misma cuyos restos se conservan aún en la parte más alta de la población, después de que hace unos años se desplomara buena parte del recrecimiento de época gótica.[39] Ese mismo año Pedro Sanz, hijo del *senior* Sancho Ibáñez, recibió en Torres de Barbués,

[39] CDG, doc. 3 (1145): *laxo a meos nepotos don Garcia et don Benedet la tercera parte de illa tor de Pleytas et el senyorio de illos moros et toto lo al de Pleytas.*

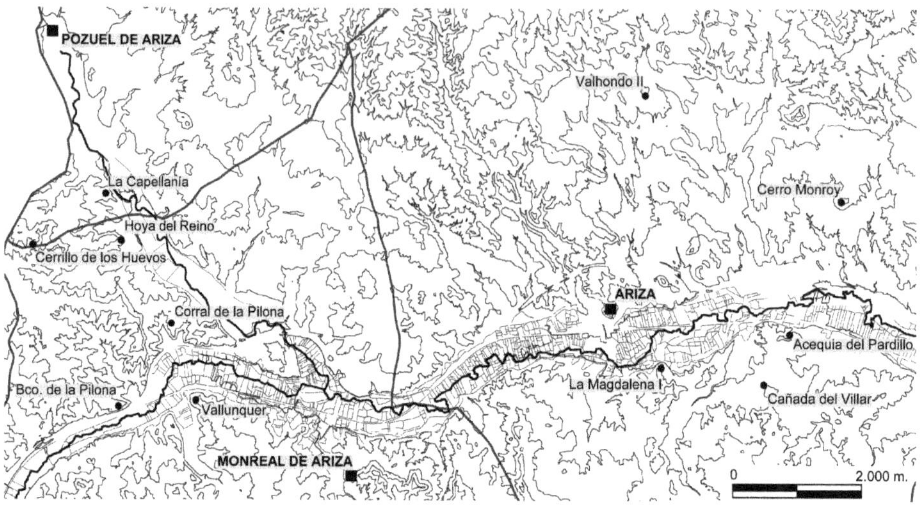

FIG. 10: DESPOBLADOS ANDALUSÍES LOCALIZADOS EN LOS TÉRMINOS DE POZUEL, MONREAL Y ARIZA

cerca de Almuniente, la porción que allí mismo había poseído su padre, de la que formaba parte, entre otros bienes, la cuarta parte del castillo, incluyendo la torre y su albacar.[40] Similar es el caso de la almunia de Cabañas, junto a Ricla, en el valle del Jalón, donde la torre, adyacente a la acequia, se encontraba próxima a un grupo de viviendas, junto a las que se construyó, poco antes de 1176, una iglesia, configurando así el centro de poder señorial de los frailes hospitalarios allí establecidos.[41] Unos años más tarde, en 1181, el lugar de Plasencia del Monte fue igualmente dividido en dos mitades, incluyendo la torre, el albacar y los campos.[42] La lista, como se verá después, puede alargarse con facilidad.

Resulta complicado minimizar la importancia de esta problemática, sobre todo en lo referente a la organización de la red de núcleos rurales andalusíes. La inercia demográfica de las poblaciones autóctonas es un asunto que difícilmente puede resolver a partir del registro escrito, como ha venido haciéndose. Aunque la investigación arqueológica se está retrasando en exceso en poner de manifiesto este aspecto crucial, existen elementos de juicio suficientes para poner en duda la idea de que las aljamas, que sólo tardíamente –más o menos a partir de principios del siglo XIII– comienzan a adquirir perfiles nítidos en la documentación escrita, sean el simple resultado de la perduración de los campesinos sometidos en sus lugares de origen. La (re)organización de las comunidades mudéjares implicó, como mínimo, la integración de sus diezmados efectivos en tramas de poblamiento aldeanas regidas por unos principios ajenos a las tendencias a la dispersión y atomización que caracterizaban los pautas previas a la conquista. Sólo pondré un ejemplo, localizado en el valle del Jalón, entre los términos de Ariza, Monreal y Pozuel, una zona donde las prospecciones llevadas a cabo, sistemáticas pero no exhaustivas, han permitido la localización de un conjunto importante de asentamientos andalusíes claramente despoblados a raíz de la conquista de la zona por parte de las tropas de Alfonso I. En este sector el poblamiento andalusí estaba configurado a partir de una serie de pequeños establecimientos rurales, en su mayor parte volcados sobre la vega del río. Muchos de ellos contaban con algún torreón defensivo en sus cercanías. Aunque la información es todavía muy incompleta, un simple vistazo al mapa que sigue (Fig. 10) obliga a pensar que en esta zona al menos la organización feudal de la red aldeana supuso una fuerte contracción del hábitat en torno a unos pocos *castella*, que seleccionaron algunas de las anteriores torres campesinas para la implantación de nuevos centros señoriales, con el consiguiente abandono de un número de alquerías que, por redondear, cuadriplicaba el número de las posteriores aldeas.

2.3 Las normas de riego

La posibilidad de hacer inteligible la incidencia de las innovaciones en que se vieron envueltas los espacios agrarios andalusíes del Valle del Ebro a partir del siglo XII depende de nuestra capacidad para insertarlos en su contexto poblacional. No se trata de una mera cuestión demográfica ésta. Resulta innecesario recordar aquí que la articulación del hábitat tiene repercusiones directas en los modos de organizar el funcionamiento de los complejos hidráulicos, en especial en lo que se refiere al calendario de los riegos. Como es bien sabido, mientras la configuración material de estos sistemas hidráulicos –desde el punto donde el caudal es captado al trazado de las acequias principales, pasando por las pendientes modificadas por las parcelas y su extensión general– presentan muy escasa o nula elasticidad, dejando escaso margen a la posibilidad de introducir en estos factores modificaciones de alcance, las reglas que organizan el reparto del caudal están supeditadas sobre todo a la ordenación específica de las relaciones de poder que mantienen entre sí los usuarios.[43] Fue aquí, en el control de los repartos del agua de riego y de las instituciones que velaban por su mantenimiento, donde más

[40] CDCH, doc. 170 (1145.X): Maza y sus hermanos compran a Pedro Sanz *in Torres qui est prope Almunien tota illa parte qui fuit de senior Sancio Iohannis, suo pater, per nomine illa quarta parte de illa torre et de albacare et de casales et de terras et de termino beremo et populato.*
[41] CDAG, doc. 1 (1176.XII).
[42] CDCH, doc. 360 (1181.VII): *Aduc dono vobis... medietatem de toriellos, de torrim et de albacar et de campis.*

[43] Barceló 1989.

se deja notar la huella de los feudales, que pudieron alterar en su beneficio las normas de funcionamiento de los sistemas de regadío a partir del directo conocimiento que de su mecánica les proporcionaba su inserción en el espacio local. En numerosas ocasiones se ha insistido en el hecho de que los repartos permanecieron sustancialmente inalterados desde época musulmana, pero resulta evidente que, independientemente de que tales reglas de distribución hubieran estado en uso antes de la conquista, fueron los feudales, y no los campesinos –fueran mudéjares o no–, quienes después de ella se arrogaron la potestad de sancionar dichos regímenes o, por el contrario, trastocarlos en función de otros requerimientos.[44]

La capacidad de reordenar la distribución de las tandas de riego en sistemas de regadío que, sin embargo, mantenían la misma articulación material de época andalusí, se puede reconocer, por ejemplo, en el área del Moncayo, una zona en la que desde hace tiempo se ha puesto de relieve la continuidad de determinados usos agrícolas originarios de la etapa andalusí, sobre todo en lo que a las formas de organizar los turnos de riego.[45] Dado que el tema ha generado no pocos equívocos, quizás no sea ocioso recordar que, por lo general, estos calendarios estaban basados en el reparto proporcional de estos turnos a partir de la repetición de una secuencia de varios días, ya fuera a lo largo de todo el año o, más frecuentemente, sólo durante la temporada estival, cuando más se acusaba el déficit de agua. El ciclo completo recibía el nombre de *aziara, zaiara* o *açafra* (ár. *as-saira* = "curso"). Así, la *aziara* de la acequia de Alfara, un despoblado situado al inicio de un sistema hidráulico común a Trasmoz, Traíd, Vera y Veruela, constaba en 1179 de 11 días, teniendo su inicio el primer día del mes de abril.[46] Dentro de la *aziara*, cada población recibía el agua un número concreto de días. En este mismo caso, los primeros tres días le correspondían al lugar de Alfara; los siguientes tres, a Vera; y los cinco restantes, conjuntamente, a Traíd y a Veruela. Se denominaba *alfetma, alhema* o *aledma* (ár. *al-hitma* = "porción") a la fracción de la *aziara* en la que cada localidad recibía el riego y *almoceda* (ár. *al-musdà* = "lo que se deja fluir") al agua que circulaba por la acequia compartida con otras localidades, pero con la que no se regaba.[47] En 1220, por ejemplo, los regantes de la acequia que cruzaba por los términos de Malón, Cascante, Monteagudo, Barillas y Tudela tenían en el agua del Queiles un ciclo de nueve días, excepto en los meses de abril y mayo, en que éste se reducía a ocho, empezando a la salida del sol del día 22 de abril. Los cuatro primeros días, en los que regaban las cuatro primeras poblaciones citadas se llamaban en Tudela de *almoceda*, mientras los restantes cinco –o cuatro, si se trataba de los meses de abril y mayo–, a partir del amanecer del día 26 abril, se denominaban de *alhema* y sus aguas estaban adjudicas a los campos de Tudela. Las aldeas no volvían a recibir el agua hasta el 22 del mes siguiente. Tampoco los de Tudela la recibían hasta el día 26 de ese mismo mes. El tiempo que mediaba hasta que se iniciaba una nueva *aziara*, desde que finalizaba la *alfetma* hasta el 22 de cada mes, incluyendo la *almoceda* de las otras poblaciones, recibía el nombre de *entremés*.[48]

La distribución del agua hacia las parcelas dentro de los días de la cada *alfetma* en los que les correspondía regar a una localidad agrupaba, por su parte, un número concreto de azumbres o *azumnes* (ár. *at-tumn* = "octava parte"), es decir de unidades fijas de agua medidas por criterios temporales con ayuda de cuadrantes solares.[49] Así, los azumbres documentados podían extenderse desde la salida del sol hasta que la sombra proyectada por el cuadrante solar medía doce pies; de aquí hasta que la sombra sólo medía cinco pies; desde este momento hasta el mediodía; desde mediodía hasta media tarde o *alazer* (ár. *al-'asr*: = "la tarde"); desde media tarde hasta que empezaba la noche, es decir la *zagada* –un aragonesismo referido a la última hora del día–; de aquí hasta medianoche, coincidiendo con el primer canto del gallo; y desde aquí, por último, hasta el amanecer. Por tanto, tal como había señalado González Palencia siguiendo un criterio etimológico, da la impresión de que se trataba, en efecto, de turnos que dividían el día en ocho partes, lo que no quiere decir que todos los azumbres tuvieran una duración equivalente, variando ésta en función de la época del año y del momento del día –los azumbres nocturnos tenían una duración mayor, sobre todo al principio y al final de la *alhetma*– (Fig. 11).

La posesión del agua de estos *azumnes* podía estar, por otra parte, desligada de la de la tierra. Así, se podía vender un azumbre de agua en la acequia mayor de Magallón, es decir la cantidad de agua que podía atravesar un partidor de medida fija, desde el momento en que la sombra del cuadrante solar medía cinco pies hasta el mediodía de un día concreto, por ejemplo el denominado de García Alinz o el de Lorit, que formaba parte de la *alfetma* del mes de mayo, correspondiente a la tercera rotación del ciclo de la *aziara*.[50] La posibilidad de comprar turnos de riego no suponía un problema grave

[44] Sesma, Utrilla y Laliena 2001, doc. 1 (1163.IX): Galindo Sánchez, *senior* de Belchite; DERRVE, doc. 26 (1166?.III): Blasco Maza, *senior* de Borja; DLMV, doc. 17 (1179.IX): Fortún Aznárez, *senior* de Tarazona.

[45] González Palencia 1945; Liazu 1964; Teixeira 1995.

[46] DLMV, doc. 17 (1179.IX).

[47] Sobre el vocabulario de riego en esta zona, ver Glick y Teixeira 2002-2003; Teixeira 2005.

[48] Hernández 2007: 391.

[49] Compárese, por ejemplo, con las prácticas tradicionales en la zona del Alto Atlas marroquí: Humbert 2006.

[50] DLMV, doc. 12 (1173.I): *vendimus IIII açumnes de aqua in açequia de Maçalcoraç in le (sic) tercia açafra et in alia parte I açumen de aqua in la alfetma de Maçalcoraç qui abebat domna Maria totam ex integro et isto açumen est una vice in april et alia in madio*; DP, doc. 224 (1190): *vendimus uno nostro medio azume de aqua in illa cequia maior de Magallon et est in illo dia de Lorit*; DLMV, doc. 36 (1227.X): *una açumne de aqua in illa cequia maiore de Magallon et est in illa alhetma mensis aprilis et in illa alhetma mensis madii et in unoquoque anno cadit semper una viçe in mense aprilis et alia viçe in mense madii et tenet se cum vestra aqua metipsa semper cadit de quinque peditus ad medium diem et non mutatur*; DLMV, doc. 60 (1258.IV.7): *una açumne aque quod habemus in cequia mayor de Magallon in die qui dicitur de Garcia Alinç, et cadit cada çafra, et tienese cum aqua conventus berole et cum aqua de Domingo Gil de Guillem Bernat, fratis mei dicti Gil de Guillem Bernat. Et quando est de nocte cadit del gallo entro al sol exido, et quando de die ye cadit de V pies entro a meydia. Et sic semper cadit, semper.*

para la estabilidad del sistema en su conjunto mientras en las compraventas sólo participasen campesinos con escasa capacidad de acumular los azumbres, pero la cuestión era muy distinta cuando un potentado se convertía en regante. Es lo que sucedió con los monjes del monasterio de Veruela, que a lo largo del siglo XII se hicieron con la propiedad de numerosos turnos de riego en la zona, por ejemplo en la granja de Mazalcorax, una antigua almunia actualmente incluida en los términos de la localidad de Magallón, junto al río Huecha, cuyas aguas y tierras fueron masivamente fagocitadas por el monasterio tras recibir su jurisdicción en 1177 (Fig. 12).[51]

No era, sin embargo, ésta la única forma de variar el funcionamiento de los riegos sin que ni los dispositivos materiales, ni la extensión general del sistema hidráulico, se vieran afectados de manera sustancial. La intromisión de los feudales en estos espacios de cultivo provocó numerosos conflictos, sobre todo en aquellos casos que un mismo sistema hidráulico quedaba divido entre dos o más señoríos, abriendo la posibilidad de gestiones divergentes en lo que originalmente, antes de la conquista, había sido una unidad de administración, y más aún cuando uno de los señores decidía modificar la trama del poblamiento con la fundación una nueva *puebla*. Es lo que ocurrió, sin ir más lejos, con el caso de Alcalá de Moncayo. En 1148 el comendador hospitalario de Ambel y Pedro de Velamazán, un noble a quien el *senior* Fortún Aznárez había subinfeudado el lugar de Traíd, procedieron a delimitar los términos de estos dos lugares.[52] Traíd, no obstante, pasó más tarde a manos del monarca Alfonso II, que en 1177 lo donó, bajo el nuevo y poco exitoso nombre de *Montfort*, al monasterio de Santa María de Veruela con todos su territorio, incluyendo las partidas de Valdemorca, Figueruelas y Ceserón.[53] La iglesia de este último lugar, cuyos restos se localizan a 1'5 km al sureste de Alcalá, fue donada por García, obispo de Tarazona, a los monjes en 1223,[54] que unos años más tarde, en 1231, recibieron de Jaime I licencia para proceder a su población a fin de (re)fundar allí una aldea.[55] No obstante, durante los años siguientes los planes iniciales variaron en lo que a la localización de la puebla se refiere, pasando del lugar de *Ceseron*, la actual partida de Sisadón, a la cima de una cercana elevación, el *pueyo* llamado Alcalá, quizás en referencia a una antigua fortificación andalusí. Por fin, poco tiempo después, en julio de 1238, los monjes otorgaron una extensa carta de población a los colonos establecidos en aquel *predio nuestro que es clamado Alcala, en termino de Trayt, en aquella part que y es dita Cesadon*[56] y a finales de ese mismo año el obispo de Tarazona otorgó al abad de Veruela permiso para erigir allí una nueva iglesia.[57]

La reordenación territorial que supuso la fundación de esta puebla, que básicamente consistía en amputar a Traíd la porción de territorio entregada a los pobladores de Alcalá, implicó también la reasignación de los turnos de riego de sus terrazgos. Traíd formaba parte, posiblemente desde antes de la conquista, de un sistema hidráulico que tenía su azud en el término de Añón, discurriendo su *cequia mayor* por tierras de Traíd, Veruela y Bulbuente. El reparto original se basaba en este caso en una *aziara* de 16 días, que tenía su inicio el primero de abril, prolongándose hasta el 29 de septiembre, festividad de San Miguel. En la distribución de riegos incluida en la carta de población de 1238 Alcalá recibió tres *filas*, correspondientes a tres días, la mitad que a Veruela, mientras Bulbuente recibía otras siete.[58] Lo significativo de este reparto es que la segregación del término de Alcalá a partir del de Traíd obligó a otorgarle también una parte proporcional de sus derechos de riego, justamente la mitad. Así, a Traíd se le asignó el agua de dos noches y un día y a Alcalá, la de dos días y una noche.[59] Este sistema de turnos tenía su plasmación concreta sobre los terrazgos. En este caso concreto, el agua estaba fijada a la tierra y no era una posesión alienable del regante. El mismo documento enumera la serie de pagos que debían recibir agua cada día. El agua del domingo le correspondía a la partida que se extendía desde el azud al molino; el de los lunes y martes, a las huertas que se extendían entre el molino y el quiñón de Martín Tron; el de los miércoles y jueves, a la denominada "vega de los ribazos"; el de los viernes, a la de Traíd; y la de los sábados, a los quiñones menores situado bajo la dehesa, repartiéndose el agua de los nueve días restantes de la *aziara* a juicio de los zabacequias.[60]

La fundación de Alcalá provocó, por otro lado, una serie de pleitos con los señoríos vecinos con los que compartía sistemas de riego. En 1242 los vecinos de la encomienda de Ambel y los de Alcalá entablaron una disputa a causa del agua que discurría por la acequia de Morana. Mientras los primeros, apoyados por los templarios, mantenían que Alcalá sólo podía disponer del agua de dicha acequia entre los meses de abril y septiembre –tal como sucedía en la *aziara* que Alcalá compartía con Traíd, Veruela y Bulbuente–, los de Alcalá, que también contaban con el amparo de sus señores, los monjes del monasterio de Veruela, consideraban que estaban en su

[51] Cabanes 1992. En Mazalcorax los monjes llegaron a acaparar un total de 33 azumbres y el agua de un día completo (excepto dos azumbres): González Palencia, pp. 86-87 (fin. s. XIII): *Trobase que ha la grangia de Maçalcorayg por las cartas de suso escriptas aqua en la cequia de Magallon XXXIII açumnes, e a otra parte un dia e una nueyt, menos dos açumnes que fueron dadas en camio, segun consta por la conveniencia de las cartas.*

[52] CPRA, doc. 70 (1148).

[53] AIIR, doc. 236 (1177.VI).

[54] AHN, Cód. 172-B, p. 83 (1223.VIII.14).

[55] ES, XLIX, doc. LVIII (1231.III).

[56] CPRA, doc. 178 (1238.VII.25). El lugar se volvió a repoblar en 1380 con las mismas concesiones: CPRA, doc. 245 (1380.XI.8).

[57] DLMV, doc. 43 (1238.XII.29).

[58] En 1368, cuando Vera tuvo que ser repoblada a causa de los estragos producidos por al Guerra de los Dos Pedros, los turnos otorgados por ambas localidades, Alcalá y Traíd, se mantenían, pero Vera recibió cuatro días de los seis que le correspondían a Veruela: CPRA, doc. 244 (1368.VII.16).

[59] CPRA, doc. 178 (1238.VII.25): *Primerament prenda Trayt la primera nueyt e el primero dia de la segunda nueyt; e el segundo dia prenda Alcala la agua al sol exido e tengala entro al sol puesto del tercero dia.*

[60] CPRA, doc. 178 (1238.VII.25).

del gallo entro al sol exido [de noche]	DLMV, doc. 60 (1258.IV.7)
de XII pedes... usque ad medium diem	González Palencia, p. 84 (1199.VI.1)
de quinque peditus ad medium diem	DLMV, doc. 36 (1227.X)
"de mediodía hasta la de media tarde"	González Palencia, pp. 79-82 (1245.VIII)
de alazer (ár. *al-'asr* = "la tarde") *usque ad nocte*	González Palencia, p. 85 (m. s. XII)
"desde la hora conocida por *¿zagada?* hasta la media noche, al primer canto de los gallos" [de noche]	González Palencia, pp. 79-82 (1245.VIII)
del gallo entro al sol exido [de noche]	DLMV, doc. 60 (1258.IV.7)

FIG. 11: DURACIÓN DE ALGUNOS DE LOS AZUMBRES DOCUMENTADOS EN LA ZONA DEL MONCAYO.

FIG. 12: SISTEMA HIDRÁULICO DE MAGALLÓN Y MAZALCORAX (SEGÚN TEIXEIRA 1993, MODIFICADO).

derecho ampliar este plazo a los meses de invierno *por bever e por todas cosas que mester oviessen por la poblacion de Alcala*. El litigio, resuelto por una comisión integrada por representantes de cada localidad, junto con los comendadores de Novillas y de Ribaforada, por parte de los templarios, y con asistencia del prior y cillerero mayor del monasterio, resultó finalmente favorable a los de Alcalá, al quienes se permitió que pudieran tomar agua de la citada acequia durante los meses de invierno, e incluso *fer molinos en la dita cequia en lur terra*, estableciéndose así un nuevo calendario de riego entre ambas poblaciones bajo la oportuna supervisión de los zabacequias.[61]

Simonne Teixeira ha podido testimoniar, por otro lado, modificaciones de envergadura en los complejos de regadío de la zona.[62] En el caso concreto de Alcalá, se han logrado diferenciar igualmente dos tipos distintos, uno de parcelario irregular y bien adaptado a la

[61] Rodríguez Lajusticia 2008.
[62] Teixeira 1998.

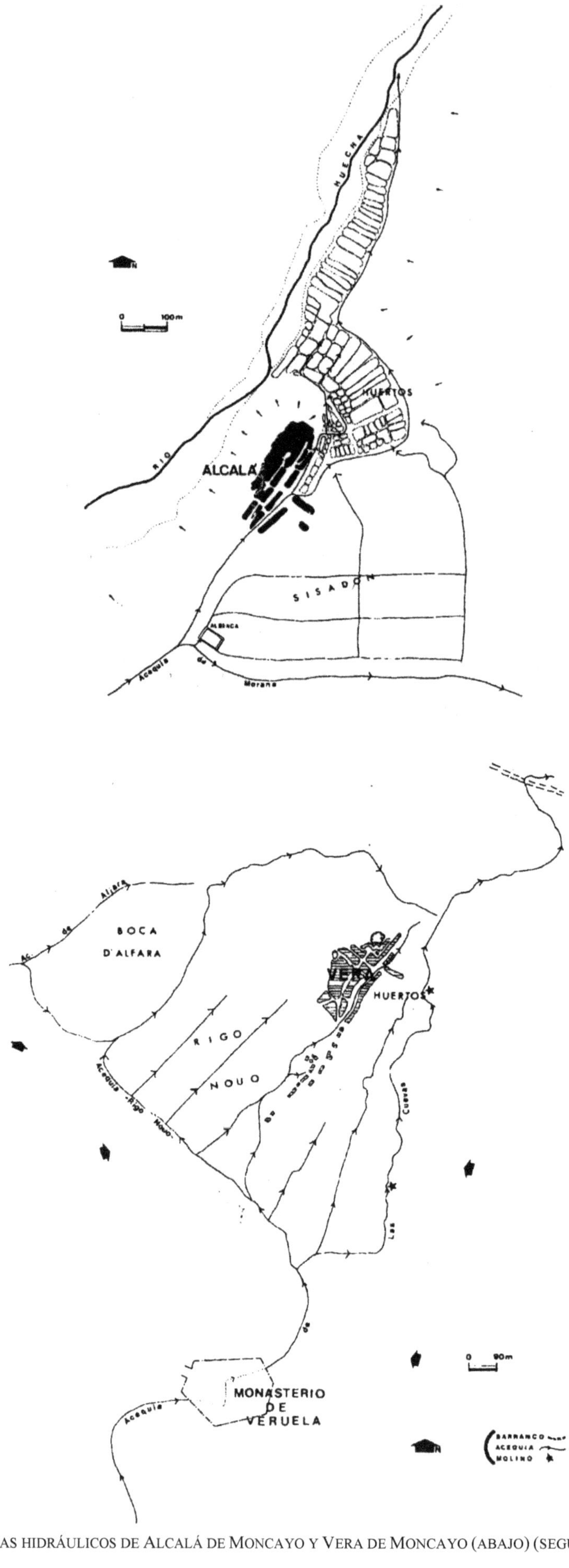

Fig. 13: Sistemas hidráulicos de Alcalá de Moncayo y Vera de Moncayo (abajo) (según Teixeira 1998).

disposición de las pendientes en la base del cerro que corona la *puebla*, y otro sometido a criterios de reparto mucho más rígidos, reconocible en el sector de Sisadón por la severa geometría de su parcelario. No existe fecha clara para esta ampliación, pero podría situarse en la segunda mitad del siglo XII, como sucede con el sistema de *Rigo Novo*, en las proximidades de Vera, activo antes de finalizar esta misma centuria (Fig. 13).

2.4 Los nuevos espacios agrarios

Hasta este momento me he centrado en las algunas de las transformaciones que sufrieron los antiguos espacios agrarios andalusíes. El último problema sobre el que me gustaría detenerme tiene que ver con los creados después de la conquista. La idea de que el paisaje productivo del Valle del Ebro sufrió escasas alteraciones en el siglo XII debido a la permanencia de poblaciones mudéjares y a la cierta parsimonia que dominaba la experiencia agraria de los colonos, limitada a mantener en funcionamiento los espacios de cultivo anteriores, debe ser claramente revisada, empezando por la afirmación de que la permanencia de mudéjares fue la solución al escaso vigor que supuestamente caracterizó a la llegada de colonos.

En este sentido, Carlos Laliena ha podido mostrar recientemente cómo, en los alrededores de la ciudad de Zaragoza, la llegada de nuevos pobladores, lejos de caracterizarse por la escasez de sus efectivos, estuvo más bien marcada por su fluidez e importante volumen, un hecho que no tardó en provocar una notable presión sobre los terrazgos.[63] La expansión de los regadíos antiguos a costa de los sotos ribereños, la apertura de nuevas acequias a cota superior de las andalusíes y la roturación inicial de los piedemontes adyacentes fueron las respuestas a las exigencias generadas por esta situación (Fig. 14). El ejemplo más antiguo de este movimiento de expansión de los espacios cultivados sometidos a riegos controlados data de apenas tres décadas después de la conquista de *Saraqusta* y corresponde a la construcción en 1149 de la acequia de Quinto, una almunia situada sobre la antigua vía romana, a cinco millas al E. de la medina, quizás un brazal de la acequia de la Almozara destinado a regar los antiguos sotos que se extendían entre el Ebro y la citada almunia.[64] Precisamente los sotos fueron uno de los primeros objetivos de este movimiento de puesta en valor de nuevos terrazgos. A pesar de que ya en 1129 Alfonso I donó a los pobladores de Zaragoza todos los sotos que, junto al Ebro, se extendían entre Novellas y Pina a fin de convertirlos en reservas permanentes de pasto y leña, las citas a la existencia de quiñones emplazados en estos espacios de ribera confirma su reciente roturación.[65] En 1132, sin ir más lejos, el obispo donó *ad excolendum* el soto que La Seo poseía en Las Fuentes, al este de la ciudad.[66]

La apertura de nuevas acequias fue, en todo caso, el procedimiento principal para lograr ensanchar las áreas laborables.[67] El caso de Mamblas, en la cabecera del gran sistema asociado a la acequia de Urdán, es bastante representativo de los mecanismos que estaban detrás de dicho fenómeno. En 1151 Ramón Berenguer IV confirmó a los pobladores del lugar los repartos que en su nombre había efectuado su merino Galindo de Belchite, incluyendo las cuatro quintas partes de los parajes que quedaron por encima de la acequia de Jaradín –el conde se reservaba la porción restante– para que lo pusieran en regadío mediante la nueva acequia que habrían de construir, en este caso alimentada por una derivación que partía de la acequia de Alcolea.[68] La llamada acequia de Mamblas estaba ya en funcionamiento en 1172, momento en el que se distinguía entre la "acequia nueva de Mamblas" y la "acequia mayor" o "acequia vieja de Mamblas".[69] Empresas parecidas se pueden rastrear sin dificultad hasta mediados del siglo siguiente. En 1194, por ejemplo, hay constancia de una acequia construida por iniciativa del concejo zaragozano, que cruzaba el término de Sobradiel en paralelo a la de Centén.[70] Incluso la potente acequia de Urdán, que regaba desde antiguo el amplio término del Rabal, fue objeto de modificaciones del suficiente alcance como para que en 1228 se distinguiera de la "acequia vieja de Urdán"[71]

De poco después datan los primeros testimonios sobre las acequias de Candevanía y de Candeclaus (o Camarera).[72] La acequia Camarera, de la que existen noticias desde 1263, sangraba el caudal del Gállego a través de un azud localizado en el término de Zuera. No está claro en qué momento tuvo lugar esta ampliación, pero con toda probabilidad haya que relacionarla con la puebla de Villamayor, fundada seguramente antes de concluir el siglo XIII. Su parcelario, formado a partir de una sucesión de parcelas de entre 3'2 y 5'8 ha de extensión –aunque la mayoría giran, no obstante, en torno a las 5 ha–, conserva todavía de forma muy evidente las huellas de las distribuciones iniciales de lotes, especialmente entre San Mateo de Gallego y Peñaflor, dos pueblas fundadas en momentos avanzados del siglo XIII. Existen pocas dudas sobre la relación de este paisaje agrario organizado a partir de criterios rígidamente geométricos con los

[63] Laliena 2008a.
[64] DERRVE, doc. 361 (1149.VIII.21): *quando ibant de Lerida succurre illo comite et fuit illa acechia de Quinto aperta et populata.* Otras menciones a la misma acequia en CSSZ, doc. 377 (ca. 1168); CSSZ, doc. 378 (1168); CSSZ, doc. 1056 (1239.X). No es imposible, de todos modos, que se trate de una alusión a la aldea situada también junto al Ebro, pero aguas abajo de Zaragoza.
[65] CDCZ, doc. 5 (1129.II.5).
[66] CSSZ, doc. 62 (1132.III.7).
[67] Sobre la configuración de las grandes huertas mediterráneas a partir de la irrupción feudal, es importante tener en cuenta Guinot 2005a; Guinot 2005b.
[68] DP, doc. 58 (1151.?.1).
[69] CSSZ, doc. 436 (1172.III); CSSZ, doc. 426 (1172); CSSZ, doc. 446 (1173.I.1).
[70] DP, doc. 252 (1194.IV). Probablemente se trata de la misma *cequia nova* que un año después se dice cruzaba por Sobradiel y Marlofa: CDCZ, doc. 24 (1195.XII). Debe corresponder, asimismo, a la misma que en su tramo inicial, mientras cruzaba tierras de Alagón, era conocida como Acequia de Zaragoza: CSSZ, doc. 736 (1199.I); CSSZ, doc. 738 (1199.II); CSSZ, doc. 806 (1206.XII).
[71] CSSZ, doc. 954 (1228.I.23).
[72] Bolea 1986: 113.

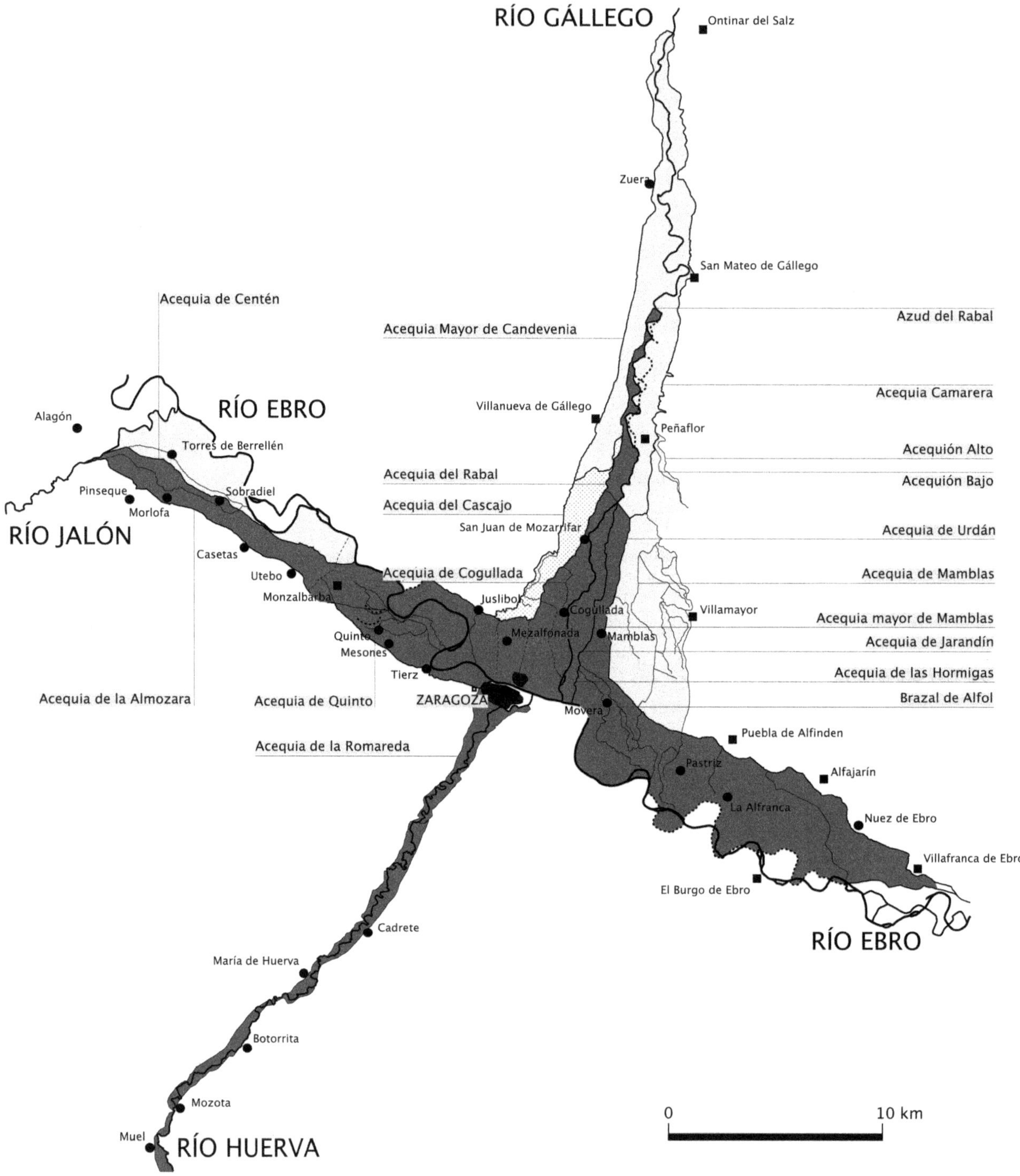

FIG. 14: REGADÍOS MEDIEVALES EN EL ENTORNO DE ZARAGOZA. SE MARCAN EN COLOR OSCURO LOS REGADÍOS DE ORIGEN ANDALUSÍ Y EN CLARO, LAS AMPLIACIONES DE LOS SIGLOS XII Y XIII.

repartos de *quiñones* efectuados –por sorteo– en esta misma zona desde finales del siglo XII, *quiñones* que en la documentación aparecen con frecuencia agrupados en *decenas* y *centenas*, portando el nombre del responsable de la adjudicación (Fig. 15).[73]

La feudalización de las acequias zaragozanas, es decir la cesión a determinados señores de los montantes procedentes del pago de alfardas y cequiajes, fue quizás la más evidente prueba del nuevo estado de cosas generado a raíz de la conquista.[74] En enero de 1184 Pedro, zalmedina de Zaragoza, entregó en nombre del concejo de la ciudad la "acequia de Centén que viene a la Almozara" a la encomienda templaria, con la condición de completar la obra del nuevo azud y hacerse cargo del

[73] Laliena 2008a: 281-282. Sirva de ejemplo, la cita a las *sortes* repartidas en Zuera: CSSZ, doc. 1113 (1247.XI.24): *damus... duos quiniones in regano in detzena Egidii de Borau, unus videlicet super villam et alium subtus villam, et unum ortum in illa detzena, sicut uni populatori, et duos quiniones in albar, sicut uni populatori...et dictus quinion subtus villam continetur cum eris ville et cum detzena Michaelis de Lisano et cum cequia Vetera.*

[74] Lo mismo sucedió en Lérida. Ver Glick 2007: 201.

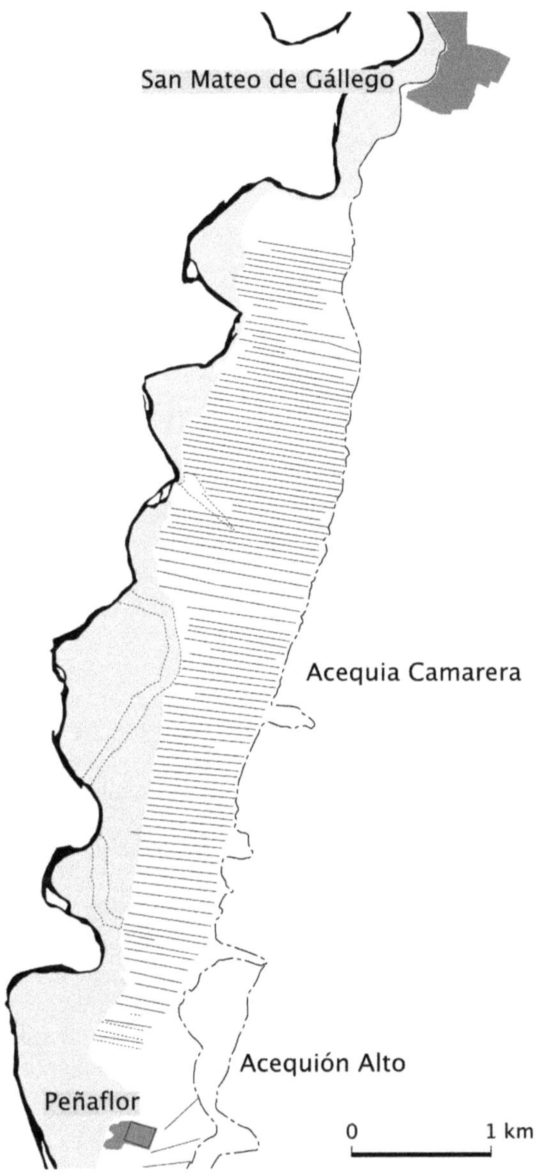

FIG. 15: PARCELARIOS DE LA ACEQUIA CAMARERA, EN ZARAGOZA

mantenimiento de la canalización hasta las cercanías de la Aljafería. A cambio, se les autorizaba a tomar una peonada de tierra de aquellos que poseían heredades de dos cahíces y un cuartal de grano por cada cahíz recogido, además de siete dineros por cahizada de viña para sufragar el salario del zabacequia.[75] Algunos años después, en 1250, fueron los hospitalarios quienes recibieron la gestión de la acequia de Urdán por un periodo de 20 años.[76]

Todo este vasto proceso de ampliación y reorganización de los riegos periurbanos de Zaragoza debe ser comprendido, de nuevo, en paralelo a una serie de modificaciones en la tramas de poblamiento asociadas a los espacios de cultivo, en especial las derivadas de la reconversión de las antiguas torres de las almunias en residencias señoriales y de la concentración de los campesinos en aldeas de parcelario compacto y rígidamente planificado. Quizás el caso más evidente del primero de estos fenómenos sea el de Cortada, una almunia de localizada junto a la acequia de Urdán, no lejos del brazal de *Sext*, que regaban las tierras de la localidad homónima de Siesto en época medieval. La almunia estaba formada por una torre adyacente a diversas viviendas dispuestas en el interior de un recinto, que los textos denominan *albacar* o *cortijo*, en el que apoyaban al exterior algunos corrales y un *algaril* colindante a las eras de un molino cercano. El lugar pasó por varias manos después de que Alfonso I ordenara a Gastón de Béarn su cesión a Pere Ramón de Estada, hasta que acabó en poder de La Seo de Zaragoza, que, con apoyo de Alfonso II, promovió su colonización en 1182. A resultas de ello, la torre fue convertida en un *castellum* y su albacar, dotado de un foso perimetral.[77] Semejante a este es el caso de Tierz, otra de estas almunias del alfoz de *Saraqusta*, que a mediados del siglo XII conservaba todavía buena parte de su aspecto original, con una gran torre y un albacar adosado, que amparaba en su interior al menos dos viviendas, mientras en el exterior se disponían, contiguas, diversas instalaciones agropecuarias, eras y corrales incluidas. Como en el ejemplo anterior, el lugar acabó transformado antes de acabar el siglo XII en otro *castellum*.[78] Lo mismo puede decirse de almunias como Mezazal, donde la torre pasó a convertirse en *castellum* antes de 1168.[79]

Por lo que respecta a formación de nuevas aldeas de plano ortogonal, la nómina en los alrededores de Zaragoza es copiosa: Alfajarín, La Puebla de Alfinden, Villamayor, Villanueva de Gállego, San Mateo de Gállego, Peñaflor, Villafranca de Ebro, etc. Todas las qye dejaron un rastro documental nítido surgieron entre medidos del siglo XII y poco después de la mitad del siglo XIII. Este es también el caso de Monzalbarba, posiblemente la misma almunia de *Mezalbar* ya citada en 1134, a la que, tres décadas después, en 1168, ya se nombra como *villa*. La razón de este cambio de denominación hay que buscarla seguramente en el establecimiento aquí, poco antes de esa última fecha, de una pequeña *puebla* formada un conjunto de lotes destinado a un colectivo de unos 60-100 colonos. Ese mismo año, en el mes de septiembre, se consagró su edificio parroquial, de cuya construcción se había encargado el sacerdote Jimeno, *constructor edificator eiusdem loci* (Fig. 16).[80]

[75] CDCZ, doc. 21 (1184.I). La donación fue posteriormente confirmada por el rey: AIIR, doc. 393 (1185.V-IX).
[76] CDCZ, doc. 76 (1250.VII.15).

[77] CSSZ, doc. 150 (1144.VII); CSSZ, doc. 275 (1156.X.15); CSSZ, doc. 311 (1158.X); CSSZ, doc. 316 (1159.VII.19); CSSZ, doc. 454 (1173.VIII); CSSZ, doc. 554 (1182.III.12); CSSZ, doc. 556 (1182.IV); CSSZ, doc. 589 (1185.XII.29); CSSZ, doc. 742 (1199.IV).
[78] CSSZ, doc. 327 (1160.III); CSSZ, doc. 656 (1192.IV).
[79] CSSZ, doc. 385 (1168.IX); CSSZ, doc. 525 (1179.I).
[80] CSSZ, doc. 382 (1168.IX.4).

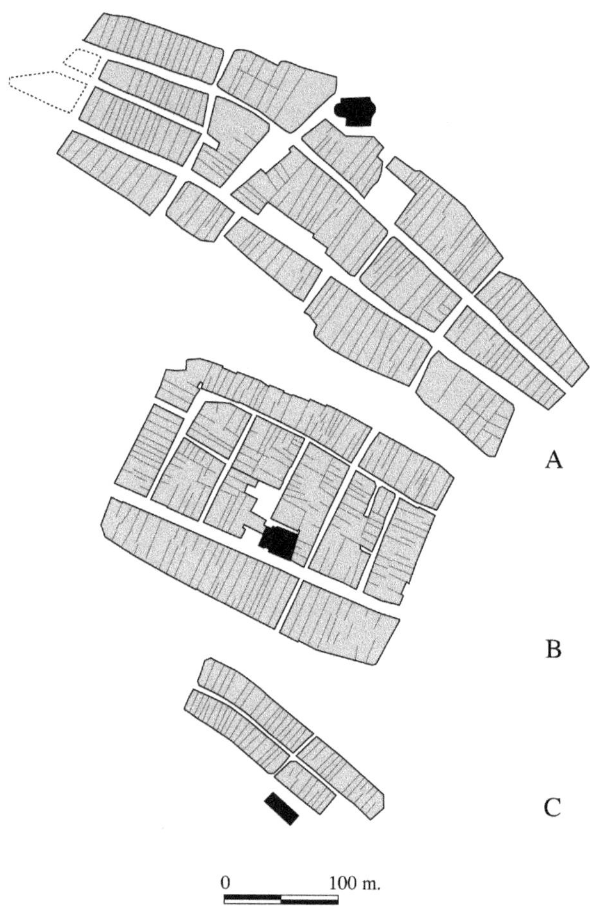

FIG. 16: A) ALFAJARÍN; B) PUEBLA DE ALFINDEN; C) MONZALBARBA

La ampliación de los espacios de regadío no fue, sin embargo, la única consecuencia inmediata de las presiones suscitadas por el movimiento colonizador. La expansión del cereal y sobre todo de los viñedos a costa del repertorio de cultivos habitual en época andalusí fue igualmente intenso, como indican las constantes noticias sobre la plantación de vides que se extienden desde poco antes de mediados del siglo XII hasta el primer tercio de la siguiente centuria y en especial entre 1150 y 1190.[81]

El caso de Zaragoza no es más que un ejemplo, quizás el más llamativo, de un proceso, que se puede seguir también en entornos mucho más ruralizados. A título de ejemplo, baste señalar que en 1211 el monasterio de Rueda concedió una carta de población al lugar de Romana. Sólo cuatro años después el noble Gascón de Castellote acordó con Raimundo, abad del citado monasterio, la construcción de una acequia común que diera riego a nuevas tierras en Azaila y Romana.[82] Iniciativas de este cariz fueron frecuentes, sobre todo en las décadas centrales del siglo XIII, coincidiendo con el nuevo contexto generado por las alzas demográficas y la creciente demanda de cereal desde los polos urbanos. De 1232, por ejemplo, data el canal trazado por los freiles del Temple, con vistas a regar los términos de Chalamera y Ballobar;[83] algo antes, por tanto, de que se construyera la acequia del Comendador, que riega las huertas de Albalate, Belver y Osso, en la margen izquierda del Cinca.[84] En 1247 los hospitalarios habían construido una acequia para regar los términos de Alpartir y sobre todo de La Almunia de Doña Godina, sobre el Jalón[85] y en marzo de 1250, durante la celebración del Capítulo de la Orden, los templarios de Monzón decidieron abrir una nueva acequia, la de Paúles, desde en Arias (cerca de Fonz), sobre el río Cinca, hasta la partida de la Peña Blanca, donde desemboca en el río Sosa, y dos años más tarde reformaban, en Monzón, la acequia de Sosiles, que nace en el llamado molino de Pena, en la margen izquierda del río Sosa.[86]

Como ya he comentado, junto a la puesta en cultivo de los sotos y la apertura de nuevas acequias, la roturación de secanos constituyó la tercera de las soluciones a la necesidad de ampliar la superficie cultivada. Más allá de las llanuras aluviales periurbanas y también más allá de las huertas que servían de apoyo a la fundación de las aldeas, la opción principal para obtener cosechas en los temibles secanos fue la puesta en valor de las *vales*, lenguas de tierra, generalmente estrechas, pero a veces de varios kilómetros de longitud, que acumulaban los fértiles depósitos procedentes de la erosión de los suaves relieves adyacentes. Omnipresente en la toponimia de los sectores más próximos al Ebro, el término *val* sirvió también para dar nombre a varios asentamientos en el área del Bajo Aragón, como sucede en las tres localidades vecinas de Valdealgorfa, Valjunquera y Valdetormo, un claro indicio de la especial significación productiva de este tipo de espacios durante las primeras etapas de la colonización, generalmente a partir de pequeños núcleos de población dispersa en los principales intersticios de los territorios adjudicados a las aldeas. La Cañada de Verich constituye uno de los casos paradigmáticos del modo de implantación de los colonos en estos sectores de secano. El topónimo *cañada* hace referencia en este caso a la estrecha y larguísima val que debió constituir el área de cultivo principal del primer contingente de población establecido en su cabecera. Algo semejante puede decirse de Valjunquera, donde los primeros colonos se establecieron igualmente en el sector más elevado de una larga y estrecha val, la de los Canales, que acababa por desembocar en el Matarraña, justo a la altura de la localidad de Torre del Compte. Aunque un manantial permitía la formación de reducido conjunto de huertos, el motivo de la instalación aquí de un núcleo de población hay que buscarlo en esta larga y estrecha depresión que se extiende a sus pies. Un poco más al sur, dominada por elevaciones que parecen encerrarla en una pequeña depresión, La Portellada, una masía o *villar* inicialmente conocido como *Turre Ferri*, se emplazó sobre un repecho

[81] En línea con lo atestiguado en otros entornos urbanos del Valle del Ebro: Laliena 1986; Virgili 2001: 210-211; Salrach 1999-2001; Bolòs 2001; Ortega y Laliena e.p. Evito, por cuestión de espacio, tratar aquí la compleja cuestión de la multiplicación de molinos a que igualmente se asiste en estos momentos. Al respecto: Ortega 2008.

[82] CZII, doc. 54 (1211). CZII, doc. 56 (1215.V).

[83] Castillón 1979: 388.

[84] Castillón 1979: 403-406.

[85] CDAG, doc. 40 (1247.IV.11).

[86] Castillón 1979: 397-398.

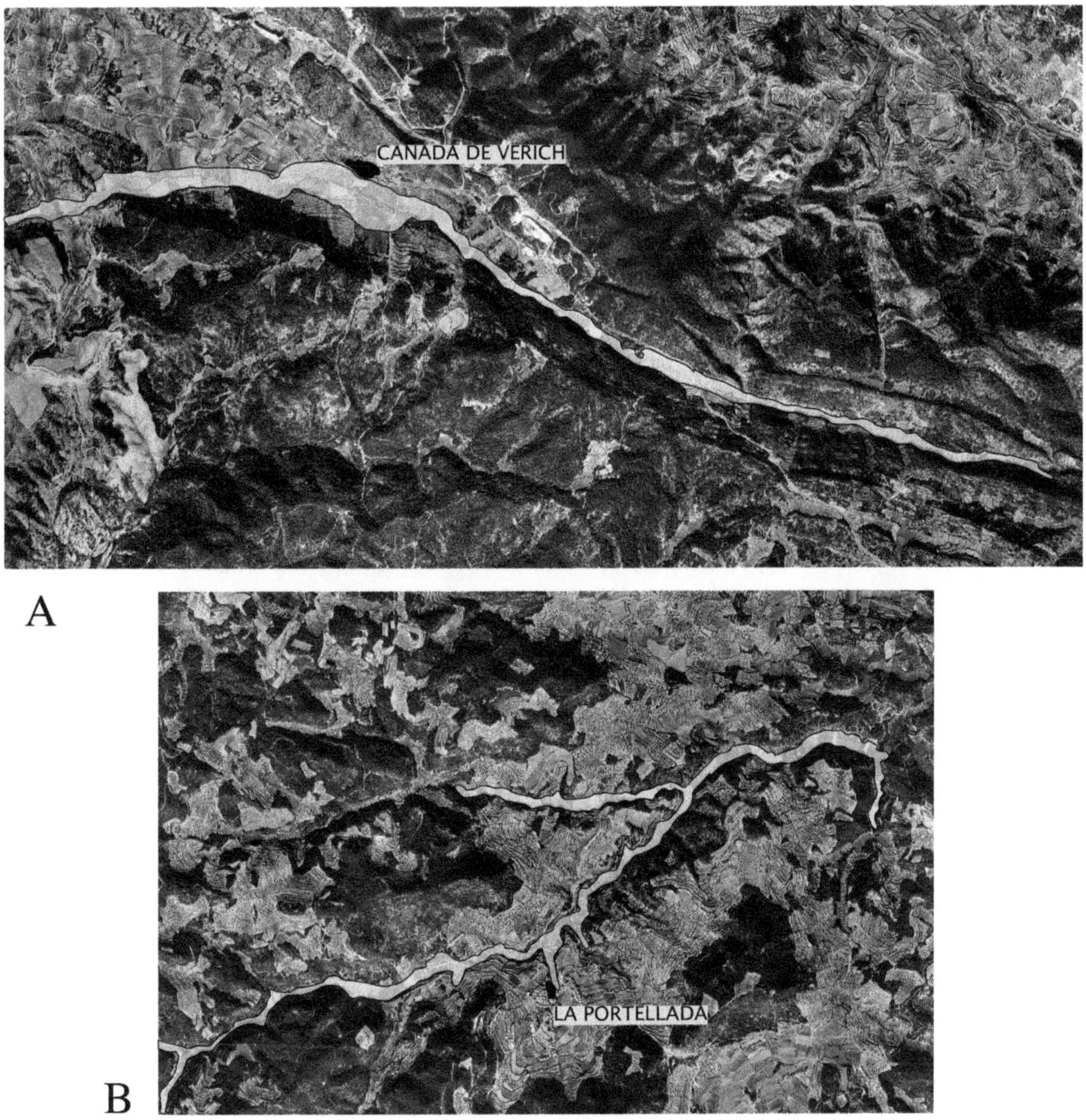

FIG. 17: DOS EJEMPLOS DE ESPACIOS AGRARIOS ASOCIADOS A UNA *VAL*: A) LA CAÑADA DE VERICH; B) LA PORTELLADA

del terreno, también cerca de la cabecera de la denominada val del Ferro, que durante más de seis km va discurriendo hasta desembocar en el Matarraña (Fig. 17).[87]

3. Conclusiones

Sería muy poco prudente por mi parte pretender haber aportado aquí medios suficientes para zanjar la densa cuestión del impacto feudal sobre el Valle del Ebro, en lo que es uno de su aspectos esenciales, los mecanismos de formación de nuevos paisajes agrarios. Resulta evidente que el puñado de ejemplos que aquí ha sido traído a colación está muy lejos todavía de poder proporcionar el tipo de certezas que se requieren para despejar las incógnitas planteadas por la rica controversia a que se aludía al principio de estas páginas.

Hay, no obstante, algunas cuestiones que comienzan a perfilarse con suficiente nitidez. Es cierto, por ejemplo, que la arqueología de los espacios agrarios confirma la aceptación general de las infraestructuras materiales de riego andalusíes. Lo es también, sin embargo, que la perduración de los complejos tecnológicos que conforman el armazón material de los sistemas de regadíos andalusíes no exigía la perduración de la población nativa. Resulta igualmente evidente que en el proceso de apropiación de los conocimientos que se articulaban con estas tecnologías, incluyendo el de las instituciones que garantizaban su continuidad, los feudales distaron mucho de mantenerse al margen. Haríamos bien, por tanto, en observar la larga serie de reparaciones necesarias para asegurar el mantenimiento del diseño inicial de cualquier espacio agrario como algo más que un mero epifenómeno dictado por la inercia de prácticas socialmente conservadoras.

El punto central de la discusión, sin embargo, se refiere a las formas de gestión de los espacios agrarios y al grado de autonomía que los campesinos fueron capaces de mantener. Fue aquí donde los feudales desplegaron su capacidad de maniobra, por ejemplo otorgando derechos de riego a aquellas poblaciones que deseaban impulsar, a veces en detrimento de los señoríos vecinos que

[87] Laliena y Ortega 2009; Laliena y Ortega e.p.

competían por ellos. En aquellas zonas donde el agua podía ser enajenada de la tierra, su compra les otorgaba, además, una capacidad de asegurar las cosechas trabajadas por sus exaricos que las comunidades rurales de su entorno difícilmente estuvieron en disposición de permitirse. Consecuentemente, la posibilidad de acumular porciones del caudal de una determinada acequia constituía una herramienta de presión de primera magnitud para poder acceder a la posesión de nuevas parcelas y, en último término, tras la desposesión del campesinado local, para incidir de forma significativa en la organización del poblamiento. Es preciso, pues, remarcar la importancia que tiene analizar los espacios agrarios en el seno del contexto de los asentamientos. El diseño de los espacios agrarios constituye un punto inexcusable de la investigación, en la medida de determina el conjunto de la estructura poblacional, pero en buena medida son las modificaciones operadas sobre los centros de residencia anexos las le otorgan verdadera dimensión histórica. La contracción de las redes de asentamientos andalusíes a partir del siglo XII o las sistemática conversión de las torres de las alquerías en centros de control señorial destinados implantar a escala local nuevas formas de dominación constituye sólo dos de los aspectos relevantes en esta discusión.

En cuanto al último de los aspectos aquí abordados, la formación de nuevos espacios agrarios regidos por criterios de reparto y funcionamiento completamente ajenas a la tradición andalusí –por ejemplo mediante baterías de parcelas estrechas y alargadas perpendiculares a las nuevas acequias o la puesta en valor de secanos en *vales* a partir de primitivas masías– es poco lo que cabe añadir. Merece la pena, en todo caso, concluir insistiendo en que fenómenos como los aquí descritos permiten comenzar a poner seriamente en cuestión la imagen de un plácido traspaso, tanto de las infraestructuras hidráulicas, como de sus formas de gestión (turnos, tasas, etc.), garantizado merced a la permanencia generalizada del dócil y laborioso campesinado andalusí, cuya aquiescencia del nuevo orden feudal, forzadamente indulgente, habría compensado cómodamente las deficiencias introducidas por el débil flujo inmigratorio de colonos aragoneses, navarros y francos llegados tras la conquista.

BIBLIOGRAFIA

Fuentes árabes

Al-Razi: *Ajbar muluk al-Andalus*. Edición de la traducción castellana medieval, Catalán, D.; Andrés, M.ª S. 1975. *Crónica del Moro Rasis*. Madrid: Editorial Gredos.

Al-'Udri: *Nusus 'an al-Andalus min Kitab Tarsi' al-ajbar*. Traducción castellana, Granja, por F. de la 1967. La Marca Superior en la obra de al-'Udri. *Estudios de la Edad Media en la Corona de Aragón* VII: 447-545.

Anónimo: *Dikr bilad al-Andalus*. Edición y traducción castellana, Molina Martínez, L. 1983. *Dikr bilad al-Andalus (una descripción anónima de al-Andalus)*. Madrid: CSIC (2 VOLS.).

Al-Himyari: *Kitab ar-Rawd al-mi'tar fi habar al-aktar*. Traducción castellana (parcial), Martín Duque, A. J. 1965. Aragón y Navarra según el '*Kitab ar-Rawd al-mi'tar*. *Argensola* 27: 247-257.

Az-Zuhri: *Kitab al-Ya'rafiyya*. Traducción castellana, Bramón, D. 1991. *El mundo en el siglo XII. Estudio de la versión castellana y del "Original" Árabe de geografía universal "El tratado de al-Zuhri"*. Barcelona: Ausa.

Fuentes latinas

AIIR = Sánchez Casabón, A. I. 1995: *Alfonso II de Aragón, Conde de Barcelona y Marqués de Provenza. Documentos (1162-1196)*. Zaragoza: Institución "Fernando el Católico".

CDAG = Canellas, Á. 1962: *Colección diplomática de La Almunia de Doña Godina*. Zaragoza: Institución "Fernando el Católico".

CDCH = Durán Gudiol, A. 1965-1969: *Colección diplomática de la catedral de Huesca*. Huesca: CSIC (2 VOLS.).

CDCZ = Canellas, Á. 1972: *Colección diplomática del Concejo de Zaragoza. Años 1119-1276*. Zaragoza: Universidad de Zaragoza (2 VOLS.).

CDG = Ledesma, M.ª L. 1975: Colección diplomática de Grisén, ss. XI-XII. *Estudios de la Edad Media en la Corona de Aragón* X: 691–820:

CDPI = Ubieto, A. 1951: *Colección diplomática de Pedro I de Aragón y Navarra*. Zaragoza: CSIC.

CPRA = Ledesma, M.ª L. 1991: *Cartas de población del Reino de Aragón en los siglos medievales*. Zaragoza: Institución "Fernando el Católico".

CSSZ = Canellas, Á. 1989: *Monumenta Diplomatica Aragonensia. Los cartularios de San Salvador de Zaragoza*. Zaragoza: Ibercaja (4 VOLS.).

CZI = Contel, C. 1963-1965: El Císter zaragozano en el siglo XII: abadías predecesoras de Nuestra Señora de Rueda de Ebro. *Cuadernos de Historia Jerónimo Zurita* 16-18: 385–553.

CZII = Contel, C. 1978: El Císter zaragozano en los siglos XII y XIII. Abadía de Nuestra Señora de Rueda de Ebro. II. Documentos. *Cuadernos de Historia Jerónimo Zurita* 31-32: 289–592.

DERRVE = Lacarra, J. M.ª 1985: *Documentos para el estudio de la reconquista y repoblación del Valle del Ebro*. Zaragoza: Anubar.

DLMV = Kiviharju, J. 1989: *Los documentos latino-romances del monasterio de Veruela 1157-1301: Edición, estudio morfosintáctico y vocabulario*. Helsinki: Suomalainen Tiedeakatemia.

DP = Rubio, L. 1971: *Documentos del Pilar (s. XII)*. Zaragoza: Institución "Fernando el Católico".

ES = Flórez, E. 1865: *España Sagrada: Theatro geográfico histórico de la iglesia de España. De la Santa Iglesia de Tarazona en sus estados antiguos y modernos*, VOL. 49. Madrid: Imprenta de José Rodríguez.

Estudios

Alonso, N. 2005: Agriculture and food from the Roman to in the North-East of the Iberian peninsula: in the city of Lleida (Catalonia, Spain). *Vegetation History and Archaeobotany,* 14, pp. 341–361.

Alòs, C.; Camats, A.; Monjo, M.; Solanes, E.; Alonso, N. y Martínez, J. 2007: El Pla d'Almatà (Balaguer, la Noguera): primers aportacions interdiscipliàries a l'estudi de les sitges I els pous negres de la Zona 5. *Revista d'Arqueologia de Ponent,* 16-17, pp. 145–168.

Asso, I., de 1798/1983: *Historia de la Economía política de Aragón.* Guara, Zaragoza.

Barceló, M. 1989: El diseño de espacios irrigados en al-Andalus: un enunciado de principios generales. *En: El agua en las zonas áridas: Arqueología e Historia. Actas del I Coloquio de Historia y Medio Físico.* Almería, pp. 13–50.

Benito, L.; Monter, M.ª J. 1986: La acequia de Albalate en el siglo XV: aproximación al estudio del regadío medieval en el valle del Cinca. *Argensola,* 100, pp. 167–176.

Bolea, J. A. 1986². *Los riegos de Aragón.* GPARCA, Zaragoza.

Bolòs, J. 2001: Changes and survival: the territory of Lleida (Catalonia) after the twelfth-century conquest. *Journal of Medieval History,* 27, pp. 313–329.

Cabanes, M.ª D. 1992: Los mudéjares de Muzalcoraz y el monasterio de Veruela: datos de una economía en el siglo XII. *En: IV Simposio Internacional de Mudejarismo: Economía.* Instituto de Estudios Turolenses, Teruel, pp. 143–149.

Cabañero, B. 1992: *Los restos islámicos de Maleján (Zaragoza). Nuevos datos para el estudio de la decoración de época del Califato al periodo Ta'ifa.* Institución "Fernando el Católico", Zaragoza.

Cantos, Á.; Giménez, H. 2004: La torre islámica de Mareca (Épila, Zaragoza). *Salduie,* 4, pp. 303–329.

Castillón, F. 1979: Política hidráulica de Templarios y Sanjuanistas en el valle del Cinca (Huesca). *Cuadernos de H.ª Jerónimo Zurita,* 35-36, pp. 381–445.

Catlos, B. A. 2002: The Ebro Valley and Valencia: *mudéjar* experiences related, distinct. *Revista d'Historia Medieval,* 12, pp. 299–312.

Catlos, B. A. 2005: The *Victors and the Vanquished. Christian and Muslims of Catalonia and Aragon, 1050-1300.* Cambridge: Cambridge University Press.

Eritja, X. 1998: *De la* Almunia *a la* Turris: *organització de l'espai a la regió de Lleida (segles XI-XIII).* Universitat de Lleida, Lleida.

Gerrard, C. 2003: *Paisaje y señorío: La casa conventual de Ambel (Zaragoza). Arqueología, arquitectura e historia de las Órdenes militares del Temple y del Hospital.* Institución "Fernando el Católico", Zaragoza.

Glick, T. F. 2007: *Paisajes de conquista. Cambio cultural y geográfico en la España medieval.* Universitat de València,València.

Glick, T. F.; Teixeira, S. 2002-2003: Azaira, Alhetma: two medieval arabisms reflecting the allocation of irrigation water. *Suhayl. Journal for the History the exact and natural sciences in Islamic Civilization,* 3, pp. 213–219.

González Palencia, Á. 1945. Notas sobre el régimen de riegos en la región de Veruela en los siglos XII y XIII. *Al-Andalus,* X, pp. 79–88.

Guinot, E. 1998. Canvis i transformacions en l'organització del poblament al País Valencià arran la conquesta feudal del segle XIII. Una aproximació. *En: Territori i Societat a l'Edat Mitjana,* VOL. II. Universitat de Lleida, Lleida, pp. 153–174.

Guinot, E. 2005a: L'horta de València a la Baixa Edat Mitjana: del sistema hidràulic andalusí al feudal. *Afers,* 20, pp. 271–300.

Guinot, E. 2005b: La construcció d'un paisatge medieval irrigat: l'horta de la ciutat de València. *En:* Sabaté, F. (ed.) *Natura i desenvolupament: el medi ambient a l'Edat Mitjana.* Universitat de Lleida, Lleida, pp. 191–220.

Hernández Charro, M.ª C. 2007: Las transformaciones de la medina de Tudela y su impacto en el paisaje rural andalusí a raíz de la conquista cristiana. Una cuestión sobre la organización de los sitemas y recursos acuiferos. *En:* Arizaga, B.; Solórzano, H.A. (eds.) *La ciudad medieval y su influencia territorial. Nájera. Encuentros Internacionales del Medievo 2006.* Instituto de Estudios Riojanos, Logroño, pp. 381–394.

Humbert, A. 2006: Comment mesure-t-on l'eau d'irrigaton dans les comminautés traditionnelles du Maroc médirional? *En:* Cressier, P. (dir.) *La maîtrise de l'eau en al-Andalus. Paysages, practiques et techniques.* Casa de Velázquez, Madrid, pp. 313–325.

Kichner, H. 2008: Archeologia degli spazi irrigati medievali e le loro forme di gestione sociale. *En: L'acqua nei secoli altomedeivali. LV Settimane di studio della fondazione Centro Italiano di Studi sull'Alto Medioevo.* Centro Italiano di Studi sull'Alto Medioevo, Spoleto, pp. 471–503.

Kichner, H.; Navarro, C. 1993: Objetivos, método y práctica de la arqueología hidráulica. *Archeologia Medievale,* XX, pp. 121–150.

Lacarra, J. M.ª 1972: *Aragón en la Edad Media.* Espasa-Calpe, Madrid.

Laliena, C. 1986: El viñedo de al catedral de Huesca y el paisaje agrario oscense en el siglo XII. *En: Simposio Nacional sobre ciudades episcopales.* Institución "Fernando el Católico", Zaragoza, pp. 39–45.

Laliena, C. 1994: Los regadíos medievales en Huesca. Agua y desarrollo social, siglos XII-XV. *En:* Laliena, C. (coor.) *Siete estudios sobre el regadío en Huesca.* : Instituto de Estudios Altoaragoneses, Huesca, pp. 19–44.

Laliena, C. 2007a: La conquista feudal en el Valle Medio del Ebro: escenarios locales. *En:* Sabaté, F. (ed.) *Balaguer, 1105. Cruïlla de civilitzacions.* Universitat de Lleida, Lleida, pp. 137–160.

Laliena, C. 2007b: Repartos de tierras en el transcurso de la conquista feudal del valle del Ebro (1080-1160). *En:* Guinot, E.; Torró, J. (eds.) *Repartiments a la Corona d'Aragó.* Universitat de València ,Valencia, pp. 17–50.

Laliena, C. 2008a: Organización social del espacio en tierra de conquista: el entorno de Zaragoza en el siglo XII. *En:* Sesma, J.A.; Laliena, C. (coor.) *La pervivencia del concepto. Nuevas reflexiones sobre la ordenación social del espacio en la Edad Media.* Universidad de Zaragoza, Zaragoza, pp. 259–297.

Laliena, C. 2008b: Agua y progreso social en Aragón, siglos XII-XVIII. *En:* Ortega, J.M. (dir.) *¿Agua pasada? Regadíos en el Archivo Histórico Provincial de Zaragoza.* Gobierno de Aragón, Zaragoza, pp. 53-83.

Laliena, C. e.p: Hidráulica mudéjar en una sociedad feudal. Infraestructura, producción y renta en el regadío musulmán del Valle del Ebro en los siglos XII y XIII. *En: XI Simposio Internacional de Mudejarismo (Teruel, 18-20 de septiembre de 2008).*

Laliena, C; Ortega, J. M. 2009: Villas nuevas en el Bajo Aragón. *En*: Martínez Sopena, P.; Arteaga, M. (eds.) *Las villas nuevas medievales en el Sudoeste europeo. De la fundación al siglo XXI Análisis histórico y lectura contemporánea.* Centro de Estudios e Investigaciones Histórico-Arqueológicas, Irún, pp. 163–182.

Laliena, C; Ortega, J. M. e.p. Estructuras agrarias y despoblados de los siglos XII y XIII en el Bajo Aragón feudal. *En: Els espais de secà. IV Curs Internacional d'Arqueologia Medieval (Lleida-Algerri, 12-13 de març de 2009).*

Ledesma, M.ª L. 1986: La población mudéjar en la vega baja del Jalón. *En: Miscelánea a J. M.ª Lacarra.* Zaragoza: Universidad de Zaragoza, pp. 335–351.

Liazu, J.-G. 1964: Un aspect de la reconquête de la vallée de l'Èbre aux XIe et XIIe siècles. L'agriculture irriguée et l'héritage de l'Islam. *Hesperis-Tamuda* V: 5–13.

Martínez París, J. M. 2000: L'aigua que flueix: territori, feudalitat i aprofitament hidràulic a Fonz. *En*: Bolós, J.; Busqueta, J.J. (eds.) *Territori i Societat a l'Edat Mitjana. Historia, Arqueología, Documentació.* Universitat de Lleida, Lleida, pp. 319–350.

Montón, F. J. 1997: El poblamiento de la frontera hispano-musulmana en al-Andalus durante el siglo XI: Zafranales (Fraga, Huesca). *Archéologie Islamique,* 7, pp. 45–60.

Ortega, J. M. 2008: El contexto social de la molinería hidráulica en el Aragón medieval (siglos XI-XIII). *En*: Ortega, J.M. *¿Agua pasada? Regadíos en el Archivo Histórico Provincial de Zaragoza.* Gobierno de Aragón, Zaragoza, pp. 85–96.

Ortega, J. M.; Laliena, C. e.p. Formas feudales de especulación agraria: villas, viñas y acequias en el Sur de Aragón (ca. 1170-1240). *Revista d'Historia Medieval,* 13.

Retamero, F. 1998. 'Un conjunto de reglas sabias y ordenadas'. La disciplina agraria del *sultan. En:* Laliena, C.; Utrilla, F. (eds.) *De Toledo a Huesca. Sociedades medievales en trasición a finales del siglo XI (1080-1100).* Institución "Fernando el Católico", Zaragoza, pp. 75–91.

Rodríguez Lajusticia, F. S. 2008: Pleitos relacionados con el uso del agua en el monasterio zaragozano de Veruela desde su fundación hasta el año 1400. *Miscelánea Medieval Murciana,* XXXII, pp. 143–155.

Salrach, J. M. 1999-2001: La viticultura de la Catalunya Nova després de la conquesta: societat i mercat en el segle XII. *Acta Historica et Archaeologica Medievalia,* 22/2, pp. 229–256.

Sarasa, E. 1989: La memoria del agua: la economía hidráulica en el valle medio del Ebro, ¿Un ejemplo de supervivencia o de nueva implantación tras la conquista cristiana en el siglo XII. *Aragón en la Edad Media,* VIII, pp. 633–646.

Sarasa, E. 2008: La economía hidráulica en el Valle Medio del Ebro: de la explotación islámica a la cristiana. *En:* del Val, M. I.; Villanueva, O. (coord.) *Musulmanes y cristianos frente al agua en la ciudades medievales.* PUblicaCan, Universidad de Castilla-La Mancha, Santander, pp. 155–171.

Sénac, P. 2000: *La frontière et les hommes (VIIIe-XIIe siècle). Le peuplement musulman au nord de l'Ebre et les débuts de la reconquête aragonaise.* Maisonneuve et Larose, Paris.

Sesma, J. A.; Utrilla, J. F. y Laliena, C. 2001: *Agua y paisaje social en el Aragón medieval. Los regadíos del río Aguasvivas en la Edad Media.* Confederación Hidrográfica del Ebro, Zaragoza.

Souto, J. A. 1992: El poblamiento del término de Zaragoza (siglos VIII-X): los datos de las fuentes escritas geográficas e históricas. *Anaquel de Estudios Árabes,* 3, pp. 113–152.

Stalls, C. 1995: *Possessing the Land. Aragon's Expansion into Islam's Ebro Frontier under Alfonso the Battler, 1004-1134.* Brill, Leiden, Nueva York, Koln.

Teixeira, S. 1993: As granjas cistercienses do mosterio de Veruela e o repovamento do Vale do Huecha. Província de Zaragoza. *En: IV Congreso de Arqueología Medieval Española.* Generalitat Valenciana, Asociación Española de Arqueología Medieval. Diputació de Alacant, VOL. II, Alicante, pp. 459–465.

Teixeira, S. 1995a: *El dominio del monasterio de Veruela: la gestión de un espacio agrario andalusí.* Tesis Doctoral. Universitat Autònoma de Barcelona, Bellaterra [en microforma].

Teixeira, S. 1995b: O sistema hidráulico do Vale do Huecha sob o domínio do Mosteiro de Veruela (Aragão). *En: I Congresso de Arqueologia Peninsular.* Sociedade Portuguesa de Antropologia e Etnologia, VOL. VI, Porto, (*Trabalhos de Antropologia e Etnologia* XXXV/2), pp. 383–402.

Teixeira, S. 1998: A transformação do espaço agrário irrigado *andalusí*, a partir da conquista feudal: o domínio do mosteiro de Veruela. *En: II Jornadas de Trabalho do Laboratorio de Análise do Processo Civilizatorio 1998.* RJ, EdUENF/Campos des Goytocazos, pp. 97–105.

Teixeira, S. 1999: A Ordem Cisterciense e o Mosteiro de Veruela: a transformação da paisagem à partir da conquista feudal. *Revista Paranaense de Geografia,* 4, pp. 69–83.

Teixeira, S. 2005: Contribución para el estudio del espacio agrario en al-Andalus: la terminología agraria en los documentos del Monasterio de Veruela. *En: V Encontro Internacional de Estudos Medievais 2005*. Salvador/BA: Quarteto, pp. 501–507.

Torró, J. 1999: *El naixement d'una colònia. Dominació i resistència a la frontera valenciana (1238-1276)*. Universitat de València, Valencia.

Torró, J. 2003: Arqueologia de la conquesta. Registre material, substitució de poblacions i transformació de l'espai rural valencià (segles XIII-XIV). *En:* Barceló, M.; Feliu, G.; Miquel, M.; Sobrequés, J. (eds.) *El feudalisme comptat i debatut: Formació i expansió del feudalisme català*. Universitat de València, València, pp. 153–200.

Virgili, A. 2001: Ad detrimentum Yspanie. *La conquesta de Turtusa i la formació de la societat feudal (1148-1200)*.Universitat Autònoma de Barcelona, Universitat de València. Barcelona, Valencia.

Espacios drenados andalusíes y la imposición de las pautas agrarias feudales en el Prado de Tortosa (Segunda mitad del siglo XII)

Antoni Virgili[1]
Universitat Autònoma de Barcelona

La documentación redactada en la segunda mitad del siglo XII, a partir de la conquista cristiana de *Turtusa* (diciembre de 1148), aporta un número significativo de topónimos relativos a las dos orillas del Ebro en su curso bajo.[2] El registro textual permite, asimismo, recoger datos relativos a las características del espacio agrario. La conquista representó el inicio del proceso de implantación del orden feudal en substitución de las pautas que regían la sociedad andalusí. Las décadas inmediatamente posteriores al evento son esenciales para estudiar el alcance de las transformaciones impulsadas por esta suplantación que afectó las comunidades campesinas y el espacio rural.

Los objetivos de este trabajo parten de la acumulación de un significativo volumen de documentación escrita relativa al sector meridional del bajo Ebro, después de su paso por la ciudad de Tortosa, y son: identificar y situar el mayor número posible de los topónimos mencionados, reunir datos e información acerca de la morfología del espacio agrario y, finalmente, plantear el alcance de las modificaciones introducidas por los conquistadores en los ciclos agrarios andalusíes y su traducción en el espacio rural (Fig. 1). Este trabajo solo se puede acometer desde el escrutinio sistemático y minucioso de una documentación abundante y geográfica y cronológicamente homogénea. No obstante, conscientes de sus limitaciones en investigaciones de esta índole, los resultados solo pueden mostrar tendencias. Por consiguiente, tendrán que ser contrastados en un futuro mediante la realización de prospecciones y estudios arqueológicos.

La conquista protagonizada por la aristocracia catalano-aragonesa se caracterizó por una sistemática aplicación de ejercicios planificados de sustitución de la sociedad nativa por efectivos de población procedente de las regiones feudales. Así, la colonización introdujo nuevas directrices en la organización de los procesos de trabajo y en la orientación de la producción. Estas pautas modificaron sustancialmente los ciclos agrarios existentes, así como la morfología y, sobretodo, las formas de gestión del espacio rural andalusí, de acuerdo con la lógica de la renta feudal. H. Kirchner (1995) y J. Torró (1995, 1999) han estudiado estos procesos a propósito de la conquista de Mallorca y Valencia, respectivamente. Desde otras propuestas metodológicas, estos autores (H. Kirchner 2003; J. Torró 2003) y C. Batet (2003, 2006) han planteado el problema desde la arqueología, es decir, los procedimientos y las técnicas empleadas por los conquistadores para integrar y adaptar las infraestructuras hidráulicas y los espacios irrigados andalusíes a sus necesidades.

Fig. 1: Localización de la zona de estudio

Las transformaciones en el espacio rural se concretaron en la construcción de una nueva red de asentamientos, pero sobretodo, los conquistadores impulsaron trabajos de roturación que afectaron espacios previamente destinados a otros usos agrarios con el fin de potenciar el cultivo de cereales, viñedos u olivares, cuyos frutos eran objeto de una demanda y consumo crecientes en la sociedad feudal, y en especial, en los núcleos urbanos. En este sentido, se redactó una determinada tipología documental que refleja este proceso: las *donationes ad censum* (los futuros establecimientos enfitéuticos) se formalizaban para impulsar las roturaciones y contenían cláusulas cuya finalidad era imponer unos cultivos específicos, bien exigiendo una parte de la cosecha en los frutos apetecidos, bien mediante condiciones que obligaban a los campesinos a sembrar (*ad seminandum*) cereales y a plantar (*ad plantandum*) o injertar (*ad inferendum*) viñas y olivos. En estas circunstancias, los campesinos no tenían otra alternativa que atender a estas obligaciones.

* * *

El alcance de estas transformaciones, en la región de Tortosa, requiere un examen pormenorizado de la documentación generada por los conquistadores con el fin de conocer e identificar el espacio a través de la prospección y la investigación arqueológica. Para llevarla a cabo será necesario la identificación y la localización de los topónimos consignados en los diplomas. Esta tarea no siempre se ha podido realizar con éxito. Algunos topónimos, a pesar de no haber pervivido, han podido

[1] Este estudio se ha realizado en el marco del proyecto de investigación *Aclimatación y difusión de plantas y técnicas de cultivo en al-Andalus* (HUM 2007-62899/HIST) y en el seno del grupo de investigación (AGAUR: 2009 SGR-304): *Arqueologia Agrària de l'Edat Mitjana* (ARAEM).

[2] Véanse las colecciones diplomáticas publicadas hasta la fecha en el apéndice

situarse con mayor o menor precisión a partir de las citas textuales, pero otros no han dejado rastro. En este caso, solo cabe reunir el mayor número de pistas, relacionarlas y contextualizarlas con el objetivo de proceder a su identificación y posterior delimitación espacial. Será el primer paso antes de iniciar el trabajo de campo que permita la localización definitiva. Este ejercicio solo será factible si el topónimo se ha reflejado en documentación escrita abundante. Una partida del término general de Tortosa llamada Arenes reúne estas condiciones. Además, por su situación, se trata de un lugar adecuado para plantear el alcance de las modificaciones introducidas en el medio a partir de la conquista cristiana y la feudalización de la región.

En su trabajo de catalogación y localización de las torres de la región marítima de las tierras del Ebro, R. Miravall y J. Alavedra (1980: 44-45) situaron una torre llamada Vilaseca identificada a partir de un documento redactado en 1158.[3] La transcripción recoge la forma *Villa Cechia*, lindante al oeste de un campo de las Arenes, situado a la derecha del Ebro, a la misma latitud que Vinallop, ubicado justo delante, en la orilla opuesta. En rigor, la primera propuesta de localización cabe atribuirla a E. Bayerri quien, a partir del citado documento, dice: *Vilaseca, lugar poblado en el territorio de Tortosa, ya existente en 1158, al occidente del núcleo de población denominado Arenys. Morera (...) aduce un documento latino del año referido, en donde se nombra in villa Cechia. Sería un reducido caserío de escasa población. En documentos posteriores se encuentra alguna que otra mención de él, pero poco después se pierde ya su vago recuerdo.*[4] L. Pagarolas, probablemente a partir de estos autores, sitúa el lugar a escasos kilómetros al sur de Tortosa, en la orilla derecha del Ebro, al igual que P. Scales.[5]

El examen de los numerosos documentos redactados a lo largo del siglo XII en relación al topónimo Arenas – también llamado Arenys- arrojan suficiente información para afirmar que la partida se encuentra justo en el lado opuesto, en la orilla izquierda del Ebro. Diversas escrituras sitúan en aquel paraje una *turris Lavanderas* o *Lavanderiarum* (torre *Llavaneres* o de las *Llavaneres*). [6] En cuanto a la toponimia, más allá de las numerosas *Llavaneres* existentes en Catalunya, llama la atención una torre de las Llavaneres cercana a la ciudad de Mallorca, al este.[7] El paralelismo con Tortosa es absoluto, y no parece el fruto de una coincidencia. De otro lado, no se ha podido hallar ninguna pista de esta torre en Tortosa, ni de su nombre actual.

[3] Edición ligeramente mutilada de E. Morera (1897), apéndice, p. XIV, letra Ll. Edición completa de F. Udina Martorell (1947), LB: doc. 82.

[4] E. Bayerri (1954: 453-454), y especialmente (1957: 310) de donde procede la cita.

[5] L. Pagarolas (1984: 340, y 337, mapa); P. Scales (1990: 14, mapa).

[6] DCT: docs. 102, 293, 297, 541 i 610,

[7] La voz catalana *Llavaner/a* procede del latín *labandaria/lavandaria*, para referirse a la mujer que lava ropa para terceras personas, y también al lugar y al lavadero donde se realiza la acción; pero en el caso de un topónimo, podría derivar, según Balari, de la raíz *labes, caída*, para referirse originariamente a la cascada de un riachuelo o un barranco (Alcover - Moll, *Diccionari*, vol. VI, 917).

La presencia del río Ebro entre los límites de las distintas parcelas documentadas en el paraje de las Arenes ayuda a ajustar su posición en la medida que en diez de las catorce menciones el río está al oeste, y en otras cuatro, al sur.[8] Las piezas de tierra que limitan al sur con el río han de encontrarse forzosamente en el extremo meridional de un gran meandro; las que limitan al oeste han de tener el río a la derecha, según el curso de la corriente. Una primera cuestión, pues, se despeja: la partida de las Arenes está a la izquierda del Ebro. Cabe preguntarse, ahora, si está en el sector septentrional o meridional de la ciudad de Tortosa. La documentación relativa al norte muestra unos núcleos residenciales de términos muy bien delimitados (Pimpí, Bítem, Tivenys, Som y Benifallet) sin apenas dejar intersticios entre ellos, y todavía menos en los márgenes fluviales. En cambio, la primera referencia toponímica clara en el sector meridional no se encuentra hasta Quinto (*prato Quinto*), en torno al actual pueblo de Campredó y el paraje denominado la *Pedrera de Amposta*.[9] Sorprende que las dos orillas del Ebro estén tan bien documentadas excepto el tramo, aproximadamente de 4 kilómetros, de llanura aluvial justo al sur de Tortosa. Asimismo, el gran meandro que traza el río en este sector con un giro muy pronunciado de derecha a izquierda convierte esta orilla en un gran depósito de sedimentación: un arenal. El nombre de Arenes, o Arenys, es, por tanto adecuado y en consonancia con el lugar (Fig. 2).

La propuesta se basa en los datos textuales. Dos de las parcelas que se ponen a la venta estaban ante el *mansum* de Gerau de Salvanyac (DCT: doc. 336), no localizado con precisión pero sin duda situado muy cerca de allí, próximo a una *turre Rubea*.[10] Sorprende también la ausencia de menciones a huertos en un área surcada de canales y acequias. Diversas escrituras dan testimonio de piezas de tierra limitadas por acequias, hasta el punto que cuatro de estas piezas tienen canales en dos de sus puntos cardinales (nos referiremos a ello más adelante). Sin duda, la canalización más representativa es la acequia del prado (*cequia prato*), nuevamente mencionada en el paraje de Quinto – la Pedrera (de Amposta) (CTT: doc. 68). Probablemente se trata de la misma conducción, extremo que confirmaría sin lugar a dudas la ubicación de las Arenes entre Tortosa y Campredó. Sin embargo, la mención de una acequia del *prato* en Mianes (DCT: doc. 82), un topónimo aún vigente en la orilla derecha del Ebro, parece contradecir la afirmación anterior. No obstante, no hay confusión posible, puesto que el sector del margen derecho, a la misma latitud, también era conocido con el nombre del prado (*prato*), según la citada fuente, y confirmada por otros documentos referentes al *prato de Quarto, ultra Iberum*,[11] es decir, más allá del

[8] Parcelas que limitan con el Ebro por el oeste, DCT: docs. 100, 203, 205, 426, 436, 459 y 591; CTT: docs. 2, 56 y 106. Con el Ebro por el sur, DCT: docs. 163, 270, 421, 459.

[9] Esta zona no tiene que confundirse con la localidad de Amposta, capital de la actual comarca del Montsià situada unos kilómetros más al sur, y en la orilla derecha del Ebro.

[10] LB: doc. 131; DSC: doc. 127.

[11] Arxiu de la Catedral de Barcelona (ACB), *Libri Antiquitatum*, vol. I, doc. 22, fol. 11r. DCT: docs. 54 y 81.

FIG. 2: PARTIDA DE LAS ARENAS

Ebro. Otro diploma recoge la expresión *Alcantera de Quarto, extra aquam Hyberi,*[12] adyacente al camino de Valencia. Se trata del paraje del *Alcànter*, probablemente en referencia al puente que atraviesa el barranco de Sant Antoni, que desemboca en el Ebro cerca de Vinallop.

La gran llanura aluvial del sector meridional de la ciudad, a ambas orillas del Ebro, constituía el "prado de Tortosa", según las menciones contemporáneas (Fig. 3). Es una extensa área de inundación fluvial con estanques, lagunas y aguazales y la vegetación asociada a zonas pantanosas, así como acequias y canales de drenaje cuya finalidad era evacuar el agua acumulada en determinados periodos a lo largo del año.[13] Uno de los parajes más explícitos para describir este espacio es el denominado *Pedrera de Amposta,* justo al sur de Quinto, como muestran los propios documentos: un prado con estanques al lado del río, con coscoja y acequias.[14] Un *mansum* en Quinto limitaba al sur con la Pedrera, a levante con el camino de

[12] LB: doc. 82; DSC: doc. 79.

[13] Sobre el acondicionamiento y los usos de un espacio de prado, véase González Villaescusa, R.; Kirchner, H. (1997) sobre Ibiza.

[14] CTT: doc. 60 y 68.

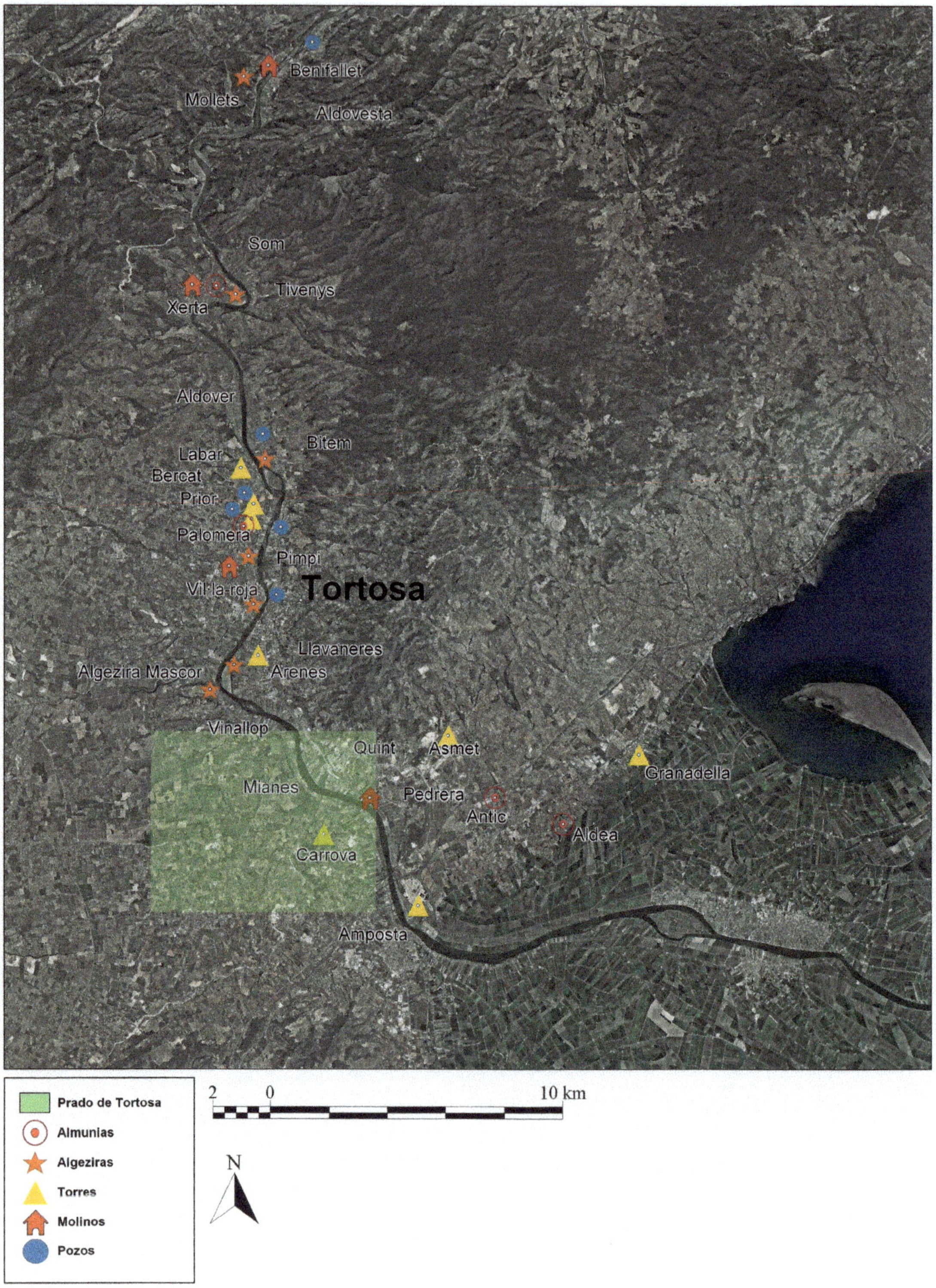

FIG. 3: EL PRADO DE TORTOSA

Camarles y al oeste con el Ebro[15]; la localización resulta inequívoca. El margen izquierdo presentaba un paisaje idéntico. En Giramascor, documentado como *Algezira Mazcor*, en la confluencia del barranco de Sant Antoni y el Ebro, cerca de Vinallop, había cañaverales, así como también en Fazalfori, ligeramente al norte.[16] La zona tenía también un denso trazado de acequias y canales. A la referida acequia del prado cabe añadir la *acequia mayor de Vinallop* (CTT: doc. 94). Las dificultades que el medio oponía a la formación de parcelas de cultivo estables explicaría que la inmensa mayoría de menciones documentales relativas a los aprovechamientos agrícolas y a los cultivos se limitan a la expresión *terra*, o bien

[15] Arxiu de la Corona d'Aragó (desde ahora, ACA): *Códice 115*, doc. 164, f. 53.

[16] ACA: *Códice 115*, doc. 109, f. 34r.; DCT: doc. 60. Fazalfori es la forma romance procedente del árabe Fas al-Hurry, que significa "campo del granero" (M. Barceló, 1987). El paraje es denominado desde antiguo como el "Pla de les Sitges" en referencia a los numerosos silos para almacenar grano excavados en la superficie rocosa.

campus, tal vez para referirse a parcelas destinadas a la siembra de cereal, o tal vez a tierra campa o erial, eventualmente cultivable, pero más frecuentemente destinada a pastos. También se explicaría, por las mismas razones, la ausencia de huertos, a pesar de las facilidades para acceder al agua, como cabría esperar de la existencia próxima de una compleja red de canalizaciones. La acequia de *prato* surcaba el prado de Tortosa y llegaba a la torre de la Carrova por una orilla y a la Aldea, una *almunia in prato Tortuose*, por la otra, hasta los límites del *mansum* de Burjasènia.[17] El *mansum Rubeum*, situado en los límites del término de la *almunia* o manso del Antic, lindaba con la Aldea a poniente y con el *prato* a mediodía (DCT: doc. 419). Cabe señalar, asimismo, que el paraje de Quinto es documentado casi siempre con la denominación *prato Quinto*, y la Pedrera, como el *prato*.[18] El área más meridional del prado en la orilla izquierda corresponde, seguramente, al paraje denominado Anglesola, a pesar de no haber podido ser localizado con precisión. Los documentos muestran la existencia de parcelas rodeadas de estanques, o encajadas entre estanques, el río e incluso el mar,[19] prueba fehaciente de estar situada cerca de la desembocadura del Ebro en aquellas fechas. Confirma este extremo la descripción de los límites de la torre de la Granadella[20] en un documento del año 1155: *a capite stagni quod est iuxta mare (...) usque ad bassam fangosam* (DCT: doc. 52). Los cambios estructurales y morfológicos que han afectado esta zona y que han derivado hacia la formación de la llanura deltaica a partir, sobretodo, del siglo XVI podría explicar la pérdida del topónimo.

Las últimas pistas son las más definitivas. La Encomienda del Temple de Tortosa, que había acumulado grandes extensiones de tierra en la zona, había previsto la eventual adquisición de parcelas limítrofes propiedad de Arnau d'Arenes (o d'Arenys) (DCT: doc. 383), uno de los principales terratenientes del sector.[21] Arnau compró diversas parcelas con el fin de concentrar su patrimonio, ya que algunas de ellas lindaban con otras piezas de su propiedad.[22] El 20 de noviembre de 1203, formalizó un establecimiento (una *donatio ad censum*, según la terminología de la época) sobre una parcela de Arenes, en el lugar denominado *Coin de Vaques*, cuyos lindes eran a levante con la *via publica de la Aldea*, al norte con una fuente, al mediodía con la acequia de Bernat Martorell y al oeste con una *honor* del orden del Hospital (DCT: doc. 637). El hecho de que terratenientes del sector, como los hermanos Osbert y Enric Negrapell tuviesen piezas de tierra a su nombre en Vila-roja,[23] o que un tal Mataric, propietario de inmuebles en las Arenes tuviera a su vez en Alfarela[24] no hace sino reflejar el elevado nivel de parcelación existente en toda la región, y bajo ningún concepto puede ser motivo de confusión en relación a la localización del topónimo.

Con las pistas reunidas a partir de las menciones escritas se procedió al trabajo de campo con la finalidad de verificar la permanencia del topónimo, si nuestra propuesta era acertada. El resultado fue afirmativo: las Arenes o Arenys continúa designando esta gran partida localizada en el extremo septentrional del prado de Tortosa, en el margen izquierdo del Ebro, su linde natural al oeste, y situada entre la ciudad de Tortosa y el núcleo de Campredó. En las Arenes se ubicaba una torre llamada *Lavanderas* (de Llavaneres), cuyo nombre no se ha mantenido. En la actualidad subsisten los restos de las torres de Soldevila y de la Petja, algo más al sur, por lo que no resulta procedente identificarlas con la de Llavaneres y la del manso de Guerau de Salvanyac, muy cercana.

La arqueología hidráulica podría contribuir a reconstruir el trazado de las acequias y confirmaría, seguramente, los datos textuales relativos a todo el perímetro, en el supuesto que las obras de construcción de la nueva carretera y la explanación que precedió el establecimiento del polígono industrial del *Baix Ebre* no hubiesen destruido los yacimientos. La *Villa Cechia* no es, pues, la Vila Seca; lo sería en el caso de una correcta escritura, o sea, *Villa Sicca*. *Cechia* no admite otra interpretación que acequia. Ni E. Morera ni F. Udina advirtieron este error de detalle al editar el documento que ha originado la confusión. Ignoramos si la versión del manuscrito de Tarragona –cartulario compuesto a partir de copias realizadas en el siglo XIII- y base para la transcripción de ambos ya recogía la falta. En todo caso, no hay duda que los dos aceptaron el sustantivo *villa* en lugar del demostrativo *illa*. El pergamino original no se ha conservado pero la lectura no puede ser otra que *illa cechia*, la acequia, [25] en referencia a una de tantas que surcaba la partida, a poniente de un campo de Arenes. Muchas otras parcelas del paraje también lindan con acequias y canales. El supuesto asentamiento de Vilaseca a la derecha del Ebro es el producto de una mala lectura y, sencillamente, no existe en las Arenes, situada, por otro lado, en el margen izquierdo.

En otro orden de cosas, la documentación de la segunda mitad del siglo XII relativa a la partida de Arenes contiene información abundante sobre sus usos agrarios. Del casi centenar de menciones utilizadas para calificar la parcela documentada y las adyacentes, a partir de los lindes, el 34 % constan como *terra*, el 36 % como

[17] ACA, *Códice 115*, doc. 53, f. 17; DCT: doc. 11; CTT: doc. 92.
[18] Las menciones documentales son muy abundantes. Para no ofrecer al lector una tediosa lista de citas documentales remito la consulta de los índices de las principales colecciones diplomáticas reseñadas en apéndice.
[19] DCT: docs. 78, 163 y 367.
[20] La torre de la Granadella mantiene su fábrica en perfecto estado de conservación en el término de Camarles (comarca del Baix Ebre).
[21] Arnau d'Arenes (o d'Arenys) es uno de los personajes mejor documentados en la región de Tortosa durante la segunda mitad del siglo XII. El topónimo que le identifica deriva, con toda seguridad, del paraje donde acumuló la mayor parte de su patrimonio inmobiliario. La identificación, pues, se define a partir del topónimo de destino, un recurso nada inusual, aunque sea más corriente fijarla en función del origen o topónimo de procedencia.
[22] DCT: docs. 316, 436, 541 y 610.
[23] DCT: docs. 40, 97, 121, 123, etc.
[24] DCT: docs. 97 y 208, y CTT: docs. 12 y 20, respectivamente.
[25] Así lo ha recogido el último editor del documento, J. Papell, después de los comentarios que mantuvimos al respecto (DSC: doc. 79).

campus, el 25 % eran viñas y el 5 % huertos.[26] Los textos sugieren asociar las piezas designadas con la voz *campus* con la producción de cereales, puesto que a menudo vienen acompañadas de la palabra *seminatura/s*. En ocasiones, asimismo, la superficie –pocas veces concretada- se establece en medidas según la capacidad de semilla para sembrar (*cuarteradas, cahizadas, barchillas*).[27] De manera intermitente se especifican los cereales: *ordeum, bladum, triticum, frumentum,* valorados de forma distinta, según indica un contrato de censo el cual será estimado en dos cuarteras de trigo o cuatro de cebada, en función de la cosecha.[28] Resulta más compleja asociar la voz *terra* a un cultivo específico cuando la parcela es mencionada así. Una lectura un tanto precipitada de la mención *terra sive campus* (DCT: doc. 81) podría derivar hacia la simplificación de homologar las designaciones tierra y campo. Otras denominaciones podrían confirmar este extremo.[29] No obstante, lo más corriente es que las parcelas designadas como *terra* se destinaban a otros usos agrarios. Muchos de los contratos de censo formalizados sobre piezas de *terra* imponen la condición *ad plantandum,* ya sea viña, ya olivos. Por tanto, se trata de parcelas que se ponen en explotación, o bien son objeto de un cambio de cultivo inminente. No es infrecuente encontrar tierras plantadas de viña.[30] La voz *terra*, pues, puede ser empleada de forma genérica para designar una parcela –es una práctica usual hoy en día en muchos lugares- o bien para referirse a unidades de tierra campa destinadas a ser explotadas desde aquel instante mediante cultivos específicos.

Asimismo, cabe destacar la correlación existente entre las parcelas designadas como tierra y las que constan como campos, así como también su concentración en el sector meridional de Tortosa, en ambas orillas, precisamente en el paraje donde los documentos sitúan el prado, al norte, está la partida de las Arenes. Este paisaje contrasta con el sector septentrional caracterizado por la variedad de cultivos, con un claro predominio de menciones a huertos, pese a la ausencia menciones escritas a acequias y canalizaciones; el regadío se deduce a partir de la existencia de pozos, bien reflejados en las escrituras (Fig.4). Al examinar la documentación relativa a las Arenes sorprende, como ya se ha indicado, la gran cantidad de acequias y canalizaciones que surcaban el paraje. Era atravesado por una acequia principal (*cequia mayor*) (DCT: docs. 293 y 316) situada en la cota inferior, la cual actuaba como colector de otras acequias y canales con la finalidad de recoger el agua y drenar el paraje. Los documentos revelan la existencia de conducciones complementarias, como la *esequia media* que se deslizaba por los bordes de una *algezira*.[31] Es arriesgado afirmar que la acequia mayor y la del prado, ya aludida, fuesen en realidad la misma, pero no sería ninguna sorpresa.[32] También había acequias identificadas con el nombre de sus propietarios.[33] Los textos muestran numerosas menciones de canalizaciones de todo tipo, siempre en los linderos de las parcelas objeto de transacción.[34] Una cantidad significativa de estas parcelas fueron adquiridas por Arnau d'Arenes y están muy próximas a la citada torre *Lavanderas* (de les Llavaneres), donde las canalizaciones pueden estar en dos de los cuatro linderos. Merece una mención especial una parcela encajonada entre dos acequias: la del prado y la de Arnau de Sant Ponç (DCT: doc. 305). En fotografía aérea de la partida de las Arenes se distinguen dos áreas de distinta morfología muy claramente perceptibles en el parcelario. Es probable que sean el reflejo de las distintas etapas en las que se procedió al drenaje del prado (Fig. 2). A falta de una prospección arqueológica de confirmación, todo parece indicar que el sector situado en el interior del meandro fue drenado en una primera fase, mientras que la franja adyacente al lecho del río lo fue posteriormente. La ejecución de los trabajos de drenaje en distintas fases sucesivas ya fue observado en el prado del Pla de Vila, Ibiza (R. González Villaescusa; H. Kirchner, 1997).

Al sur, en el paraje adyacente de Quinto – la Pedrera, la documentación muestra también una compleja infraestructura hidráulica, muy parecida a la de las Arenes, y por las informaciones de los textos, es perfectamente probable una conexión entre los dos sectores, como parece evidenciar la existencia de la acequia del prado (CTT: doc. 68). En este sector, además, había molinos, los cuales fueron gradualmente incorporados a la encomienda del Temple de Tortosa.[35] Si se tiene en cuenta que la función de la red hidráulica era el drenaje no podía haber ninguna vinculación entre las canalizaciones y los molinos. Las acequias, situadas en la cota más baja, no ofrecían la altura suficiente para proporcionar la presión que exigían las ruedas de los molinos. Éstos sólo podían ser abastecidos por el agua de los barrancos procedentes de las sierras colindantes o por la fuente de Quinto. De ser así, los molinos constituían el apéndice de un sistema hidráulico que habría tenido su origen en esta fuente.

[26] Trabajamos a partir de las menciones puesto que no hay apenas referencias a las superficies de las parcelas. En consecuencia, el predominio de unos usos respecto a otros solo podrá ser indicativo. Cabe advertir que han sido eliminadas las menciones de las parcelas repetidas, incluso cuando este extremo no era seguro, para no exagerar los datos.

[27] Véanse documentos al respecto: DCT: docs. 38 y 100; CTT: doc. 88; ACA, *Códice 115*, doc. 230, fol. 71r.

[28] DCT: doc. 58, especifica: *(...) censum (...) si terra portaret frumentum duas quarteras, sin autem orden quatuor quarteras annuatim.*

[29] DCT: docs. 60 y 180; CTT: doc. 10; ACA, *Códice 115*, doc. 14, fol. 5v.

[30] DCT: docs. 94, 109, 176, 203 y 270. En este mismo sentido se puede interpretar la cita *campum sive vineam* de un documento fechado en 1200 (DCT: doc. 600).

[31] DCT: doc. 97. *Algezira* deriva del árabe *al-jazira*, con significado de isla o península, pero podía designar espacios de ribera no totalmente rodeados de agua y periódicamente inundados, así como también áreas irrigadas entre acequias, tal como muestra R. Martí (1988). Las menciones a *algeciras* en los márgenes del Ebro son muy abundantes.

[32] Ha sido subrayada la coincidencia entre ambas orillas, hasta el punto que la *acequia del prado* y la *acequia mayor* están claramente documentadas a la derecha del Ebro.

[33] Por ejemplo, la de Ramon de Montcada (ACA, *Códice 115*, doc. 53, fol. 17); la de Ambròs de Sant Ponç (DCT: doc. 305); la de Ramon Forner (CTT: doc. 92), o la de Bernat Garidell (DCT: doc. 637).

[34] DCT: docs. 293, 297, 305, 316, 395 y 541; LB: doc. 82 y DSC: doc. 79.

[35] CTT: docs. 63 y 64; DCT: doc. 383; ACA, *Códice 115*, doc. 156, fol. 51r..

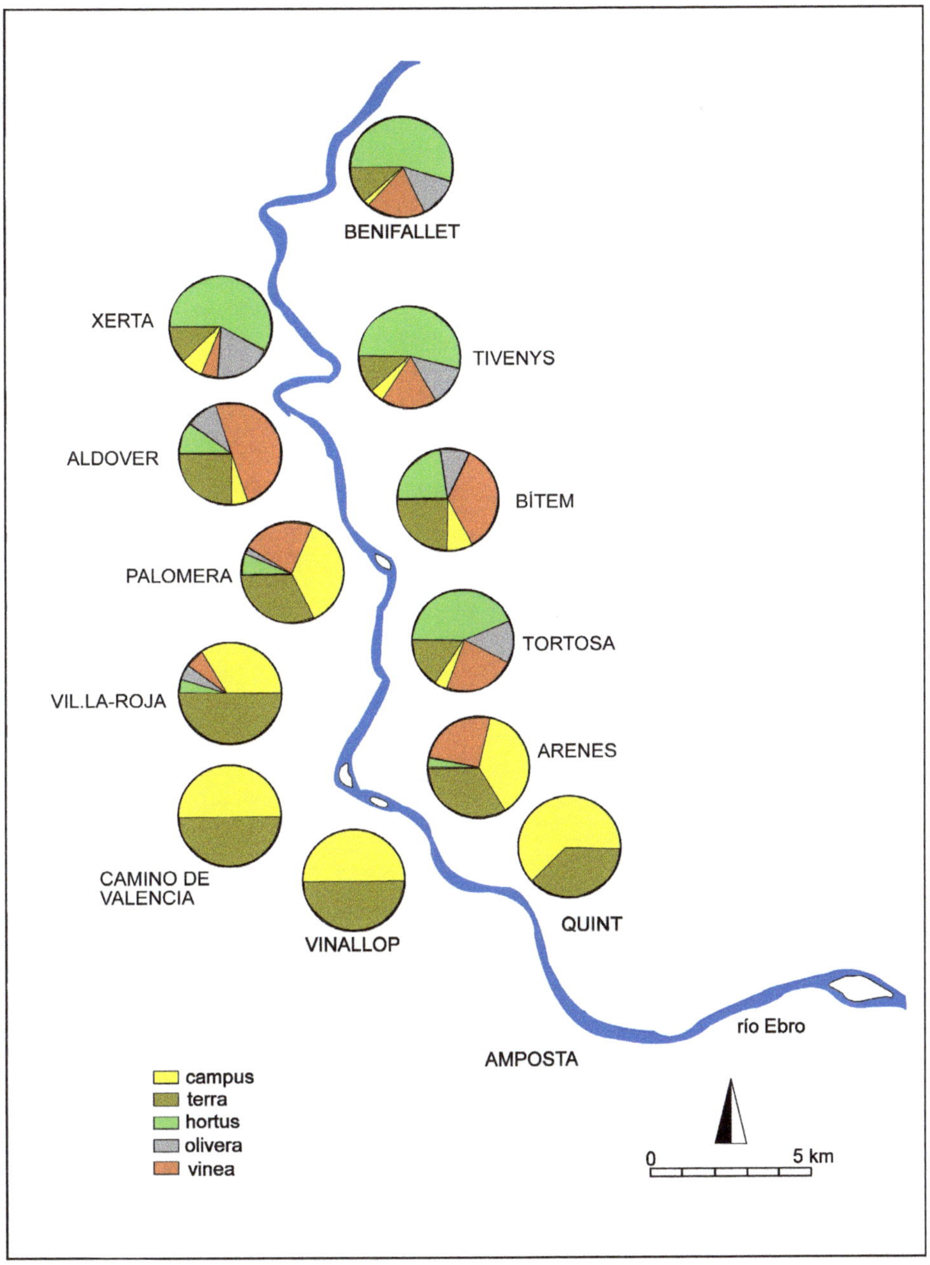

FIG. 4: USOS AGRARIOS EN LOS MÁRGENES DEL EBRO

En definitiva, podemos afirmar que la partida denominada las Arenes está constituida por un gran arenal de sedimentación en el primer meandro que traza el Ebro, poco después de dejar la ciudad de Tortosa, y situada, contrariamente a lo que se creía, en la orilla izquierda, en el límite septentrional del sector que los documentos contemporáneos llaman el *prato Tortose*. No existe ninguna torre llamada de Vilaseca, sino otra torre llamada *Lavanderas* (Llavaneres o de las Llavaneres). Tampoco hay indicios de la existencia de un núcleo estable de población, a excepción del manso de Guerau de Salvanyac, cercano al lugar. Las menciones sobre asentamientos en el sector del prado parecen limitarse a Quinto (el actual Campredó) en el margen izquierdo, y los de Vinallop y Mianes en el derecho. Las limitaciones de la documentación escrita al respecto no disimula la enorme diferencia entre las abundantes áreas residenciales situadas al norte de Tortosa, en ambas orillas (Aldover, Xerta, Xalamera, Aldovesta, Pimpí, Bítem, Andust, Tivenys, Som y Benifallet, entre otros) con respecto a las del sector meridional ocupado en su conjunto por el prado.

Antes de la conquista cristiana, los andalusíes adaptaron perfectamente el prado a sus necesidades, como lo demuestra la compleja infraestructura hidráulica que la documentación escrita describe, y que los conquistadores encontraron en uso. La red de canalizaciones tenía por objetivo drenar el sector, evacuar el agua que en determinados periodos al año se acumulaba en distintas zonas del prado. Lo más probable es que el prado fuese usado de forma preferente como dehesa para aprovechar los pastizales que se formaban de manera natural. La poca densidad de los asentamientos en todo el sector, así como su reducida magnitud en comparación con los núcleos septentrionales parece indicativo de una utilización agropecuaria extensiva de este prado, en especial, de un espacio reservado a pastizal.[36] El asentamiento de la población andalusí de la Aldea, deportada a mediados del siglo XIII desde Silla (València) como represalia a una revuelta, demuestra la importancia de la actividad ganadera al poner de relieve la variedad de la cabaña: vacas, yeguas, asnos, ovejas y cabras que podrán pastar por la *dehesa de la vía que va de la Aldea a Tarragona hasta el mar*, según indica el documento de concesión (CPFC: doc. 303).

Sin embargo, los datos que aportan los textos generados por la conquista parecen indicar una tendencia a adaptar este espacio, subvirtiéndolo, según las pautas de la sociedad feudal. Sin duda, los efectos más visibles de estos procesos los constituyen la ampliación de la superficie cultivada, o la promoción de determinados cultivos y cosechas según los intereses señoriales. En la concesión de una *honor* de Ramon Berenguer IV a favor de Guillem de Copons consta una parcela para sembrar 25 cuarteras de semilla en el *prato Algezire*, y añade a la donación las cuevas (*espulgas*) situadas sobre este *pratum Algiren*.[37] En todo el sector, el área más propicia para impulsar estas transformaciones tenía que ser la más periférica del prado, es decir, la partida de las Arenes en la orilla izquierda del río. Justamente ahí es donde los usos agrícolas se revelan más diversificados, según las menciones escritas. Al mismo tiempo, se detecta claramente el creciente interés en potenciar el cultivo de la viña, tal como demuestra el elevado número de contratos de censo que contienen la cláusula *ad plantandum vinea*. Siete de los 16 establecimientos formalizados en estas condiciones (43,7 %) afectan parcelas de la partida de las Arenes.[38] Otro dato a tener en cuenta es que el impulso de la plantación de viñedos se produce en fechas relativamente alejadas en relación a la de la conquista. El primer contrato no se formaliza hasta 1188, cuarenta años después, i a partir de entonces, el resto, hasta 1210, al cierre cronológico de este estudio. Este último establecimiento contempla una parcela destinada a la siembra y dos a la plantación de vides. Se puede plantear que la plantación tardía de la viña sea, en este caso, una consecuencia de la necesidad de acondicionar el prado mediante obras de drenaje y afianzamiento de la tierra antes de proceder a la roturación de las parcelas. La mayor parte del resto de contratos *ad plantandum* se otorgan en los parajes de Vila-roja y Palomera, a la misma latitud, pero en la orilla opuesta, un fenómeno en absoluto casual. Frente a la aparente uniformidad del prado, estas partidas situadas en el sector más septentrional, ya en la periferia del mismo, están en pleno proceso de transformación. Ocasionalmente, en otros lugares, como Bítem e incluso en la Aldea o la misma Palomera, se detectan plantaciones de viña mucho más pronto, en fechas próximas al año de la conquista.[39] No obstante, y a pesar de su visible regresión en el extremo septentrional el prado continuó siendo la principal reserva de pastos de la zona durante las siguientes décadas por lo menos. Así lo evidencia un privilegio otorgado por el rey Alfons el Cast a favor del monasterio de Santes Creus en 1194, advirtiendo a las autoridades de la orden del Temple y del municipio de Tortosa de no impedir u obstaculizar el acceso de los rebaños del cenobio a los pastos del prado y del término general de Tortosa.[40]

La documentación escrita generada por los conquistadores ha permitido, en este caso, localizar y situar la mayor parte de los topónimos del sector meridional de Tortosa, en el bajo Ebro, y mostrar el carácter transformador de la conquista feudal sobre el paisaje agrario, perfectamente perceptible en el paraje de las Arenes. Las características físicas y edafológicas de este paraje lo convierten en el más apropiado para impulsar la reconversión. Esta investigación, finalmente, ha puesto las bases para un futuro estudio de reconstrucción del espacio rural del prado de Tortosa a partir de los métodos y prácticas de la arqueología.

FUENTES Y BIBLIOGRAFÍA

Fuentes documentales

CP: Pons Marquès 1938, *Cartulari de Poblet. Edició del Manuscrit de Tarragona*. Institut d'Estudis Catalans, Barcelona.

CPFC: Font Rius, J. M. 1969: *Cartas de población y franquicia de Cataluña*. CSIC, Barcelona – Madrid.

CTT: Pagarolas, L. 1984: *La comanda del Temple de Tortosa. Primer període (1148-1213)*, Tortosa.

DCT: Virgili, A. 1997: *Diplomatari de la Catedral de Tortosa (1062-1193)*. Fundació Noguera, Barcelona.

DCT: Virgili, A. 2001: *Diplomatari de la Catedral de Tortosa (1193-1212). Episcopat de Gombau de Santa Oliva*. Fundació Noguera, Barcelona.

DP: Altisent, A. 1993: *Diplomatari de Santa Maria de Poblet, I, anys 960-1177*. Generalitat de Catalunya (Departament de Cultura), Barcelona.

DSC: Papell, J. 2005: *Diplomatari de Santa Maria de Santes Creus (975-1225)*, 2 vols. Fundació Noguera, Barcelona.

LB: Udina Martorell, F. 1947: *El `Llibre Blanch´ de Santas Creus. Cartulario del siglo XII*, CSIC, Barcelona.

Bibliografía

Alcover - Moll, *Diccionari Català – Valencià – Balear*.

[36] A pesar de las diferencias en las condiciones físicas y ambientales la utilización del prado de Tortosa antes de la conquista catalana podría ser comparable a la desarrollada por las comunidades ganaderas andalusíes de la zona de Felanitx (Mallorca) estudiadas por M. Barceló; H. Kirchner (1995) y del Pla de Vila (madina Yabisa, Ibiza), según los estudios de R. González Villaescusa; H. Kirchner (1997).

[37] ACA: *Códice 115*, doc. 229, f. 70v. Hay otros documentos que se refieren a este mismo topónimo (ACA: *Códice 115*, docs. 155 y 158, fs. 50v-52r. El paraje corresponde al que más tarde se llamará "Coves de Naguillem", cercano al núcleo de Campredó. Coinciden tanto el parecido del topónimo como la descripción del lugar.

[38] DCT: 426, 459, 464, 610, 637 y 644; CTT: 106.

[39] DCT: 94 y 109; ACA: *Códice 115*, d. 273, f. 86r.

40 A. Carreras (1992, vol. I: 195); publica el documento en el vol. II: 236-237).

Barceló, M. 1987: Aigua i assentaments andalusins entre Xerta i Amposta (s. VI_XII). *Actas del II Congreso de Arqueología Medieval Española,* Madrid, pp. 413-420.

Barceló, M.; Kirchner, H. 1995: *Terra de Falanis. Felanitx quan no ho era. Assentaments andalusins al territori de Felanitx*, Mallorca.

Batet, C. 2003: El Císter conqueridor. El sentit de l'agricultura silenciada. *En*: Barceló, M.; Feliu, G.; Furió, A.; Miquel, M.; Sobrequés, J. (ed.) *El Feudalisme comptat i debatut. Formació i expansió del feudalisme català.* Universitat de València, pp. 237-252.

Batet, C. 2006: *L'aigua conquerida. Hidraulisme feudal en terres de conquesta.* Universitat de València – Universitat Autònoma de Barcelona.

Bayerri, E. 1954: *Historia de Tortosa y su comarca*, vol. VI, Tortosa.

Bayerri, E. 1957: *Historia de Tortosa y su comarca*, vol. VII, Tortosa.

Carreras, A. 1992: *El Monastir de Santes Creus (1150-1200)*, 2 vols., Institut d'Estudis Vallencs, Valls.

Font Rius, J. M. 1969: *Cartas de población y franquicia de Cataluña*, CSIC, Barcelona – Madrid.

González Villaescusa, R.; Kirchner, H. 1997: La construcció d'un espai agrari drenat andalusí al `hawz' de la `madina´ de Yabisa. Anàlisi morfològica, documental i arqueològica del Pla de Vila. *En*: Barceló, M. (coor.) *El curs de les aigües. Treballs sobre els pagesos de Yabisa (290-633 H / 902-1235 dC)*, Quaderns d'Arqueologia Pitiüsa, 3, Consell Insular d'Eivissa i Formentera, pp. 65-96.

Kirchner, H. 1995: Colonització de `lo Regne de Mallorques qui és dins la mar¨. La subversió feudals dels espais agraris andalusins a Mallorca. *En*: Sénac, P. (ed.) *Histoire et archeologie des Terres Catalanes au Moyen Âge*, Presses Universitaires de Perpignan, pp. 279-316.

Kirchner, H. 2003: Una arqueologia colonial: espais andalusins i pobladors catalans a les Illes Balears. *En*: Barceló, M.; Feliu, G.; Furió, A.; Miquel, M.; Sobrequés, J. (eds.) *El Feudalisme comptat i debatut. Formació i expansió del feudalisme català.* Universitat de València, pp. 201-236.

Martí, R. 1988: Les *insulae* medievals catalanes. *Bolletí de la Societat Arqueològica Lul·liana*, 44, Mallorca, pp. 111-123.

Miravall, R. Alavedra, J. 1980: *Les torres de la regió marítima de l'Ebre,* Tortosa. *En*: Morera, E. *Tarragona Cristiana,* vol. I, 1897, reedición de 1981.

Pagarolas, L. 1984: *La comanda del Temple de Tortosa. Primer període (1148-1213)*. Tortosa.

Scales, P. C. 1990: La red militar en el *Tagr al-a'la* en los siglos X y XI. Análisis e índice topográfico. *Boletín de Arqueología Medieval*, 4, pp. 7-133.

Torró, J. 1995: L'assalt a la terra. Qüestions sobre l'abast de la colonització feudal al regne de València (1233-1304). *En*: Sénac, P. (ed.), *Histoire et archeologie des Terres Catalanes au Moyen Âge*, Presses Universitaires de Perpignan, pp. 317-338.

Torró, J. 1999: *El naixement d'una colònia. Dominació i resistència a la frontera valenciana (1238-1276).* Universitat de València.

Torró, J. 2003: Arqueologia de la conquesta. Registre material, substitució de poblacions i transformació de l'espai rural valencià (segles XIII-XIV). *En*: Barceló, M.; Feliu, G.; Furió, A.; Miquel, M.; Sobrequés, J. (ed.) *El Feudalisme comptat i debatut. Formació i expansió del feudalisme català.* Universitat de València, pp. 153-201.

Virgili, A. 2001: *Ad detrimentum Yspanie. La conquesta de Turtusa i la formació de la societat feudal.* Universitat de València – Universitat Autònoma de Barcelona.

Tierras ganadas.
Aterrazamiento de pendientes y desecación de marjales en la colonización cristiana del territorio valenciano

Josep Torró
Universitat de València

El presente trabajo no pretende ofrecer los resultados de una encuesta finalizada o en avanzado estado de desarrollo. Se trata, simplemente, de exponer las perspectivas de estudio ofrecidas por algunos aspectos importantes del ordenamiento de los espacios de cultivo y las operaciones de roturación subsiguientes a la conquista del reino de Valencia, desde mediados del siglo XIII hasta inicios del XIV. Esta aproximación forma parte de los primeros "sondeos" llevados a cabo para la puesta en marcha de un proyecto formal de investigación que tiene por objetivo precisar dos grandes cuestiones. La primera, en qué medida los espacios agrarios heredados de al-Andalus ofrecían una base adecuada para la implantación de los pobladores cristianos que sustituían al campesinado indígena; la segunda es la relativa a los procedimientos técnicos observados en los procesos de modificación y ampliación de las tierras de cultivo: cuánto debieron a la tradición andalusí, a las experiencias desarrolladas en los medios de procedencia de los nuevos pobladores o a eventuales síntesis locales. La premisa fundamental es que los sistemas sociales son también ecosistemas. Si la sociedad cristiana y feudal implantada en el reino valenciano hubiese podido organizar su reproducción limitándose a mantener las estructuras físicas dejadas sobre el terreno por la sociedad andalusí, deberíamos concluir que no existían diferencias significativas entre ambas. Lo que obviamente no fue el caso.

Sin duda, es un hecho historiográficamente admitido, al menos desde hace unos veinticinco años, que la colonización cristiana del territorio valenciano no se limitó a continuar la utilización de los espacios agrarios ocupados a los musulmanes; que se cambiaron las formas de gestión y se crearon con rapidez nuevos espacios de cultivo. Sin embargo, la caracterización de las operaciones colonizadoras queda, por lo habitual, difuminada en vagas alusiones a una dinámica general de crecimiento que parece explicarlo todo, sin necesidad de hacerse preguntas sobre su naturaleza y funcionamiento. Todo proceso de colonización se funda en saberes prácticos adquiridos a través del manejo de diversos factores técnicos y, por tanto, ampliamente experimentados en los medios ecológicos de procedencia. Las cuestiones que permitirían explicar las opciones de los nuevos pobladores y evaluar el alcance de la transformación deben, necesariamente, partir de esta consideración, raramente tenida en cuenta (Barceló, 1997). En este sentido, se entiende que la colonización cristiana del oriente de al-Andalus, pese a las pertinentes observaciones de Thomas F. Glick (1991: 68, 120-123), no haya llegado propiamente a considerarse en su calidad de modificación del ecosistema cultivado, con todas las implicaciones metodológicas y analíticas que esto conlleva.

Como hipótesis de partida se considera la preexistencia de un paisaje andalusí caracterizado, en sus rasgos más generales, por áreas discontinuas de cultivos intensivos, subordinadas esencialmente a las redes de irrigación. Los espacios irrigados no serían los únicos cultivados, pero sí constituirían la pieza central del ordenamiento agrario, tanto desde el punto de vista topográfico-morfológico como productivo. Por otra parte, las grandes redes hidráulicas no tendrían por objeto el riego de toda la superficie englobada en su perímetro, sino el transporte de agua a los espacios de cultivo intensivo, de dimensiones discretas, asociados a cada unidad de asentamiento (*qarya*) y conectados por la acequia común, dejando así amplios intersticios de zonas sujetas a regímenes de irrigación más laxos o no irrigadas en absoluto (Barceló 1996b; Guinot 2008). Este ecosistema, consolidado probablemente ya en el siglo X, representaría una ruptura respecto al ambiente cerealista predominante en los medios mediterráneos desde los primeros siglos de la era cristiana (Sigaut 2004: 1-8, 27-28).

¿Cómo intervinieron, pues, los conquistadores sobre el ecosistema establecido a partir de nichos hidráulicos que hallaron en las tierras ocupadas? En las zonas de donde habían sido evacuados los andalusíes, los colonos cristianos encontraron un paisaje ya construido: casas, campos, acequias, árboles y viñas intactas. Las escrituras de donación y los *repartiments* dan buen testimonio. Aparentemente, todo estaba hecho y lo único que hacía falta era ponerlo en marcha. Sabemos que no fue así, pero esta ilusión ha inhibido casi hasta hoy mismo el estudio específico de las grandes transformaciones agrarias subsiguientes a la conquista, a pesar de no ser ignoradas y existir ya algunas aproximaciones interesantes.

Puede decirse que las modificaciones tuvieron un doble carácter. Por una parte tendríamos las que afectaron directamente a los espacios agrarios ya construidos y que podían llevarse a cabo mediante formas muy diversas: desde la obliteración de los parcelarios activos preexistentes (la opción más radical) al cambio de cultivos o del régimen de distribución del agua de riego (de menor o nula visibilidad en la documentación morfológica), pasando por todas las posibilidades intermedias. Obviamente, las modificaciones internas resultan difíciles de aislar en sistemas parcelarios complejos, como los de las llanuras aluviales valencianas, aunque ya se han realizado algunos intentos en este sentido, particularmente en la Huerta de Valencia con propuestas de identificación de bloques de cultivo nuevos incrustados en los intersticios de las grandes estructuras del parcelario andalusí (Guinot 2007). Por otra parte, deben tenerse en cuenta, también, las actuaciones llevadas a cabo por los colonos en espacios que anteriormente no habían sido reducidos a cultivo de forma estable. El estudio de las roturaciones ofrece un interés especial en el planteamiento de una investigación de estas características, dado que éstas pueden identificarse con relativa facilidad (alto grado de coherencia morfológica de las formas globales del parcelario, regularidades dimensionales a gran escala, referencias textuales precisas, etc.) y proporcionan unas pautas claras que, eventualmente, pueden servir de orientación para distinguir las transformaciones internas, más constreñidas, discontinuas y, por fuerza, carentes de una ordenación uniforme. Creo que este razonamiento justifica que el fenómeno de las roturaciones merezca una atención prioritaria.

Sin duda, uno de los aspectos más llamativos de la cuestión reside en el hecho de que las roturaciones se inicien casi inmediatamente después de la finalización de la conquista, en un país lleno de huertas y del cual había sido desalojada una gran parte de la población nativa andalusí, lejos aún, según todos los indicios, de hallarse compensada numéricamente por la incipiente inmigración cristiana (Torró 2007a: 240-245). En una fecha tan temprana como 1261 (sólo quince años después de la finalización de las principales campañas militares), en el momento de preparar una nueva redacción del cuerpo de leyes (*Furs*) otorgado al naciente reino de Valencia, el rey Jaime I estimó oportuno incorporar una norma que favoreciese la actividad roturadora de los colonos (Colón, Garcia, eds., 1999: 165-167):

"*En aquest fur enadeix lo senyor rey que tot hom qui·s vulla pusque rompre e fer camps e laurar en munts, e en almarjals, e en riberes e en tots lochs que·s vullen que en temps antich de sarrahins no·s solien laurar*".

El texto foral menciona con claridad tres frentes específicos de roturación (montes, marjales y riberas) correspondientes a grandes medios que, según se dice expresamente, no eran o no solían ser objeto de cultivo por parte de los campesinos andalusíes antes de la conquista. Si las menciones a laderas de montaña —ámbito, en las regiones mediterráneas, de las formaciones boscosas climácicas— y a zonas pantanosas litorales no parecen necesitar de explicación, dado el carácter periférico que se les presume, no sucede lo mismo con la inclusión de las áreas fluviales en el mismo conjunto. Sin duda, el ejemplar estudio de Aline Durand (1998: 246-275) ha puesto de manifiesto la enorme relevancia de la "conquista" de las riberas en el proceso de expansión agraria desarrollado en el Lenguadoc de los siglos X-XII, con el decisivo papel desempeñado por los molinos hidráulicos y sus pesquerías en la estabilización de los cursos de los ríos, la reducción de la ripisilva y la extensión de los cultivos en los valles fluviales. Pero se trata de una imagen de difícil trasposición al paisaje agrario que encuentran los colonos cristianos en el Sharq al-Andalus, donde llanuras aluviales y fondos de valle habían sido objeto, con toda seguridad desde antes del siglo X, de acondicionamientos agrarios asociados al despliegue de grandes redes de irrigación.

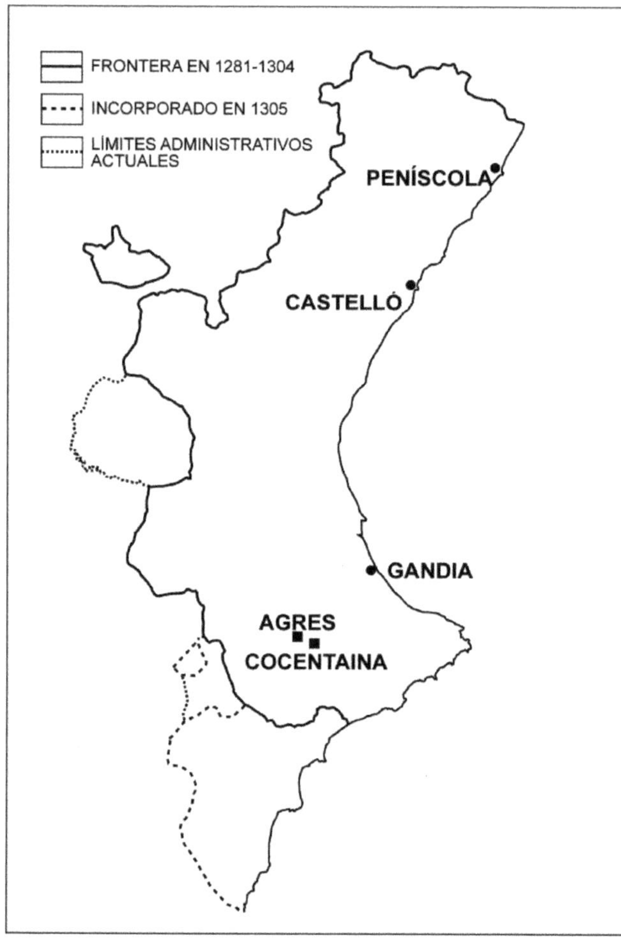

FIG. 1: LOCALIZACIÓN DE LOS CASOS PRESENTADOS

Con todo, debe tenerse en cuenta que los sistemas hidráulicos andalusíes no abarcaban, necesariamente, las áreas de ribera fluvial. De hecho, uno de los rasgos fundamentales observados, al menos en sistemas de caudales discretos, residía en el diseño cerrado que posibilitaba la restitución al cauce de las aguas no empleadas en el riego (Kirchner 1997; Glick, Kirchner 2000; Torró 2007b). Esta característica implicaba la discontinuidad de los sistemas dispuestos sobre una misma unidad hidrológica, además del mantenimiento selectivo de tramos de ríos y torrentes que conservaban en sus bordes fragmentos estructurados de la ripisilva original, objeto sin duda de una gestión campesina campesina orientada a la obtención de combustible, materiales de construcción, forrajes, etc. (Torró 2009a: 110-112). Por otra parte, en el caso del río más caudaloso del País Valenciano, que es el Júcar, advertimos que carecía de derivaciones para el riego, dada la magnitud de su corriente (52 m^3/s.) y la violencia de sus crecidas. No es que no hubiera espacios irrigados en su llanura aluvial, pero las aguas procedían de sus afluentes menores, de captaciones de manantiales y de algunas norias que elevaban el agua del mismo cauce del Júcar, cuyos bordes se hallan relativamente elevados debido a la acumulación de sedimentos (Mateu 1989: 171-175).

Puede considerarse, por ejemplo, la cuestión de las *walaŷa*/s, como se denominaba en árabe andalusí la tierra

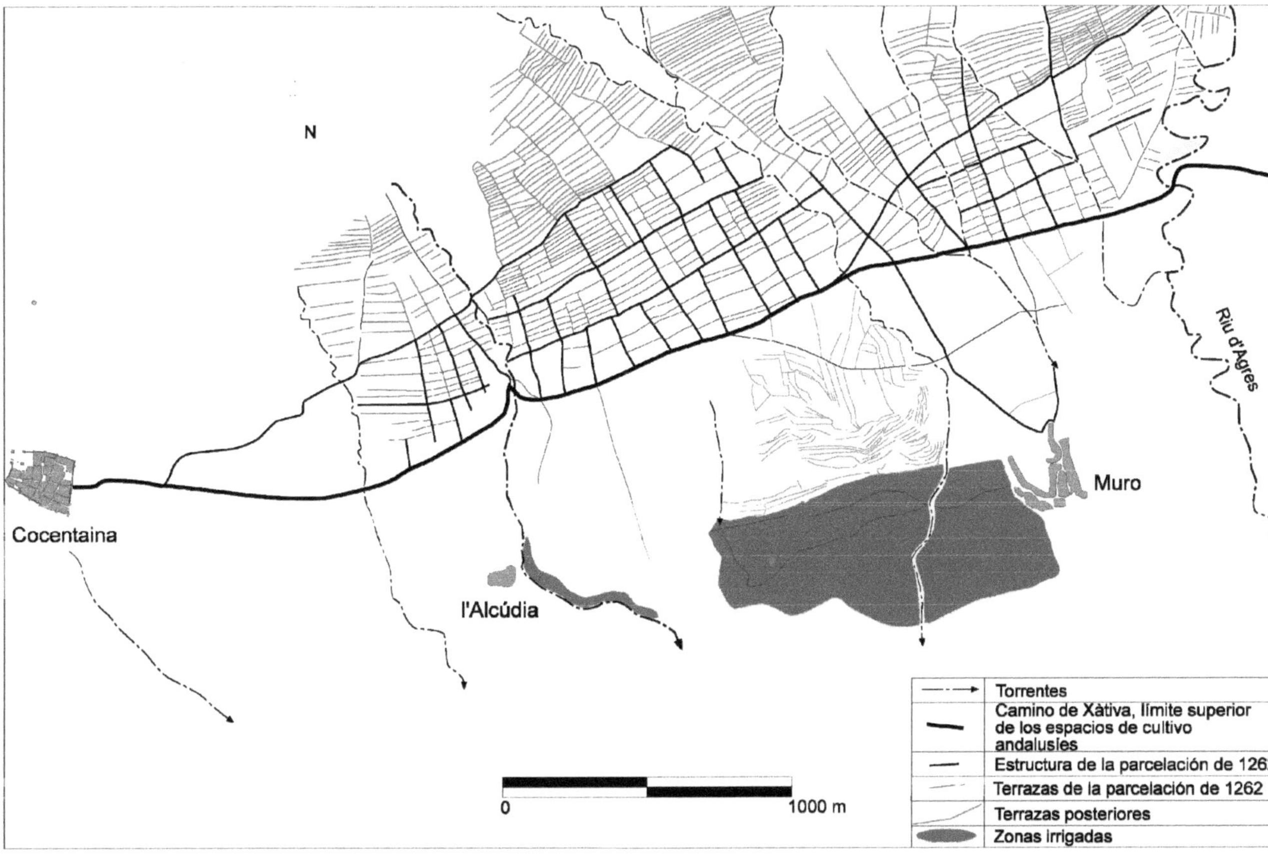

FIG. 2: ESTRUCTURA PARCELARIA DE LA PLANA DE LES VINYES DE COCENTAINA

situada en el interior de un meandro (*algolejes* en los textos catalanes), que eventualmente podía ser plantada después de las crecidas, pero sigue habiendo buenas razones para admitir que en el momento de la conquista no eran raras las áreas fluviales cubiertas de vegetación de ribera, susceptibles aún de ser reducidas a cultivo. Ahora bien, con la excepción de algunas informaciones textuales bastante lacónicas, como la relativa un meandro del Júcar cubierto de álamos que es entregado por el rey a cierto personaje en 1261, carecemos por ahora de evidencias claras de las actuaciones agrarias de los colonos cristianos en este tipo de zonas (Torró 2009b). Es por este motivo que en el presente trabajo me referiré sólo a los otros dos frentes de roturación mencionados en el *fur* de 1261: los medios palustres y de ladera, es decir, los espacios situados al margen de los fondos de valle y las llanuras aluviales donde se localizaban los sistemas hidráulicos y las principales áreas de cultivo andalusíes (Fig. 1).

1. Aterrazamiento de pendientes

La reducción a cultivo de laderas montañosas tuvo como consecuencia, en muchas ocasiones, la eliminación de formaciones boscosas. Las más afectadas parecen haber correspondido al encinar climácico o primigenio, compuesto por la variedad conocida como carrasca (*Quercus ilex ssp. Rotundifoliae*). Estudios antracológicos llevados a cabo con motivo de las excavaciones de los castillos de Pego y de Alcalà de Xivert, en zonas montañosas litorales, muestran con claridad la degradación y disminución del carrascal a costa de la vegetación cultivada, ya en el siglo XIII (Haro 2000; 2001). También contamos con informaciones escritas muy explícitas y tempranas relativas a disposiciones para artigar carrascales, aunque no se llevan a cabo en ámbitos de montaña, sino en las inmediaciones de la Albufera de Valencia (1251) y en la llanura aluvial del Júcar, cerca de Algemesí (1273) (Torró 2009b). En cualquier caso, todos los indicios conocidos indican que los carrascales eran considerados medios preferentes de roturación. Este hecho se explica por las características edáficas y topográficas de dichas formaciones, que ocupaban zonas sombreadas y relativamente húmedas, de suelos profundos, pardos-negros, con alto porcentaje de materia orgánica debido a la humificación de la hojarasca. Se entiende, igualmente, la escasa atención prestada por los colonos a pinares y garrigas, apenas mencionados en los documentos, debido al escaso atractivo de sus suelos, más pobres o degradados.

Junto a la eliminación de carrascales, la puesta en cultivo de laderas comportaba otras acciones fundamentales desde el punto de vista morfológico, como lo eran el reparto de parcelas y el aterrazamiento. Una operación muy bien identificada, gracias a la exactitud de las referencias documentales, es la de Cocentaina. En 1261, unos doce años después de poblarse el lugar con cristianos, Jaime I dispuso que el alcaide y el baile de esta villa distribuyesen media *jovada* (1,5 ha) de terreno a cada uno de los colonos que carecían de viñas, comprometiéndolos a cultivar esta planta en las nuevas parcelas. Lo interesante del caso es que la zona donde habían de crearse las nuevas viñas se definía expresamente como un área yerma (*herema*), delimitada con bastante precisión en las laderas bajas situadas sobre el camino principal, por encima del fondo de valle, de mayor pendiente, que contenía las terrazas irrigadas y otros abancalamientos de época andalusí. La distribución y el acondicionamiento de este espacio se llevaron a cabo con sorprendente rapidez, pues en 1269 las parcelas ya estaban cubiertas de majuelos. La documentación posterior muestra que el cultivo de la viña se mantuvo escrupulosamente en las tierras ganadas (Torró 2003: 163-166).

La morfología del parcelario en la zona, tan bien acotada por el documento citado (entre el camino de Xàtiva, el barranco de Alcúdia, el río de Agres y el monte o parte alta de la ladera), permite ofrecer una propuesta razonable de los rasgos generales de esta operación, que parece haber abarcado, inicialmente al menos, una extensión total de alrededor de cien hectáreas (Fig. 2). La ordenación generada por la red de caminos y las líneas de aterrazamiento entre los torrentes permite distinguir con claridad unas estructuras intermedias o bloques de parcelas-terrazas definidas por su forma cuadrangular compacta, pese a la evidente falta de regularidad geométrica, dificultada sin duda por las características propias del medio parcelado.[1] Donde mejor se aprecian las características de esta ordenación es en el segmento central, entre los barrancos de l'Alcúdia y la Querola. Las unidades de parcelario se disponen allí en tres alineaciones paralelas, transversales a la pendiente, la inferior de las cuales se apoya directamente sobre el antiguo camino de Xàtiva. En esta alineación se distinguen bien once bloques que abarcan un total de 34 ha, dando lugar a una extensión media de 3,1 ha, siendo la mediana de 3 ha, es decir una *jovada* exacta. La alineación situada por encima comprende 24,2 ha distribuidas en ocho bloques, cuya superficie media es de 3 ha, con una mediana de 2,9 ha.[2] En general las desviaciones en torno al tamaño de la *jovada* (2,99 ha) no parecen muy significativas (predominan los valores entre 2,7 y 3,5 ha), y aunque no siempre correspondan a *jovades* más o menos aproximadas, es evidente que esta medida se ha observado como módulo dimensional de toda la operación. Hay algunos bloques que pueden corresponder a fracciones de *jovada* (mitad o dos tercios) y otros de entre 4,3 y 4,8 ha, con los que claramente se ha buscado delimitar una superficie de 1 ½ *jovada*; son, de hecho, las medidas que hallamos en los bloques bien definidos de la tercera alineación. Estos datos nos autorizan a sospechar que las instrucciones relativas al tamaño de media *jovada* que debían tener los lotes a repartir en la zona, denominados *sorts* en la documentación posterior, se observaron de forma bastante minoritaria. Los repartidores debieron ejercer su propio criterio, asignando, por lo general, terrenos de una *jovada* entera, cuando no de *jovada* y media. Otra observación es la relativa a la opción del aterrazamiento. Nos hallamos en una zona de ladera baja o piedemonte con pendientes bastante suaves (del 5 al 6 %) que, en la documentación medieval es conocida, incluso, como *Plana de les Vinyes* (el topónimo *la Plana* ha perdurado hasta la actualidad) por comparación con la mayor pendiente, tanto de los tramos más altos de ladera como del flanco del fondo de valle, situado más abajo. En rigor, no se precisan bancales para cultivar aquí la viña, pero hay varios factores que deben tenerse en cuenta. Ante todo, el estrecho vínculo existente entre aterrazamiento y despedregamiento (Blanchemanche 1990: 91-110). Geológicamente, el área afectada por esta operación se halla en el extremo distal del talud de derrubios calcáreos resultante de la erosión de la cara oriental de la Serra de Mariola (1.390 m), de modo que la construcción de bancales permite, por una parte, acumular los cantos en las paredes de los mismos y, por otra, redistribuir de un modo más regular la tierra fértil. Se prolongaba, además, la organización en terrazas de los preexistentes espacios de cultivo andalusíes, situados en el fondo de valle, debajo del área escaliada, y se mantenía un soporte consolidado que permitía continuar sobre una base segura las roturaciones ladera arriba —lo que sucedió de hecho en fechas posteriores—, en pendientes más acusadas que sí necesitaban de bancales para evitar los efectos de la erosión en las tierras roturadas.

Cada uno de los bloques definidos —que muy probablemente son las *sorts* originales— se compone de varias terrazas de cultivo muy amplias y profundas, organizadas en una o dos series (alineaciones escalonadas en el sentido de la pendiente), cuyos muros o márgenes son poco elevados (alrededor de un metro de altura). Se observa, no obstante, que la profundidad de las terrazas disminuye —aumentando así el número de éstas— en las alineaciones más elevadas. Posiblemente el hecho de que los bloques situados en la alineación superior presenten superficies algo mayores, como ya hemos visto, puede deberse a una acción consciente de los repartidores que, de este modo, podrían compensar el mayor coste de aterrazamiento y, quizá también, la relativa lejanía.

Ya se ha hecho notar la denominación de *sorts* utilizada, en los documentos escritos de la época, para designar las posesiones creadas en la Plana de les Vinyes de Cocentaina a raíz de la actuación que se acaba de describir. El término *sort* es muy significativo, ya que su registro toponímico documentado permite definirlo como "cada una de las parcelas agrarias resultantes de la división de un terreno previamente no cultivado" (Andrés 2001). Es frecuente, pues, en zonas de roturación medieval (y moderna) del País Valenciano, tanto en la montaña como en las marjales. Y constituye, por eso mismo, un excelente indicio para localizar operaciones de este tipo en el paisaje actual.

Precisamente, la presencia del topónimo Les Sorts, junto a evidencias morfológicas muy claras, ha posibilitado la identificación de actuaciones roturadoras de menor magnitud que las antes vistas (no llegan a las 30 ha), aunque no exentas de importancia e interés. Se localizan en laderas del término de Agres, una pequeña villa

[1] Sobre el vocabulario de análisis morfológico, Chouquer (2000: 146-154, 187-190).

[2] Valores en ha de los bloques de la alineación primera o inferior (de E a W): 2,7; 2,3; 2,7; 2,9; 2,8; 3,1; 3,1; 4,8; 3,5; 3,0; 4,3. Valores de la alineación segunda: 1,5; 2; 4,5; 4,5; 3,7; 2,7; 2,3; 3,1.

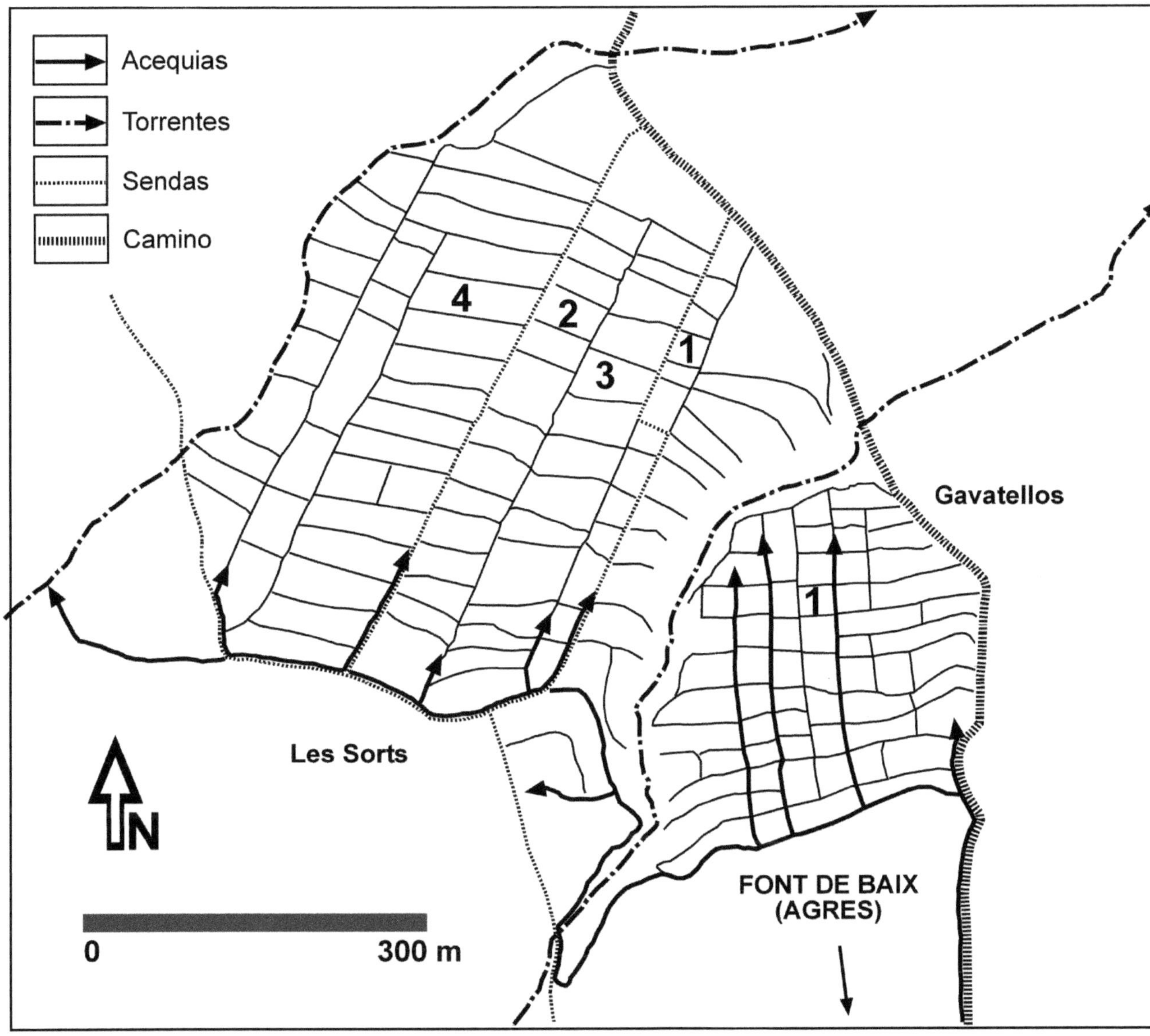

FIG. 3: PARCELARIO DE LES SORTS Y GAVATELLOS (AGRES). LOS NÚMEROS INDICAN LAS *FANECADES* DE CADA TERRAZA SEÑALADA.

cristiana de montaña cercana a Cocentaina, formada a raíz del establecimiento de colonos ordenado en la carta de población de 1256 (Guinot 1991: 270-272). Carecemos, no obstante, de informaciones textuales capaces de proporcionarnos una fecha precisa para la creación de estos parcelarios. Las entradas del *Llibre de la peita* (1466-1599) del archivo municipal de esta localidad nos muestran que ya existían a mediados del siglo XV, pero su época de construcción debe ser muy anterior, con casi toda seguridad del mismo siglo XIII, como veremos.

La evidencia morfológica a la que se ha aludido anteriormente consiste en dos unidades de parcelario aterrazado adyacentes, las cuales presentan una clara homogeneidad local (Fig.3). Se trata de las áreas o partidas conocidas aún con los nombres de Les Sorts y Gavatellos (Gavatello, en singular, en el *Llibre de la peita*), situadas al pie de la ladera norte de la Serra de Mariola, por debajo del núcleo urbano Agres (unos 600 m al NW). Quedan separadas por uno de los torrentes encajados que descienden de la sierra, el Barranc del Llop, de manera que la zona conocida propiamente como Les Sorts queda al oeste y Gavatellos al este de dicho barranco. Ya he descrito en otra parte, con algo más de detalle, el llamativo conjunto de bancales que constituyen lo esencial de la partida de Gavatellos (Torró 2007b : 113-116). Las terrazas presentan una estructura singular, debido a su planta cuadrada o casi cuadrada, con unas dimensiones y una disposición de notable regularidad, casi ajedrezada, resultante de trasponer a un medio de ladera criterios de parcelación más bien propios de suelos llanos. La superficie del espolón en el que se hallan presenta una pendiente del 10 %, lo que obligó en su momento a la construcción de márgenes relativamente altos, de unos dos metros, para poder formar estas peculiares terrazas de cultivo. El topónimo, también aquí, resulta muy significativo, dado que, probablemente, es un diminutivo de *gavata*, variedad medieval documentada de *gaveta*, término empleado para designar diferentes tipos de cajones de madera cuadrangulares utilizados para amasar materiales, o bien transportar tierra o piedras.[3] Se

[3] Las definiciones pueden consultarse en el *Diccionari Català-Valencià-Balear*, disponible en la red: http://dcvb.iecat.net/.

aludiría así, metafóricamente, al aspecto de casetones sugerido por estos bancales cuadrados.

La morfología, las dimensiones y el ordenamiento de las terrazas de Gavatellos, como también de Les Sorts, deben relacionarse igualmente con su inclusión en un sistema de riego que tiene su origen en el manantial de la Font de Baix, situada en la parte inferior del núcleo urbano de Agres, a 650 m de distancia. Originalmente el caudal de esta fuente, canalizado, bordeaba casi del todo el espolón que sirve de asiento a la villa —antigua alquería andalusí— para incorporarse a la acequia principal de la Font de l'Assut y al barranco llamado del Molí (de donde volvían a tomar agua de riego otras alquerías situadas más abajo), aunque en su recorrido regaba también un pequeño grupo de terrazas de la cara oriental del espolón (Piera 1998). De esta acequia de la Font de Baix, se derivó posteriormente otro canal que transportaba las aguas, ladera abajo, a lo largo de cientos de metros, hasta los nuevos aterrazamientos aquí considerados.[4] Se trata, probablemente, del mismo canal mencionado en el *Llibre de la peita* como *Céquia de Gavatello*. La acequia llega, en efecto, al extremo NE de la unidad de parcelario de Gavatellos, marca el límite superior del conjunto y cruza, luego, el Barranc del Llop para dirigirse a las terrazas de Les Sorts; en caso de necesidad, la acequia podía verter el caudal sobrante en un torrente acondicionado conocido como El Sequiot (aumentativo de *séquia*, 'acequia'). Se trata de un sistema hidráulico sencillo, con muy pocos dispositivos visibles de regulación y distribución, en el que apenas se distinguen los conductos que seguía el agua para llegar a los bancales. De lo que no puede haber duda, sin embargo, es que las características de su trazado sólo se explican por haberse concebido expresamente para el riego de estas nuevas unidades de parcelario aterrazado ganadas a la ladera.

La topografía del abancalamiento de Les Sorts es más suave, con una pendiente del orden del 5 %, lo que permite que las terrazas, cuyos márgenes suelen medir alrededor de un metro, ofrezcan un aspecto menos resaltado que las de Gavatellos, así como un ordenamiento riguroso en cinco bandas o series rectilíneas, transversales a las curvas de nivel, las cuales presentan una orientación constante de NG-27°, contrapuesta a la de NG-175° que ofrece la unidad de parcelario de Gavatellos. En ambos casos el aterrazamiento se llevó a cabo empezando por las series centrales, luego hacia los lados, dejando para el final los espacios residuales junto a los bordes de los torrentes, como también puede advertirse en buena parte de la Plana de les Vinyes de Cocentaina; obviamente, las terrazas de cada serie se construían de abajo arriba.

El módulo dimensional usado en la creación de estos abancalamientos fue, indiscutiblemente, la hanegada o *fanecada* foral valenciana (1/36 de *jovada*), equivalente a 830,55 m^2, que los repartidores cristianos solían observar como medida de referencia, en lugar de la *jovada*, cuando se trataba de distribuir tierras irrigadas. En el caso de Gavatellos, predominan las terrazas que miden una *fanecada*; en Les Sorts, los bancales pueden medir una, dos, tres o cuatro *fanecades*, según la anchura de la serie de la que forman parte. Las desviaciones respecto al valor de la hanegada o sus múltiplos que se registran en la medida detallada de estas parcelas son poco significativas.

El alcance de estos trabajos de aterrazamiento y suministro de agua de riego, realizados sin duda de forma prácticamente simultánea y en función del despliegue de la infraestructura hidráulica, comprende cerca de 30 ha (7,4 en Gavatellos y alrededor de 21 en Les Sorts) y más de 130 bancales (unos 60 sólo en Gavatellos). En el contexto de la modesta villa de Agres, que a tenor de los datos fiscales conocidos no debió de reunir más de 60 familias de pobladores en el siglo XIII y que hacia 1500 sólo contaba con unas 40 o 50 (Valldecabres, ed., 2002: 548), las operaciones examinadas sólo parecen tener sentido en los momentos iniciales de la colonización cristiana, cuando los agentes repartidores tuvieron que hacer frente a la necesidad de dotar a los colonos con heredades suficientes y adecuadas, de acuerdo con los planes previstos en el proyecto de asentamiento. Así, la antes mencionada carta de población de Bocairent, Agres y Mariola (marzo de 1256), instruye a los responsables del repartimiento para que entreguen a cada poblador tres hanegadas de huerta, además del lote de tierra ya asignado (*tres fanecatis orti ultra hereditates eorum*).[5]

De todos modos, lo que se creó, en realidad, no fueron huertas sino tierras provistas de riego irregular que se destinaron a cultivos propios del secano. Los documentos medievales valencianos distinguen perfectamente entre *hortes*, de irrigación periódica con ciclos continuos de cultivo, y *terres de reg*, que son secanos mejorados con la ayuda de un caudal limitado (en proporción a la superficie) de agua de riego. El *Llibre de la peita* no se refiere jamás a Les Sorts y Gavatellos como zonas de huerta, sino como "tierra de riego", "tierra de riego y de secano" e, incluso, simplemente como "tierra de secano"; no se indican los cultivos, aunque en una ocasión se alude a un sector de Les Sorts (denominado con el diminutivo *Sortanelles*) plantado parcialmente de viña. Ya se ha hecho notar, en este sentido la escasa entidad física del sistema hidráulico, que más allá de la canalización de transporte básica, aprovecha simplemente la dirección de la escorrentía y las sendas para llegar a las terrazas, siempre de modo desigual e incierto. Por otra parte, en la morfología y disposición de los bancales priman los criterios geométricos y dimensionales derivados de las necesidades técnicas planteadas a los agentes repartidores, que actúan del mismo modo que cuando

[4] Debido al estado inactivo del sistema hidráulico, en mi descripción original (Torró, 2007b: 115-116) consideré, erróneamente, que la Font de Baix sólo proporcionaba un caudal de refuerzo al mismo, que procedería fundamentalmente de la Bassa de la Vila (alimentada por la acequia de la Font de l'Assut).

[5] Resulta sugerente relacionar las 330 o 340 hanegadas resultantes de estas operaciones con una previsión aproximada de cien colonos. La carta de población contemplaba el establecimiento de 300 o 320 pobladores para los tres lugares, aunque estaban obligados concentrar sus residencias en la villa de Bocairent. Finalmente también se instaló una parte de ellos en Agres; no así en Mariola (Torró, 2007a: 265).

organizan un secano de llanura. No son, por tanto, el resultado de un diseño específico, compacto y proporcionado, para la recepción del agua de riego en las mejores condiciones, como sucede en los sistemas andalusíes de terrazas irrigadas. Lo que tenemos, en definitiva, es una muestra más de la práctica del riego difuso, extendida ampliamente en tierras valencianas después de la conquista (Torró 2009a; 2009b).

2. Desecación de marjales

Entre las roturaciones llevadas a cabo el reino de Valencia merece una atención específica la desecación de las zonas húmedas del litoral, conocidas con el nombre de marjales (variedades documentadas: *almargales*, *amarialis*, *almaryallis*, *almargialis*, etc.). El estancamiento de las aguas es particularmente frecuente en la costa del Golfo de Valencia, en gran medida a causa de las restingas o barreras de arena depositadas por las corrientes y los vientos (Rosselló 1979: 490). Incluso se llega a formar un verdadero lago, la Albufera de Valencia, rodeado a su vez de marjales y, en su parte sur, también de espacios lacustres menores comunicados con ella. En todos estos casos, la alimentación hídrica dominante proviene de aguas dulces subterráneas. Los documentos de la época de la conquista aluden a no menos de treinta áreas palustres a lo largo de la costa valenciana, desde Peníscola, en el extremo norte del reino, hasta Guardamar, en el extremo sur, aunque es en la parte central, en el Golfo de Valencia, donde esta sucesión se hace casi ininterrumpida.

El proceso de apropiación de las zonas húmedas litorales se pone en marcha inmediatamente después de la conquista. Al principio, las escrituras no suelen especificar ningún compromiso de puesta en cultivo, aunque es evidente que los beneficiarios tratarían de obtener ingresos mediante el control de cualquier tipo de actividades realizadas en tales ámbitos (pastos, salinas, caza, pesca, recolección, salinas, etc.). Las donaciones de tierra, claro está, podían prever el acondicionamiento agrario de los marjales donde se efectuaban, pero no lo garantizaban. Se trataba de operaciones largas y costosas que los campesinos, actuando aisladamente o en pequeños grupos, sólo podían llevar a cabo de modo muy fragmentario y con grandes riesgos de reversión, como se ha hecho notar en los estudios realizados sobre el drenaje de zonas pantanosas en otras partes de la Europa medieval (Benôit, Rouillard 2000: 174-176; Magnusson, Squatritti 2000: 224-226). Quienes no eran campesinos y poseían grandes extensiones de este tipo de tierras con la esperanza de obtener una renta debían reunir los medios necesarios para su transformación, además de encontrar arrendatarios o aparceros dispuestos a trabajar allí. Salvo error por mi parte, el primer testimonio explícito sobre trabajos de acondicionamiento agrario en marjales es del año 1267, cuando Jaime I confirma a cierto personaje la donación que le hiciera junto al camino de la Albufera, cerca de Valencia, ampliándola "al incremento que hiciste allí a costa del marjal o de la tierra yerma". Entre el último tercio del siglo XIII y el primero del XIV tenemos constancia de operaciones de desecación y roturación en nueve de estos espacios (Torró 2009b; Guichard 2006; González Villaescusa 2002: 411-424).

El estudio de la agrarización de los marjales tiene como primer requisito establecer la formación, características y funcionamiento de la red de drenaje. Pero este propósito no está exento de problemas. El primero de ellos es la degradación que actualmente ofrecen estos ambientes, afectados por la industrialización y la intensa urbanización del litoral valenciano de las décadas recientes, haciendo que algunos casos sean virtualmente imposibles de estudiar. El segundo, no menos importante, es el de la plasticidad de los suelos hidromorfos, que puede dar lugar a modificaciones significativas en la morfología de les redes de drenaje, especialmente cuando éstas se abandonan por un tiempo y el humedal recupera sus dominios. Esta circunstancia tiene una incidencia potencial en las operaciones de alcance limitado, que afectaban a sólo a cortas extensiones de terreno y que no comportaban una extracción del agua fuera del marjal, sino su reconducción a los sectores más lacustres. Cuando el humedal se recargaba, la lámina de agua recuperaba su extensión y se echaban a perder las tierras ganadas, tal y como sucedía en Corbera hacia 1292 (Torró 2009b).

La documentación de la época deja muy claro que un acondicionamiento duradero de estos medios requería la evacuación eficiente de las aguas drenadas al mar, particularmente en los meses de otoño e invierno. Este requerimiento, sin embargo, debía superar una doble dificultad. En primer lugar, la regeneración constante de las restingas o barreras arenosas que bloqueaban la salida al mar; en segundo, las ondulaciones producidas en el terreno a causa de la reducción de volumen (próxima al 50 %) provocada por la desecación de los suelos de turbera predominantes en los marjales del Golfo de Valencia (Box 2004: 49). Hacía falta, pues, planificación e importantes medios materiales. El dispositivo básico era un potente canal colector, llamado a veces *cequia magistra*, que asegurase el gradiente necesario para conducir el agua hasta la *gola* (desembocadura en la restinga) o el extremo de un curso fluvial. Estos colectores constituían la columna vertebral de las redes de drenaje y el elemento que aseguraba su permanencia. Hacia ellos debían dirigirse las acequias menores (*escorredors*) y las zanjas de drenaje activo (*palafangues*) que podían prolongarse, gradualmente, de forma dendrítica, intensificando y extendiendo la desecación por toda el área palustre (Torró 2009a: 99-100). La red, de hecho, casi nunca está "acabada"; no tiene unos límites exteriores bien definidos, y es susceptible de variaciones, tanto antrópicas como naturales (procesos de colmatación, trabajos de apertura y cierre de zanjas, prolongación de canales, cambios de gradientes), debido a la plasticidad del suelo a la que antes se ha hecho mención. Ahora bien, la funcionalidad del sistema exige que los grandes colectores permanezcan activos o puedan reactivarse con facilidad. Del mismo modo que las acequias mayores de los sistemas de regadío, por el imperativo de la gravedad, trazan un *límite de rigidez* que fosiliza su perímetro (Barceló 1996a: 58-60), estos canales actúan como *ejes de rigidez* de las redes de

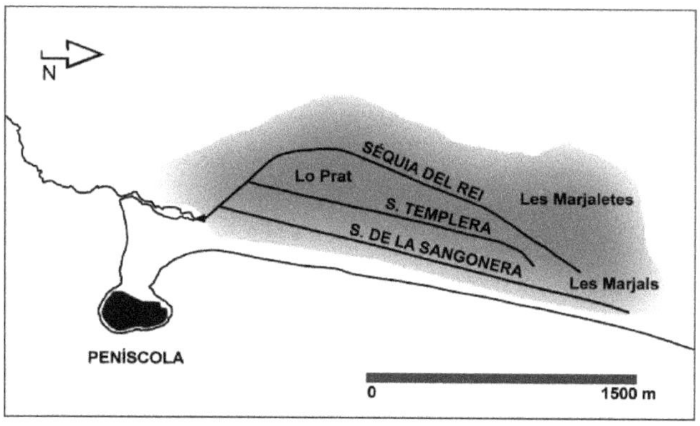

FIG. 4: PLANO ESQUEMÁTICO DE LOS CANALES DE DRENAJE DEL MARJAL DE PENÍSCOLA

drenaje; les confieren una significativa capacidad de perduración estructural, más allá de eventuales modificaciones sectoriales en el parcelario y en las zanjas de drenaje.

De lo expuesto anteriormente se infiere que es posible y razonable identificar, en los marjales que aún se conservan hoy como zonas húmedas cultivadas, cuanto menos los ejes de rigidez resultantes de las grandes actuaciones de desecación llevadas a cabo en época medieval. A este efecto se ha considerado conveniente seleccionar tres operaciones documentadas con cierto detalle en los textos de archivo para contrastarlas con la evidencia morfológica de las grandes líneas de estructuración del parcelario y de las redes de drenaje. Se trata, en definitiva, de discernir pautas que, eventualmente, puedan utilizarse para identificar operaciones que no cuenten con suficiente respaldo de información documental escrita.

Los tres casos seleccionados son susceptibles de una clasificación general según la orientación general de las redes respecto a la morfología de los marjales. Considerando la forma alargada que presentan los humedales del Golfo de Valencia (determinada por unos procesos de modelado que tienden a ajustarlos al perfil de la costa marcado por la restinga), podemos distinguir entre redes longitudinales y redes transversales. Un ejemplo muy sencillo e ilustrativo de red longitudinal, que trataré sumariamente, es el del marjal de Peníscola, una pequeña zona húmeda que alcanzaría 200 ha de extensión máxima. La expulsión de los musulmanes de este lugar y su sustitución por una treintena de colonos cristianos tuvo lugar entre 1249 y 1251 (Guinot 1991: 231-232; Torró 2007a: 263). Algunos de los nuevos pobladores recibieron entonces tierras localizadas expresamente *in almargal*, aunque sólo tres *jovades* de un total de 64), lo que no parece suficiente para suponer una presencia significativa de campos de cultivo en el interior del área palustre. De hecho, carecemos de noticias relativas al acondicionamiento agrario de este espacio hasta 1276, cuando se destinan 1.500 sueldos de la *peita* real a la *obra de la marjal* de Peníscola, sin darse mayores detalles; un documento de diez años después da a entender que los trabajos de desecación ya habían obtenido resultados y podían distribuirse sistemáticamente tierras dentro del humedal.[6]

En el marjal de Peníscola quedan aún elementos muy visibles de un sistema de drenaje estructurado por tres grandes canales que transcurren, prácticamente paralelos, a lo largo de su extensión y que llevan los nombres de Séquia del Rei, Séquia Templera y Séquia de la Sangonera (Fig. 4). El primero de ellos, el más alejado del mar, desagua directamente en la *gola* y, como se advierte a simple vista, es el más antiguo de los tres, ya que los otros dos se "injertan" claramente en su trazado. Por otra parte, el nombre del canal central resulta particularmente interesante, considerando que constituye una referencia indudable a la orden del Temple, que sólo tuvo Peníscola unos quince años, entre 1294 y 1309, fecha de su disolución (Guinot 1986: 28-29). Se introduce así un hito cronológico muy preciso que permite relacionar la construcción (anterior) de la Séquia del Rei con las obras documentadas en 1276 y la distribución de tierras de 1286. No tenemos indicios objetivos sobre la fecha de apertura del tercero de los canales, ni elementos para determinar si puede ser anterior o posterior al canal central; pero su importancia como colector, derivada de su curso adosado a la restinga, sugiere con fuerza que, al menos, ya debió formar parte del planeamiento inicial de la red de drenaje, que afecta en conjunto a unas 90 ha de terreno.

Un ejemplo bastante similar es el del marjal de Gandia. Se trata, en realidad, del extremo meridional de un área palustre más grande: el marjal de la Safor, que se extiende a lo largo de casi 20 km de costa entre las desembocaduras de los ríos Vaca (Tavernes de la Valldigna) y Sant Nicolau (Gandia). El sector de humedal correspondiente a Gandia, a partir del llamado Escorredor de Xeresa, abarca unas 430 ha, encajadas entre una potente restinga (más de 600 m de ancho) y el monte donde se emplaza el castillo andalusí de Bairén, que dio nombre originalmente a la ciénaga (Fig. 5). En este marjal desempeña un papel destacado la alimentación hídrica subterránea. Al pie de los relieves montañosos brotan varios manantiales o *ullals*, además de surgencias difusas, que han influido en la configuración de la red de drenaje (Viñals, Ors, Andreu 2001: 35-41). Ésta se organiza básicamente, como en Peníscola, mediante tres grandes canales que confluyen poco antes de la desembocadura del río Sant Nicolau. También aquí hay una Séquia del Rei, la cual forma un ángulo de 52° con la Séquia d'Ahuir, el colector que circula por el límite con la restinga; en tercer lugar está la Séquia Nova, a modo de bisectriz entre las dos anteriores, aunque en su extremo final se conecta a la del Rei, mostrando que efectivamente es una acequia "nueva", posterior. La funcionalidad de la Séquia del Rei adquiría especial relevancia por el hecho de canalizar, en su tramo distal,

[6] Excepto cuando se indica lo contrario, las referencias documentales de este caso y de los tratados en lo sucesivo pueden consultarse en Guichard (2006) y Torró (2009b).

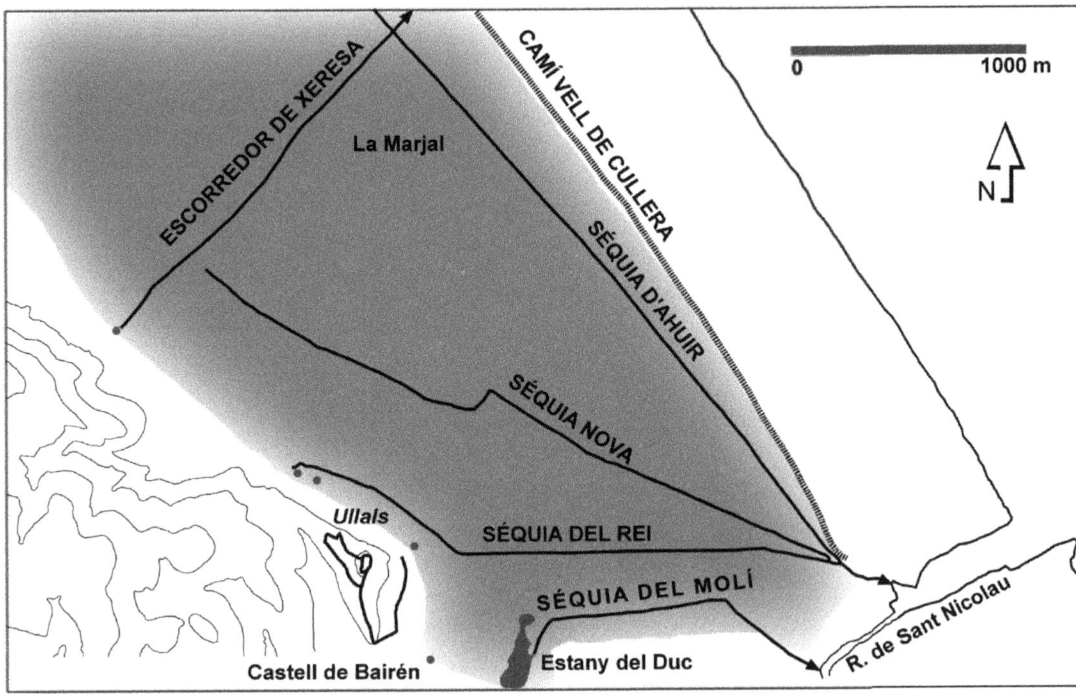

FIG. 5: PLANO ESQUEMÁTICO DE LA RED DE DRENAJE DEL MARJAL DE BAIRÉN-GANDIA

los flujos ascendentes que brotaban en los *ullals* situados al pie del castillo de Bairén, proporcionando con ellos energía hidráulica a un molino de dos ruedas situado en la desembocadura o, como se dice en 1419, *al ribatge de la mar, en la céquia apel·lada del Rey* (Castillo, 1998: 139-141). No debe confundirse, sin embargo, con el molino asociado a la Séquia del Molí, que discurre al sur de la del Rei, paralela a ésta, canalizando las aguas del *ullal* del Estany del Duc hacia el río Sant Nicolau, sin converger con el resto de colectores.

El nombre Séquia del Rei resulta de gran interés porque Gandia dejó de pertenecer a los monarcas en 1323, cuando Jaime II hizo donación de la villa al infante Pedro de Ribagorza. Tenemos, así, una fecha *ante quem* muy clara. Parece que los primeros colonos cristianos de la zona, arribados en 1242, ocuparon la fortaleza de Bairén, aunque poco después, hacia 1249, con la llegada de nuevos inmigrantes, se trasladaron a la alquería de Gandia, situada al sur del marjal, convirtiéndola en una villa nueva, de la que se tienen referencias ya en 1253 (Torró 2007a: 205-208, 243-246). Las actuaciones destinadas a la puesta en cultivo del área palustre empiezan poco antes de 1274, por iniciativa del infante Pedro, quien habría mandado hacer dos grandes acequias en el marjal de Bairén, entre las cuales era posible delimitar donaciones de 5 o 6 *jovades*. Es muy sugerente relacionar estos dos canales con las acequias convergentes del Rei y de Ahuir, sin duda las más importantes del sistema de drenaje, pero esta identificación no está del todo exenta de problemas. El primero es que no las mandó hacer un rey (aunque el infante sólo tenía Gandia a título de cesión de su padre, Jaime I). El segundo, más preocupante, tiene que ver con indicios de fracaso y abandono de la operación inicial. Si bien es verdad que en 1296 tenemos constancia de trabajos —de pequeña magnitud— llevados a cabo en la llamada "acequia del marjal de Bairén" por dos *palafanguers* franceses venidos de Valencia, no es menos cierto que en 1318 los agentes de Jaime II consideran que el humedal está aún por desecar y promueven una operación de acondicionamiento (*ad extrahendum et excolendum*) y reparto general del mismo, para la cual contemplan la construcción de un colector (*cequia magistra*), sin aludir a dispositivos anteriores ni considerar implícitamente la existencia de éstos.

De todos modos, parece razonable suponer que lo que se hizo a partir de 1318 fue recuperar y completar, tal vez con algunas modificaciones, los acondicionamientos iniciales anteriores a 1274, básicamente los canales del Rei (justificándose así la denominación regia) y Ahuir. Por otra parte, es muy probable que fuese entonces cuando se abrió la Séquia Nova (quizá la *cequia magistra* cuya construcción se prevé) y, también, la del Molí. En todo caso, de lo que no cabe duda es que la estructura general del parcelario, viario y red de drenaje en el sector meridional del área palustre es el resultado de la operación planificada en 1318 a instancias de Jaime II.

El proyecto contemplaba la distribución de lotes de dos *jovades* (6 ha) entre los vecinos de Gandia dispuestos a participar en la empresa, y de tres (9 ha) entre los colonos forasteros (además de dos grandes donaciones extraordinarias de 12 *jovades* al caballero Jaume Castellà y al baile general del reino, Ferrer Descortell). Sancho Ximénez, el repartidor, debía encargarse de la división y de obligar a los beneficiarios a contribuir en el pago de las obras de los *escorredors* que debían abrirse entre las heredades delimitadas.

Es muy interesante observar, en este sentido, el alto grado de correspondencia que se ha podido advertir entre las pautas dimensionales establecidas en la provisión de

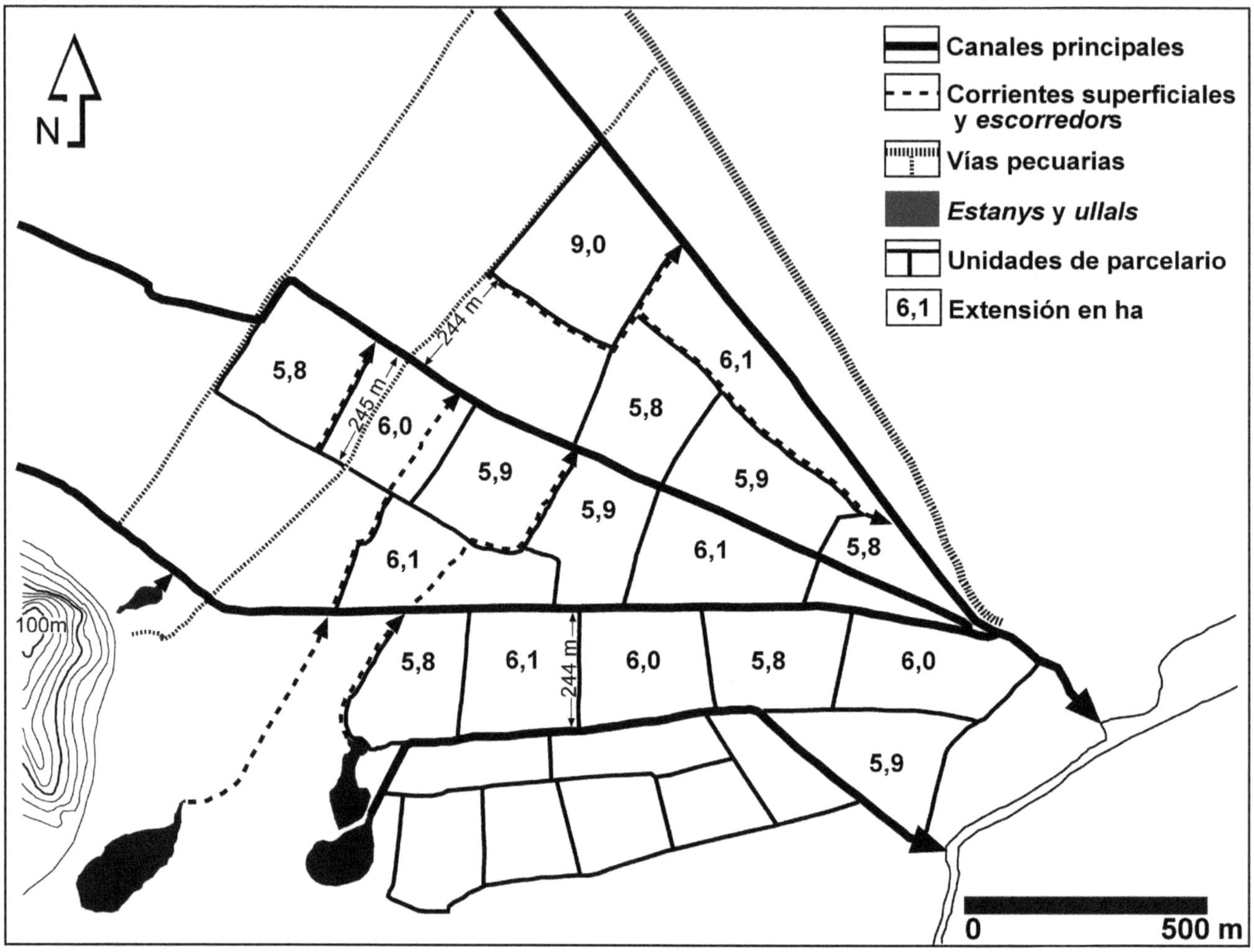

FIG. 6: ESTRUCTURA PARCELARIA DEL MARJAL DE BAIRÉN-GANDIA (EXTREMO SE)

Jaime II y las identificadas en el análisis morfológico (Fig.6). El ordenamiento de *escorredors* y caminos, eincluso de los grandes canales, se halla fuertemente determinado por la delimitación de lotes de dos *jovades* (entre 5,8 y 6,1 ha), con formas cercanas al cuadrado y alineados a lo largo, principalmente, de las acequias del Molí, del Rei y Nova. Son muy llamativos por su regularidad los que se encajan entre los trazados paralelos de las dos primeras, implicando que al menos una de ellas (probablemente la del Molí) se abrió en el contexto de la operación.[7] También es sintomática la medida de intervalos de 244-245 m entre líneas de ordenación parcelaria, es decir seis cuerdas forales (244,6 m), que es la longitud de lado que debe tener una parcela cuadrada de dos *jovades*. La presencia de un lote de tres *jovades* exactas (9 ha) junto a la Séquia d'Ahuir, parece reflejar la eventualidad, prevista en el proyecto, de las donaciones a forasteros. Por otra parte, debe advertirse que se han identificado unidades de parcelario bien definidas que podrían corresponder a 2,5 *jovades* y otras extensiones menos tipificables, pero significativamente se hallan en la periferia de esta zona clave en la articulación funcional del sistema de drenaje y de la caminería de acceso. En definitiva, la evidencia morfológica resulta bastante sólida como para afirmar que el proyecto de 1318 sí se llevó a cabo, que alcanzó a no menos de 150 ha en el interior del área palustre y que produjo la estructuración global de la red de drenaje, e incluso del parcelario en el sector examinado, que ha perdurado hasta la actualidad.

A diferencia de Peníscola y Gandia, el tercer caso que se presenta constituye un buen ejemplo de la creación de redes de drenaje transversales a la típica forma alargada del humedal. No se trata de un simple formalismo vacuo. A diferencia de las redes longitudinales, las transversales tienen una importante virtualidad, cual es la de permitir la coexistencia de varios sistemas de drenaje, de cronología diversa y funcionamientos independientes, en un mismo ámbito local. Voy a referirme, en concreto, al marjal de Castelló de la Plana; una extensa zona húmeda muy degradada en la actualidad por la expansión urbana e industrial, excluida además de las figuras legales de protección del medio ambiente. Originalmente el área palustre se extendía a lo largo de 15 km de costa, desde la sierra del Desert de les Palmes hasta la desembocadura del Millars, abarcando más de 2.000 ha. (Fig.7). Se trata de un espacio heterogéneo, en el que cabe hacer una distinción fundamental entre las zonas más deprimidas, de carácter lagunar, y los espacios no cubiertos por lámina de agua, que recibían la denominación genérica de Marjaleria. Eran ámbitos lacustres una parte del sector

[7] Por el contrario, los tamaños de las unidades de parcelario situadas al otro lado de la Séquia del Molí, ya en el borde exterior del área palustre, parecen basarse en donaciones de una sola *jovada*, o poco más: entre 2,9 y 4 ha, por lo que, en principio, no pueden relacionarse con el proyecto de 1318.

meridional de Fadrell-Vinamargo y, sobre todo, el llamado Prat del Quadro, situado en el extremo norte (entre los términos de Castelló y Benicàssim), eliminados ambos por completo hoy en día. Pese a la presencia de manantiales de agua dulce, la alimentación hídrica de estas albuferas tenía un componente significativo de corrientes superficiales. En la segunda desembocaba el Riu Sec de Borriol y la Séquia Major, la principal acequia del sistema de irrigación andalusí de Castelló derivado del río Millars; la primera recibía el desagüe de otra de las acequias de dicho sistema, la de Almalafa (Piqueras 1978).

La más antigua actuación conocida en el marjal de Castelló, datada en 1260, se halla estrechamente relacionada con el proceso de creación de infraestructuras asociado a la *mutatio ville* o provisión fundacional de la villa, iniciada en 1251 (Guichard, Sánchez Adell, 1984; Torró, 2007a: 245-246). Se trata de una licencia al prior cisterciense de Sant Vicent de la Roqueta —titular del señorío desde cinco años atrás— y a los vecinos de Castelló para que hiciesen un camino desde la población hasta el mar atravesando el marjal (Burns 1991: nº 283). Aunque el trazado del nuevo camino, el llamado hoy Camí Vell de la Mar, se convertirá en una de las líneas de ordenación agraria del área palustre, y pese a tener constancia de donaciones realizadas *in almariali* a los colonos de Castellón, confirmadas en 1286 (Sánchez Adell 1973 : 36), todo parece indicar que las tareas de desecación y puesta en cultivo no habían comenzado verdaderamente. De hecho, aún en 1298 Jaime II calificaba de "totalmente inculto" (*heremum totaliter*) este marjal, afirmando que reducido a cultivo podría resultar de "gran utilidad" (*magna utilitas*) a los hombres de Castelló y a las rentas reales. Por este motivo otorgó licencia a Bernat d'Esplugues, baile general del reino, para distribuir tierras allí, bien en calidad de establecimientos a censo, bien en forma de donación de heredades. La autorización se renovó cinco años después al nuevo baile general, Bernat de Llibià, a quien el monarca facultó para repartir todas las tierras incultas del término de Castelló, tanto de marjal como de secano, que todavía estuviesen disponibles.

Aparte de las tierras distribuidas por los bailes, el rey no se privó de efectuar sus propias donaciones de forma directa, como tampoco de aprovechar a tal efecto los dispositivos hidráulicos ya existentes gracias a la iniciativa de otros beneficiarios. Así, las 8 *jovades* francas concedidas en 1311 a Joan de Gaví, de la casa real, no sólo limitan con el "camino que va al cargador del mar" (es decir, la vía creada en 1260) y con un foso de drenaje (*alveo*) llamado "l'Escorredor de Pere de Solà", sino que también debe disponer de *aqua ad rigandum*. Es evidente, pues, que las provisiones de 1298 y 1303 habían propiciado la realización de algunos trabajos destinados al acondicionamiento agrario del marjal, como es el caso del *escorredor* citado, cerca del camino del mar. Hay indicios, además, de una actividad roturadora a pequeña escala, protagonizada por unidades campesinas, que afecta a terrenos de extensión reducida, entre 3,5 y 13,5 *fanecades* (0,29-1,12 ha), en el interior del área palustre. En julio de 1314, a cambio de unos censos insignificantes (1 dinero por cada 3 *fanecades*, o menos), el baile general reconoce a una decena de *laboratori* de Castelló sus derechos de posesión sobre parcelas que ellos ya han desecado y puesto en cultivo por su cuenta (*excoluistis et traxistis*) en el extremo sur del marjal. Las referencias topográficas señaladas en los deslindes nos permiten localizarlas, concretamente, en el sector de las antiguas alquerías de Fadrell y Vinamargo (Benimarhua < Banî Marwân), es decir, la cola del sistema de riego de la Séquia d'Almalafa. Esta actuación de campesinos independientes no pudo estar exenta, sin embargo, de la coordinación necesaria para organizar la desecación de las tierras, que implicaba la apertura de *escorredors* hacia los cuales evacuar el agua drenada de cada parcela por medio de zanjas o *palafangues*. Se habla, en efecto, de dos *escorredors* junto a los cuales se disponen las parcelas: el "que discurre desde Fadrell" (*scurritorio quod dilabitur a Fadrell*) y el "nuevo" de Vinamargo (*scurritori novo de Vinamargo*).

Un carácter diferente tuvo la operación promovida por once prohombres de la villa, encabezados por Andreu Trullols, que se asociaron para construir un gran colector que les permitiera desecar una amplia extensión del área palustre. En febrero del mismo año habían obtenido del baile general licencia para abrir una acequia entre el camino del mar y el término de Benicàssim, a través de la cual "puedan las agua de dicho marjal discurrir, pasar o desaguar" (*possint aque dicti amargialis discurri, transire sive exaguare*). Además, el baile concedió cada uno de los socios nada menos que diez *jovades* de tierra franca en el humedal, y les prometió que los otros *hereters* o terratenientes beneficiados por la obra serían obligados a contribuir en su financiación, así como en los gastos de mantenimiento posteriores. Los promotores, por su parte, adquirieron el compromiso de acabar los trabajos antes de la fiesta de San Miguel (29 de septiembre), pero lo cierto es que el canal aún no estaba finalizado en mayo de 1320, cuando solicitaron al rey que, pese a todo, les confirmara la donación de las 110 *jovades*, demanda a la que Jaime II accedió.

No podemos determinar con exactitud cómo concluyó este proyecto. A fines del siglo XIV una ordenación vecinal da cuenta la existencia de cuatro *escorredors* en los que se prohíbe la construcción de puentes, seguramente para impedir el tránsito de bestias por tierras cultivadas. Se trata de los llamados de Benieyt, d'en Trilla, de la Plana y de Rodrigo d'Arenys (Revest 1957: 76-77). Sólo he sabido identificar con toda claridad el segundo y el tercero, las actuales acequias d'en Trilles y de la Plana, que constituyen los ejes de los dos sistemas de drenaje contiguos existentes en la parte norte del Marjal, entre el camino del mar y la zona encharcada del Prat del Quadro, limítrofe con Benicàssim, es decir, el sector donde pretendía actuar la sociedad de prohombres en 1314. Probablemente, la denominación de Camí de la Donació, documentada en dichas ordenaciones y aplicada a la vía pública que separa las tierras del marjal de las de la huerta, se refiera justamente a la concesión efectuada por Jaime II a los promotores de la desecación. Y es

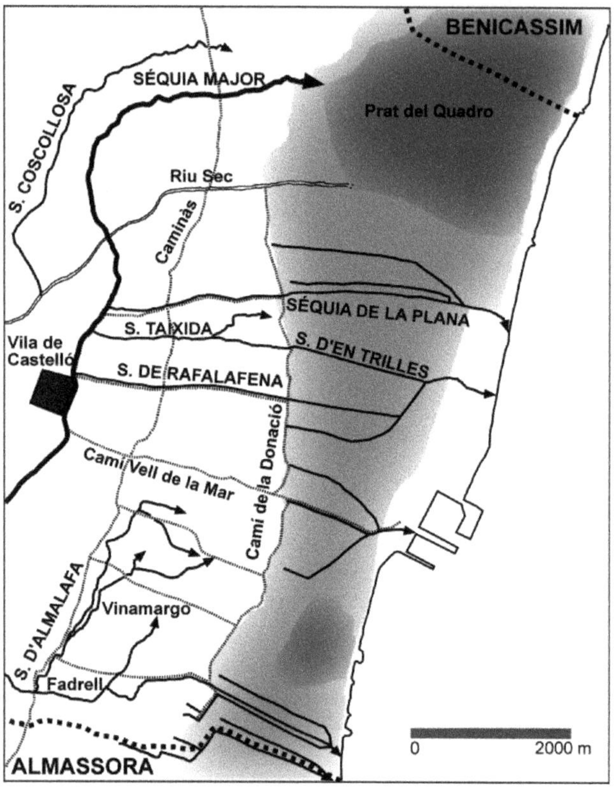

FIG. 7: PLANO ESQUEMÁTICO DE LAS REDES DE DRENAJE DEL MARJAL DE CASTELLÓ DE LA PLANA

posible, incluso, aunque nada seguro, que el nombre de Trilla (o Trilles) —un apellido inexistente en el Castelló bajomedieval— sea, en realidad, una deformación de (Andreu) Trullols, que aparece encabezando la lista de los asociados para esta empresa.

En términos cuantitativos, sin embargo, no puede hablarse de resultados muy brillantes, si consideramos las dimensiones de este humedal. Hacia 1398 sólo 1.540 *fanecades* (128 ha), un 6,6 % de las 23.483 (1.950 ha) que formaban el conjunto de las tierras cultivadas del término de Castelló se hallaban en el marjal (Sánchez Adell, 1973: 36, 41). De ellas, la mitad aproximadamente, unas 66 ha, correspondía a tierras cualificadas con el nombre de Donació, refiriéndose al camino que actuaba como límite del área palustre y, por extensión, a las tierras de "solada", es decir, la franja más externa y seca de la misma; la otra mitad, se localizaba en el "marjal" propiamente dicho, en suelos hídricamente saturados, cuyo drenaje requería una multitud de zanjas perpendiculares a los *escorredors* (Rosselló 1979: 492). Más allá, quedaban las llamadas *margals estremals*, mucho más extensas, encharcadas y carentes aún de cultivo, utilizadas como zonas de pasto para las bestias bovinas y los ganados de la villa, según se refleja en una ordenación de 1442 (Revest 1957: 106-107).

Un examen morfológico preliminar ha permitido identificar con claridad cuatro redes de drenaje con la habitual forma de tridente, dispuestas a lo ancho de este marjal (Fig.7). Esta disposición se explica, en parte, por el menor coste en trabajo y tiempo requerido para obtener resultados. En efecto, con un eje de drenaje de unos 2 o 2,5 kilómetros que desaguase en el mar ya podían ponerse en cultivo franjas considerables de terreno, sin necesidad de esperar a reunir los medios técnicos y financieros necesarios para la construcción de una red longitudinal que abarcara toda la extensión de un humedal tan grande como el de Castelló. Pero también es un factor de importancia decisiva, en este caso, la posibilidad de conectar los principales canales de drenaje (llamados aquí *escorredors*) con los brazos de riego de la Séquia Major (llamados aquí *files*), constituyéndose de hecho en prolongaciones lineales que, a lo largo de su recorrido, cambian la función irrigadora por la de avenamiento (lo que no quiere decir que parte de las zonas desecadas no sean objeto de riego con el agua que desciende por dichos canales).[8] Las acequias de la Plana, Taixida-en Trilles, Rafalafena y Fadrell constituyen buenos ejemplos (Domingo 1983: 40-44).

De sur a norte, la primera de las redes es la de Fadrell-Vinamargo. Actualmente no existe nada de ella, ya que toda la zona se halla ocupada por las instalaciones de una central térmica y una refinería; sólo puede observarse su estructura en la fotografía aérea del vuelo americano de 1956. Su estrechez (entre los dos *escorredors* más cercanos sólo cabe una franja de pequeñas parcelas) y la limitada extensión de los terrenos afectados por la misma parecen coherentes con la modestia de los trabajos de desecación llevados a cabo por los campesinos que actuaron autónomamente en la zona a inicios del siglo XIV. La segunda, es la que tiene como eje el camino del mar. Aunque nos consta la presencia aquí de, al menos, un *escorredor* (el de Pere de Solà) en 1311, lo cierto es que carecemos de referencias posteriores claras. Un problema añadido es el de la estructura del parcelario en este sector, donde no parece posible detectar las formas de ordenación ni las pautas dimensionales propias de las operaciones de la época. No es lo que sucede en los sistemas de en Trilles y la Plana. A la espera de un estudio específico, con el adecuado grado de detalle, podemos señalar una organización de canales, conectados perpendicularmente a los *escorredors*, que actúan como frentes de alineación de parcelas mostrando cierta regularidad; en la parte oriental (la zona fangosa o *marjal de saó*) las parcelas, más pequeñas y estrechas, se hallan separadas por zanjas o *palafangues* con cuya tierra se han realzado las superficies de cultivo (López Gómez 1989: 56-62). Es posible, además, identificar unidades de parcelario regulares con dimensiones típicas, como las de 3 *jovades* existentes entre las acequias de la Plana y en Trilles (Fig.8).

Precisamente, la estructura parcelaria existente entre ambos ejes de drenaje parece indicar una realización coetánea o coordinada. Dado que, además, tenemos noticia de su existencia a fines del siglo XIV, considero probable que formen parte de la operación promovida por la sociedad de prohombres entre 1314 y 1320. Es verdad que el proyecto, tal y como se expresa en la licencia del

[8] Son *escorredors*, en efecto, y no acequias "mayores" o "maestras" porque no se disponen a lo largo de todo el marjal y su alcance es limitado.

FIG. 8: FOTOGRAFÍA AÉREA DEL SECTOR DE EN TRILLES-PLANA EN 1956

baile, consistía básicamente en la apertura de un solo canal (*aperire et de novo facere quandam cequiam*), peronada impedía modificarlo a la hora de su ejecución, que tanto debió alargarse; con mayor motivo si se necesitaba otro canal para poder desecar las extensiones de tierra previstas.

3. Recapitulación y comentarios finales

Con los cinco casos presentados se pretende ofrecer una muestra de las numerosas operaciones roturadoras puestas en práctica en el reino de Valencia poco tiempo después de la conquista, aproximadamente entre 1260 y 1320. Todos ellos confirman la afirmación del *fur* de 1261, según la cual existía una disponibilidad de espacios en laderas y humedales que no habían sido reducidos a cultivo (al menos de forma estable) por el campesinado andalusí. También ponen de manifiesto la rapidez con que estos recursos fueron aprovechados por las comunidades vecinales cristianas, animadas por un poder señorial —el del rey en estas ocasiones— siempre interesado en el aumento de la población y de la producción agraria, en tanto que procesos necesarios para el incremento de las rentas.

La identificación de los ejemplos ha sido posible, ante todo, por la existencia de documentos de archivo que contenían referencias explícitas a los mismos, provistas de valiosísimos hitos cronológicos, además de indicaciones topográficas precisas. Esta circunstancia ha facilitado enormemente el manejo de otros dos registros de información: la toponimia actual (en la que perduran una buena parte de los nombres de lugar medievales documentados) y, muy especialmente, las evidencias morfológicas proporcionadas por la fotografía aérea y el reconocimiento directo. Faltan, por supuesto, análisis morfológicos más detallados y completos, que deberían llevarse a cabo en el marco de prospecciones sistemáticas, así como los datos de carácter ambiental y edafológico que puede proporcionar el subsuelo. No obstante, con todas sus insuficiencias, las observaciones realizadas han permitido definir caracterizaciones estructurales de indudable utilidad. En primer lugar porque ofrecen pautas en las que se plasman unos criterios de actuación que pueden ser descritos. En segundo, porque el conocimiento de dichas pautas puede facilitar la detección de operaciones no documentadas directamente en los textos de la época (como es el caso de los aterrazamientos de Agres), además de aportar claves para el discernimiento, más complejo, de actuaciones que no se llevaron a cabo en el *eremo*, sino en los intersticios o en el mismo interior de los preexistentes espacios de cultivo andalusíes.

De hecho, las pautas generales son las mismas que ya se han identificado y descrito en las divisiones de tierra efectuadas, coetáneamente, en medios de llanura seca, donde las directrices de regularidad geométrica y dimensional que los repartidores imponían a los *soguejadors* (agrimensores) no habían de afrontar grandes obstáculos (Torró 1998; González Villaescusa 2002 : 448-453). Lo que llama la atención ahora es que esas mismas exigencias se abrieran paso en medios donde su aplicación debía superar mayores dificultades técnicas, tratando de conciliar al mismo tiempo su adaptación a unas condiciones topográficas e hidrológicas más diversas e inestables.

La capacidad agrológica de las tierras ganadas en estas operaciones no podía ser homogénea y los criterios de regularidad observados en su organización no permitían equilibrar las desigualdades cualitativas entre unidades de parcelario. En este sentido, el suministro de riego artificial representaba una forma de compensación casi imperativa. Lo hemos visto en los sistemas de terrazas construidos en Agres, pero también se tenía en cuenta a la hora de reducir a cultivo las áreas palustres. En las tierras desecadas del marjal de Castelló de la Plana había zonas (*marjal de saó*) que mantenían la humedad por capilaridad incluso en verano, pero otras (*marjal de reg*) necesitaban del riego estival que les podía proporcionar la continuidad existente entre los extremos de las acequias irrigadoras y los colectores de drenaje (Piqueras, 1977: 215; Domingo, 1983: 40). Recordemos que la importante donación efectuada a Joan Gaví (1311) incluía derechos sobre "*aqua ad rigandum*". Asimismo, en el marjal de Gandia, los *escorredors* transportaban el agua dulce que brota en los manantiales o *ullals* periféricos, permitiendo su uso para el riego (Viñals, Ors, Andreu, dirs. 2001: 40-41).

Las magnitudes de estas operaciones son difíciles de evaluar, a falta de un conjunto de medidas más numeroso que permita una estimación general de las superficies reducidas a cultivo en todo el reino durante la época tratada. Sin negar la importancia de su incidencia local, cabe reconocer que no estamos ante tamaños muy llamativos: de 30 a 100 ha en los aterrazamientos, de 90 a 150, o quizá algo más, en las desecaciones. A título comparativo, la parcelación de la llanura seca de Pego, en los años 1280, abarcó unas 230 ha, aunque no se trató de tierras previamente incultas en su totalidad (Torró 1998). Otro gran problema es el de los tipos de cultivo practicados en estas tierras ganadas, para el cual, por ahora, sólo podemos contar con las muy magras informaciones ofrecidas por los documentos de archivo. En el caso de las pendientes abancaladas parece haber predominado la orientación vitícola (absoluta en el caso de Cocentaina), favorecida por las características del suelo y la orientación de las laderas. Mayor diversidad debieron ofrecer los cultivos practicados en marjales, pero las alusiones específicas son muy raras. Un documento excepcional, en este sentido, es la cesión efectuada por el obispo de Tortosa al señor de Nules de la mitad de los diezmos generados por la puesta en cultivo del marjal de Nules y Moncofa (*reducendo marialis... ad novam culturam*), en el que se mencionan expresamente grano de cualquier tipo, en primer lugar, además de lino, higos y otras clases de fruta (Domingo 1979 : 459); las ordenaciones de Castelló también sugieren la presencia de plantaciones de lino en el ámbito de humedal (Revest 1957 : 39-40).

Pese a la importancia indudable del lino, es razonable suponer que la principal orientación productiva en las tierras desecadas sería la cerealista. En otro lugar he señalado la posible conexión entre los más tempranos impulsos a las actuaciones roturadoras, las carestías de los años 1270 y las primeras prohibiciones al embarque de grano, documentadas por esas fechas (Torró 2003: 188). Por su parte, Pierre Guichard (2006: 122) ha sugerido que podría relacionarse la promoción de desecaciones detectada en la segunda década del siglo XIV con la multiplicación de las licencias a la exportación de cereales que se constata en esos mismos años.

En cualquier caso, puede afirmarse que el movimiento de roturaciones, la ganancia de "tierras nuevas", mostró una asombrosa precocidad en un país donde los conquistadores habían podido apoderarse inmediatamente de espacios agrarios considerables, diversos y provistos de sistemas hidráulicos eficientes. Por otra parte, la inmigración cristiana colonizadora, al menos hasta los inicios del siglo XIV, no parece haber alcanzado el nivel suficiente para compensar, en términos cuantitativos, la población musulmana desaparecida. De ser cierta esta estimación, resultaría que la forma mediante la cual fueron gestionados por los colonos los antiguos espacios cultivados andalusíes no permitía sostener a una población menor, en principio, que la desaparecida. Estas observaciones nos obligan a cuestionar una explicación puramente demográfica de las operaciones roturadoras que siguieron a la conquista. Y a plantear seriamente, en definitiva, un programa de trabajo en el que el mismo orden social de los conquistadores reciba la consideración de causa primera, de bloqueo fundamental a la posibilidad de mantener las prácticas necesarias para la conservación duradera del anterior ecosistema cultivado.

BIBLIOGRAFIA

Andrés, J. 2001: Els topònims derivats de *sortem* a València. *En: Congrés Internacional de Toponímia i Onomàstica Catalanes*. Valencia: PUV, pp. 179-195.

Barceló, M. 1996a: El diseño de espacios irrigados en al-Andalus: un enunciado de principios generales. *En:* Barceló, M.; Kirchner, H.; Navarro, C. (ed.) *El agua que no duerme. Fundamentos de la arqueología hidráulica andalusí.* El legado andalusí, Granada, pp. 51-71.

Barceló, M. 1996b: Saber lo que es un espacio hidráulico y lo que no es, o al-Andalus y los feudales. *En:* Barceló, M.; Kirchner, H.; Navarro, C. (ed.) *El agua que no duerme. Fundamentos de la arqueología hidráulica andalusí.* El legado andalusí, Granada, pp. 75-90.

Barceló, M. 1997. Assaig d'identificació del registre dels assentaments de la immigració berber més primerenca. *En:* Barceló, M. (ed.) *El curs de les aigües. Treballs sobre els pagesos de Yàbisa (290-633H/902-1235dC)* Consell Insular d'Eivissa i Formentera, Ibiza, pp. 9-28.

Benôit, P.; Rouillard, J. 2000: Medieval hydraulics in France. *En:* Squatriti, P. (ed.) *Working with water in*

Medieval Europe. Technology and Resource-Use. Brill, Leiden, pp. 161-215.

Blanchemanche, Ph. 1990: *Bàtisseurs de paysages. Terrassement, épierrement et petite hydraulique agricoles en Europe, XVIIe-XIXe siècles*. Maison des Sciences de l'Homme, París.

Box, M. 2004: *Humedales y áreas lacustres de la provincia de Alicante*. Publicaciones Universidad de Alicante, Alicante.

Burns, R. I. (ed.) 1991: *Diplomatarium of the Crusader Kingdom of Valencia. The registered charters of its conqueror, Jaume I, 1257-1276*. Princeton University Press, Vol. II, Princeton.

Castillo, J. 1998: *Els conflictes de l'aigua a la Safor medieval*. CEIC Alfons el Vell, Gandia.

Chouquer, G. 2000: *L'étude des paysages. Essais sur leurs formes et leur histoire*. Errance, París.

Colón, G.; Garcia, A. (eds.) 1999: *Furs de València*. Barcino, VOL. VII, Barcelona.

Domingo, C. 1979: L'acció antròpica en la marjal de Nules. *Acta Geologica Hispanica,* 14, pp. 557-562.

Domingo, C. 1983: *La Plana de Castellón. Formación de un paisaje agrario mediterráneo*. Caja de Ahorros de Castellón, Castelló de la Plana

Durand, A. 1998: *Les paysages médiévaux du Languedoc (X^{e}-XIIe siècles)*. Presses Universitaires du Mirail, Toulouse.

Glick, Th. F. 1991: *Cristianos y musulmanes en la España medieval (711-1250)*. Ed.Crítica, Madrid.

Glick, Th. F.; Kirchner, H. 2000: Hydraulic systems and technologies of Islamic Spain: history and archaeology. *En:* Squatriti, P. (ed.) *Working with water in Medieval Europe. Technology and Resource-Use*. Brill, Leiden, pp. 267-329.

González Villaescusa, R. 2002: *Las formas de los paisajes mediterráneos*, Universidad de Jaén, Jaén.

Guichard, P. 2006: L'aménagement et la mise en cultura des *marjals* de la región valencienne au debut du XIVe siècle. *En:* Cressier, P. (ed.) *La maîtrise de l'eau en al-Andalus. Paysages, pratiques et techniques*. Casa de Velázquez, Madrid, pp. 113-123.

Guichard, P.; Sánchez Adell, J. 1984: Carta de población de Benimahomet, alquería del término de Castellón, por Nuño Sanz, señor del Rosellón, en Tarragona a 8 de marzo de 1239. *Boletín de la Sociedad Castellonense de Cultura,* 60, pp. 349-370.

Guinot, E. 1986: *Feudalismo en expansión en el norte valenciano*. Diputación Provincial, Castellón de la Plana.

Guinot, E. (ed.) 1991: *Cartes de poblament medievals valencianes*. Valencia: Generalitat Valenciana.

Guinot, E. 2007: La construcció d'un paisatge medieval irrigat: l'horta de la ciutat de València. *En:* Sabaté, F. (ed.) *Natura i desenvolupament. El medi ambient a l'Edat Mitjana*. Pagès Editors, Lleida, pp. 191-220.

Guinot, E. 2008: Agrosistemas del mundo andalusí: criterios de construcción de los paisajes irrigados. *En:* de la Iglesia, J.I. (coord.)*Cristiandad e Islam en la Edad Media hispana*. Instituto de Estudios Riojanos, Logroño, pp. 209-238.

Haro, S. de. 2000: Primeros resultados del análisis antracológico del Castell de Xivert (Alcalà de Xivert, Castelló). *Quaderns de Prehistòria i Arqueologia de Castelló,* 21, pp. 345-355.

Haro, S. de. 2001: Paisaje vegetal en la comarca de la Marina Alta durante el siglo XIII a través del antracoanálisis del Castell d'Ambra (Pego, Alicante). *En:* Clemente, J. (ed.) *El medio natural en la España medieval*. Universidad de Extremadura, Cáceres, pp. 317-334.

Kirchner, H. 1997: *La construcció de l'espai pagès a Mayûrqa: les valls de Bunyola, Orient, Coanegra i Alaró*. Universitat de les Illes Balears, Palma de Mallorca.

López Gómez, A. 1989: *Estudios sobre regadíos valencianos*. Valencia: Universitat de València.

Magnusson, R.; Squatritti, P. 2000: The technologies of water in medieval Italy. *En:* Squatriiti, P. (ed.) *Working with water in Medieval Europe. Technology and Resource-Use* Brill, Leiden, pp. 217-266.

Mateu, J. 1989: Assuts i vores fluvials regades al País Valencià. *En: Los paisajes del agua. Libro jubilar dedicado al profesor Antonio López Gómez*. Universidad de Valencia – Universidad de Alicante, Valencia, pp. 165-185.

Piera, A. 1998: Los sistemas hidráulicos de la alquería de Agres (Alacant). *Recerques del Museu d'Alcoi,* 7: 161-171.

Piqueras, J.1978: La albufera colmatada de Castellón de la Plana y Benicàssim: interferencia antrópica. *En: Medio físico, desarrollo regional y geografía. V Coloquio de Geografía*. Universidad de Granada ,Granada, pp. 213-217.

Revest, L. (ed.) 1957: *Libre de Ordinacions de la Vila de Castelló de la Plana*. Castelló de la Plana: Sociedad Castellonense de Cultura.

Rosselló, V. 1979: Els espais albuferencs al País Valencià. *Acta Geologica Hispanica,* 14, pp. 487-493.

Sánchez Adell, J. 1973: Estructura agraria de Castellón de la Plana en 1398. *Cuadernos de Geografía,* 12, pp. 31-59.

Sigaut, F. 2004: L'évolution des techniques. *En:* Barceló, M., Sigaut, F. (ed.) *The Making of Feudal Agricultures?* Leiden, Boston: Brill, pp. 1-31.

Torró, J. 1998: La colonización del valle de Pego (*c.* 1280-*c.* 1300). Prospección y estudio morfológico: primeros resultados. *Arqueología Espacial* 19-20, pp. 443-461.

Torró, J. 2003: Arqueologia de la conquesta. Registre material, substitució de poblacions i transformació de l'espai rural valencià (segles XIII-XIV). *En:* Barceló, M. *et alii* (ed.) *El feudalisme comptat i debatut. Formació i expansió del feudalisme català*. PUV, Valencia – Barcelona, Museu d'Història de Catalunya, pp. 153-200.

Torró, J. 2007a: Guerra, repartiment i colonització al regne de València (1248-1249). *En:* Guinot, E.; Torró, J. (ed.) *Repartiments a la Corona d'Aragó (segles XII-XIII)*. PUV, València, pp. 201-276.

Torró, J. 2007b: Terrasses irrigades a les muntanyes valencianes: les transformacions de la colonització cristiana. *En:* Bolós, J. (ed.) *Territori i societat a l'Edat Mitjana, IV. Estudiar i gestionar el paisatge*

històric medieval. Lleida, Universitat de Lleida, pp. 81-143.

Torró, J. 2009a: Després dels musulmans. Les primeres operacions colonitzadores al regne de València i la qüestió de les tècniques hidràuliques. *En:* Sabaté, F. (ed.) *Arqueologia Medieval, II. La transformació de la frontera medieval musulmana*. Pagès Editors, Lleida, pp. 93-118.

Torró, J. 2009b: Field and canal-building after the Conquest: modifications to the cultivated ecosystem in the kingdom of Valencia, ca. 1250-ca. 1350. *En:* B. A. Catlos (ed.) *A World of Economics and History: Essays in Honor of Prof. Andrew M. Watson*. PUV, València, pp. 77-108.

Valldecabres, R. (ed.) 2002: *El cens de 1510. Relació dels focs valencians ordenada per les corts de Montsó*. PUV, València.

Viñals, M. J.; Ors, J.; Andreu, E. (dirs.) 2001: *La Marjal de Gandia. Estudi del medi físic i humà*. Ajuntament de Gandia.

Repartimientos castellanos del occidente granadino y arqueología agraria: El caso de Torrox

Virgilio Martínez Enamorado
CSIC. Escuela de Estudios Árabes de Granada

La arqueología agraria aplicada a los territorios del antiguo al-Andalus tiene en los Repartimientos un auténtico corpus documental, escasamente aprovechado desde la perspectiva de comprensión y aprehensión de los paisajes campesinos en ellos recogidos. Por supuesto, en ese "mosaico" de documentos que genéricamente llamamos "repartimientos" cada uno de los libros obedece a unas condiciones geográficas y, sobre todo, históricas distintas y no pueden ser agrupados si no es atendiendo a esos criterios. Pero se dan, como serie documental homogénea en cuanto al propósito por el cual fueron concebidos, un conjunto de características que permiten afrontarlos desde una postura más o menos coherente y global. Por ello, los presupuestos que exponen E. Guinot y J. Torró (2008: 11) son válidas no sólo para la Corona aragonesa, sino también para todos los territorios que fueron de al-Andalus, lo que tiene a su vez, un correlato crono-histórico: sirven para el siglo XIII, pero también para el siglo XV. Aquellas prioridades son las siguientes: la evaluación crítica de los documentos y del vocabulario empleado; la relación entre la distribución de la tierras, la organización militar y la estructura social; el grado de coincidencia entre los beneficiarios efectivos de las donaciones y los colonos que se establecerán; los procedimientos técnicos de medida, división y asignación de la tierra; el grado de éxito de las operaciones colonizadoras.

Digamos que es una propuesta basada en la "construcción" historiográfica: estructurar y ordenar los acontecimientos históricos en un área concreta y homogénea, concreción y homogeneidad territoriales que establecen los propios repartidores a partir del documento "fundacional" de la nueva sociedad, esto es, del Repartimiento. En ese ejercicio, la historiografía hispánica ha estado a la altura de las circunstancias porque interesaba explicar convincentemente los fundamentos ideológicos de un discurso historiográfico que valoraba el Repartimiento como el hecho escrito que iniciaba una nueva era y no sólo desde la perspectiva documental; ese libro clausuraba la organización social que se extinguió con el acontecimiento político de la conquista y daba carta de naturaleza, legalmente establecida a partir del propio documento, al nuevo orden social imperante. Es fácil captar la relevancia del documento en tanto que certificaba técnicamente el fin de al-Andalus y el principio de la colonización agraria y urbana de los territorios conquistados. Por tanto, el Repartimiento es, en sí mismo y sin contradicción, acta de defunción de la sociedad andalusí y certificación fundacional del surgimiento de esa nueva sociedad en la que hundimos nuestras "raíces más profundas".

Todo lo anteriormente expuesto explicaba lo innecesario, e incluso claramente contraproducente, que resultaba integrar en el discurso histórico basado en el Repartimiento a los "indígenas" musulmanes. Cuando el documento fue concebido, de igual manera que sobraban allá por los años en los que estos documentos comenzaron a editarse, por lo que con esa labor de dar a la imprenta el documento transcrito y anotado bastaba para el rigor historiográfico exigible. Si acaso, los "nuevos pobladores" sí podían ser escudriñados en detalle, como ancestros fundadores de un orden social del que nos veíamos, con toda razón, herederos. Daba la impresión, nunca desmentida por aquellos que se dedicaban a estos asuntos, que aquellos castellanos eran unos inocentes advenedizos que llegaban allí donde no había llegado "nadie", al territorio de la "Última frontera hispánica", incomodados, sin embargo, por la presencia de unos ectoplasmas con extraños nombres y una religión demoníaca. Auténticos e inocentes "pioneros". Sólo así se puede entender la ausencia de estudios para tratar de comprender esos documentos retrospectivamente, con cuya edición bastaba y sobraba. Sólo así se comprende, por ejemplo, que un Repartimiento como el de la Tierra de Sevilla apenas haya merecido la atención desde su edición allá por los años 50 de la pasada centuria.

Sirva todo esto para tratar de explicar las razones que están en la base del por qué no se ha reparado sino hasta fechas bastante próximas en el valor "deconstructivo" de los distintos Repartimientos, en sus capacidades para "deshacer analíticamente los elementos que constituyen una estructura conceptual" que es lo que, según el DRAE, significa "deconstruir". Esa labor historiográfica consistiría, por tanto, en deshacer todo el entramado institucional generado por las nuevas autoridades conquistadoras, incluido por supuesto el reparto de tierras de la población "indígena", para restaurar la sociedad extirpada que asoma, a veces groseramente, sin disimulos, en esa documentación. Por supuesto, no está en el propósito de los repartidores que ello suceda. Muy al contrario, se intenta hacer desaparecer, siempre que sea posible, el rastro del grupo humano precedente y toda la obra por él generada, para convertirlos, a uno y a otras, en una suerte de espectros que transitan un territorio que se pretende de nueva configuración. No es exagerado afirmar que casi nunca se consigue ese propósito y que los andalusíes (su onomástica, sus topónimos, sus tierras y cultivos, su organización del uso del agua) se cuelan por entre los documentos, aflorando en muchos casos los rasgos esenciales de la sociedad extinta. Lo explicó A. Malpica Cuello con lucidez: "*Es la enorme contradicción y la gran paradoja: los conquistadores no han podido borrar las huellas de quienes destruyeron, antes bien son sus mejores informantes*".

En el caso del occidente del antiguo Reino de Granada – lo que resumimos bajo el operativo término de "malagueño"-, las dos "entregas" en la enajenación territorial de la antigua población andalusí, primero como musulmanes "mudéjares" (en los años finales del siglo XV, salvo en el caso antequerano) y después como cristianos nuevos "moriscos" (en el último tercio del siglo XVI), a través de esos documentos que son los Repartimientos y Apeos, permite en ciertos casos hacer un seguimiento de esa propiedad agraria, de comprobar cómo se concibió ese proceso descrito, de una manera que trata de ser neutra, como resultado de un "cambio de propiedad" cuando en realidad fue una expoliación en toda regla, fundamentada en esos documentos que describen y dan carta de naturaleza legal al reparto de tierras.

1. Breve historiografía sobre los repartimientos y apeos malagueños

A pesar del esfuerzo realizado desde que Málaga cuenta con Universidad para editar la impresionante serie de Apeos y Repartimientos de su jurisdicción provincial, sorprende comprobar aún como ese trabajo dista mucho de ser completado. Es suficiente para cerciorarse de la labor que aún falta por realizar cotejar la relación de Apeos del siglo XVI que se custodian aún inéditos en el Archivo Histórico Provincial de Granada (*Libros de Población*, 2005). En ese sentido, no se puede decir que desde las instancias locales siempre se haya apostado como se debiera para sacar a la luz semejantes obras, repletas de suculenta información histórica que no sólo sirve la sociedad de finales del siglo XV o de las dos centurias siguientes, sino que tiene unas enormes posibilidades para ser aprovechada retrospectivamente. Su condición de fuentes históricas generadoras de una valiosísima documentación sobre la repoblación del Reino de Granada ha sido tan resaltada que no merece la pena volver a insistir sobre ello (por ejemplo, Barrios Aguilera y Birriel Salcedo 1986; Malpica Cuello 1990), si bien nunca está de menos recordar la distinta génesis y el distinto material humano con el que se trabajaba (musulmanes andalusíes convertidos en mudéjares y minoría morisca refractaria a una asimilación forzosa) en los Repartimientos de finales del siglo XV y en los Repartimientos y Apeos de los bienes moriscos de finales del siglo XVI, respectivamente. Aún así, la metodología para su edición y estudio es compartida entre unos documentos y otros, por lo que tienden a ser valorados conjuntamente.

Dos investigadores de nuestra provincia han destacado en esa labor de dar a conocer esos conjuntos documentales en el acertadamente denominado "mosaico de los repartimientos malagueños" (Gual Camarena y López de Coca Castañer 1973): el archivero Francisco Bejarano Pérez –Álora, Benalmádena, Cártama, Casarabonela, Comares, Málaga- y el medievalista, profesor de la Universidad de Málaga, José Enrique López de Coca Castañer (1973; 1977a; 1977b). El mayor número de series documentales estudiadas adscritas al siglo XV se debe en buena medida al esfuerzo realizado prioritaria, pero no únicamente, por estos estudiosos.

En realidad, las diferencias entre las grandes localidades de la provincia y otras de menor entidad puede ser esgrimida, salvo alguna excepción, para justificar el retraso antes aludido. Pero si comprobamos la demora con la que se ha procedido a la edición del Libro de Repartimiento de la propia ciudad de Málaga, sólo felizmente completada en el año 2004 por el voluntarioso esfuerzo del hijo del gran protagonista de esa edición, Rafael Bejarano Pérez y Francisco Bejarano Robles, respectivamente (Bejarano Robles 1985; Bejarano Robles 1990; Bejarano Robles 1998; Bejarano Robles 2000; Bejarano Robles 2004), aunque estos documentos se vengan utilizando desde antiguo (Bejarano Robles 1932; 1966; 1972), es lógico pensar que el trabajo que queda pendiente de ser realizado en la dirección de proceder a la edición y, particularmente, estudio de estas obras es bastante considerable. Basta recordar que los distintos volúmenes que forman los Repartimientos de la Tierra de Málaga editados por Bejarano están ayunos de extraer de ellos análisis toponímicos, onomásticos o de cualquier otra índole que arrojen luz sobre la sociedad andalusí en estas tierras a fines del siglo XV.

Por otro lado, si hacemos un breve recuento, comprobaremos que, en efecto, la edición y el estudio de esas obras relativas a dos de las grandes ciudades de la provincia –Antequera (Alijo Hidalgo 1983) y Ronda (Carriazo 1954; Acién Almansa 1979, II-III: 35-496, al que hay que añadir el Repartimiento de Setenil, 499-581) -, hace tiempo que se completó. La excepción que representan Vélez-Málaga – únicamente se ha publicado, y hace sólo unos pocos años, el primer repartimiento (Martín Palma, ed., 2005), aunque se conozcan y se vengan empleando desde antiguo (Moreno Guerra 1932; López de Coca Castañer 1977b)- y Marbella –editado en fechas recientísimas (Galán Sánchez y Peinado Santaella 2007), y aprovechado por Urbaneja Ortiz 2008 en lo referente al período inmediatamente posterior a la conquista y por Martínez Enamorado 2009, para el período estrictamente andalusí-, insertas como están ambas en ese proceso en la actualidad debido a unos avatares que sería demasiado oneroso relatar en este momento, es digna de ser reseñada.

Una obra pionera como la de José Enrique López de Coca (1977a), por incluir la edición de un buen número de los repartimientos de la tierra de Málaga (para Alhaurín, 391-432; para Almogía, 433-450; para Alozaina, 451-470; para Bezmiliana, 471-491; para Coín, 257-354; para Mijas, 355-390), aunque algunos de estos documentos fueran estudiados parcialmente con anterioridad (Álora, por Cruz Cumplido 1958; Alhaurín por Burgos Madroñero 1961; Coín -transcripción incompleta- por Bejarano Robles 1965), no ha tenido continuidad en lo que al estudio concreto y pormenorizado de esos repertorios documentales se refiere y si acaso únicamente se ha hecho un aprovechamiento más intenso de aquellas dos series que más posibilidades ofrecían:[1] el Repartimiento de Casarabonela, editado en 1974 (Bejarano Pérez 1974), pero estudiado por diversos investigadores desde la perspectiva toponímica

[1] En alguno de nuestros trabajos hemos intentado aprovecher esta documentación en clave retrospectiva, incluso para el período de formación de al-Andalus (siglos VIII-X) (por ejemplo, Martínez Enamorado 2003).

(Chavarría Vargas 1997) y onomástica (Areces Gutiérrez 1993), si bien falta una edición de su interesante Apeo de la segunda mitad del siglo XVI, labor que estamos completando junto con Francisco Gómez Armada; y el de Comares, editado también en 1974 (Bejarano Robles 1974), aunque conocido desde antiguo (Bejarano Robles 1932b) y muy utilizado por J. Vallvé Bermejo para sostener la hipótesis de la ubicación de Bobastro en la Axarquía malagueña o con argumentaciones filológicas de diversa índole (Abellán Pérez 1981; 1982; Corriente 1991), aunque carezcamos de una edición de su Apeo del siglo XVI (sobre el mismo Bravo Caro, 1995). Por el contrario, ni el libro de Benalmádena (Bejarano Pérez 1969), ni tampoco los de Álora y Cártama (Bejarano Pérez 1971), editados estos dos últimos conjuntamente en un único volumen (para Cártama, 111-169; para Álora, 47-110), han merecido demasiada atención por parte de la investigación, también porque el volumen y la calidad de información toponímica y onomástica de raíz andalusí es notablemente inferior a la de otros libros, como son los de Casarabonela y Comares.

Algarrobo (Bravo Caro 1998), por un lado, y Torrox (Arroyal Espligares 2006), por el otro, cuentan con las respectivas ediciones de sus Repartimientos, conjuntamente con el Apeo en el caso de Algarrobo (Bravo Caro 1998). Para el segundo de los libros, se dispone, además de los diversos estudios incluidos en su edición, otro más específico sobre la organización social de esta tierra en época tardo-andalusí contemplada desde el propio documento (Martínez Enamorado 2006a). La presentación de algunos de los Apeos de la Serranía de Ronda por parte de R. Benítez (1982; presenta distintos extractos de los Repartimientos de bienes moriscos: Benestepar, doc. 8, 387-392; Genalguacil, doc. 9, 393-399; Benamedá, doc. 10, 400-403; Jubrique, doc. 11, 404-412) dista mucho de ser una edición, estando necesitados de trabajos concretos sobre cada uno de los numerosos documentos de las alquerías serranas, como el realizado recientemente en la cuidada presentación del documento de Igualeja de 1572 (Rodríguez Becerra 2005). Recientemente, se ha publicado también el Apeo de Almogía (Moreno Moreno y Caro Mayorga 2008). El Apeo de la Tierra de Canillas en 1574 mereció la atención J. M. Martín Ruiz (1976) en una monografía resultado de una memoria de licenciatura dictada en la Universidad de Granada que lamentablemente no ha sido dada a conocer al gran público. Está en vías de publicación la edición y estudio del Apeo de la tierra de Sedella y Rubite por parte de M. Bru Ventayol (e.p.). Por su parte, el Repartimiento de El Burgo fue estudiado y dado a conocer por R. Benítez Sánchez-Blanco (1975) y el de Fuengirola dio como resultado un artículo en una revista malagueña (López de Coca Castañer 1975). Para el libro de Yunquera del XVI por ahora sólo se pueden ofrecer algunos retazos (Cabrillana Ciézar 1994), mientras que de Monda existe una magnífica edición de su Apeo de 1572 (Urbano Pérez 1998), con un destacadísimo número de topónimos andalusíes aún por estudiar.

2. El Repartimiento de Torrox

Los datos que a continuación siguen pertenecen al Libro de Repartimiento de Torrox y han sido puestos en valor en la monografía que lleva por título *Torrox. Un sistema de alquerías andalusíes en el siglo XV según su Libro de Repartimiento* (Martínez Enamorado 2006a), publicada por el Departamento de Historia Medieval de la Universidad de Granada y por el Ayuntamiento de la localidad. Utilizábamos los datos contenidos en su Libro de Repartimiento, editado por esas fechas (Arroyal Espligares 2006). También en esta obra tuvimos ocasión de participar. Retomamos, por tanto, aquel primer estudio con nuevos argumentos que nos van a permitir aquilatar ese territorio campesino que fue el *Ṭurruš* nazarí.

En primer lugar, es necesario volver, aunque sea con brevedad, sobre la cuestión de la agrimensura, asunto todavía oscuro por la aplicación de medidas locales no sujetas a ninguna uniformización exterior. La impresión que se obtiene de la lectura de los distintos Repartimientos es que los castellanos se adaptan a esas medidas locales, sin tratar de explicarlas, dando por entendido que son cantidades de reparto de tierras relativas a la comarca y, que como tales, son conocidas por las gentes de ese valle y tal vez de los contiguos. En ellas se expresan las tierras repartidas. Las aclaraciones sobre las medidas del marjal expuestas por M. Espinar Moreno y J. Martínez Ruiz (1983: 32-34, notas 18 y 19) nos llevan a considerar la imposibilidad de fijar para el caso concreto de Torrox una medida concreta, al faltar la equivalencia. Como regla general, se puede decir que los marjales de áreas irrigadas son más pequeños que los de secano. En cualquier caso, son valores comarcales e incluso locales por lo que es difícil establecer un patrón común (Martínez Enamorado 2006a: 81-82). En Ugíjar, en tierras de secano, equivale a 3.972 m2, en Andarax a unas 33 áreas en secano y tan sólo 16 en regadío (Espinar Moreno y Martínez Ruiz 1983: 34, nota 19). Nos acogemos a la medida propuesta por C. Trillo San José (2003: 69), para Almuñécar, espacio agrario contiguo al de Torrox, corrigiendo a J. Vallvé Bermejo (1976: 353), que otorga al marjal una extensión de 436’7 m2.

Entendemos que la organización interna del valle responde a una compartimentación clánica. Hemos tenido ocasión de referirnos a la creación de un sistema de *ḥārāt* o *ḥawā'ir*, “barrios”, muy similar al que se expresa en la documentación castellana de las Alpujarras: *Torrox Alhauer/Turruš al-Ḥawā'ir* –núcleo fundacional-, *Torrox Almedina/Turruš al-Madīna*, *Torrox Alhandac-Alfándiga/Ṭurruš al-Jandaq* y *Ḥārat al-Baḥr/Barrio del Mar* –además de la dos alquerías de Autín y Periana- (Martínez Enamorado 2006a: 28-55; Martínez Enamorado 2006b : 61-70, 92-94, 105-108, 119-126), cada uno con sus respectivas mezquitas aljamas., resultando de todo ello un sistema en el que las alquerías, como unidades menores, se integran para conformar una unidad territorial mayor, con base geográfica, el valle del río (Martínez Enamorado 2006a). Así aparece conformado el valle en época nazarí, cuando ya se han disuelto las estructuras iniciales, pero sigue existiendo una autonomía de las aljamas y, aunque hubo una tendencia a reemplazar la primera organización por otra más centralizada, el sistema no parece que sufriera alteraciones sobre esa base muy severas.

En el caso de Torrox, a partir del análisis del Repartimiento, parecen darse otros condicionantes aparentemente "menores" que permiten hablar de cierta pervivencia de la familia extensa (Martínez Enamorado 2006a: 59-72). Aunque el clan se encuentra debilitado por la intromisión de unos modos de vida urbanos, se observan aún en el siglo XV comunidades agrarias cohesionadas en las que no se han producido niveles de desigualdad social abrumadores. Desde luego es la compraventa, como se ha señalado, el principal factor generador de desigualdades en la propiedad, mientras que la dispersión de las haciendas se justifica sobre todo a partir del régimen de herencias (López de Coca Castañer 1999: 165-166).

Aparte de estas situaciones generalizadas a todo el Sultanato, el ejemplo de la comunidad de los maṣmūda de la Alta Axarquía –recordemos, del siglo XV- es bastante revelador para justificar la pervivencia de *ŷamā'a*-s, pero más allá de este caso, por lo que sabemos excepcional en el conjunto del Emirato, se comprueba que se dan unas pautas de reparto de la propiedad que nos están hablando del mantenimiento de algunos "factores de bloqueo" que actúan en contra de la acumulación en pocas manos de grandes propiedades.

El sistema de reparto de agua del valle de Torrox es conocido a partir del LA que sin duda reproduce la situación medieval (Martínez Enamorado 2006a: 73-75). El turno de riego impone un sistema de días y horas que es herencia del microsistema andalusí previo y que encontramos también en las Alpujarras (Trilllo San José 1994: 246-250). La nueva situación política implica la pérdida del sentido para el cual se diseñó, y como prueba la dificultad para encontrar personas mayores que recuerden como funcionaba, que pagos se regaban antes y cuales después. La explicación sobre el riego en la propia villa de Torrox, con una entrada de agua en la que se garantiza el lógico principio de que las hazas primeras se riegan antes que las postreras, representa uno de los postulados iniciales del "diseño hidráulico".

El funcionamiento de estos turnos quedaba garantizado por las aljamas. Una vez que, con la conquista castellana, se produzca su disolución, su pervivencia resulta enormemente difícil. La ausencia de testigos que expliquen como transcurren esos turnos es bastante elocuente.

Las aljamas, por tanto, garantizan la cohesión social e incluso en la sociedad morisca malagueña se ha podido detectar un "comportamiento clánico" a la hora de afrontar los rescates (Galán Sánchez 1982: 51-52; López de Coca Castañer 1993-1994: 217). Cuando los Reyes Católicos conquistan la Axarquía, se asista a un episodio que demuestra que por aquel entonces las aljamas seguían demostrando tener una salud aceptable. No es una contradicción: el parentesco como tal pierde fuerza, pero se mantienen algunos elementos de las sociedades clánicas que conviene preservar porque su funcionamiento ha demostrado ser idóneo para el mantenimiento de algunos elementos de esas sociedades rurales endógenas. Es el caso de esos "viejos y alfaquíes" de los que habla Hernando del Pulgar, traducción árabe de la expresión *al-šuyūj wa-l-fuqahā'*, quienes "en nonbre de todos estos logares, y de todos los otros que son en las Alpujarras [de Vélez-Málaga, esto es, la Axarquía]", comparecieron ante su Católica Majestad, confirmando de esta manera el vigor de las aljamas y de sus consejos de ancianos (*ŷamā'a al-šuyūj*) como órganos decisorios de las mismas (Trillo San José 2002: 507-508; 2003 : 103-125).

Este dato, unido a otros como la absoluta preponderancia de las pequeñas propiedades, sin que se adviertan grandes acaparadores de tierra, la fragmentación de las mismas por el territorio, sin contigüidad efectiva sobre el mismo, la comparecencia de propiedades familiares cercanas, la práctica de lo que ha sido llamado "matrimonio endogámico" (Galán Sánchez 1982: 51) que no es si no el recurso más efectivo para mantener la cohesión de las aljamas, el uso colectivo del agua, como se aprecia en algún pasaje del documento y particularmente del Libro de Apeos..., todo ello más o menos presente en el Libro de Repartimiento de Torrox, nos dibujan una comunidad agraria en la que no hay establecida con claridad una jerarquización en la propiedad de la tierra que asegurase la completa disolución de las estructuras clánicas de base. Los resultados que se obtienen del análisis de la propiedad para Almuñécar o Turillas son, por ello, aplicables asimismo a Torrox y su tierra, pues en todos estos alfoces nazaríes es "esencial destacar que, aunque encontramos una clase de acomodados propietarios agrícolas, no parecen bien consolidados como lo muestra la dispersión de sus bienes" (Trillo San José 2001-2002: 292-293), a lo que hay que añadir que se necesitan de ciertas instancias de carácter comunitario para garantizar la viabilidad económica de la alquería ante la absoluta fragmentación de la propiedad.

La comparación entre unos propietarios nazaríes, sin dominio sobre extensas propiedades, y castellanos, detentadores de enormes posesiones, es un ejercicio intelectual que sólo sirve para demostrar forzosamente la distinta conformación de una sociedad y otra. Así, por ejemplo, Rodrigo de Ulloa, era un señor castellano que "disponía de un patrimonio tres veces superior al del más rico de los nazaríes, además de poseer otros lugares en el reino granadino", situación que no parece darse en ninguno de los ejemplos nazaríes aportados, y tampoco, por supuesto, en el de Torrox. Según López de Coca, la gran propiedad territorial jamás fue dominante en la historia de al-Andalus, "pero interesa valorar su peso real e influencia, que sin duda variaron según las zonas" (López de Coca Castañer 199: 169) y, añadimos, períodos.

Todas estas similitudes nos fuerzan a plantear la necesaria conexión y contigüidad entre los distintos paisajes campesinos del Oriente malagueño con continuidad en la costa granadina y en la Alpujarra. Por lo explicado, estamos hablando de alfoces muy similares con un reparto de la propiedad de francas similitudes, contiguo se podría decir, entre el extremo oriente malagueño y la costa granadina.

En el caso de Torrox esta documentación es generosa a la hora de aportar información sobre el parcelario, en el que se observa, si se realiza una lectura con atención, que se mantiene un buen número de tierras compartidas por varios familiares e incluso limítrofes (Martínez Enamorado 2006a: 76-80). Ello ha de ser el resultado de la extensión de los matrimonios en el interior de clanes más o menos amplios.

Salta a la vista, con todo, que no existe una propiedad clánica plenamente cohesionada, con formas tribales más o menos "debilitadas" (Malpica Cuello 1990: 122), sino que con claridad se viene anunciando una transformación en la estructura de los bienes raíces que lleva a un claro predominio de las familias nucleares, de lo que se deriva una presencia indudablemente mucho más destacada de la propiedad individual. De ahí que, como veremos, el caso de la alquería de Benamocarra, analizado por Galán Sánchez (2000: 544), pueda ser extrapolado a otros lugares del Reino: del censo de las propiedades mudéjares de 1496, de 794 parcelas y 63 vecinos, se colige cada vecino contaba con 12'6 parcelas, aunque casi un 35% poseía 6 parcelas o menos; el propietario con un mayor número de parcelas, el alguazil Mahomad Algezirí, tenía 43 de esas parcelas. Todos los propietarios, sin excepción, disfrutaban de secano, regadío, árboles, frutales y viñas.

Tales circunstancias así descritas no pueden sino terminar en una conclusión evidente, bien advertida por algunos investigadores: "la parcelación extrema de la propiedad sólo hacía eficaz su explotación con la colaboración directa de los restantes miembros de la parentela" (López de Coca Castañer 1999: 168-169) por lo que la "unidad familiar" no era viable como "unidad económica" autónoma si no se insertaba en estructuras más amplias, el clan o la familia amplia (Galán Sánchez 1991: 71).

Por todo ello, esos jirones que aún quedan de la estructura clánica de la propiedad no hacen sino demostrar la intensa transformación operada en las sociedad campesina andalusí, donde desde tiempo atrás se han venido advirtiendo importantes modificaciones productivas hacia una pérdida progresiva y sin remisión del "las solidaridades horizontales de base". Hasta qué punto están presentes todavía esas estructuras es uno de las cuestiones "candentes" que la historiografía habrá de intentar resolver en el futuro.

La tradicional división de la tierra establecida en la jurisprudencia musulmana entre "tierras apropiadas" (*mamlūka*) y "no apropiadas" (*mubāḥa*), distinguiéndose a su vez en esta última categoría entre "comunales" (*muštaraka* o *ḥarīm*, según la escuela malikí) y muertas (*mawāt*), puede tener en el Libro de Repartimiento de Torrox una traslación apreciable a partir de varios testimonios (Linant de Bellefonds 1959). Si bien es cierto que estos "modelos" suelen tener muchas excepciones en ámbitos más constreñidos -comarcales y regionales-, parece evidente que las tierras más cercanas a la alquería fueron cultivadas desde tiempos muy antiguos y como tales estarían sometidas a un regadío intensivo. De acuerdo al análisis efectuado por C. Trillo San José (Trillo San José 2000: 321-322; 2003: 29-40 y 179-181), esas serían las llamadas tierras *mamlūka*, contrapuestas a las situadas por encima de estas tierras regadas, las comunales, que conformaban el *ḥarīm*, cuya presencia no es fácil advertir en el Libro de Repartimiento de Torrox. Según esta autora, el origen de esas tierras comunales podría situarse en las llamadas *mawāt*, "de las que algún momento se desgajan para pasar a constituir el límite del término de la alquería" (Trillo San José 2003: 35). Esas tierras muertas o *mawāt* tal vez sean aquellas que aparecen en el Libro de Repartimiento con la denominación genérica de "monte", término que siempre se refiere, sin excepciones, al pago de Handaque Albarbal, seguramente, como ha quedado dicho, un *Jandaq al-Barbar*. ¿Significa esto que está reflejando la toponimia la instalación compacta del clan de los maṣmūda? No es fortuito, asimismo, que sea este el pago al cual los repartidores vinculan indefectiblemente con el "rey" (¿sultán?) -"de la partida e nonbre del rey" (Martínez Enamorado 2006a: 80-82)-, pues sabemos que estas tierras muertas formaban parte del tesoro público de los musulmanes (*bayt al-māl al-muslimīn*) (Trillo San José 2003: 180-181). Finalmente, ha sido puesto de manifiesto que en las zonas con áreas escarpadas el secano se sitúa colindante a la sierra, por lo que parece confirmarse el carácter "residual" del mismo en la economía campesina nazarí (Malpica Cuello 2000b: 134-137).

Incluso lo normal es que el secano sea cuantitativamente muy superior al regadío, pero siempre con un valor cualitativo sensiblemente inferior (Martín Galindo 1975: 674; Trillo San José 2001-2002 : 294). El paradigma de la alquería de Turillas puede ser extrapolable a otros lugares: tan sólo el 4% del territorio estaba ocupado por el regadío, pero su valor económico era abrumadoramente superior al secano (Ortega y Martínez 1992). En Torrox se superan con claridad las 500 fanegas de tierra de secano (590'5 hemos contabilizado, aunque hay que andar con cuidado, pues es meramente aproximativa), lo que supone más de 2.000.000 de m2 (2.773.578'5, exactamente). El regadío, por su parte, ocupa la nada despreciable cantidad de 485'5 marjales, pero si comparamos esta cifra con las tierras destinadas a secano concluiremos que es una cantidad netamente inferior de superficie: tan sólo 253.537'81 m2. Y ello sin incluir las tierras cuya unidad de medida se establece en días, terrenos que no sabemos si incluirlos en las de secano o en las de regadío (Martínez Enamorado 2006a : 81).

La contraposición entre el regadío y el secano es una constante en nuestro Libro de Repartimiento (Martínez Enamorado 2006a: 82-84). Con absoluta claridad, al igual que en el LA de la segunda mitad del siglo XVI, se establece una nítida diferenciación entre unas tierras y otras y la propia estructura del Libro lo deja entrever: en todos y cada uno de los capítulos, los setenta y tres "partidos", se repite la misma secuencia de aparición del reparto, esto es, primero las tierras de regadío, después las de secano que pueden ser ocasionalmente regadas en las que no falta nunca la expresión "labor de ... días" y, finalmente, el secano siempre asociado a la siembra de cereal ("senbradura"). Se observa, en fin, el empleo de una unidad de medida distinta para el regadío, el marjal que equivale a unos 522'22 m^2, usualmente el término empleado en el Sultanato granadino para designar las parcelas de riego (Malpica Cuello 2000b: 130-131, y para el secano, la hanega o fanega, esto es, 4.697 m2 (Vallvé Bermejo 1976: 353; 1974: XIX-XX), salvo algunas excepciones que pueden ser achacadas a la transmisión errónea de los copistas. Parece existir, por consiguiente, otra tercera unidad de medida agraria, los "días", empleada para algunos pagos de secano y regadío, pudiendo tratarse del tiempo que tarda un campesino en labrar un terreno con una yunta de bueyes. Unidades agrarias como la "caballería" de Librilla (Murcia) o la de "peón" de Almería representan, estamos seguros, soluciones metrológicas de fundamento similar.

Secano y regadío presentan igualmente una gama de especies cultivadas muy diferentes en cada caso. El cultivo absolutamente preponderante en el regadío es el moral, aunque no falten tampoco citas -mucho más imprecisas, a falta de cuantificación, y escasas- a albaricoques, algarrobos, ciruelos, granados, limoneros -limón, limera, lima, limonero-, membrillos -benbrillos-, nogales y parras, distinguiéndose claramente de la vid, pues la parra se destinaba básicamente al suministro de uva que debidamente secada se convertía en pasa (López de Coca Castañer 1997a; Malpica Cuello 2000b : 137; Trillo San José 1994: 194-198 y 223-227). Se ha constatado la importancia que tenía la uva pasa en las economías locales de las alquerías axárquicas: en algunos casos concretos, como podían ser los de Comares o Sedella, llegaba a representar entre el 40% y el 50% de los valores agrícolas de dichas comunidades agrarias (López de Coca Castañer 1997a: 691).

Como se observa, un claro policultivo de medianos propietarios destinado básicamente al autoconsumo con la presumible intención de seguir asegurando los niveles de autonomía de la comunidad rural. Ello ha sido expresivamente descrito para alguna zona de la Axarquía en época mudéjar como "tendencia a que cada propietario compatibilice dentro de las tierras que poseía todos los cultivos posibles que se daban en la zona" (Galán Sánchez 1988: 361), lo que no deja de ser, bien visto, una estrategia para asegurar esa autonomía campesina. Tal promiscuidad con frecuentes asociaciones de cultivos, combinaciones que los repartidores están siempre dispuestos a resaltar, parece ser general a todos los territorios granadinos irrigados y en la cercana alquería de Almayate, unos kilómetros al oeste de Vélez-Málaga, está asimismo plenamente atestiguada (Galán Sánchez, 1988: 361). En Torrox se comprueba, a partir de su Libro de Repartimiento, ese policultivo (Martínez Enamorado 2006a: 84).

Se ha indicado convenientemente la circunstancia de que "*no podemos establecer una relación entre el desarrollo del comercio de largo alcance y la producción agraria del regadío, pues ésta parece marcada más por el policultivo que por el objetivo de satisfacer los artículos demandados por aquél*" (Trillo San José 2001-2002: 292-293), con la excepción del moral, totalmente destinado a satisfacer la demanda de esos mercados urbanos.

Esta diversificación contrasta con el secano, lo que nuevamente pone en valor la especialización de estos últimos cultivos como "artículos destinados básicamente a la exportación, en la que jugaban un papel relevante los mercaderes italianos y, en particular, genoveses" (Trillo San José 2003: 84 y 129). Por lo que se observa, en los pagos de secano cuya unidad de medida es la fanega predominan con absoluta claridad los cereales ("senbradura"), casi con toda seguridad el trigo, como cereal panificable por excelencia (Malpica Cuello 2000b: 133; López de Coca Castañer 1999 : 162), así como la higuera y la vid, frecuentemente combinadas, o el almendro, todos ellos frutos (*frutta*) muy demandados por los comerciantes italianos y que en el caso de Torrox es muy probable que se comercializase, prioritariamente, a través del puerto de Vélez-Málaga y, secundariamente, a través de la capital malagueña. En cualquier caso, la preponderancia de los dos primeros, es abrumadora (higuera y vid), pues los almendros están proporcionalmente bastante menos representados (Martínez Enamorado 2006a: 84-85).

Tanto unos como otros han de considerarse como productos no básicos en la estrategia del autoconsumo de las comunidades agrarias. Y ello explica la clara disposición advertida en el Libro de Repartimiento al acaparamiento por parte de algunos medianos propietarios de tierras de secano destinadas al cultivo de productos con fácil salida en el mercado (Martínez Enamorado 2006: 85).

Por otro lado, la dispersión de las propiedades que se advierte incluso en la modalidad de la frecuente separación entre la propiedad del suelo y la del árbol o del árbol compartido es un dato absolutamente palmario, particularmente en el regadío, lo que significa el mantenimiento de una constante que se puede comprobar en prácticamente todos y cada uno de los Libros de Repartimientos nazaríes. Son 112 el número de propietarios con tierras en pagos de regadío (Martínez Enamorado 2006a: 87 y 105-116).

A las tradicionales razones que se esgrimen para justificar esa dispersión, esto es, la exogamia y sus consecuencias, las dotes y herencias y la compra-venta, hay que añadir otra que puede parecer contradictoria con el fenómeno en sí, pero que una vez analizada, no lo es: el desarrollo de una agricultura más comercial que se vio intensamente favorecida por la alta productividad del regadío que

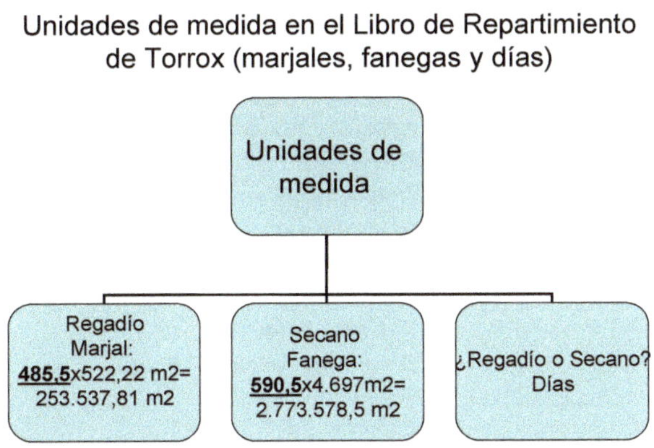

FIG. 1. UNIDADES DE MEDIDAS EN EL LIBRO DE REPARTIMIENTO DE TORROX (MARJALES, FANEGAS Y DÍAS)

permitía "liberar" tierras de secano para actividades agrarias destinadas al comercio transmediterráneo de los genoveses (Trillo San José 2003: 192). En el caso que estudiamos, la casi totalidad del secano, así explicitado en el texto del Libro de Repartimiento, se dedica a la "senbradura", lo que significa que también en esta zona parece cumplirse la situación descrita por C. Trillo: los productos en parcelas irrigadas que el mercado codicia por su alta rentabilidad, como la seda, no terminan por dar lugar a monocultivos, sino que se integran en una variada policultura intensiva de pequeños y medianos propietarios, mientras que en el secano se aprecia que la demanda de pasas, almendras e higos finalmente trae como consecuencia la "enajenación total de las tierras de secano para estos plantíos" (Trillo San José 2003: 84-85), generando, ahora sí, una suerte de agricultura fuertemente comprometida con criterios de productividad neta.

En efecto, aunque se hace evidente la presencia de unos cultivos más sometidos a los dictados de los mercados urbanos en el caso del regadío, estos productos no terminan originando plantaciones en régimen de abierto monocultivo. La estrategia campesina parece clara: si se quiere garantizar por parte de las *ŷamā'a*-s los niveles de subsistencia económica conocidos hasta ese siglo XV y de cierta autonomía política, no puede "malgastarse" todo el espacio regado en productos demandados por el mercado, pues, de producirse una situación así, una y otra serían fagocitadas por las propias condiciones creadas por las alcaicerías de las ciudades. Y aunque esto parece anunciarse en el Libro de Repartimiento, no es menos cierto que el mantenimiento de esa autonomía hace ya tiempo que está siendo seriamente puesta en solfa por un contexto social marcadamente contrario al mantenimiento de aquel *status quo*, pues se observa la concurrencia de ricos comerciantes de ciudades o alquerías vecinas que se están haciendo con el control de tierras en estas aljamas rurales. Que Hernando El Dordux ("Fernando de Málaga") tenga posesiones en la tierra de Torrox (López de Coca Castañer 1991) es un dato suficientemente contundente sobre lo difícil que tuvo que ser para esas comunidades campesinas preservar cierta cohesión social, aunque no sepamos si esa adquisición en Torrox se produjo antes (de ser así, tal vez, por su padre Ali Dordux) o después de la conquista. En cualquier caso, el mantenimiento del policultivo siempre dificulta enormemente la conformación de una clase de grandes propietarios, ya que serían estos "quienes estarían en mejores condiciones de enajenar una parte de sus tierras con cultivos destinados al mercado y, en particular, al comercio lejano, como ocurre con los frutos secos y la seda, por ejemplo" (Trillo San José 2002 : 516), pero ante la dispersión minifundiaria y el policultivo generalizado la viabilidad de un grupo de auténticos latifundistas que controlen la tierra y los consejos o aljamas del lugar queda bloqueada.

Es evidente que el moral (*mitwat*, en árabe) es el producto considerado básicamente "especulativo" de toda la gama de policultura de los terrenos irrigados (López de Coca Castañer 1996; 1997b; Trillo San José 1994: 185 y 274-277; 2000: 324-326). El "rey" de las parcelas regadas es, indudablemente, este árbol, por más que no exija exclusividad en la parcela cultivada, dado que su explotación suele alternarse con la de especies herbáceas que crecen a sus pies (Malpica Cuello 2000a), lo que intensifica la sensación de promiscuidad que ocasionaba entre los castellanos el paisaje agrario nazarí.

La precisa y exhaustiva contabilidad con la que los repartidores tratan a esta planta y los detalles que proporcionan sobre cada uno de los ejemplares, descritos frecuentemente como buenos, grandes, pequeños, medianos..., frente a otras sobre las que de una manera imprecisa proporcionan vagas referencias ("hay higueras, limas, granados..."), habla mucho sobre el valor de la seda como producto destinado a una comercialización "internacional" amplia (Martínez Enamorado 2006a : 89-90).

Se ha insistido en ello a partir de análisis detallados de la documentación castellana que revelan la importancia de esta producción en algunos ámbitos tan cercanos a Torrox como puedan ser Turillas, donde se contabilizan 248 morales en 90 marjales de 30 vecinos (Malpica Cuello 1984: 24-28), o en Almuñécar, con 770 morales repartidos en 1.540'83 marjales que pertenecían a 142 propietarios de regadío y habices (Trillo San José 2003: 83). Similares son los datos de la Alpujarra, aunque sean sólo parcialmente utilizables por su procedencia de los bienes habices (Trillo San José 1994: 180-185 y 274-280) (Fig. 1). Por su parte, lo que sabemos de Almería (Segura Graíño 1979: 97-98), donde se constatan 2.649 morales en su Repartimiento, en un contexto ecológico sensiblemente diferenciado con respecto a Torrox, es asimismo coincidente con los conocimientos que tenemos sobre la costa oriental malagueña y el litoral granadino, pero no insistiremos en ello por alejarse de nuestro inicial propósito: valorar toda la costa al oriente de Málaga y la contigua granadina como un mismo espacio agrario (Martínez Enamorado 2006a: 89-90).

En efecto, las cifras que arroja el Libro de Repartimiento de Torrox insisten en las mismas coordenadas: contamos con 840 morales, repartidos entre prácticamente todo el

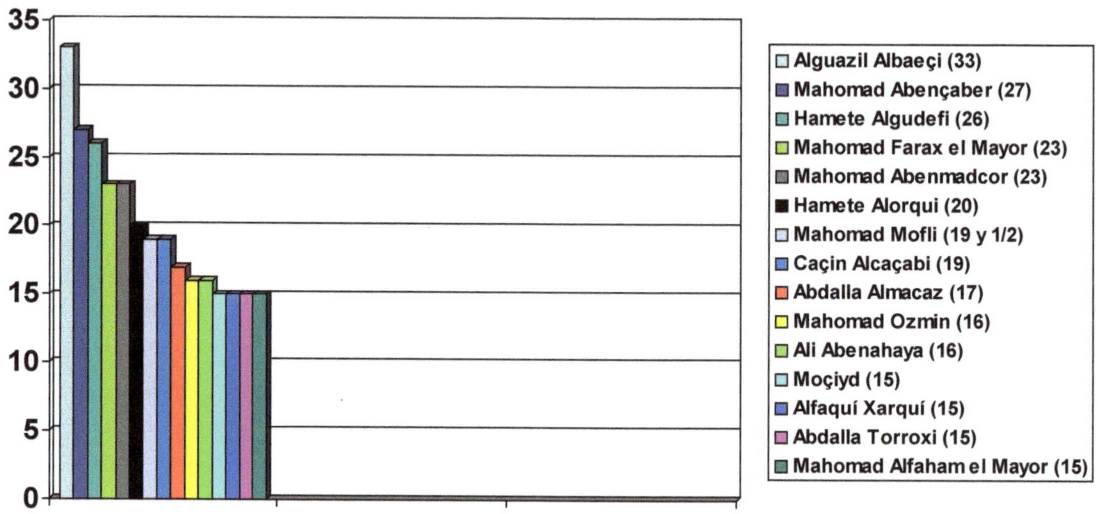

FIG. 2. PRINCIPALES PROPIETARIOS DE MORALES (DE UN TOTAL DE 840 ÁRBOLES Y 137 VECINOS QUE POSEEN ALGÚN ÁRBOL).

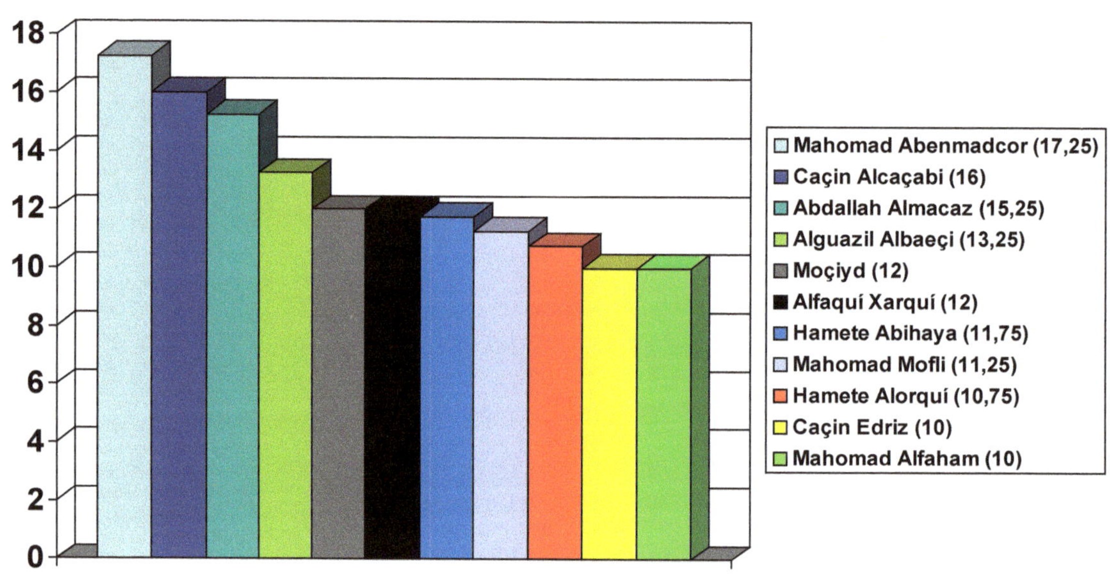

FIG. 3. PRINCIPALES PROPIETARIOS DE TIERRAS DE REGADÍO (ENTRE 112).

vecindario de la localidad (unos 137 vecinos en regadío, más algún moral reseñado como propiedad de los habices y de alguna mezquita) y sobre 331'70 marjales (Martínez Enamorado 2006a: 90-91) (Fig. 2), lo que implica una diferencia substancial con respecto a la extensión empleada en Almuñécar para una cantidad de árboles similar. Es cierto que los repartidores no siempre proporcionan las dimensiones de la tierra sobre la que crece el árbol, por lo que los datos han de someterse a la debida cautela.

Únicamente, 16 vecinos poseen más de quince morales, aunque ninguno descuelle como gran propietario sobre los demás. De estos 16 propietarios que reúnen entre ellos 300 morales (o lo que es lo mismo, 35'7 % del total de las plantaciones), 9 se encuentran entre los que más tierras de riego poseen en el valle de Torrox (Martínez Enamorado 2006a: 91-102).

La importante presencia del cultivo repartido por todo el territorio y pagos implica la inexistencia de monocultivo, pues el árbol aparece entremezclado con otras especies (Martínez Enamorado 2006a: 102). Por otro lado, otra conclusión que se extrae es la ausencia de grandes plantaciones, pues son muchos los cultivadores, sin que se observe una efectiva acumulación en pocas manos de un negocio tan rentable. De hecho, prácticamente todas las familias parecen participar de alguna manera de esa explotación, pues el número de vecinos que cuentan con parcelas en las que se crían morales o, directamente, con árboles a su cargo es tan elevada que así puede ser contemplado.

El número de propietarios que tienen tierras en pagos irrigados asciende a la significativa cantidad de 112, con un reparto muy intenso de las propiedades, no sólo en marjales, sino asimismo en la distribución por el territorio

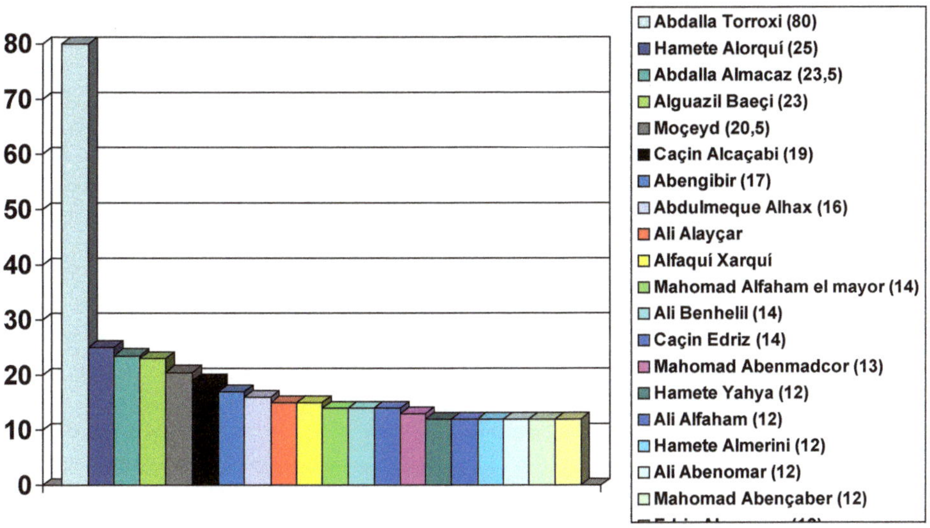

FIG. 4. PRINCIPALES PROPIETARARIOS DE SECANO (DE UN TOTAL DE 550'5 FANEGAS)

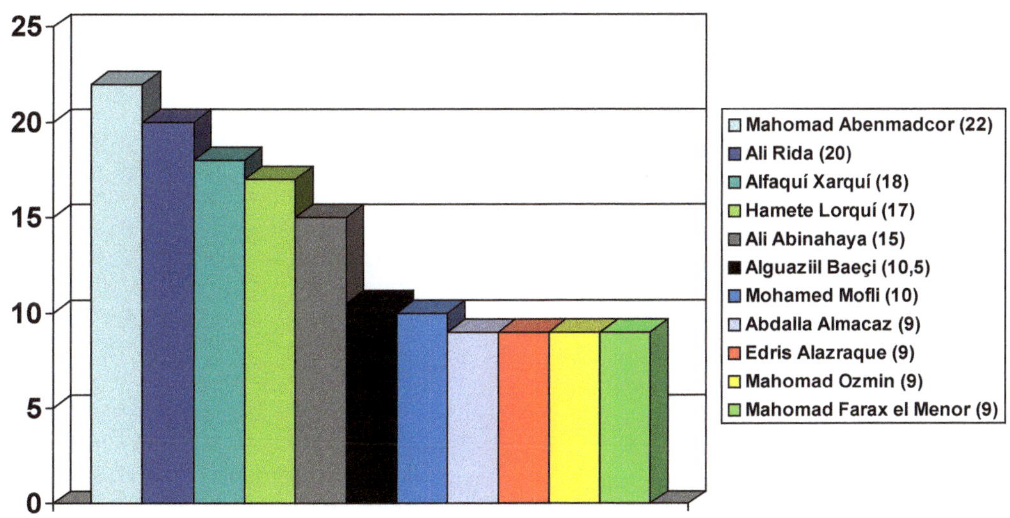

FIG. 5. PRINCIPALES PROPIETARIOS DE TIERRAS TRABAJADAS EN DÍAS (SOBRE 88 PROPIETARIOS)

(Martínez Enamorado: 117-120) (Fig. 3). Esta distribución fundiaria se ajusta perfectamente a la máxima que afirma que los campos regados son más pequeños que los no irrigados, por criterios de productividad, que explica no sólo las dimensiones, en algunos casos minúsculas, de las propiedades regadas, sino también la dispersión por el territorio de esos bienes raíces pertenecientes a un sólo campesino.

Y aunque los datos sólo pueden ser calificados como aproximativos, pues estamos seguros de que la correspondencia entre la onomástica y los pagos no puede ser completada por la propia naturaleza del documento y por las dificultades del análisis, derivadas de la imposibilidad de identificar correctamente a todos los individuos y pagos reseñados en el Libro de Repartimiento, ello no invalida las conclusiones de este estudio, que son suficientemente reveladoras sobre el reparto de la propiedad, más fragmentada incluso que los otros casos estudiados para algunas zonas cercanas a Torrox, como Turillas y Almuñécar.

Ninguno de los propietarios supera los 20 marjales de propiedad y tan sólo 3 tienen más de 15, datos que confirman la inexistencia de grandes propiedades, pues apenas si encontramos alguna que supere los 10 marjales (Martínez Enamorado: 120-121). De igual manera a como se ha podido constatar en el regadío de Almuñécar, la mayor parte de este patrimonio está constituido por lotes pequeños y dispersos por el área irrigada, lo que se interpreta en clave de la existencia de "una clase emergente" de tenentes que no han podido conformar una propiedad coherente en el espacio, por lo que las posesiones aparecen dispersas (Trillo San José 2003: 76). Casi todos los propietarios reparten sus tierras entre 5 ó 6 lugares (Martínez Enamorado 2006a: 121).

Por lo que respecta al secano, mucho peor conocido en el conjunto granadino (Trillo San José 1994: 259-261; López de Coca Castañer 1999: 164; Malpica Cuello 2000b: 134-136), se aprecia una tendencia más consistente a la concentración de las propiedades. Nuevamente, como en el regadío, los propietarios son numerosos (88), si bien se advierte una creación de lotes de tierras contiguos, de tal manera que parece darse cierta concentración de la propiedad en pocas manos. Tan sólo 25 propietarios superan las 10 fanegas de tierra, siendo el mayor propietario un tal Abdalla Altorroxi (Martínez Enamorado : 122) (Fig. 4).

De los propietarios con tierras en las que el sistema de medición son los días, tan sólo 6 de un total que se acerca a los 90 superan la cifra de los 10 días (Martínez Enamorado 2006a : 123) (Fig. 5).

La descomposición de las aljamas queda patente ante el dato de que son muchos los propietarios de la tierra de Torrox que moran en otros lugares distintos a aquel donde tienen parte de sus posesiones. Alguno de ellos se encuentra entre la élite que controla una mayor cantidad de bienes raíces (Martínez Enamorado 2006a: 123-124).

3. Conclusiones

A pesar de su simpleza, el protocolo para el aprovechamiento de esta relevantísima documentación en claves propias de la arqueología agraria no ha sido siquiera descrito. Es lo que llamamos "ciclo de la investigación sobre repartimientos y apeos", estos es: edición + estudio "histórico" del documento + análisis territorial. Es obligatorio recordar que, por ahora no hay ni un sólo Repartimiento del Reino de Granada en el que se haya podido completar todo el recorrido investigador.

Por tanto, se trataría de aplicar, en tres fases, un procedimiento de estudio local, pero al mismo tiempo de carácter general que sirva para todas las comarcas del antiguo Sultanato, desde el valle del Almanzora hasta la Serranía de Ronda:

1. En una primera fase, si el Apeo o Repartimiento no estuviera editado, proceder a su edición; en el caso de que lo estuviera, revisar críticamente esa edición.

2. En una segunda fase, analizar pormenorizadamente el documento para proceder al vaciado documental en todo aquello susceptible de aportar valor descriptivo agrario (propiedad y propietarios, parcelas, irrigación, tipología de los cultivos...), teniendo en cuenta que en buena medida toda esta documentación apenas si ha sido escudriñada. Si la localidad cuenta con Repartimiento de finales del XV y Apeo de finales del XVI, trazar el proceso evolutivo de la propiedad, cultivo, aprovechamiento del agua a partir de la documentación.

3. La tercera fase consistiría en aplicar los principios de la arqueología agraria, y con todas las nuevas posibilidades derivadas de las nuevas tecnologías, mediante una prospección selectiva centrada en el sistema de distribución del agua a través de acequias; ello permitirá trasladar al territorio concreto los datos fijados por los escribanos castellanos. Es decir, dar medidas concretas y aprehensibles a los datos contenidos en los repertorios documentales en cuanto a los terrenos irrigados: dimensiones de las parcelas, criterios de distribución del agua, presencia de cultivos, ubicación de los molinos y tantas otras cuestiones candentes y que se hallan sin atisbo de respuesta para comarcas concretas. Una vez que se haya terminado esa fase relativa a los terrenos irrigados, se pondrá en relación aquellos con el secano.

Tan simple como lo descrito. Si el trabajo se hace adecuadamente, los resultados pueden ser sencillamente espectaculares. Bien es cierto que aún no se ha completado tal análisis para un área bien delimitada geográficamente, pero cuando un estudio concreto pueda darse por finalizado podrán comprobarse, estamos persuadidos de ello, las potencialidades que presenta, debidamente procesada, esta información escrita, siempre que se conjugue con una prospección agraria intensiva. En el caso de Torrox, se pueden dar por terminadas las dos primeras fases, como este trabajo creemos que demuestra. Quedaría la tercera.

BIBLIOGRAFÍA

Abellán Pérez, J. 1981: Algunos topónimos hispano-árabes con la voz 'jandaq' del 'Libro de Repartimiento de Comares. *Gades*, 8, pp. 5-10.

Abellán Pérez, J. 1982: Voces hispano-árabes y mozárabes referentes a los accidentes de la naturaleza en la toponimia menor de Comares (Málaga). *Estudios de Historia y Arqueología Medievales*, II, pp. 51-60.

Acién Almansa, M. 1979: *Ronda y su Serranía en tiempos de los Reyes Católicos*. 3 vols., Málaga.

Alijo Hidalgo, F. 1983: *Antequera y su tierra. 1410-1415. Libro de Repartimientos*. Málaga.

Areces Gutiérrez, A. 1993: Contribution au léxique arabo-andalou: un document roman de l'Andalousie orientale. *Hespéris-Tamuda*, XXI, pp. 9-20.

Arroyal Espligares, P. J. (ed.) 2006: *El Repartimiento de Torrox*, estudios de J. E. López de Coca y V. Martínez Enamorado, Granada.

Barrios Aguilera, M.; M. M. Birriel Salcedo, M. M. 1986: *La Repoblación del Reino de Granada después de la expulsión de los moriscos. Fuentes y bibliografía para su estudio. Estado de la cuestión.* Universidad de Granada.

Bejarano Pérez, R. (ed.) 1969: *Repartimiento de Benalmádena y Arroyo de la Miel*, Málaga.

Bejarano Pérez, R. (ed.) 1971: *Los Repartimientos de Álora y de Cártama*, Málaga.

Bejarano Pérez, R. (ed.) 1974: *Libro de Repartimiento de Casarabonela*, Málaga.

Bejarano Robles, F. 1932a: Los Libros de Repartimiento de Málaga. *Estudios Malagueños*, pp. 263-283.

Bejarano Robles, F. 1965: El Repartimiento de Coín. *Gibralfaro*, XVI-XVII, 108-139.

Bejarano Robles, F. 1966: El Repartimiento de Málaga. Introducción a su estudio. *Al-Andalus*, XXXI, pp. 1-46.

Bejarano Robles, F. 1972: El Repartimiento y la repoblación de Málaga. *Gibralfaro*, XXII, pp. 53-73.

Bejarano Robles, F. (ed.) 1974: *El Repartimiento de Comares (1487-1496)*, con estudio preliminar de J. Vallvé Bermejo, Barcelona.

Bejarano Robles, F. (ed.) 1985: *Los Repartimientos de Málaga*, I, Málaga.

Bejarano Robles, F. (ed.) 1990: *Los Repartimientos de Málaga*, II, Málaga.

Bejarano Robles, F. (ed.) 1998: *Los Repartimientos de Málaga*, III, Málaga.

Bejarano Robles, F. (ed.) 2000: *Los Repartimientos de Málaga*, V, Málaga.

Bejarano Robles, F. (ed.) 2004: *Los Repartimientos de Málaga*, IV, Málaga.

Benítez Sánchez-Blanco, R. 1975: El Repartimiento de El Burgo (Málaga) 1492: estudio de su estructura agraria. *En: Homenaje al Dr. D. Juan Reglá Campistol*, I, Valencia, pp. 217-232.

Benítez Sánchez-Blanco, R. 1982: *Moriscos y cristianos en el condado de Casares*. Córdoba.

Bravo Caro, J. J. 1995: *Felipe II y la repoblación del Reino de Granada. La Taha de Comares*. Granada.

Bravo Caro, J. J. 1998: *Libro de Apeo y Repartimiento de Algarrobo*. Algarrobo.

Bru Ventayol, T. e. p. *La Tierra de Sedella y Rubite en el siglo XV según su Libro de Apeo y Repartimiento*, Granada.

Burgos Madroñero, M. 1961: *El Repartimiento de Alhaurín*, memoria de licenciatura inédita (Universidad de Granada).

Cabrillana Ciézar, N. 1994: *Moriscos y cristianos en Yunquera*, Málaga.

Carriazo, J. de M. 1954: Asiento de las cosas de Ronda: conquista y repartimiento de la ciudad por los Reyes Católicos. *Miscelánea de Estudios Árabes y Hebraicos*, III, pp. 1-139.

Chavarría Vargas, J. A. 1997: Aproximación al estudio de la toponimia árabe del Repartimiento de Casarabonela (Málaga). *Jábega*, 77, pp. 11-31.

Corriente, F. 1991: Notas para el aprovechamiento dialectológico del 'Repartimiento de Comares '. *En: Estudios dedicados al Profesor Juan Martínez Ruiz*. Granada, pp. 73-88.

Cruz Cumplido, T. 1958: *El Repartimiento de Álora*, memoria de licenciatura inédita (Universidad de Granada).

Espinar Moreno M. y Martínez Ruiz, J. 1983: *Los Ogíjares (Estructura socio-económica, Toponimia, Onomástica, según el Libro de Habices de 1547-1548), Granada.*

Galán Sánchez, A. 1982: Los moriscos de Málaga en la época de los Reyes Católicos. *Jábega* (monográfico), 39, pp. 3-80.

Galán Sánchez, A. 1988: Algunos rasgos de la propiedad mudéjar en la Axarquía de Vélez-Málaga. *Baetica*, 11, pp. 353-365.

Galán Sánchez, A. 1991: *Los mudéjares del Reino de Granada*. Granada.

Galán Sánchez, A. 2000: Los vencidos: exilio, integración y resistencia. *En: Historia del Reino de Granada*, vol. I: *De los orígenes a la época mudéjar (hasta 1502)*. Granada, 2000, pp. 525-565.

Galán Sánchez, A.; Peinado Santaella, R. G. (eds.) 2007: *La repoblación de la costa malagueña: los Repartimientos de Marbella y Estepona*. Málaga.

Gual Camarena, M.; López de Coca Castañer, J. E. 1973: El mosaico de los repartimientos malagueños del siglo XV. *Cuadernos de Estudios Medievales*, I, pp. 144-146.

Guinot, E.; Torró, J. (eds.) 2008: Introducció: retorn als Repartiments. *En:* Guinot, E.; Torro, K. (ed.) *Repartiments medievals a la Corona d'Aragó*). Valencia.

***Libros de Población* 2005**: *Libros de Población del Antiguo Reino de Granada (S. XVI) en el Archivo Histórico Provincial de Granada. Instrumentos de descripción*, Versión digital en CD, Consejería de Cultura, Sevilla.

Linant de Bellefonds, Y. 1959: Un problème de sociologie juridique. Les terres 'comunes' en pays d'Islam. *Stvdia Islamica*, X , pp. 11-136.

López de Coca Castañer, J. E. 1973: Bezmiliana. Un despoblado en tierras malagueñas (siglos XV-XVI). *Cuadernos de Estudios Medievales*, I, pp. 33-63.

López de Coca Castañer, J. E. 1975: Fuengirola. Un caso de repoblación fallida. *Jábega*, IX, pp. 13-16.

López de Coca Castañer, J. E. 1977a: *La Tierra de Málaga a fines del siglo XV*, Granada.

López de Coca Castañer, J. E. 1977b: El Repartimiento de Vélez-Málaga. *Cuadernos de Historia, Anexos de Hispania*, 7, pp. 357-439.

López de Coca Castañer, J. E. 1991: 'Ali Dordux' y la Morería de Málaga. *En: Homenaje a D. Francisco Bejarano*. Málaga, pp. 39-56.

López de Coca Castañer, J. E. 1993-1994: La 'conversión general' en el obispado de Málaga (1500-1501). *Chronica Nova*, 21, pp. 191-237.

López de Coca Castañer, J. E. 1996: La seda en el Reino de Granada (siglos XV y XVI). *España y Portugal en las rutas de la seda*, Barcelona, pp. 41-47.

López de Coca Castañer, J. E. 1997a: La uva pasa de Málaga y su exportación por vía marítima (siglos XV y XVI). *En:* Balletto, L. (ed.) *Oriente e Occidente tra Medioevo ed Età Moderna. Studi in onore di Geo Pistarino*. Génova, pp. 687-716.

López de Coca Castañer, J. E. 1997b: 'Morus nigra' vs 'Morus alba' en la sericultura mediterránea: el caso del Reino de Granada (siglo XVI). *En:* Arialdi, G. (ed.) *Le vie del Mediterraneo. Idee, Uomini, Oggetti (secoli XI-XVI)*. Génova, pp. 183-196.

López de Coca Castañer, J. E. 1999: El Reino nazarí de Granada y los medievalistas españoles. Un balance provisional. *En: La Historia medieval en España. Un balance historiográfico (1968-1998), XXV Semana de Estudios Medievales (Estella, 1998)*. Pamplona, pp. 149-173.

Malpica Cuello, A. 1984: *Turillas, alquería del alfoz sexitano (Edición del Apeo de Turillas de 1505)*, Granada.

Malpica Cuello, A. 1990: De la Granada nazarí al Reino de Granada. *En:* Sánchez Martínez, M. (ed.) *De al-Andalus a la sociedad feudal: los repartimientos bajomedievales*. Barcelona, pp. 119-153.

Malpica Cuello, A. 2000a: El medio físico y sus transformaciones a causa del cultivo de la caña de azúcar. El caso de la costa granadina. *En: História e Tecnologia do Açucar*, Funchal, 2000, pp. 87-104.

Malpica Cuello, A. 2000b: La vida cotidiana. *En:* Viguera Molins, M. J. (dir.), *El Reino Nazarí de Granada (1232-1492). Sociedad, vida y cultura*, Madrid, vol. VIII/4 de la Historia de España de Menéndez Pidal, Madrid, pp. 71-156.

Martín Galindo, J. L. 1975: Paisajes agrarios moriscos en Almería. *Estudios Geográficos*, 36, pp. 673-696.

Martín Palma, Mª T. (ed.) 2005: *Los Repartimientos de Vélez-Málaga. Primer Repartimiento*. Granada.

Martín Ruiz, J. M. 1976: *Apeo y Repartimiento de la Tierra de Canillas de Aceituno en 1574 después de la rebelión de los moriscos*, (memoria de licenciatura inédita, Universidad de Granada).

Martínez Enamorado, V. 2003: *Al-Andalus desde la periferia. La formación de una sociedad musulmana en tierras malagueñas (siglos VIII-X)*. Málaga.

Martínez Enamorado, V. 2006a: *Torrox. Un sistema de alquerías andalusíes en el siglo XV según su Libro de Repartimiento*. Málaga.

Martínez Enamorado, V. 2006b: Estudio de los topónimos del Libro de Repartimiento de Torrox. *En:* Arroyal Espigares, P.J. (ed.) *El Repartimiento de Torrox*. Granada, pp. 61-132.

Martínez Enamorado, V. 2009: *Cuando Marbella era una tierra de alquerías. Sobre la Marballa andalusí y sus alfoces*. Málaga.

Moreno Guerra, J. 1932: El Repartimiento de Málaga y su obispado. Vélez-Málaga". *Estudios Malagueños*, pp. 351-425.

Moreno Moreno, F.; Caro Mayorga, M. 2008: *Almogía: entre moriscos y cristianos. Libro de Repartimientos de la Villa tras la expulsión de los moriscos*. Málaga.

Ortega, A. y Martínez, P. 1992: Un modelo de interpretación del parcelario agrícola de una alquería granadina. Turillas a fines de la Edad Media. *En: IV Simposio Internacional de Mudejarismo*, Teruel, pp. 463-479.

Rodríguez Becerra, E. 2005: *Igualeja después de la expulsión de los moriscos (1572-1742)*. Ronda.

Segura Graíño, C. 1979: *Bases socioeconómicas de la población de Almería (siglo XV)*, Madrid.

Trillo San José, C. 1994: *La Alpujarra antes y después de la conquista castellana*. Granada.

Trillo San José, C. 2000: Las actividades económicas y las estructuras sociales. *En: Historia del Reino de Granada*, I: *De los orígenes a la época mudéjar (hasta 1502)*. Granada, pp. 291-347

Trillo San José, C. 2001-2002: ¿Podemos saber cómo funcionaban las alquerías 'por dentro? Un planteamiento sobre la organización económica y social en el ámbito rural de al-Andalus. *Revista d'Història Medieval*, 12: *Los Mudéjares valencianos y peninsulares*, pp. 279-297.

Trillo San José, C. 2002: Contribución al estudio de la propiedad de la tierra en época nazarí. *En:* Trillo San José, C. (ed.), *Asentamientos rurales en el Mediterráneo medieval*. Granada, pp. 499-535.

Trillo San José, C. 2003: *Una sociedad rural en el Mediterráneo medieval. El mundo agrícola nazarí*. Granada.

Urbaneja Ortiz, C. 2008: *Marbella y su Tierra en el tránsito de la época musulmana a la cristiana*, Málaga.

Urbano Pérez, J. A. 1998: *La villa de Monda en el siglo XVI. Apeos y Primeras Ordenanzas*. Coín.

Vallvé Bermejo, J. 1974: Estudio preliminar. En Bejarano, F. (ed.) *Repartimiento de Comares (1487-1496)*, Barcelona.

Vallvé Bermejo, J. 1976: Notas de metrología hispano-árabe (I). El codo en la España musulmana. *Al-Andalus*, XLI, pp. 339-354.

Por una arqueología agraria de las sociedades medievales hispánicas. Propuesta de un protocolo de investigación.

Ballesteros Arias, P.; Kirchner, H.; Fernández Mier, M.; Ortega Ortega, J.; Quirós Castillo, J.A.; Retamero, F.; Sitjes, E.; Torró, J.; Vigil-Escalera Guirado, A.

Este documento es el resultado de las sesiones de debate que tuvieron lugar durante el coloquio **Por una arqueología agraria. Perspectivas de investigación sobre espacios de cultivo en las sociedades medievales hispánicas**, celebrado durante los días 27 y 28 de noviembre de 2008 y de los textos redactados por los autores que lo firmamos.[1] El punto de partida, en parte inspirado en la advertencia ya antigua de M. Barceló de que el estudio de asentamientos rurales debía tener en consideración su articulación con los espacios de trabajo campesino (Barceló 1988a: 196), fue intentar proponer un esbozo de protocolo de actuación arqueológica que pudiera ser útil para nosotros en nuestras actuales investigaciones pero también para aquellos que en un futuro se plantearan cuestiones similares. Todos teníamos claro que había que reconstruir conceptualmente la arqueología del campesinado sin segregar el análisis de los ámbitos domésticos y los productivos. Además, en nuestras variadas trayectorias habíamos partido de circunstancias y métodos diversos. Unos habían empezado por la excavación de los espacios domésticos, descubriendo después los espacios de cultivo. Otros habían estudiado antes los espacios de cultivo fosilizados en el paisaje actual, reconstruyéndolos a partir de la prospección y la documentación escrita o bien excavándolos directamente, sin intervenir con excavación en las zonas de residencia. Otros habían abordado la cuestión sólo desde la documentación aunque teniendo previsto el paso siguiente de la identificación y reconstrucción de los espacios agrarios.

Los caminos seguidos y el manejo de métodos diversos, adaptados a las circunstancias de la investigación de cada uno o de la sociedades medievales estudiadas eran diversos pero confluían en unos objetivos comunes:[2] se trataba de estudiar sociedades campesinas, de cómo y dónde tenía lugar la producción campesina y a partir de qué elecciones y criterios tecnológicos; qué poderes políticos establecían secuencias de dominio de gente y hasta qué punto, las estrategias campesinas y las formas de captura de o impuesto son reconocibles arqueológicamente.[3] Esta confluencia de intereses permitía reflexionar conjuntamente sobre si era posible, si tenía sentido, en definitiva, integrar nuestras diversas experiencias en una propuesta de protocolo de actuación basado principalmente en los recursos arqueológicos, para estudiar espacios agrarios. Sin embargo, atendiendo a la temática del coloquio centrada en los espacios de cultivo, por ahora la propuesta se centra especialmente en los métodos para el estudio de los campos, sus formas, su integración en parcelarios, sus tamaños, su datación, etc.

Somos conscientes de que la propuesta es incompleta puesto que debería integrar de forma más detallada otras cuestiones igualmente relevantes para el estudio de las sociedades campesinas. En primer lugar, todo lo referente a la gestión de rebaños y pastos, aspectos que no pueden ser considerados como actividades campesinas yuxtapuestas a las agrícolas sino que ambas se integran en sistemas coherentes y complejos y no deben ser, en consecuencia, consideradas separadamente. Tampoco se ha profundizado en los procedimientos de almacenaje ni en los procesos de transformación de productos agrarios para su conservación, para su consumo o para su uso como materias primas en producciones artesanas. Por otro lado, no han sido detalladas diversas formas de análisis como, por ejemplo, los arqueobotánicos, útiles no sólo para la identificación de las plantas cultivadas sino también para la reconstrucción de procedimientos de cultivo y de tratamiento de los productos cosechados; los análisis edafológicos de los suelos, fundamentales para el estudio de la formación y evolución de los suelos construidos para el cultivo; los análisis químicos de residuos orgánicos y de suelos, etc.

La propuesta de protocolo, pues, se articula en torno a tres ejes fundamentales que aparecen transversalmente en los sucesivos apartados:

1-La identificación y reconstrucción de parcelarios y su relación con los asentamientos campesinos: la medida del espacio.

2- La datación y evolución de estos espacios: la medida del tiempo

3- El estudio de las formas de gestión de estos espacios de cultivo, diversas según la sociedad que los construye o los adopta.

[1] Suscriben las propuestas del documento Bernat Moll, Virgilio Martínez Enamorado y Antoni Virgili.

[2] La lectura de los artículos reunidos en este volumen pone en evidencia esta diversidad. J.A. Quirós y A.Vigil-Escalera empezaron excavando zonas de residencia y el planteamiento en extensión de las excavaciones les permitió, entre otras cosas, descubrir y excavar parcelas de cultivo inmediatamente adyacentes a las estructuras domésticas de las aldeas excavadas. F. Retamero, B. Moll, H. Kirchner, E. Sitjes, J.Torró, J. Ortega, J.Eiroa, V. Martínez Enamorado y A. Virgili parten de los métodos de la "arqueología hidráulica" que combinan el análisis de la documentación escrita, de la toponimia, la prospección arqueológica y el análisis de morfología de parcelarios. Algunos de nosotros hemos partido, inicialmente de la documentación, antes que del registro arqueológico. M. Fernández Mier, con procedimientos próximos a la "arqueología hidráulica", es responsable de haber sistematizado el estudio de los espacios agrarios de montaña. Por fin, P. Ballesteros Arias, representaba un método muy preciso de excavación de parcelarios con el objetivo de estudiar la forma en que fueron construidos y datarlos y así estudiar su génesis evolutiva en el paisaje agrario.

[3] Nuestras trayectorias son además deudoras de iniciativas y planteamientos algo lejanos ya en el tiempo pero todavía cargados de perspectivas de investigación poco exploradas, surgidas de la historia rural y de la arqueología medieval en España de las que son representativas los libros de J.A. García de Cortázar (1988) y de M. Barceló (Barceló 1988a,b, 1995b), entre otros.

Las temáticas en torno a las que se han desarrollado estas tres líneas de trabajos son las siguientes: 1) reconceptualizar la noción de yacimiento arqueológico desde un punto de vista más amplio heredado de la arqueología del paisaje; 2) analizar las técnicas de identificación y reconstrucción de parcelarios a través de la integración y tratamiento regresivo de fuentes documentales, toponímicas y arqueológicas; 3) valorar la potencialidad de técnicas de tratamiento digital de los espacios agrarios, y en particular de los SIG; 4) analizar los resultados de las excavaciones de estructuras agrarias concretas.

I. La arqueología de los despoblados: la excavación de zonas de residencia y parcelarios adyacentes

El concepto de yacimiento arqueológico está siendo objeto de debate en la actualidad debido a las innovaciones tanto en el campo de las metodologías de análisis, como en los marcos conceptuales y teóricos con los que se analizan los paisajes culturales (Manacorda 2007). La profunda fractura que supusieron, en los años 60 y 70 del siglo pasado, corrientes como la Nueva Arqueología en ámbito anglosajón, o el materialismo en la arqueología de época histórica en buena parte del sur de Europa, condujo a la superación de la identificación de la arqueología con la historia del arte, introduciéndose nuevas temáticas y formas de análisis de las sociedades en su conjunto. La sistematización tipológica de los materiales de uso común y la introducción de protocolos estratigráficos sistemáticos son dos elementos básicos que caracterizan esta etapa.

Esta desmonumentalización, al menos en lo que se refiere a la arqueología postclásica, ha comportado que se desarrollase una arqueología de los lugares habitados (arqueología urbana) o de los lugares abandonados (arqueología de los despoblados), y se definieran metodologías de intervención arqueológica que han quedado plasmadas en la serie de manuales editados en los años ochenta (Harris, Carandini, Barker, entre otros). Ya en los últimos dos decenios esta situación se ha visto superada y cuestionada debido, sustancialmente, a tres procesos y líneas de actuación que se han producido en paralelo.

En primer lugar, la arqueología de los paisajes ha modificado el orden y las prioridades de la investigación, colocando al paisaje como objeto de investigación y a los yacimientos como componentes de una estructura relacional mayor. Además, la introducción de nuevas técnicas de análisis vinculadas a esta práctica (teledetección, prospecciones sistemáticas, imágenes de satélite, Lidar, etc.) ha permitido reconocer una enorme cantidad de huellas arqueológicas en el territorio, de tal manera que la distribución de los materiales y las evidencias arqueológicas puede ser considerada como un *continuum* de densidad variable en el que los yacimientos representan anomalías respecto a la norma (Terrenato 2000, 280). De hecho, el concepto de *non-site* se utiliza para definir aquéllos lugares en los que, habiendo huellas de actividades arqueológicas de baja intensidad, no permitiría hablar de yacimientos arqueológicos en términos tradicionales.

En segundo lugar, la explosión reciente en buena parte del sur de Europa de la arqueología preventiva en los espacios rurales ha llevado a que fuese necesario redefinir profundamente los protocolos, los objetivos y las formas de enfrentarse a sedimentos sujetos a intensas actividades postdeposicionales. Por un lado, ha sido posible reconocer yacimientos campesinos prácticamente invisibles a las prospecciones de superficie y a los procedimientos de detección más avanzados, de tal manera que aún hoy en día no contamos con tecnologías suficientemente generalizadas y de bajo coste que permitan reconocer estas evidencias materiales antes de llevar a cabo un desbroce en sectores amplios. Son yacimientos rurales que caracterizan algunos períodos históricos (p.e. la prehistoria reciente o la Alta Edad Media) y que se caracterizan por el predominio de estructuras negativas excavadas en el sustrato geológico, la existencia de amplios espacios vacíos de estructuras, la ausencia casi total de estratigrafías verticales frente al predominio de las horizontales, y por el dominio de los depósitos de formación secundaria. En España su detección de forma sistemática ha tenido lugar solamente en los últimos diez años, y ha comportado una profunda renovación en nuestros conocimientos sobre períodos como la prehistoria reciente (Díaz del Río 2001) o del período visigodo (Vigil-Escalera 2007).

El reconocimiento de estos yacimientos ha sido posible gracias a la realización de excavaciones en grandes extensiones, práctica que cuenta con una amplia trayectoria en el centro y el norte de Europa, pero que era prácticamente desconocida en España hasta hace una decena de años. Ha sido en el marco de la arqueología profesional de carácter preventivo donde se han comenzado a aplicar este tipo de procedimientos (Fernández Ugalde 2005).[4]

La excavación de forma extensiva de varias hectáreas ha producido un vuelco en términos metodológicos y conceptuales en el análisis arqueológico de los paisajes. Si la arqueología de los paisajes culturales postulaba el análisis extensivo de las relaciones entre los yacimientos de distinta entidad y el medio natural para comprender la acción social sobre el espacio, este procedimiento vuelve a colocar el yacimiento en el centro del análisis, aunque obviamente se ha producido un replanteamiento del propio concepto de yacimiento arqueológico.

La intervención arqueológica en porciones significativas de paisajes supone (i) comprender sectores carentes de evidencias arqueológicas o de baja intensidad en relación con sectores dotados de una mayor densidad de estructuras, (ii) comprender las relaciones entre las

[4] Es muy significativo que en las primeras jornadas de Patrimonio Arqueológico en la Comunidad de Madrid se tratasen tres temáticas aparentemente inconexas, pero en realidad muy vinculadas en este marco de actuación como fueron la excavación de yacimientos extensos y urbanismo; arqueología e infraestructuras lineales y Arqueología de época visigoda (AAVV2005).

distintas dedicaciones funcionales de los espacios, recurriendo a un análisis integral de los yacimientos, (iii) valorar la representatividad de los registros que manejamos, superando la ocasionalidad de los hallazgos utilizados hasta el momento.[5]

En tercer lugar, se ha desarrollado una arqueología de los espacios agrarios a partir de significativos conjuntos de huellas hasta el momento insuficientemente tenidas en consideración a las que se puede atribuir una definición en términos funcionales. Estos indicadores, como la presencia de zonas vacías identificadas como huertos o eras; silex empleados para el trillado; zanjas y canales para la delimitación de unidades agrarias, evacuación de aguas o la irrigación a pequeña escala; cierres para el ganado; bancales y terrazas; el registro, bioarqueológicos, etc., van aumentando en variedad según contamos con un mayor número de yacimientos indagados y están permitiendo analizar y reconstruir el conjunto de operaciones que constituyen el ciclo de producción agrario. En ocasiones estas huellas están representadas por la ausencia de estructuras o vacíos en el seno de los espacios aldeanos. Zonas de huerto y de cultivo intensivo o eras de trillado son quizás los casos más significativos que se han detectado en los últimos años en varios yacimientos medievales peninsulares (por ejemplo en las aldeas de Gózquez en Madrid o Zornoztegi en el País Vasco presentados en los artículos de A. Vigil-Escalera y J.A. Quirós en este volumen).

Igualmente la detección de campos de cultivo puede ser reconocida y delimitada a partir de los espacios que han sido abonados con residuos domésticos presentes de las viviendas cercanas. De hecho, la presencia de cerámicas y residuos domésticos aparentemente incoherentes o no reconocibles como yacimientos arqueológicos (algunos autores los denominan *off-sites*; Cambi, Terrenato 1996: 169) pueden constituir un indicador precioso para la reconstrucción de los espacios de cultivo medievales (Quirós en prensa). En otras ocasiones son las marcas de arado, de varios períodos, los indicadores más significativos que se hallan en las excavaciones en grandes extensiones (Criado *et al.* 2003).

No obstante, son las infraestructuras agrarias construidas y que han modificado los paisajes (sistemas de terrazas, sistemas de irrigación, límites de parcelas, rellenos agrícolas masivos, muros de contención, etc.) las que tienen una mayor visibilidad. De hecho, resulta hasta un cierto punto sorprendente saber la densidad de estructuras agrarias antiguas que se han preservado hasta nuestros días pertenecientes a períodos tan dispares como la prehistoria reciente (Parcero 1997), la época romana (Ruiz del Árbol 2005) o la medieval (Ballesteros, Criado, Andrade 2006; Quirós en prensa).

También los silos, como sistemas de almacenaje, pueden ser indicadores básicos aunque se sitúan en los espacios habitados. Hay que decir que en realidad la presencia de silos en yacimientos arqueológicos es conocida desde hace mucho tiempo, pero solamente en períodos recientes se han convertido en verdaderos indicadores de análisis de prácticas agrarias, cuando se han construido cuestionarios de investigación que han hecho significativo su estudio (ver p.e. Díaz del Río *et al.* 1997).

En definitiva, al concepto de yacimiento arqueológico no se le puede poner límites en función sólo de las construcciones puesto que hay registros diferentes que se interconectan: edificios, cerámica dispersada a causa de formas de abonado que aprovechan residuos domésticos, muros de terrazas, superficies de cultivo, etc. La existencia de relaciones estratigráficas, que se pueden establecer por el contacto directo entre las unidades arquitectónicas (o las negativas, huellas dejadas por edificios desaparecidos, como es el caso de las construcciones en materiales perecederos), los sedimentos asociados a éstas y espacios intersticiales o inmediatamente adyacentes que permiten restituir superficies de cultivo, tiene la ventaja de poder establecer de forma mucho más fiable la datación de las propias parcelas. Son buenos ejemplos de estas situaciones los recogidos en las aportaciones de J. A. Quirós y A. Vigil-Escalera, en este mismo volumen.

Al abordar la excavación de un asentamiento rural, pues, debería ser tenida en cuenta de forma sistemática la posibilidad de que se conserven, en intersticios aparentemente vacíos entre las estructuras domésticas o en las inmediaciones de una aldea, parcelas enterradas, cuyas superficies se hayan convertido en paleosuelos.

Los campos, cuando están pegados a las zonas de residencia, son arqueológicamente más visibles. Sin embargo, a menudo, su localización no es tan inmediata. También, pueden existir simultáneamente parcelas adyacentes al área doméstica y otras más alejadas con dedicaciones agrícolas diferentes. En el caso de los espacios irrigados andalusíes, por ejemplo, raramente se da esta contigüidad tan estrecha.

II. Identificación y reconstrucción de parcelarios medievales a partir del paisaje actual y con continuidad de ocupación.

Las nuevas formas de orientar la investigación no sólo se han producido en el concepto de yacimiento arqueológico, sino que hemos asistido a una importante transformación en la concepción que se tiene del paisaje y en cómo ha de ser estudiado y analizado como expresión de los cambios que se han operado en las sociedades estudiadas. Esto ha propiciado el desarrollo de líneas de

[5] Es relevante señalar que cuando se hace referencia al análisis integral de los yacimientos, no se pretende en absoluto teorizar la excavación total. Autores como M. Carver han discutido de forma muy acertada la cuestión cuando han planteado cómo el objeto de estudio y los métodos de análisis dependen directamente de los planteamientos teóricos con los que se construye el registro arqueológico, superando la visión positivista del yacimiento como mero depósito de datos (Carver 1990). Como ha señalado S. Roskams cuestionando la posibilidad de hacer excavaciones totales, "una decisión tal como qué definir como "el yacimiento" depende de establecer qué es lo que quieres hacer allí: no es ni la elección de un absoluto sin validez temporal ni una estimación puramente subjetiva, sino una decisión basada en los objetivos de investigación" (Roskams 2003: 50).

investigación que se han acercado al paisaje actual, que acumula todas estas transformaciones y que sigue siendo utilizado, y a los asentamientos, cuya génesis se remonta al período medieval, y que muy frecuentemente continúan habitados aún hoy en día.

La "arqueología hidráulica", cuyos métodos fueron descritos por primera vez hace años (Kirchner, Navarro 1993) y han sido puestos al día más recientemente (Kirchner en prensa-a), y los estudios realizados por M. Fernández Mier en zonas montañosas del norte peninsular (Fernández Mier 1996, 1999) tienen muchos puntos en común. El principal es el de haber conseguido desarrollar procedimientos que permitan reconstruir espacios de cultivo, parcelarios, y su funcionamiento a partir de la prospección sobre el terreno y la encuesta etnográfica, el análisis de la cartografía y la fotografía aérea, la toponimia y la contrastación con la información documental, a partir del paisaje actual (para no volver a insistir, lo dejo así). La necesidad de utilizar todo tipo de fuentes (escritas, arqueológicas, toponímicas, fotográficas), tal y como se ha hecho en la historiografía germana (Verhulst 1995), es imprescindible para tratar de comprender la génesis del paisaje. Estas fuentes usadas de forma independiente aportan informaciones parciales pero utilizadas de forma conjunta y complementaria se vuelven mucho más elocuentes y permiten dar el paso de estudios morfológicos o descriptivos a otros de carácter realmente histórico.

La especificidad y originalidad de los procedimientos para la identificación y reconstrucción de parcelarios, irrigados o no, consisten no tanto en la aplicación de técnicas concretas como en la articulación de una serie de métodos e informaciones producidos expresamente. Las técnicas utilizadas, pues, no tienen en si mismas nada de original en el contexto de la arqueología extensiva o del análisis de los documentos escritos. Así mismo, las circunstancias concretas de conservación de un espacio de cultivo, todavía activo, abandonado o fosilizado, pueden exigir adaptaciones técnicas diversas para conseguir la reconstrucción del parcelario original, su funcionamiento y las modificaciones que sufre con posterioridad a su creación.

Es importante tener en cuenta que nos encontramos ante paisajes complejos, multifuncionales, dinámicos y que en algunas zonas están ligados a un poblamiento que se mantiene hasta la actualidad desde época medieval y en los mismos emplazamientos. Por ello, la mayor parte de los elementos constitutivos de un paisaje agrario pueden tener un origen muy antiguo, pero han sido reutilizados y reinterpretados a lo largo de los siglos, de ahí que debamos de huir de cualquier simplificación en la interpretación (Orejas 2006: 10). Debemos tener presente la naturaleza de los distintos elementos que conforman el paisaje, analizándolos de una forma complementaria, como un todo orgánico, que somos capaces de reconstruir en un momento de máxima explotación -a mediados del siglo XX- a través de la encuesta etnográfica, pero que ese paisaje es el fruto de una constante actuación sobre él y al que hay que dar profundidad histórica a través del uso de la documentación escrita, la toponimia y la excavación arqueológica. En una palabra, que el estudio del paisaje debe hacerse desde una perspectiva diacrónica y multidisciplinar.

Arqueología hidráulica

Los métodos de la "arqueología hidráulica" han sido extensamente ensayados para el estudio de espacios irrigados andalusíes[6] y, en menor medida, para espacios irrigados feudales catalanes (Kirchner *et al.* 2002, Kirchner 2006, Kirchner en prensa-b, Batet 2006,). Asimismo, fueron aplicados en el Yemen, en espacios irrigados de época Himyarí (Barceló *et al.* 2000; Barceló 2003, Barceló, Torró 2003). Las primeras experiencias en Guajar Faragüit (Granada) y Mallorca en los años 1980 (Barceló *et al.* 1998) sirvieron para establecer los principios generales que regían la construcción y gestión de estos espacios irrigados rurales de al-Andalus así como su tipología básica (Barceló 1989, 1995a; Kirchner 1997). Más recientemente se ha afinado la diferenciación y descripción de los diferentes tipos que conforman esta tipología morfológica (Glick, Kirchner 2000; Kirchner 2008). Actualmente, alrededor de 200 espacios irrigados han sido estudiados siguiendo estos procedimientos.[7]

Los procedimientos de la "arqueología hidráulica" pueden considerarse como una forma de arqueología del paisaje o de arqueología agraria. Sin embargo, hay que señalar su originalidad más específica: la reconstrucción planimétrica de los espacios irrigados originales andalusíes que ofrece la posibilidad de estudiar con detalle el espacio mismo: sus estructuras, sus dimensiones, su funcionamiento, las modificaciones de que ha sido objeto y, especialmente importante, identificar, delimitar y describir el diseño original del espacio irrigado en el momento de su fundación.

El objetivo de la arqueología hidráulica es la reconstrucción del diseño original del sistema hidráulico y sus transformaciones y, para ello, hay que discriminar las modificaciones y ampliaciones que haya podido sufrir. La restitución del diseño original implica estudiar todo el proceso que va desde la selección del lugar donde se va a construir el espacio irrigado, la observación del relieve y las condiciones hidrográficas hasta la planificación del recorrido de las acequias desde el punto de captación, de la extensión y forma de las parcelas de cultivo, de la localización de los molinos y de las albercas si es el caso, y de las formas de distribución del agua.

El procedimiento se basa fundamentalmente en la combinación de informaciones de procedencia diversa:

1) La toponimia conservada o documentada. Se trata de estudiar los topónimos dentro de su contexto físico y social preciso, organizados en redes de asentamientos congruentes. Los listados de

[6] Véase la bibliografía recogida en Sitjes 2006.

[7] En el artículo de E. Sitjes (2006) se recogían los estudiados hasta 2005, que eran 161. La muestra permitió a dicha autora hacer análisis estadísticos sobre las medidas (superficies y longitudes de acequias) y teniendo en cuenta diferentes parámetros morfológicos.

topónimos y sus eventuales etimologías tienen, por si solos, escasa capacidad informativa.

2) La prospección arqueológica, para la localización de las zonas de residencia vinculadas a los espacios irrigados estudiados y que, por lo tanto, datan su construcción o su uso contemporáneo.
3) El análisis de la documentación escrita, especialmente la generada después de las conquistas feudales, puede informar sobre aspectos muy variados según los casos: la fecha de fundación del sistema o la cronología de las modificaciones, sobre las características formales de los espacios, sobre las formas de distribución del agua, sobre la localización de topónimos no conservados y sobre los límites de términos, territorios clánicos o el emplazamiento de asentamientos concretos, y sobre la disposición, el tamaño, la forma y la localización de las parcelas de cultivo. Las fuentes árabes son testimonios escritos que, en sentido estricto, no permiten conocer ni la articulación del poblamiento andalusí, ni la organización de sus espacios agrarios, ni, por tanto, la significación de las modificaciones posteriores a las conquistas feudales. Sí que lo permite, en cambio, la documentación producida por la conquista y la colonización feudal, al tratarse de una documentación de registro y notarial, muy prolija en detalles y datos fundamentales para reconstruir los espacios agrarios andalusíes y las transformaciones que se producen sobre el paisaje agrario con posterioridad a la conquista.
4) La reconstrucción planimétrica del sistema hidráulico se hace sobre fotografía aérea y recorriendo sobre el terreno parcela por parcela, canalización por canalización, puesto que toda la estructura del sistema y su funcionamiento deben quedar reflejados en la planimetría. Así es posible distinguir el diseño original de las modificaciones posteriores. Ello es posible en caso de que los espacios se hayan conservado activos hasta la actualidad o hasta hace pocos años. La contrastación con la información de procedencia documental ayudará también en la identificación del diseño original y de las ampliaciones así como en la propuesta de cronologías. En los casos en que el sistema hidráulico no se haya mantenido activo, las técnicas de análisis de la morfología de los parcelarios por observación de fotografías aéreas se hacen preponderantes sobre la prospección sobre el terreno. La reconstrucción del diseño original ha permitido, especialmente para los espacios irrigados andalusíes, determinar el tamaño que tienen, su superficie y establecer, al menos para las islas Baleares y para algunos espacios de montaña del País Valenciano, que el tamaño medio de los sistemas hidráulicos se encuentra alrededor de 1Ha de superficie (Sitjes 2006). La posibilidad de medir los espacios de cultivo supone plantear una cuestión de gran alcance, la de la congruencia entre el espacio cultivado y la carga poblacional que soporta (Barceló1995a), y abre la posibilidad, por primera vez, de realizar estimaciones de población a nivel regional.

La "arqueología hidráulica", pues, junto con la definición precisa de lo que es el diseño original de un sistema hidráulico, ha permitido identificar, medir y describir con un nivel de precisión muy alto espacios agrarios medievales que a menudo todavía están activos aunque algunas veces hayan sufrido importantes modificaciones y ampliaciones (Retamero 2006, Kirchner 2009). A lo largo de casi 30 años de investigaciones, la aplicación del método se ha ido perfeccionando y a la vez se han ido identificando sus limitaciones.

Algunas de estas limitaciones no han sido superadas todavía y requieren otro tipo de intervenciones. Cabe mencionar especialmente los casos en que la documentación disponible es escasa, demasiado tardía o, simplemente, inexistente. La asociación con zonas de residencia bien fechadas o un contexto regional que permita establecer analogías morfológicas entre espacios no documentados y otros bien datados son factores que ofrecen la posibilidad de proponer una cronología. En Ibiza, por ejemplo, la escasez o inexistencia de documentación notarial para algunas zonas ha supuesto identificar sólo como espacios irrigados andalusíes aquéllos claramente asociados a yacimientos arqueológicos y a topónimos consignados en el documento de reparto de la isla entre los conquistadores, el *Memoriale Divisionis* (Marí 1976). Algunos sistemas hidráulicos, pues, por falta de indicios claros, no sabemos cuando fueron construidos (Kirchner 2002) Sin embargo, la investigación en Ibiza supuso estudiar todos los sistemas hidráulicos de la isla y prospectar todos los yacimientos vinculados. Fue un estudio regional exhaustivo lo cual permitió establecer con mucha precisión las soluciones técnicas utilizadas en los espacios andalusíes bien documentados. Así, los sistemas hidráulicos de los que sólo se disponía de un yacimiento arqueológico asociado y un topónimo, sin documentación complementaria, se les podía, además, atribuir una identidad técnica y morfológica con el conjunto.[8] Problemas parecidos se plantearon en los barrancos del sur de Menorca, donde la repetición de las soluciones técnicas remite constantemente a un proceso de selección técnica y colonización homogéneo (Barceló, Retamero Eds. 2005). Aún así, en estos casos, la datación mediante los recursos proporcionados por la excavación arqueológica se hace imprescindible.

La "arqueología hidráulica", además, constituye un procedimiento para estudiar espacios irrigados, donde la canalización y transporte del agua implica unos límites habitualmente rígidos y fácilmente identificables de los parcelarios. Si bien los espacios irrigados en zonas mediterráneas pueden ser muy habituales o, incluso, a veces, casi la única forma posible de agricultura, el procedimiento excluye, en parte, el estudio de formas de agricultura no irrigada. Aún así, en las regiones donde se han realizado estudios a partir de la "arqueología hidráulica", especialmente en las Islas Baleares, se han podido también identificar espacios no regados, como por ejemplo los prados de marjal, las zonas húmedas parcialmente drenadas (Barceló *et al.* 1997b, ver el

[8] Ver como publicaciones: Barceló *et al.* 1997a; Kirchner 1998; 2003, 2007.

artículo de A. Virgili en este volumen) o fondos de valle aterrazados pero no irrigados (ver los artículos de H. Kirchner y E. Sitjes en este volumen). Además, la menor rigidez de los límites de los espacios no regados hace mucho más difícil su identificación y delimitación precisa. Simultáneamente, se han podido identificar y determinar la existencia de extensos intersticios incultos, de bosque o matorral, entre asentamientos y los respectivos espacios de cultivo. Los asentamientos andalusíes se organizan en redes alrededor de los parcelarios irrigados y no existe una contigüidad topográfica entre sistemas, normalmente separados por amplias zonas incultas que pueden delimitarse. Se puede advertir, a través de la documentación, su uso para la caza, la recolección y los pastos. Pero no es posible ir más allá de esta constatación.

La "arqueología hidráulica" ha tenido la capacidad, por otro lado, de poner de manifiesto, en el caso de los asentamientos andalusíes, que la creación de espacios irrigados es una opción social preferente que acompaña un proceso de migración bien estudiado ya para las Islas Baleares (Barceló 2001). Los conocimientos técnicos para su construcción forman parte de un conjunto con elementos de origen oriental (algunas técnicas de captación de agua como el *qanât* y la noria, algunas formas de distribución del agua, los molinos de cubo, un elenco de plantas aclimatadas y difundidas, etc.) que han producido una o varias síntesis locales, determinadas en parte por las condiciones orográficas e hidrológicas halladas.

Espacios de cultivo en sociedades feudales

Los intentos por parte del medievalismo de conocer y comprender cómo se producía la organización de los espacios productivos en la sociedad feudal ha tenido una larga trayectoria desde los años setenta, a partir de trabajos sobre las estructuras de poder de los señoríos, especialmente los de carácter eclesiástico, basados en la documentación escrita. En un primer momento, estos trabajos se centraron en el análisis de los conceptos de *villa*, *comunidad de aldea* o *comunidad de valle* (García de Cortazar, Díez Herrera, 1982; García de Cortazar 1998). Esta línea de trabajo que aportó importantes frutos, sin embargo apenas utilizó otras fuentes que no fuesen las escritas a la hora de reconstruir la organización de los procesos productivos y la impronta que dichas actividades dejaron en el paisaje.

A partir de los años noventa se comienzan a realizar otro tipo de investigaciones en el NO peninsular que ponen el acento, no sólo en el ejercicio del poder por parte de los titulares de los señoríos sino en cómo se plasma en el paisaje la acción conjunta de señores y campesinos, el peso y la capacidad de iniciativa que tienen cada grupo social, en un intento de comprender la génesis de un paisaje ligado al afianzamiento del feudalismo como un sistema económico-social complejo, en el que es necesario no sólo estudiar las estructuras de poder y las redes de poblamiento, sino el territorio en toda su complejidad y poniendo especial énfasis en analizar la terminología agraria (Barrios, Martín 2000-2001; Fernández Conde 1993; Torrente Fernández, 1989). Dentro de este contexto se realizó un primer acercamiento a la reconstrucción de las morfologías parcelarias asociadas a las aldeas feudales (Fernández Mier, 1996, 1999; Fernández Mier, Fernández Hevia, 1998; Fernández Mier, Calvelli, 2004). Así, se realizó un primer acercamiento a la reconstrucción de las morfologías parcelarias asociadas a villas feudales (Fernández Mier, 1996, 1999). Esta línea de investigación se ha desarrollado en buena medida de forma independiente de la de la "arqueología hidráulica", a pesar de la semejanza de muchos de los procedimientos aplicados.

Para abordar el estudio de estas estructuras agrarias, es preciso recordar que nos encontramos ante paisajes de carácter multifuncional y complementario. La actividad económica que vemos manifestarse en la documentación feudal pone el acento en espacios agrícolas (con diferentes tipos de cultivos), en espacios ganaderos y en el bosque, con la aldea como centro articulador de todo el territorio. Por lo tanto es imposible disociar el estudio de las distintas realidades que conforman la territorialidad de una aldea. Y a pesar de que se puede constatar la tendencia a fijar determinada actividad en una u otra área y de que existan algunas estructuras de carácter agrario ligadas a una práctica específica (como las terrazas de cultivo que acogen a los cereales o las estructuras hidráulicas relacionadas con los prados de siega o cultivos específicos y las cabañas ganaderas con los espacios de pasto), lo cierto es que se trata de lugares de carácter multifuncional que pueden acoger en el mismo ciclo anual prácticas agrícolas o ganaderas y que a lo largo de los años y de los siglos pueden variar su dedicación dependiendo tanto del crecimiento demográfico como de las necesidades del mercado, o de los intereses señoriales. En este sentido, quizá uno de los ejemplos más ilustrativos sean las terrazas de cultivo que aparecen en los espacios de pasto de montaña, fruto de la necesidad de ampliar los cultivos de cereal en determinados momentos históricos relacionados con el crecimiento demográfico (Fernández Mier en prensa).

Desde el punto de vista metodológico, consideramos que la aproximación a la génesis del paisaje tradicional exige una investigación que implica: 1) un conocimiento exhaustivo de la organización tradicional del paisaje a través de la encuesta etnográfica, elaborada en un ámbito geográfico amplio que nos permita un buen conocimiento de la realidad de partida (Álvarez et alii 1990); 2) posteriormente la aplicación del método regresivo que ha evolucionado mucho desde que lo aplicara M. Bloch (Verhulst 1995: 21-22; Abbé 2005; Bloch 1931) utilizando la documentación escrita y la toponimia (Martinelli 1982) nos permitirá ir aquilatando los principales momentos de fijación de las estructuras agrarias, así como la lectura estratigráfica de todos los elementos que conforman el paisaje agrario; 3) el último paso serán las intervenciones arqueológicas que nos aporten cronologías absolutas a los procesos documentados.

El tipo de fuentes documentales escritas que aportan datos sobre las estructuras agrarias son muy abundantes para época medieval y moderna, especialmente las de carácter administrativo, fiscal y jurídico. Los cartularios de los grandes dominios monásticos son la fuente fundamental para realizar una aproximación a los primeros siglos medievales, así como para la época pleno y bajo medieval, momento en el que comienzan a ser más habituales los documentos procedentes de los señoríos laicos que contienen apeos de las distintas propiedades que posee el señorío, en muchos casos especificando el nombre, la ubicación, la estructura agraria en la que se localiza, los linderos, la extensión, la dedicación, la renta que pagan, e incluso la forma que tienen las propiedades, documentos que son mucho más abundantes durante la época moderna. Un buen punto de partida para la reconstrucción de las estructuras agrarias de época moderna nos lo ofrece el Catastro de Ensenada que ofrece una imagen bastante precisa de la ordenación agraria en el siglo XVIII de aquellas zonas que conservan las respuestas particulares.

Generalmente, el uso que se ha hecho de la toponimia desde el punto de vista histórico ha estado supeditado a la localización de yacimientos arqueológicos y a su utilización como sustituto de la arqueología para épocas para las que no existía información documental ni excavaciones arqueológicas, como ha sucedido durante décadas con la Alta Edad Media (Barrios 1982). Pero el importante desarrollo que ha tenido la arqueología europea de las últimas décadas ha evidenciado que no existía una correlación entre los topónimos y los yacimientos localizados, lo que ha llevado al cuestionamiento del uso de la toponimia como fuente histórica (Zadora-Rio 2001).

Frente a este uso parcial que se ha hecho de los topónimos, solo los relacionados con los núcleos de poblamiento, el uso del sistema toponímico de una aldea en su conjunto -la denominada microtoponimia- contrastada con la documentación escrita convierte a ambos registros en fuentes de gran elocuencia (Fernández Mier 2006). Para ello hemos de partir del hecho de que la toponimia es el reflejo que una sociedad tiene de un determinado espacio, de ahí que es capaz de aportar información sobre los lugares de explotación agrícola, ganaderos, boscosos, sobre la repartición social de la tierra y sobre la proyección del régimen de propiedad. Recopilada la toponimia es necesario realizar un estudio etimológico de los términos actuales y comprobar la correspondencia existente entre los topónimos actuales y los mencionados en la documentación escrita (García Arías 1988). Esta metodología se ha utilizado en algunas zonas del Norte Peninsular, comprobándose la importante permanencia del registro toponímico desde época medieval hasta nuestros días (Fernández Mier 1996; Arbúes 1998). En el caso concreto de Asturias podemos asegurar que el 95% de los topónimos mencionados en la documentación medieval y moderna se conserva en la actualidad designando el mismo predio y aquéllos que no se conservan son los topónimos registrados en la documentación más antigua, correspondiente a los siglos X y XI, lo que indica un importante cambio en las estructuras agrarias y en su sistema de denominación durante el siglo XII a la vez que su aparición en los documentos nos indica una cronología "post quem" para los topónimos.

Las técnicas de la "arqueología hidráulica" también han sido aplicadas al estudio de espacios irrigados en sociedades feudales. Concretamente, la catalana, en dos zonas muy concretas: la ciudad de Puigcerdà, en el Pirineo de Girona (Kirchner *et al.* 2002) y en el Vallès Occidental (Kirchner 2006). Ambos estudios han permitido proponer una periodización en la formación de los sistemas irrigados en sociedades feudales, destacando la escasa capacidad de la clase señorial de promocionar su construcción antes de finales del siglo XII (Kirchner en prensa b).

La ocupación de espacios agrarios andalusíes por parte de las sociedades feudales conquistadoras. Algunas especificidades de procedimiento.

En la Península Ibérica, la dinámica de expansión sobre al-Andalus impone la necesidad de considerar de forma detenida cómo se debe abordar el estudio de la ocupación de espacios agrarios andalusíes, creados por unas comunidades campesinas cuyos criterios de selección y de gestión dejan improntas indelebles en el espacio construido. Hasta qué punto y de qué manera, pues, se preguntó hace años M. Barceló (1988b: 79) la ocupación y colonización feudal adoptó, modificó y amplió estos espacios de cultivo. Hay que enfatizar, pues, la centralidad que tiene el estudio de los ecosistemas cultivados para la comprensión del alcance de las transformaciones introducidas a raíz de estos procesos.

La ocupación de los espacios agrarios andalusíes por parte de las nuevas poblaciones inmigradas tras las conquistas requiere un estudio arqueológico en el que deben tenerse en cuenta, además de los procedimientos técnicos habituales del trabajo de campo y laboratorio, las informaciones proporcionadas por la documentación escrita. No se trata ya simplemente de las noticias genéricas y lacónicas que, de forma eventual, ofrecen textos cronísticos o descripciones geográficas en el caso de la civilización andalusí, sino de los conjuntos profusos de datos que pueden proporcionar los documentos de archivo conservados, es decir, aquellos que son resultado del funcionamiento duradero de una actividad administrativa desarrollada por autoridades e instituciones (Teixeira, 1995; Virgili, 2001; Gerrard, 2003).

Debe tenerse en cuenta que los textos producidos por la larga serie de repartos feudales, lejos de suponer un mero registro pasivo de las concesiones de tierras, constituían activos instrumentos que, además de fijar las relaciones entre vencedores y vencidos, y entre señores y colonos, ayudaban a asentar la ficción legal del traspaso ordenado del territorio andalusí a manos de los feudales, por ejemplo a través las concesiones *sicut in tempus sarracenorum*. Sobre expresiones de este tipo reposa, en buena medida, el mito del "legado agrario andalusí", que hace pasar a los conquistadores cristianos por herederos legítimos de las tierras de al-Andalus.

No obstante, pese a la abundancia y diversidad de los documentos de archivo (que pueden ser de carácter legal, judicial, ejecutivo, contable o notarial), nos hallamos ante grandes desigualdades regionales y cronológicas que afectan tanto al volumen general de la documentación como a la calidad o detalle de sus contenidos. Puede afirmarse, en efecto, que a partir de mediados del siglo XIII los textos tienden a ser cada vez más prolijos, precisos y variados; también es cierto que el ámbito territorial de la Corona de Aragón cuenta, en conjunto, con fondos de archivo mucho más potentes que los de la monarquía castellano-leonesa.

Está bastante difundida la idea de que, a diferencia del registro arqueológico, que precisa un alto grado de elaboración para producir informaciones relevantes, el documento escrito las proporciona de forma directa e inmediata. Esto no es cierto. Además de una comprensión adecuada del texto, que pasa por el dominio del lenguaje y la terminología utilizados, es necesario saber convertir su contenido en datos, es decir, en unidades de información sistematizables e, incluso, susceptibles de cuantificación. Es de este modo como pueden adquirir sentido las diferentes noticias relativas, por ejemplo, a efectivos de población, equipos de labor, instalaciones de almacenamiento y elaboración de los frutos, localizaciones de asentamientos e infraestructuras, caracterización de los dispositivos hidráulicos, clases de cultivos, acciones de roturación o transformación del medio, delimitaciones y medidas agrarias, etc.

Precisamente, el problema de la división de la tierra y las pautas metrológicas utilizadas alcanza una relevancia especial cuando se trata de estudiar los efectos de una conquista sobre espacios agrarios. El hecho de que las tierras sean manejadas como botín implica el ejercicio de una agrimensura aplicada a la creación de las unidades de cultivo que deben repartirse entre los nuevos pobladores. Tales acciones tienen, a su vez, consecuencias que van más allá de la simple geometría del plano (cambios en la organización del drenaje y del riego, desaparición o traslado de áreas de residencia, puesta en práctica de otras técnicas de labranza, sustitución de especies cultivadas, etc.), por lo que su descripción debe constituir un objetivo prioritario, para el cual la documentación escrita puede ofrecer indicaciones de gran valor (Laliena, 1994, 2008; Malpica, 2003-04; Guinot, Torró, eds., 2007).

La identificación de parcelarios de colonización debe efectuarse a través del análisis morfológico de fotografías aéreas, preferentemente de los vuelos más antiguos disponibles, aunque puede contarse con el apoyo de planos topográficos y catastrales (Chouquer, 2000; González Villaescusa, 2002). Una imagen ortofotométrica es la base de trabajo idónea para el registro y representación de los resultados. Fundamentalmente, de lo que se trata es de discernir pautas relacionadas con los criterios de regularidad formal y dimensional puestos en práctica por los constructores de los nuevos espacios agrarios. En este sentido, el conocimiento de la metrología utilizada, de la equivalencia de las medidas de longitud y superficie referidas en los textos de la época, constituye una ventaja indudable. Aunque también es verdad que, a la inversa, una identificación afortunada de los módulos empleados en una parcelación datada con garantías puede tener el enorme valor de ayudarnos a precisar sistemas metrológicos documentados, pero de valores poco o mal conocidos.

El estudio de operaciones colonizadoras puede realizarse tanto en el ámbito de los antiguos espacios agrarios andalusíes como fuera de ellos. Las efectuadas en los primeros podían llevarse a cabo mediante formas muy diversas: desde la obliteración de los parcelarios activos preexistentes al cambio de cultivos o del régimen de distribución del agua de riego (de menor o nula visibilidad en la documentación morfológica), pasando por todas las posibilidades intermedias. Obviamente, las modificaciones internas resultan difíciles de aislar en sistemas parcelarios complejos, como los de las llanuras aluviales. Por otra parte, deben tenerse en cuenta, también, las actuaciones llevadas a cabo por los colonos en espacios que anteriormente no habían sido reducidos a cultivo de forma estable. El estudio de las roturaciones ofrece un interés especial en el planteamiento de una investigación de estas características, dado que éstas pueden identificarse con relativa facilidad (alto grado de coherencia morfológica de las formas globales del parcelario, regularidades dimensionales a gran escala, referencias textuales precisas, etc.) y proporcionan unas pautas claras que, eventualmente, pueden servir de orientación para distinguir las transformaciones internas, más constreñidas, discontinuas y, por fuerza, carentes de una ordenación uniforme.

La caracterización de este tipo de acciones (mediante la información documental escrita y el estudio morfológico) no puede ser considerada como fin en si mismo de la investigación, pero su papel de "fósil guía" hace de ella no sólo condición necesaria para llegar obtener una cartografía de la actuación transformadora de los señoríos y las comunidades vecinales cristianas en los procesos de colonización, sino también requisito insoslayable para desarrollos analíticos ulteriores, más acordes a la complejidad de los registros y las problemáticas.

Las problemáticas, en efecto, son complejas debido, en primer lugar, a la profunda imbricación de los campos de análisis que puede darse en las regiones que fueron objeto de conquista y colonización. Hay tres grandes líneas de investigación solapadas (Torró, 2003):

1) el ecosistema cultivado andalusí en el momento de la conquista;

2) las modificaciones introducidas en las zonas de asentamiento cristiano;

3) la situación en los territorios (particularmente en comarcas de Aragón, Valencia, Murcia y Granada)

donde permanecen las aljamas musulmanas ("mudéjares").[9]

La intervención de los nuevos ocupantes en el ecosistema preexistente exigió, en mayor o menor medida, una evacuación de la población indígena andalusí —cuya magnitud podría ser objeto de estimaciones razonables con la ayuda de una arqueología agraria avanzada— y el asentamiento de colonos cristianos. Éstos encontraron un paisaje ya construido: casas, campos, acequias, árboles y viñas intactas. Las escrituras de donación y los repartimientos dan buen testimonio. Aparentemente, todo estaba hecho y lo único que hacía falta era ponerlo en marcha. Sabemos que no fue así, pero esta ilusión ha inhibido casi hasta hoy mismo el estudio específico de las grandes transformaciones agrarias subsiguientes a las conquistas. Por otra parte, tampoco se ha tenido en cuenta lo que tales actuaciones debieron a la experiencia de prácticas consolidadas en los territorios originarios de los nuevos pobladores, a lo aprendido o conservado de las tradiciones técnicas andalusíes, o a eventuales síntesis locales.

No es de extrañar, desde esta perspectiva, que la arqueología de los procesos de conquista y colonización feudal se haya visto obligada a poner seriamente en cuestión los planteamientos tradicionales de lo que en otro tiempo dio en llamarse la "repoblación". Como es sabido, según este tipo de formulaciones, el campesinado andalusí estaba fundamentalmente concentrado en torno a las grandes vegas periurbanas. Lejos de ellas su presencia era demográficamente poco densa y generaba, por tanto, escaso impacto en un paisaje dominado todavía por vastas áreas de terreno virgen. Narrativas de este tipo han venido defendiendo igualmente la idea de que, por lo general, las experiencias colonizadoras emprendidas por los feudales acabaron fracasando a causa de la escasa, lenta y desigual afluencia de colonos, incapaz de dar lugar a modificaciones de alcance en los terrazgos sobre los que se implantaba el orden feudal. Los campesinos cristianos se habrían conformado, de este modo, con ocupar las áreas de vacío dejadas por la marcha de los musulmanes, limitándose a mantener allí la ingeniosa tecnología que los andalusíes habían introducido. Es fácil reconocer tras este guión historiográfico las coordenadas intelectuales del viejo liberalismo: las de una conquista feudal procreadora de la nación, victoriosa, pero poco traumática.

Por lo demás, es posible, en las condiciones actuales, indicar una serie de objetivos prioritarios que deben orientar el sentido de la investigación y la selección de los registros. La identificación de las regularidades parcelarias distintivas tiene un papel decisivo para explicar la lógica de la construcción geométrica de los espacios agrarios o la planificación de las roturaciones, y forma parte destacada del estudio de otras cuestiones fundamentales, como son la creación de nuevos sistemas de irrigación, la reorganización de los preexistentes y las técnicas hidráulicas empleadas en ambos casos. La documentación escrita puede contener claves de enorme valor para el tratamiento de estos problemas. Por ejemplo, la identidad y procedencia de los técnicos hidráulicos encargados de los trabajos.

Quizás la principal conclusión a la que han podido llegar los estudios realizados hasta la fecha por la arqueología agraria al respecto de esta problemática haya sido la posibilidad de verificar el mantenimiento generalizado de la infraestructura hidráulica andalusí tras la conquista. De hecho, existen elementos de juicio suficientes para suponer que la distribución geográfica de los regadíos andalusíes determinó notablemente la organización de la ocupación feudal en los territorios conquistados. Es dudoso, sin embargo, que ello supusiera la perduración integral del conjunto de las estructuras agrarias andalusíes. La dislocación social introducida por efecto de las conquistas –la desaparición de la capa de terratenientes urbanos, el destierro o la huida de grandes contingentes de población campesina– fue la causa de la reorganización generalizada de los modos de gestión de los dispositivos hidráulicos, especialmente allí donde se asentaron grandes instituciones feudales, cuya capacidad de acumular tierras les colocó en una situación de imponer sus intereses, inédita hasta entonces, en lo que respecta al funcionamiento de estos espacios de cultivo, sobre todo en lo concerniente a los repartos del agua (Teixeira, 1995; Sesma, Utrilla, Laliena, 2001; Hernández Charro, 2007; Guinot, 2008, 2009).

El mantenimiento de la tecnología hidráulica andalusí no debe hacer olvidar, por otra parte, que a lo largo de los siglos XII y XIII se produjeron numerosas ampliaciones de los terrazgos, roturaciones, desecaciones de áreas palustres e, incluso, creaciones de espacios irrigados completamente nuevos, a muy gran escala o de pequeñas dimensiones. El análisis de estos nuevos espacios ha dejado claro igualmente que su objetivo principal era responder a la demanda de tierras por parte de los colonos a través del reparto de lotes organizados con arreglo a módulos fijos de superficie, con independencia de sus cualidades edafológicas o de su posición en la secuencia de repartos del caudal, lo que, a la larga, dio lugar a constantes conflictos que en muchos casos se alargaron secularmente (Trillo, 1999; Malpica, 2003; Martín Civantos, 2003-04; Torró, 2009; Ortega, Laliena, e.p.).

También comienza a estar clara la magnitud del impacto que a nivel agrario tuvo la desestructuración del poblamiento andalusí, basado en nebulosas de pequeños establecimientos rurales con clara tendencia a la dispersión, especialmente con la promoción de concentraciones de colonos en aldeas, pueblas o villas de plano regular, cada vez más potente a partir de las últimas décadas del siglo XII (Malpica, 1984; Torró, Ivars, 1992; Guinot, Martí, 2006; Laliena, Ortega, 2009). Una consecuencia nada despreciable de este tipo de iniciativas fue la posibilidad de generar explotaciones familiares y masías en los espacios intersticiales de secano, cuya posesión fue un objetivo permanente de la baja nobleza y

[9] Los primeros estudios sobre esta última cuestión han aparecido muy recientemente (Torró, 2007; Esquilache, 2009; Laliena, 2009).

de las oligarquías urbanas (Teixeira, 1993; Eritja, 1998; Laliena, Ortega, e.p.).

La multiplicación de los molinos hidráulicos entre el siglo XI y XIII supuso otro elemento central de los paisajes feudales, sobre todo allí donde la percepción de las rentas de los monopolios conformaba el eje de las relaciones entre señores locales y colonos. Incluso en los contornos las ciudades, donde los molinos no constituían monopolios, fueron frecuentes los episodios de acumulación de estos ingenios.

Ahora bien, desde un punto de vista metodológico, la investigación arqueológica de las cuestiones propuestas debe tender a superar las insuficiencias de orden cronológico y ambiental propias de los estudios morfológico-documentales predominantes hasta la fecha. Aunque los estudios morfológicos pueden ofrecer secuencias fiables, es difícil obtener hitos de cronología absoluta cuando los hechos observados no están bien datados por la documentación de archivo. Por otra parte, el nivel de refinamiento alcanzado actualmente por las técnicas de análisis paleoambiental ya no permite justificar, de ningún modo, la ausencia de este tipo de datos en los estudios sobre los paisajes andalusíes capturados y modificados a raíz de las conquistas, obligándonos en lo sucesivo a hablar, también, de ecosistemas.

III. La aplicación de técnicas de análisis de SIG para el estudio de los espacios de cultivo

Un hecho importante a destacar en relación con la investigación de los paisajes es el tema de la escala del análisis. Es incuestionable la necesidad de realizar estudios de carácter regional que permitan comprender distintas formas de transformar el medio para crear espacios de cultivo, desde las áreas de alta montaña hasta las zonas de costa, pero también la necesidad de contar con análisis microespaciales que permitan la utilización conjunta de todas las fuentes, lo cual sería imposible en una análisis regional.

Pero la investigación centrada sólo en un parcelario aislado es escasamente significativa. En la bibliografía mencionada sobre espacios agrícolas andalusíes, por ejemplo, puede observarse que la mayoría de títulos afectan a regiones coherentes donde se han estudiado todos los espacios irrigados de todas las épocas. Ello ha sido fundamental para establecer las tipologías y las soluciones técnicas y morfológicas características de la época medieval y de los periodos más recientes. Y también ha sido imprescindible para entender procesos históricos de mayor alcance, como el de la migración y colonización campesina andalusí en las islas Baleares (Barceló 2001); las modificaciones introducidas por las conquistas y colonizaciones feudales (Torró 2003, 2007, 2009); la apropiación de espacios agrarios campesinos por parte de instituciones monásticas (Batet 2006, Kirchner 2006); o la configuración de redes de aldeas en el norte de la Península (Fernández Mier 1999). Los SIG son ideales para los análisis y comparaciones en estudios regionales sistemáticos, en cambio, no se aprovecharan sus aplicaciones en estudios de espacios agrarios esporádicos.

La incorporación de las técnicas de análisis GIS al estudio de los paisajes (Sitjes 2008), permite la gestión de un gran cúmulo de información de carácter geográfico y de los datos procedentes de estudios regionales y análisis microespaciales. Los estudios sobre formas de poblamiento y su vinculación con los espacios agrarios generan una gran cantidad de datos geográficos que son de difícil gestión y análisis sin el uso de herramientas informáticas. Los SIG, además de agilizar el análisis estadístico de la muestra estudiada, permiten una amplia recogida de información, su eficiente organización y jerarquización. Toda la información georeferenciada procedente de estudios de espacios de cultivo y de la distribución de los asentamientos puede ser almacenada, actualizada y gestionada adecuadamente y se pueden realizar modelos georeferenciados del espacio de gran utilidad, porque aíslan los elementos y relaciones que son útiles para el propósito de estudio. Son, por lo tanto, herramientas idóneas para la representación gráfica de los espacios agrarios y de los elementos relacionados con éstos. Se pueden generar mapas extraordinariamente comunicativos que sirven para representar grandes cantidades de datos espaciales que, de otro modo, sería imposible de transmitir eficientemente (Conolly, Lake 2006: 276-278).

Además permiten establecer con precisión la relación de los espacios agrarios con otros aspectos estudiados, teniendo en cuenta diferentes variables, como, por ejemplo, la red de asentamientos, las condiciones de proximidad y accesibilidad, la conectividad y las redes de caminos, la hidrología (situación, cambios en los cursos de agua, riesgos de inundación), entre otros aspectos. Y es que los SIG son instrumentos muy potentes para el estudio y análisis de las relaciones espaciales a través de la superposición de capas vectoriales estructuradas topológicamente, que permiten el análisis entre tipos de información diferentes, y la vinculación con bases de datos. Cabe añadir que algunas aplicaciones de este tipo de programas son especialmente útiles para el estudio de espacios de cultivo, por ejemplo la creación de "buffers" (áreas de influencia) en torno a los cursos de agua para determinar qué zonas eran potencialmente inundables y, por lo tanto, no podían ser cultivadas durante algunos períodos del año.

No se pueden enumerar las utilidades que ofrecen los SIG para el estudio de espacios agrarios sin considerar sus límites. Para realizar análisis de datos o generar mapas utilizando programarios de este tipo es necesario disponer de bases cartográficas de calidad y los estudios deben fundamentarse en informaciones (históricas, arqueológicas, toponímicas, documentales,...) correctas, precisas y contrastadas. También deben tenerse en cuenta los límites de tipo interpretativo. Los SIG permiten detectar fácilmente la existencia de repeticiones o asociaciones entre, por ejemplo, una morfología de espacios agrarios y otras variables. Pero es necesaria la existencia de una muestra suficiente y representativa, así como de una exhaustiva contrastación, antes de interpretar algunas repeticiones como relaciones causales.[10]

IV. Excavación arqueológica en campos de cultivo

La excavación arqueológica de las unidades arquitectónicas empleadas como estructuras de captación, almacenaje, canalización o elevación del agua para el riego plantea problemas muy específicos ante la inexistencia de depósitos arqueológicos en la mayor parte de las ocasiones. En los espacios de cultivo estudiados que se han mantenido activos, las estructuras arquitectónicas han sufrido reconstrucciones, sustituciones y limpiezas frecuentes. Deben aplicarse, en estos casos, técnicas de análisis de materiales de construcción y de paramentos. Cuando empezaron a estudiarse los sistemas hidráulicos andalusíes esta realidad contribuyó a la formulación del concepto de "diseño original" (Barceló 1989). Las unidades arquitectónicas del sistema hidráulico podían ser de construcción reciente, pero el punto de captación del agua, el trazado de las acequias, las pendientes, el emplazamiento de los molinos y las albercas podían ser "originales" y, en consecuencia fechados eventualmente en época medieval, gracias a la documentación, a la asociación con yacimientos arqueológicos y a toponimia significativa. Sin embargo, las posibilidades que puede ofrecer la excavación arqueológica de estas estructuras, a pesar de no contener depósitos arqueológicos puesto que están activas, no han sido todavía exploradas.

Más allá de los conocidos análisis etnográficos, o aquellos basados en los principios de la denominada "Arqueología de la Arquitectura", y para los que no es necesaria la aplicación de técnicas arqueológicas de excavación, el estudio de los elementos construidos que conformaban el paisaje agrario (pozos, fuentes acondicionadas, azudes, minas de agua, *qanât*(s), acequias, partidores, balsas de regulación del caudal, muros de terrazas, molinos, etc.) raras veces da lugar un estudio arqueológico más profundo. Sin embargo, estamos convencidos de que la excavación arqueológica de las unidades arquitectónicas implicadas en los procesos de riego puede permitir precisar su cronología y reconstruir su proceso constructivo.

También es posible excavar estructuras que ya no son activas hoy en día, incluso que se encuentran enterradas bajo sedimentos de más o menos potencia. Hay ya algunos ejemplos de hallazgos de este tipo, como el acueducto de Alcantarilla (López Campuzano 1997), las norias de Oliva (Bazzana, Montmessin 2006) o la canalización de la Senda de Granada (García Blánquez, Cerdá Mondéjar 2007). Sin embargo, se trata de hallazgos casuales, propiciados por intervenciones preventivas que, en el ámbito rural todavía son escasas.

Para llegar a conocer e interpretar las diferentes formas de ocupar, construir y gestionar lo que hoy se nos aparece como el paisaje rural tradicional destacan las estrategias de investigación desarrolladas por el Laboratorio de Patrimonio (LaPa)[11] del CSIC, en ámbitos geográficos diversos y para distintos contextos arqueológicos (los paisajes agrarios romanos, los medievales, etc.).

La práctica arqueológica aplicada a elementos agrarios, en uso o no, siguiendo un determinado protocolo metodológico y disciplinar, es válida para identificar el importante espesor histórico y comprender cómo un paisaje agrícola creado por comunidades situadas en los inicios de la Edad Media[12] se ha ido transformando y constituye al mismo tiempo un paisaje vivo y dinámico porque sigue siendo un paisaje agrario usado por la comunidad campesina actual.

Como punto de partida, deben identificarse aquellos elementos de carácter construido o artificial que conformaron el paisaje agrario, tal es el caso de los canales de riego y drenajes de agua, los muros de parcelación de labradío o de monte y los caminos, haciendo especial hincapié en las terrazas y los bancales agrarios como entidades de especial relevancia ya que tuvieron y siguen teniendo un papel decisivo en la configuración del paisaje actual. A su vez, consideramos estos últimos como entidades monumentales, ya que para su construcción ha sido preciso realizar una planificación del espacio agrario a través de una absoluta transformación de las formas anteriores del paisaje y, además, son elementos que siguen realizando su función dentro del paisaje agrario rural actual.

En este sentido, a la hora de trabajar en un paisaje agrario, es necesario detectar los indicios que evidencian la antropización del medio (es decir, las estructuras y los vestigios ligados a las prácticas de cultivo) aplicando métodos de registro, análisis e interpretación arqueológicos a entidades que siguen teniendo un papel decisivo en la configuración actual del paisaje, como forma de recuperar su profundidad temporal.

El estudio arqueológico de los procesos de formación y uso de las formas del espacio rural es una línea en la que el Laboratorio de Patrimonio del CSIC viene trabajando desde mediados de los años 90 (Criado-Boado et al. 1998; Ayán Vila et al. 1999). Las primeras experiencias en ese campo se desarrollaron durante los trabajos de control de Impacto Arqueológico de obras públicas como la del Oleoducto A Coruña-Vigo (1993-94) o la Red de Gasificación de Galicia (1995-99) (y en diversas obras relacionadas con la Corrección de Impacto Arqueológico

[10] Tal como han indicado J. Conolly y M. Lake, "the mere existence of an association between human activity and one or more environmental variables does not in itself provide adequate evidence of a causal relationship" (Conolly, Lake 2006: 8).

[11] Anteriormente Laboratorio de Arqueoloxía da Paisaxe.

[12] Esta afirmación se fundamenta en que la mayoría de los resultados obtenidos a través de método de C14 sitúan en la Alta Edad Media (siglos V y VI) los suelos sobre los que se está empezando a modelar el paisaje agrario.

sobre el Patrimonio Cultural entre las que se encuentran las obras de construcción de la Autopista Santiago-Alto de Santo Domingo (2001-2003), la Autovía del Corredor do Morrazo (2003) o el Corredor Norte-Noroeste de Alta velocidad Ourense-Santiago (2008). En estos proyectos se accedió al análisis estratigráfico de algunos elementos concretos del paisaje agrario como bancales y terrazas de cultivo, cierres de monte y labradío, caminos, etc., cuyos procesos de formación y uso fueron reconstruidos a partir de un trabajo basado en metodología arqueológica, [13] multidimensional e interdisciplinar. Multidimensional, porque se entendió que un paisaje rural sólo se podía estudiar satisfactoriamente aunando la perspectiva área y superficial con el examen del subsuelo y las estratigrafías. El estudio de la superficie agraria incorporó la organización del espacio de producción, los usos del suelo actuales, la impronta toponímica, así como el estudio del parcelario como un indicador más de la evolución del paisaje agrario. Por su parte, el análisis de las relaciones verticales implicó definir la forma, contorno, área y morfología de los diferentes elementos del paisaje rural, y caracterizar la organización interna y estratigrafía de esos elementos mediante sondeos arqueológicos.

La apertura de zanjas lineales es el procedimiento más efectivo para poder estudiar el desarrollo vertical de los elementos del paisaje estudiados y sus componentes. A través del estudio de los perfiles generados por el corte transversal sobre espacios agrarios, se puede proceder a un análisis de su completa estratigrafía. Esto permite, entre otras cosas:

- Examinar las colmataciones de tierra producidas por efecto natural o por la acción antrópica.
- Estudiar cuales fueron los procesos iniciales que se llevaron a cabo a la hora de planificar o de construir un espacio agrario.
- Indagar en los sistemas y procesos constructivos de las terrazas agrícolas (si fue un proceso paulatino y no organizado o si su construcción fue realizada de forma premeditada y sistemática).
- Observar las distintas soluciones adoptadas para posibilitar la explotación agrícola, como nivelar un terreno en pendiente.
- Localizar construcciones adjetivas de estos espacios como canales de riego, sistemas de drenaje, accesos a las parcelas, etc., que puedan no ser ya visibles en superficie y que permiten el correcto funcionamiento de la estructura agraria diseñada.

Complementariamente, la ejecución de sondeos arqueológicos puede ser de la mayor utilidad para caracterizar de una forma más exhaustiva las parcelas de cultivo. Mientras las zanjas lineales nos permiten estudiar la morfología, funcionalidad y fases constructivas de las estructuras agrarias, los sondeos arqueológicos pueden dar lugar a identificar otros procesos inherentes a la creación de los espacios de labradío, como por ejemplo, las técnicas utilizadas para la puesta en cultivo de una parcela, mediante el registro de las evidencias de las microformas del relieve, como pueden ser las improntas dejadas por los instrumentos de labranza sobre los horizontes orgánicos y minerales.

La complejidad del tema de estudio requiere plantear un proceso de investigación asimismo complejo, en el que diferentes disciplinas bien integradas y coordinadas permiten abordar el trabajo en todas sus dimensiones. Así, se combinan las metodologías puramente arqueológicas (prospección superficial, fotointerpretación, levantamiento planimétrico, apertura de sondeos y análisis morfológico y estratigráfico), los análisis edafológicos, radiocarbónicos, polínicos y la contextualización histórica y etnográfica.

Una parte importante del *corpus* metodológico que se presenta, se basa en la toma de muestras de los suelos y datación por Carbono 14 de fracciones de materia orgánica contenida. La datación de terrazas agrarias tiene como objetivo:

- Conseguir cronologías absolutas para las unidades estratigráficas que conforman la entidad.
- Ofrecer una propuesta interpretativa del momento de construcción y de los procesos formativos.
- Fijar los distintos momentos en los que se ha llevado a cabo ampliaciones y/o remodelaciones del sistema aterrazado.

Esta propuesta metodológica fue puesta en práctica gracias a la colaboración del Dept. de Edafología de la Facultad de Biología de la Universidad de Santiago de Compostela, dirigido por A. Martínez Cortizas, que realizó el tratamiento y preparación de muestras de suelos y sedimentos antiguos previa a la datación radiocarbónica. Dicha técnica consiste en una separación de la fracción inferior a 50 µm ya que así se pueden recuperar cantidades significativas de materia orgánica que puede ser datada mediante AMS. Con base en estas fracciones, se obtuvieron todas las dataciones radiocarbónicas procedentes de los diversos trabajos arqueológicos aplicados a elementos del paisaje agrario dentro del LaPa-CSIC. Hay que añadir que esta metodología ha sido testada en más de una ocasión. Así, el equipo de Martínez Cortizas (Martínez Cortizas *et al.* 2000) obtuvo en un mismo nivel arqueológico fechas radiocarbónicas significativamente no distinguibles entre la muestra de carbón y la de fracción fina del suelo (Ballesteros *et al.* 2006: 202).

[13] Fruto de esos trabajos se han publicado numerosos artículos en los que se muestra el proceso de investigación sobre espacio agrario aplicando una metodología arqueológica interdisciplinar adaptada a los diferentes contextos y problemáticas surgidas: los trabajos realizados en el marco de la Gasificación de Galicia (Ballesteros Arias 2003); los derivados del seguimiento arqueológico de la Autopista Santiago-Alto de Santo Domingo (Prieto Martínez, Criado-Boado Coords. en prensa) y, especialmente (Aboal Fernández, Ballesteros Arias en prensa; Blanco-Rotea, *et al.* En prensa); y las publicaciones derivadas del seguimiento de las obras de la construcción de la llamada Cidade da Cultura de Galicia Ballesteros Arias *et al.* 2006).

Al margen de este entrecruzamiento de metodología arqueológica, edafológica y radiocarbónica para la datación de terrazas agrarias, en las muestras obtenidas también se han determinado numerosas propiedades físico-químicas, así como la composición elemental de la materia orgánica e inorgánica. Los datos obtenidos son de gran interés y nos muestran que con ellos podemos llegar a establecer etapas constructivas y la genealogía de algunas formas agrarias o de algunos paisajes agrarios.

Así, pues, es imprescindible incluir en los protocolos de investigación sobre espacios agrícolas la realización de estudios geoarqueológicos en elementos que conforman los espacios agrarios (terrazas de cultivo, cabañas ganaderas, infraestructura hidráulica, cierre de parcelas, etc) para aportar información estratigráfica y topográfica de detalle, así como cronologías absolutas. Los estudios estratigráficos sobre estructuras agrarias en época histórica aún no son muy abundantes en la Península Ibérica, y se han concentrado esencialmente sobre espacios aterrazados. Entre ellos hay que señalar los realizados en la Sierra de Francia (Ruiz del Árbol 2005), en la Sierra de la Marina en Barcelona (Riera Mora, Palet Martínez 2008), en Asturias (proyecto actualmente en ejecución) o en el territorio alavés (Quirós Castillo 2009)

A modo de conclusión

La elección, adopción y desarrollo que cada uno de nosotros ha hecho hasta ahora de las diferentes estrategias de investigación, representadas, a la vez, en los diferentes artículos del volumen, ha servido de base para el presente esbozo de protocolo de actuación que tiene el objetivo de integrar todos estos procedimientos en uno solo. En parte, se trata de establecer un método complejo y multidisciplinar que combine las diversas estrategias descritas y así, aprovechar las ventajas de todas y compensar las limitaciones de cada una de ellas:

- La excavación en extensión de asentamientos que permite la identificación y excavación de parcelas y estructuras agrícolas adyacentes o situadas en intersticios espaciales en el interior de agrupaciones de viviendas.
- La reconstrucción planimétrica de parcelarios o sistemas hidráulicos, no necesariamente adyacentes a las zonas de residencia, su diseño original y las modificaciones sufridas hasta la actualidad, a partir de la combinación de información de origen documental, cartográfica, de fotografía aérea, toponímica y etnográfica.
- El análisis de la documentación escrita, tanto para espacios agrarios en sociedades feudales (o de cronología altomedieval) como para los andalusíes, donde, además, se produce una colonización feudal de cronologías muy precisas, a partir del siglo XII. El documento escrito por sí sólo tiene grandes limitaciones, pero su análisis contrastado con el registro arqueológico tiene una capacidad informativa muy potente.
- La excavación de parcelarios mediante zanjas lineales y mediante sondeos, asociando al análisis estratigráfico, técnicas propias de la edafología y analíticas diversas, como las que permiten las dataciones de diferentes horizontes de formación de los suelos.

Una cuestión fundamental es la de la datación de parcelarios y de parcelas concretas.[14] En los diferentes apartados el problema de la cronología y de cómo establecerla se aborda de formas diversas: la asociación estratigráfica de las superficies de cultivo con las unidades domésticas; la excavación estratigráfica y en extensión de espacios de cultivo fosilizados o activos; la excavación de parcelarios mediante zanjas y sondeos; el recurso a dataciones de C14; el análisis de la documentación escrita; la asociación con redes de poblamiento o con sistemas toponímicos; el análisis de morfologías y metrologías parcelarias; procedimientos regresivos, etc. A menudo, las distintas experiencias de investigación recogidas en el conjunto de artículos del volumen han acudido a más de una de estas estrategias. En definitiva, a lo largo de la lectura de este documento y del conjunto del libro se habrá podido percibir la complejidad que entraña este aspecto. El uso y transformaciones más o menos intensas que se producen desde el momento de la primera modificación antrópica de un paisaje hasta la actualidad determinan que un espacio de cultivo no deba tener una datación sino muchas y, en consecuencia, saber escoger y combinar los distintos recursos para conseguir reconstruir cronológicamente todo el proceso de construcción y evolución posterior de un espacio de cultivo es fundamental para interpretar correctamente el uso y gestión que se ha hecho de él en distintos momentos, no sólo el de su creación inicial.

No hay que olvidar que las opciones metodológicas que hemos hecho hasta ahora cada uno de nosotros respondían en buena medida a las preguntas que previamente habíamos formulado al registro arqueológico y documental. Desde la arqueología de gestión, en particular, las oportunidades para realizar investigación sobre espacios agrarios, cuando han sido aprovechadas, han sido decisivas. Que los arqueólogos empiecen a introducir, tanto en la arqueología programada como en la arqueología de gestión, los procedimientos para el estudio de los espacios agrarios, es fundamental para conseguir que esta parte de los asentamientos sea reconocida como "yacimiento arqueológico" y que, eventualmente, requiera ser documentada o protegida. De hecho, con los marcos legales actuales resulta muy difícil siquiera imaginar cómo se podrían proteger y poner en valor campos de cultivo medievales, sistemas de terrazas, canales y sistemas de riego y otras evidencias arqueológicas que se escapan al tradicional concepto de "yacimiento" consagrado en la legislación y en las prácticas administrativas. Y en la misma línea es necesario reflexionar sobre la importancia que adquiere

[14] Ver las reflexiones y propuestas al respecto de R. Harfouche (2006, 2007)

en las actuales políticas de gestión del medio rural un buen conocimiento del proceso de génesis de un paisaje y de unas prácticas agrícolas que generalmente no son tenidos en cuenta a la hora de planificar las actuaciones sobre dicho medio. El Convenio Europeo del paisaje, firmado en Florencia en el año 2000, propone actuaciones que consideran los paisajes agrarios tradicionales como parte de nuestro patrimonio cultural y en este proceso de toma de decisiones y de propuestas de gestión es necesario que la historia de la formación de dichos paisajes tome protagonismo y aporte datos que contribuyan a la planificación de líneas adecuadas para la reorientación económica de unos espacios en proceso de desarticulación.

Nuestros diversos objetivos de investigación, que quedan explícitos en los artículos publicados en el volumen, han podido influir en nuestros puntos de partida, como decíamos al principio: la documentación, la arqueología de excavación, la arqueología hidráulica o de parcelarios no irrigados y la excavación de campos de cultivo. Sin embargo, todos habíamos integrado en el concepto de asentamiento el espacio agrario, resultado de la articulación estrecha entre los espacios domésticos y los espacios productivos, entendidos en el sentido más amplio, desde los campos, las plantas, los sistemas de procesamiento y almacenamiento, para el consumo o la artesanía, la cría y gestión de rebaños, los pastos y producción de alimento para animales, los recursos obtenidos de las zonas incultas, etc. Por otro lado, es imprescindible preguntarse no sólo por las formas de los campos, de los parcelarios, el funcionamiento de los sistemas agrarios, su asociación con las zonas de residencia, los cultivos, etc., sino también por los tamaños: superficies de cultivo, extensión de pastos, volúmenes de producto cosechado, almacenado, consumido, cantidades de producto o de manufacturas intercambiados, grosores poblacionales.

Tanto los objetivos de investigación como las elecciones metodológicas hacen que este esbozo de protocolo de actuación constituya, por ahora, más un deseo de integración que una realidad. Nadie ha integrado de forma completa todos los procedimientos propuestos. Quizás no sea estrictamente necesario –o posible- hacerlo siempre, de ahora en adelante. Creemos, sin embargo, que nuestro esfuerzo puede servir para que nosotros mismos u otros investigadores hayamos aprendido efectivamente de las experiencias ajenas, tanto metodológicas como conceptuales. Sólo así el coloquio tenía sentido, sólo así su publicación la tiene ahora.

BIBLIOGRAFIA

Abbé, J-L. 2005: Le paisaje peut-il être lu à rebours? Le paysage agraire médiéval et la méthode régressive. *En:* Cursente, B.; Mousnier, M. (eds.) *Les territoires du médiéviste*. Rennes, pp. 383-399

Aboal Fernández R.; Ballesteros Arias P.; 2006: Las terrazas de Santa Lucía y la formación de un paisaje tradicional. *En*: Prieto Martínez P.; Criado-Boado F. (coord.) *La autopista del pasado. Arqueología del Paisaje entre Santiago y el Alto de Santo Domingo. TAPA* (Trabajos en Arqueología del Paisaje). Santiago de Compostela.

AAVV, 2005: *Actas de las primera jornadas de Patrimonio Arqueológico en la Comunidad de Madrid.* Madrid.

Álvarez, B; Fernández Hevia, J.M; Fernández Mier, M; López, M.J. 1990: Espacio y propiedad en un territorio en un territorio de montaña: la Tierra del Privilexu (Teberga). BIDEA, 133:145-214.

Arbués, C. 1998: Un espacio agrario feudal de montaña: el valle de Aranser en la Cerdanya. Lectura arqueológica de un *capbreu* de 1358. *Arqueología Espacial,* 19-20, pp.463-477.

Ayán Vila, X. M.; Amado Reino, X. 1999: La arqueología en la Gasificación de Galicia 6: Estudios de Evaluación de Impacto. *TAPA* (Trabajos en Arqueología del Paisaje) 8. Grupo de Investigación en Arqueología del Paisaje, Santiago.

Ballesteros Arias, P. 2003: La arqueología en la gasificación de Galicia 17: El paisaje agrario. *CAPA* (Cadernos de Arqueoloxía e Patrimonio), 18. Santiago de Compostela, Laboratorio de Patrimonio, Paleoambiente e Paixase (IIT-USC).

Ballesteros Arias P.; Criado Boado F.; Andrade Cernadas J. M. 2006: Formas y fechas de un paisaje medieval en Cidade da Cultura. *Arqueología Espacial,* 26, pp. 193-225.

Barceló, M. 1988a: Los límites de la información documental escrita. *En*: Barceló, M. *et al. Arqueología Medieval. En las afueras del medievalismo.* Ed. Crítica, Barcelona, pp.73-84.

Barceló, M. 1988b: La arqueología extensiva y el estudio de la creación del espacio rural. En: Barceló, M. *et al. Arqueología Medieval. En las afueras del medievalismo.* Ed. Crítica, Barcelona, pp. 195-274.

Barceló, M. 1989: El diseño de espacios irrigados en Al-Andalus: un enunciado de principios generales. En: *El agua en las zonas áridas: arqueología e historia. I Coloquio de historia y medio físico*, vol.I, Almería, pp. XV-L.

Barceló, M. 1995a: De la congruencia y la homogeneidad de los espacios hidráulicos en Al-Andalus. *En*: *El agua en la agricultura de Al-Andalus. El Legado Andalusí.*. Barcelona-Madrid, pp. 25-38.

Barceló, M. 1995b. Crear, disciplinar y dirigir el desorden. La renta feudal y el control del proceso de trabajo campesino: una propuesta sobre su articulación. *Taller d'Historia* 6: 61-72

Barceló, M. 2001: Immigration berbère et établissements paysans a Ibiza (902-1235). À la recherche de la logique de la construction d'une nouvelle société. *En*: Martin, J.M. (Ed.) *Castrum 7. Zone côtières littorales dans le monde méditerranéen au Moyen âge: défense, peuplement, mise en valeur*. Roma-Madrid, pp. 291-321.

Barceló, M. 2003: The search for the Hararah *asdad* in the area of Zafar, Governorate of Ibb, Yemen. *Proceedings for the Seminar for Arabian Studies,* 33, pp. 133-142.

Barceló, M. (coord.) 1997a: *El curs de les aigües. Treballs en curs sobre el pagesos de Yabisa (290-633H/902-1235d.c.).* Eivissa.

Barceló, M.; González, R.; Kirchner, H. 1997b: La construction d'un espace agraire drainé au *hawz* de la madîna de Yabîsa (Ibiza, Baléares). *En*: *La dynamique des paysages protohistoriques, antiques, médiévaux et modernes ou les paysages au carrefour de l'interdisciplinarité et de la diachronie. XVIIe Rencontres Internationales d'Archéologie et d'Histoire d'Antibes*, Sophia Antipolis, pp. 113-125.

Barceló, M.; Kirchner, H.; Martí, R.; Torres, J.M. 1998: *The design of irrigation systems in Al-Andalus. The cases of Guajar Faragüit (Los Guájares, Granada, Spain) and Castellitx, Aubenya and Biniatró (Balearic Islands).* Universitat Autònoma de Barcelona, Bellaterra.

Barceló, M.; Kirchner, K.; Torró, J. 2000: Going around Zafar (Yemen), the Banû Ru'ayn field survey: hydraulic archaeology and peasant work. *Seminar for Arabian Studies*, 30, pp. 27-39.

Barceló, M.; Torró, J. 2003: The hydraulic set-up of Bayt al-Ashwal valley: a case study. *En*: Al-Hakimi, A.; Pelat, F. (eds.) *Indigenous Knowledge and Sustainable Agriculture in Yemen. Les Cahiers du CEFAS*, 3, pp. 15-18.

Barceló, M.; Retamero, F. (eds.) 2005: *Els barrancs tancats. L'ordre pagès al sud de Menorca en època andalusina.* Institut Menorquí d'Estudis, Maó (Menorca).

Barrios García, A. 1982: Toponomástica e historia: notas sobre la despoblación de la zona meridional del Duero. *En la España Medieval, II. Estudios en memoria del profesor D. Salvador de Moxó.* Madrid, 115-134.

Barrios, A.; Martín, I. 2000-2001: Reflexiones sobre el poblamiento rural altomedieval en la Península Ibérica. *Studia Historica. Historia Medieval,* 18-19, pp. 53-83.

Batet, C. 2006: *L'aigua conquerida. Hidraulisme feudal en terres de conquesta.* Universitat de València, Universitat Autònoma de Barcelona, Valencia.

Bazzana, A.; Montmessin, Y. 2006: *Na'ura* et *saniya* dans l'hydraulique agricole d'al-Andalus à la lumière des fouilles de "Les Jovades" (Oliva, Valence). *En*: Cressier, P. (ed.) *La Maîtrise de l'eau en al-Andalus. Paysages, pratiques et techniques*. Madrid, Casa de Velázquez, pp. 209-287.

Blanco-Rotea R.; Prieto Martínez P.; Ballesteros Arias P.; López González, L. F. 2006 (en prensa): El despoblado de A Pousada: la formación de una aldea rural en la Alta Edad Media. *En*: Prieto Martínez P.; Criado-Boado F. (coord.) *La autopista del pasado. Arqueología del Paisaje entre Santiago y el Alto de Santo Domingo. TAPA* (Trabajos en Arqueología del Paisaje). Santiago de Compostela.

Bloch, M. 1931: *Les caractères originaux de l'histoire rurale francaise*. París.

Cambi F., Terrenato N. 1994: *Introduzione all'archeologia dei paesaggi*. Roma.

Carver M. O. H., 1990: Digging for data: archaeological approaches to data definition, acquisition and analysis. *En*: Francovich, R.; Manacorda, D. (eds.) *Lo scavo archaeologico: dalla diagnosi all'edizione.* Firenze, pp. 45-120.

Chouquer, G. 2000: *L'étude des paysages. Essai sur leurs formes et leur histoire*. París.

Conolly, J.; Lake, M. 2006: *Geographical Information Systems in Archaeology*. Manuals in Archaeology. Cambridge.

Criado-Boado, F.; Amado Reino, X.; Martínez López, M. C. 1998: La Arqueología en la Gasificación de Galicia 1: Programa de Control y Corrección de Impacto Arqueológico. *CAPA*. Cadernos de Arqueoloxía e Patrimonio 4. Laboratorio de Patrimonio, Paleoambiente e Paixase (IIT-USC), Santiago de Compostela.

Criado Boado F.; López Sáez J. L.; López García P.; Martínez Cortizas A., Limas Oliveira E.; Franco Maside S.; Macias Rosado R.; Parcero Oubiña C. 2003: Paleopaisajes concretos: polen, suelos y arqueología del yacimiento de As Pontes (Abadín, Lugo). *Trabajos de Prehistoria,* 60 (1), pp. 139-151.

Díaz del Río, P. 2001: La formación del paisaje agrario: Madrid en el III y II milenio BC. *Arqueología, Paleontología y etnografía,* 9, pp. 1-389.

Díaz del Río P.; Consuegra, S.; Peña Chocarro, L.; Márquez, B.; Sampedro, C.; Moreno, R.; Albertini, D.; Pino, B. 1997: Paisajes agrarios prehistóricos en la Meseta Peninsular: el caso de "Las Matillas" (Alcalá de Henares, Madrid). *Trabajos de Prehistoria,* 54 (2), pp. 93-111.

Eritja, X. 1998: *De la* Almunia *a la* Turris: *organització de l'espai a la regió de Lleida (segles XI-XIII).* Universitat de Lleida, Lleida.

Esquilache, F. 2009: Sobre la rigidez de los sistemas hidráulicos y la evolución del parcelario en las huertas de moriscos. El caso de la acequia de Alèdua. *En*: *XI Simposio Internacional de Mudejarismo*, Universitat de Lleida, Centro de Estudios Mudéjares, pp. 379-392.

Fernández Conde, F.J. 1993: *El señorío del cabildo ovetense: estructuras agrarias de Asturias en e Tardomedievo.* Universidad de Oviedo, Oviedo

Fernández Mier, M. 1996: Análisis arqueológico de la configuración del espacio agrario medieval asturiano. *Mélanges de la Casa de Velázquez,* 33, pp. 287-318.

Fernández Mier, M. 1999: *Génesis del territorio en la Edad Media. Arqueología del paisaje y evolución histórica en dos concejos de la montaña asturiana: Miranda y Somiéu.* Universidad de Oviedo, Oviedo.

Fernández Mier, M. 2006: La toponimia como fuente para la historia rural: la territorialidad de la aldea feudal. *Territorio, Sociedad y Poder,* 1, pp. 35-52.

Fernández Mier, M. (en prensa): Arqueología y análisis de los recursos agrícolas y ganaderos en el Norte de la Península Ibérica en *Arqueología de la producción en época medieval.* Granada.

Fernández Mier, M.; Calvelli, L. 2004: Lo spazio agrario di Gorfigliano: un esempio di archeologia agraria. *Archeologia e storia di un castello Apuano.* All'insegna del giglio, Florencia, pp. 169-204.

Fernández Mier, M.; Fernández Hevia, J.M. 1998: Un microespacio en la montaña de Asturias: Presorias. *Arqueología y territorio Medieval*, 5, pp. 95-108.

Fernández Ugalde A. 2005: Metodología para el conocimiento de yacimientos extensos. *En*: *Actas de las Primeras Jornadas de Patrimonio Arqueológico en la Comunidad de Madrid*, Madrid, pp. 27-52.

García Arias, X. L. 1988: *Contribución a la gramática histórica de la lengua asturiana y a la caracterización etimológica de su léxico*. Academia de la Llingua Asturiana. Oviedo.

García Blánquez, L.; Cerdá Mondéjar, C. 2007: Estructuras hidráulicas medievales: tres aceñas y un tablacho en las acequias Churra la Vieja y Alfatego. Senda de Granada (Murcia). *Revista Murciana de Antropología*, 14, pp. 343-362.

García de Cortázar, J.A. 1988a: *La sociedad rural en la España medieval*. Madrid.

García de Cortázar, J.A.; Díez Herrera, C. 1982: *La formación de la sociedad hispanocristiana del Cantábrico al Ebro en los siglos VIII a XI*. Universidad de Cantabria, Santander.

Gerrard, C. 2003: *Paisaje y señorío: La casa conventual de Ambel (Zaragoza). Arqueología, arquitectura e historia de las Órdenes militares del Temple y del Hospital*. Institución "Fernando el Católico", Zaragoza.

Glick, T. F. 2007: *Paisajes de conquista. Cambio cultural y geográfico en la España medieval*. València, Universitat de València.

Glick, T. F.; Kirchner, H. 2000: Hydraulic systems and technologies of Islamic Spain: History and archaeology. *En*: Squatriti, P. (ed.) *Working with water in Medieval Europe. Technology and Resource-Use*. Leiden-London-Köln, pp. 267-329.

González Villaescusa, R. 2002: Las formas de los paisajes mediterráneos. Universidad de Jaén, Jaén.

Guinot, E. 2007: La construcció d'un paisatge medieval irrigat: l'horta de la ciutat de València. En: Sabaté, F. (ed.) *Natura i desenvolupament. El medi ambient a l'Edat Mitjana*, Pagès Editors, Lleida, pp. 191-220.

Guinot, E. 2008: Agrosistemas del mundo andalusí: criterios de construcción de los paisajes irrigados. *En*: de la Iglesia, J.I. (coord.) *Cristiandad e Islam en la Edad Media hispana*, Instituto de Estudios Riojanos, Logroño, pp. 209-238.

Guinot, E.; Martí, J. 2006: Las villas nuevas medievales valencianas (siglos XIII-XIV). *Boletín Arkeolan*, 14, pp. 183-216.

Guinot, E.; Torró, J. (eds.) 2007: Repartiments a la Corona d'Aragó (segles XII-XIII). PUV, Valencia.

Harfouche, R. 2006: Soil care and water management on Mediterranean slopes: an archaeological approach. *Arqueología Espacial*, 26, pp. 311-339.

Harfouche, R. 2007: *Histoire des paysages méditerranéens terrassés: aménagements et agriculture*. BAR, International Series 1644. Oxford.

Hernández Charro, M.ª C. 2007: Las transformaciones de la medina de Tudela y su impacto en el paisaje rural andalusí a raíz de la conquista cristiana. Una cuestión sobre la organización de los sistemas y recursos acuíferos. *En*: Arízaga, B.; Solórzano, H.A. (ed.) *La ciudad medieval y su influencia territorial. Nájera. Encuentros Internacionales del Medievo* 2006, Instituto de Estudios Riojanos, Logroño, pp. 381–394.

Kirchner, H. 1997: *La construcció de l'espai pagès a Mayûrqa: les valls de Bunyola, Orient, Coanegra i Alaró*. Palma de Mallorca.

Kirchner, H. 1998: Tierras de clanes. Espacios hidráulicos y clanes andalusíes en la isla de Yâbisa (Ibiza). *En*: Burillo, F. (ed.) *Arqueología del Paisaje. Arqueología Espacial*, 19-20, pp. 351-371.

Kirchner, H. 2002: El mapa de los asentamientos rurales andalusíes de la isla de Ibiza. *En*: Trillo, C. (ed.) *Asentamientos rurales y territorio en el mundo mediterráneo en época medieval*. III Jornadas de arqueología medieval. Berja, pp. 120-186.

Kirchner, H. 2003: La datation des *qanât*(s) et des espaces irrigués dans les Iles Orientales d'al-Andalus (Baléares, Espagne). Identification archéologique et documentaire. *Internationales Frontinus-Symposium. Wassrversorgung aus Qanaten –Qanate als Vorbilder im Tunnelbau*, pp. 187-206.

Kirchner, H. 2006: Espais agraris en el terme del monestir de Sant Cugat del Vallès (S.X-XIII). *Arqueologia Medieval. Revista Catalana d'Arqueologia Medieval*, 2, pp. 22-35.

Kirchner, H. 2007: La reconstrucció del disseny original dels espais irrigats andalusins i de les modificacions posteriors. Exemples d'Eivissa. *En*: Bolòs, J. (ed.) *Estudiar i gestionar el paisatge històric medieval. Territori i societat a l'Edat Mitjana. Història, arqueologia, documentació*, IV, LLeida, pp. 11-38.

Kirchner, H. 2008: Archeologia degli spazi irrigati medievali e le loro forme di gestione sociale. *En*: *L'acqua nei secoli altomedievali.* Atti delle LV Settimane, Centro Italiano di Studi sull'Alto Medioevo, Spoleto, vol. I, pp. 471-503.

Kirchner, H. 2009: Original design, tribal management and modifications in Medieval hydraulic systems in the Balearic Islands (Spain). *World Archaeology: The archaeology of water* 41, nº1, pp. 148-165.

Kirchner, H. (en prensa-a): Arqueologia hidràulica i tipologia d'espais irrigats andalusins. III Curs Internacional d'Arqueologia Medieval. La prospecció i el territori. Lleida-Algerri 13-14 de marzo de 2008.

Kirchner, H. (en prensa-b): Hidràulica pagesa anterior a la generalització del domini feudal. Casos a Catalunya. *Hidràulica i societat feudal. Pràctiques, tècniques, espais.* Universitat de Valencia, 7-9 juny 2007.

Kirchner, H.; Navarro, C. 1993: Objetivos, método y práctica de la arqueología hidráulica. *Archeologia Medievale*, XX: 121-150 = *Arqueología y territorio Medieval*, 1, (1994), pp. 159-182.

Kirchner, H.; Oliver, J.; Vela S. 2002: *Aigua prohibida. Arqueologia hidràulica del feudalisme a la Cerdanya. El Canal Reial de Puigcerdà*. Universitat Autònoma de Barcelona, Bellaterra.

Laliena, C. 1994: Los regadíos medievales en Huesca. Agua y desarrollo social, siglos XII-XV. *En*: Laliena, C. (coord.) *Siete estudios sobre el regadío en Huesca* Huesca: Instituto de Estudios Altoaragoneses, pp. 19–44.

Laliena, C. 2008: Agua y progreso social en Aragón, siglos XII-XVIII. *En*: Ortega, J. (dir.) *¿Agua pasada? Regadíos en el Archivo Histórico Provincial de Zaragoza*. Gobierno de Aragón, Zaragoza, pp. 53-83.

Laliena, C. 2009: Hidráulica mudéjar en una sociedad feudal. Infraestructura, producción y renta en el regadío musulmán del Valle del Ebro en los siglos XII y XIII. *En*: *XI Simposio Internacional de Mudejarismo*, Centro de Estudios Mudéjares, Teruel, pp. 279-304.

Laliena, C; Ortega, J. M. 2009: Villas nuevas en el Bajo Aragón. *En*: Martínez Sopena, P.; Arteaga, M. (eds.) *Las villas nuevas medievales en el Sudoeste europeo. De la fundación al siglo XXI Análisis histórico y lectura contemporánea*. Centro de Estudios e Investigaciones Histórico-Arqueológicas, Irún, pp. 163–182.

Laliena, C; Ortega, J. M. (en prensa): Estructuras agrarias y despoblados de los siglos XII y XIII en el Bajo Aragón feudal. *En*: *Els espais de secà. IV Curs Internacional d'Arqueologia Medieval* (Lleida-Algerri, 12-13 de març de 2009).

López Campuzano, M. 1997: Informe de la excavación de urgencia realizada en el acueducto de la Rueda de Alcantarilla, sector Sur. *En*: *Memorias de Arqueología, 6 (1991)*. Servicio de Patrimonio Histórico, Murcia, pp. 583-588.

Macías Vázquez, F.; Calvo de Anta, R. 2001: Los Suelos. *Atlas de Galicia*. Sociedade para o Desenvolvemento Comarcal de Galicia. Xunta de Galicia.

Malpica Cuello, A. 1984: Modificaciones en la estructura de poblamiento de la costa granadina a raíz de la conquista castellana. *Arqueología Espacial,* 5, pp. 202–220.

Malpica Cuello, A. 2003: El territorio de Loja a finales de la Edad Media: Reflexiones sobre las transformaciones castellanas en el Reino de Granada. *Arqueología y Territorio Medieval,* 10/2, pp. 233–254.

Malpica Cuello, A. 2003-2004: Economía rural en el Reino de Granada: de la sociedad andalusí a las modificaciones castellanas. *Chronica Nova: Revista de historia moderna de la Universidad de Granada,* 30, pp. 265–316.

Marí, J. 1976: *Illes Pitiüses. I- La conquista catalana de 1235*. Eivissa.

Martín Civantos, J. M.ª 2003-2004: El Marquesado del Zenete: un modelo de implantación castellana en el Reino de Granada. *Chronica Nova: Revista de historia moderna de la Universidad de Granada,* 30, pp. 371-400.

Martinelli, B. 1982: Toponymie et societé: contribution à l'étude de l'espace communitaire en Basse-provence. *Études Rurales,* 85, pp. 9-31.

Martínez Cortizas, A.; Fábregas Valcarce, R., Franco Maside, S. 2000: Evolución del paisaje y actividad humana en el área de Monte Penide (Redondela, Pontevedra): una aproximación metodológica. *Trabajos de Prehistoria,* 57, pp.173-184.

Manacorda D. 2007: *Il sito archeologico: fra ricerca e valorizzazione*. Roma.

Orejas, A. 2006: Arqueología de los paisajes agrarios e historia rural. *Arqueología espacial, 26, pp.7-19.*

Parcero Oubiña C. 1997: *La Arqueología en la Gasificación de Galicia: Hacia una Arqueología Agraria de la Cultura Castreña,* TAPA. Trabajos en Arqueología del Paisaje, 9, Santiago de Compostela.

Ortega, J. M. 2008: El contexto social de la molinería hidráulica en el Aragón medieval (siglos XI-XIII). *En*: Ortega, J. (dir.) *¿Agua pasada? Regadíos en el Archivo Histórico Provincial de Zaragoza,* Gobierno de Aragón, Zaragoza, pp. 85–96.

Ortega, J. M.; Laliena, C. (en prensa): Formas feudales de especulación agraria: villas, viñas y acequias en el Sur de Aragón (ca. 1170-1240). *Revista d'Historia Medieval,* 13.

Prieto Martínez, P.; Criado-Boado (Coords.) (en prensa): *La autopista del pasado. Arqueología del Paisaje entre Santiago y el Alto de Santo Domingo. TAPA* (Trabajos en Arqueología del Paisaje). Santiago de Compostela.

Quirós Castillo J. A. (en prensa): Arqueología de los espacios agrarios medievales en el País Vasco, *Hispania*.

Retamero, F. 2006: Lo que el tamaño importa. Cuándo y por qué se modificaron los antiguos sistemas hidráulicos andalusíes, *Arqueología Espacial,* 26, pp. 293-310.

Riera Mora S.; Palet Martínez J. M. 2008: Una aproximación multidisciplinar a la historia del paisaje mediterráneo: La evolución de los sistemas de terrazas con muros de piedra seca en la sierra de Marina (Badalona, Llano de Barcelona). *En*: Garrabou, R.; Naredo, J. M. (eds.) *El paisaje en perspectiva histórica. Formación y transformación del paisaje en el mundo mediterráneo*, Zaragoza, pp. 47-90.

Roskams S. 2003: *Teoría y práctica de la excavación.* Barcelona.

Ruiz del Árbol M. 2005: *La arqueología de los espacios cultivados. Terrazas y explotación agraria romana en un área de montaña: la Sierra de Francia (Salamanca)*. Anejos de AespA, 26, Madrid.

Sesma, J. A.; Utrilla, J. F.; Laliena, C. 2001: *Agua y paisaje social en el Aragón medieval. Los regadíos del río Aguasvivas en la Edad Media*. Confederación Hidrográfica del Ebro, Zaragoza.

Sitjes, E. 2006: Inventario y tipología de sistemas hidráulicos de Al-Andalus. *Arqueología Espacial,* 26, pp. 263-291.

Sitjes, E. 2008: *Assentaments i sistemes hidràulics andalusins a la part de Manacor abans i just després de la conquesta catalana (1229-30)*. Tesis Doctoral inèdita (Universitat Autònoma de Barcelona, Bellaterra).

Teixeira, S. 1993: As granjas cistercienses do mosterio de Veruela e o repovamento do Vale do Huecha. Província de Zaragoza. *En*: *IV Congreso de Arqueología Medieval Española.* VOL. II, Alicante, pp. 459–465.

Teixeira, S. 1995a: *El dominio del monasterio de Veruela: la gestión de un espacio agrario andalusí.* Tesis Doctoral. Universitat Autònoma de Barcelona, Bellaterra [en microforma].

Terrenato N. 2000: Sito/Non sito. *En*: Francovich, E.; Manacorda, D. (a cura di) *Dizionario di Archeologia*, Roma-Bari, pp. 279-280.

Torrente Fernández, I. 1989: Términos agrarios en el Medievo asturiano (siglos XIII-XVI). *Asturiensia Medievalia,* 5, pp. 75-87

Torró, J. 2003. Arqueologia de la conquesta. Registre material, substitució de poblacions i transformació de l'espai rural valencià (segles XIII-XIV). *En:* Barceló, M. *et alii* (ed.) *El feudalisme comptat i debatut. Formació i expansió del feudalisme català.* PUV, Valencia – Barcelona, Museu d'Història de Catalunya, pp. 153-200.

Torró, J. 2007. Terrasses irrigades a les muntanyes valencianes: les transformacions de la colonització cristiana. *En:* Bolós, J. (ed.) *Territori i societat a l'Edat Mitjana, IV. Estudiar i gestionar el paisatge històric medieval.* Lleida, Universitat de Lleida, pp. 81-143.

Torró, J. 2009: Field and canal-building after the Conquest: modifications to the cultivated ecosystem in the kingdom of Valencia, ca. 1250-ca. 1350. *En*: Catlos, B.A. (ed.) *A World of Economics and History: Essays in Honor of Prof. Andrew M. Watson.* PUV, València, pp. 77-108.

Torró, J.; Ivars, J. 1992: Villas fortificadas y repoblación en el sur del País Valenciano. Los casos de Cocentaina, Alcoi y Penàguila. *En*: *III Congreso de Arqueología Medieval Española.* Universidad de Oviedo, Oviedo, Vol. II, pp. 472-482.

Toubert, P. 1999: Histoire de l'occupation du sol et archéologie des terroirs médievaux: la référence allemande. *Castrum 5. Archéologie des espaces agraires méditerranéens au Moyen Âge,* pp. 23-37.

Trillo San José, M.ª C. 1999: El paisaje vegetal en al Granada islámica y sus transformaciones tras la conquista castellana. *Historia Agraria. Revista de agricultura e historia rural,* 17, pp. 131–152.

Verhulst, A. 1995: *Le paisaje rural: les structures parcellaires de l'Europe du Nord-Ouest.* colección Typologie des sources du Moyen Âge occidental, fasc. 73. Brepols. Turnhout.

Vigil-Escalera Guirado A. 2007: Granjas y aldeas tardoantiguas y altomedievales de la Meseta. Configuración espacial, socioeconómica y política de un territorio rural al norte de Toledo (ss. V-X d. C.), *Archivo Español de Arqueología*, 80, pp. 239-284.

Virgili, A. 2001: *Ad detrimentum Yspanie. La conquesta de Turtusa i la formació de la societat feudal (1148-1200).* Universitat Autònoma de Barcelona, Universitat de València, Barcelona, València.

Zadora-Rio, E. 2001: Archéologie et toponymie: le divorce. *Les petits cahiers d'Anatole* 8: http://www.univ-tours.fr/lat/pdf/F2_8.pdf.

www.ingramcontent.com/pod-product-compliance
Lightning Source LLC
La Vergne TN
LVHW072254300926
849160LV00018B/1664